跨学科研究与非线性思维

（第2版·上册）

Interdisciplinary Research and Nonlinear Thinking (Second Edition)

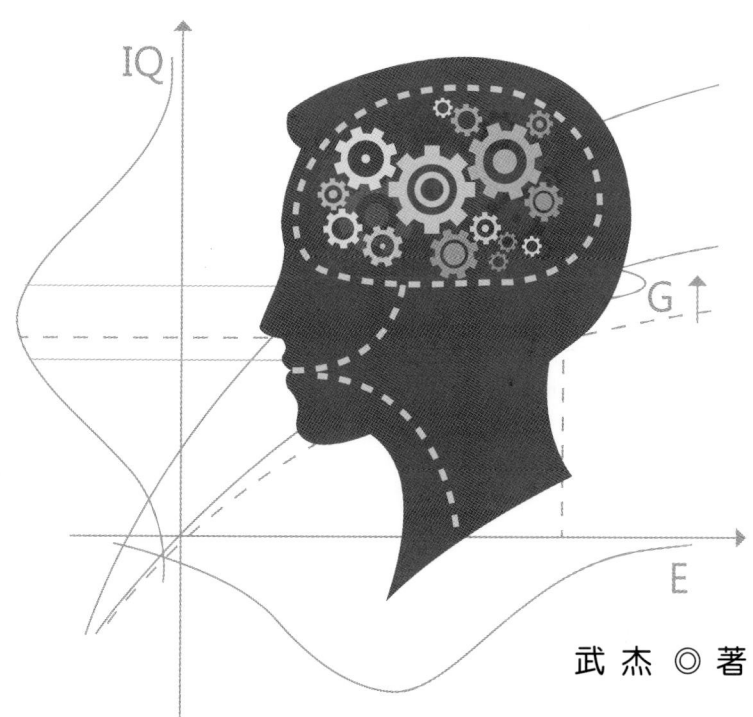

武杰 ◎ 著

把跨学科研究与非线性思维内在地关联起来，深刻感悟：跨学科研究是沟通知识的桥梁，非线性思维是创造知识的源泉。

中国社会科学出版社

图书在版编目(CIP)数据

跨学科研究与非线性思维（全2册）/ 武杰著. —2版. —北京：中国社会科学出版社，2016.2
ISBN 978-7-5161-7538-5

Ⅰ.①跨… Ⅱ.①武… Ⅲ.①跨学科学—研究②非线性—思维科学—研究 Ⅳ.①G301②B80

中国版本图书馆CIP数据核字（2016）第018048号

出 版 人	赵剑英	
责任编辑	冯春凤	
责任校对	张爱华	
责任印制	张雪娇	
出　　版	中国社会科学出版社	
社　　址	北京鼓楼西大街甲158号	
邮　　编	100720	
网　　址	http://www.csspw.cn	
发 行 部	010－84083685	
门 市 部	010－84029450	
经　　销	新华书店及其他书店	
印　　刷	北京君升印刷有限公司	
装　　订	廊坊市广阳区广增装订厂	
版　　次	2016年2月第1版	
印　　次	2016年2月第1次印刷	
开　　本	710×1000 1/16	
印　　张	47.25	
插　　页	2	
字　　数	771千字	
定　　价	136.00元（全2册）	

凡购买中国社会科学出版社图书，如有质量问题请与本社营销中心联系调换
电话：010－84083683
版权所有　侵权必究

第一版 序 言

20世纪以来，自然科学和社会科学的蓬勃发展，使我们认识到，人类生存的世界，从宇观、宏观到微观，本质上都是非线性的。在现代科学的研究中，只有创建相应的非线性模型，才可能更准确地反映客观规律。非线性科学已破土而出。它作为20世纪科学史上的一次革命，必将促进自然科学和社会科学的加速发展，并从根本上改变世界的科学图景。

二十多年来，我国在科学技术哲学方面取得了令世人瞩目的成果。本书作者早年潜心于哲学和自然辩证法的理论研究，较早跨入了科学技术哲学的研究领域。他兴趣广泛，涉猎诸如近现代数学、物理学、经济学以及生态学等学科，努力追踪国际科学技术哲学在非线性科学这一重要研究领域的发展前沿。本专著是在其所完成的研究课题和发表的学术论文的基础上，对科技哲学相关领域的大量专著和论文进行分析、探讨、对比和互证后，经过缜密思考而完成的。其论述力求与非线性科学和非线性思维的最新发展保持一致。本书从哲学的层面、跨学科研究的角度，系统地阐述了非线性的由来和特征，论证了世界的本质是非线性的；非线性是事物发展的终极原因；非线性为人类提供了一种崭新的思维方式——非线性思维。非线性思维已成为当代思维科学关注的焦点，它是人类创造性思维的源泉。

忆起上世纪60年代初，与本书作者邂逅相识时，从他那充满稚气的少年双眸中，我看到了他对知识的渴求。70年代中的不期而遇，使我们成了大学同事。改革开放初期，他已是一位出色的大学哲学教师，但他对数学科学所迸发的学习激情，又使我们成为师生。从此，他对科学技术和相关社会科学孜孜不倦地探索着、追求着，成果不断。本书正是其二十多年科研成果的总结。我相信,读者会从中获益,也希望有更多科技哲学领域的工作者能投身于非线性思维的研究,取得更多更具前瞻性的研究成果。

徐永华

2004 年 7 月 25 日

第二版 序 言

　　我与武杰教授的相识大约可以追溯到上世纪90年代初，也许是我的那本《系统科学原理》搭建了这座桥梁，它使我们两个山西老乡、两个属牛人有了今天的友谊。我出生于抗战初期的1937年10月，他出生于解放初期的1949年9月。这12年之差，中国历史发生了翻天覆地的变化，从"长夜难明赤县天"到"一唱雄鸡天下白"。我的童年是在战火纷飞的年代里度过的，扫荡、躲难，在日寇刺刀下逃生；灾荒、挨饿，在荒山土窟中成长；无书、无师，哪有机会读书上学！武杰教授作为共和国的同龄人，他生在新中国，长在红旗下，伴随着伟大祖国一起成长，是新中国发展成就的亲历者和见证人。这自然令我羡慕，又不是个人能够选择的。1963年，少年武杰考入华北地区的重点中学——太原五中，在那里度过了幸福的青少年时代，参加工作后又有条件上了大学，并毕业留校成为人民教师。在我们的交往中，我也感受到"共和国同龄人"身上浓浓的时代烙印：性格刚毅，吃苦耐劳，富于理想，办事认真。光阴荏苒，转眼间，我们相识快25年了。二十多年来，我们为了一个共同的目标，在各自的工作岗位上孜孜不倦地探索着、追求着；尽管现在我俩都已经退休，但仍然在伏案笔耕、流泻智慧。这也许是属牛人的一种秉性，即土话说的牛劲吧。

　　共同的科学信仰和理想追求，使我们走上了相同的学术道路。大家知道，20世纪40年代以来，系统科学在科学发展史上留下巨大而深刻的印迹。其间，接连不断地涌现出一系列在科学思想和方法论上具有根本性变革的新学科、新理论。60年代尤为引人注目，像耗散结构理论、突变理论、超循环理论、混沌理论、临界态理论、协同学、微分动力系统理论、模糊学等新学科，都产生和孕育于这一时期。这仿佛是科学大系统的一个相变时期。这些新学科往往以非平衡、非线性、非标准、非经典等为标志把自己与传统理论区别开来。有人用"非字当头"来概括这一趋势，可谓贴切。因为这些学科的出现，都意味着科学范式的转换。

武杰教授的这本专著《跨学科研究与非线性思维》（第2版）就深刻地反映了这一趋势。它将跨学科与非线性联系起来研究，视角很有特色。内容涉及数学、物理学、经济学、生态学与系统科学的交叉研究，中心是如何认识非线性和复杂性问题。作者秉承马克思主义基本原理，从哲学的本体论、认识论和思维方式等方面对非线性做了较为系统而深入的分析，提出一些独到的见解，有助于推动我国的复杂性研究。现在来看，不同领域的学者都感受到了这场变革，并依据各自的学科发展来理解和评价这场变革。我在这里顺便引证几种有代表性的观点，以阐明21世纪科学发展的趋势。

早在1979年初，钱学森先生就提出："我们可以毫不含糊地从科学理论角度来看，20世纪上半叶的三大伟绩是相对论、量子力学和控制论，也许可以称它们为三项科学革命，是人类认识客观世界的三大飞跃。"1985年，他对这一提法作了修正，认为建立和发展系统学"在科学史上的意义不亚于相对论和量子力学。"

1985年，比利时自组织理论家尼科里斯和普利高津指出，当代科学正经历着一个理论变革时期，并把这一变革与20世纪初物理学的"两大革命"——相对论和量子力学相提并论，认为在宏观层次上"物理学正在经历着根本性的转变。"他们所说的物理学第三次革命，主要是指关于非平衡和不可逆过程的研究。

1987年，美国科普作家格莱克综合表述了混沌理论工作者的一种普遍意见："20世纪的科学只有三件事将被人们记住：相对论、量子力学和混沌。混沌是本世纪物理学中的第三次大革命。"他还引述了美国物理学家、"混沌传教士"福特的论断："相对论消除了牛顿绝对时空观的错觉，量子力学消除了可控测量过程的牛顿梦幻，混沌理论消除了决定论可预见性的拉普拉斯幻想。"格莱克指出，在这三项科学革命中，混沌理论代表的革命是关于我们看得见摸得着的宇宙（即宏观世界）中具有人类尺度的对象的科学。

这三种见解在本质上是相通的：都从科学革命的高度观察问题，都以相对论和量子力学为比较对象,都承认正在出现第三次科学革命。不同之处在于代表第三次科学革命的是哪个学科。在我们看来,第三次科学革命不是发生在物理学一个领域,而是发生在差不多所有科学领域;不是以一门学科为代表,而是由一系列学科共同表征的。所以,武杰教授的著作特别强调了跨学科研究的历史必然性,明确指出:"跨学科研究的最基本特征,就是它的学科交叉性,以及多学科性和跨学科性。它承认事物联系的整体性与相互作用的复杂性,由此而产生了它的理论与方法的综合性和普遍性。"难怪他引用了物理学家郝柏林的观点,认为"今天人们在探索宇宙演化奥秘和微观世界结构两个尖端方向上的难度越来越大,而在宏观层次上探索复杂性的研究却取得了突破性的进展。特别应当指出的是,20世纪60年代以来由于计算机作为研究手段的广泛运用,与理论、实验手段相结合,促成了非线性科学的建立。这方面研究的迅速进展,使人们对一些久悬不解的基本难题,诸如物理学的确定性描述和概率性描述的关系、复杂系统形成的机制、自然界有序和无序转变的条件以及人类创造性思维形成的机理等有了新的认识,并开始影响人类的自然观和思维方式,促进人们从事物整体的角度去探索和把握自然界的复杂运动形式。"

概括地说,这次科学革命具有两个基本特点:第一,它发生在宏观层次上。尼科里斯、普利高津和格莱克的意见都明确地指出了这一特点;控制论和系统学也是为处理宏观层次上与人类活动休戚相关的问题而产生和发展的。量子力学是微观层次的科学革命,相对论是宇观层次的科学革命,这两项革命已经基本完成,第三次革命应当是也的确是宏观层次的革命。这项革命在科学思想上带来重大变化,它告诉人们在宏观层次上我们已经认识的东西只是很小的一部分,一些基本问题还远未搞清楚。第二,它是对于复杂性的探索。迄今为止的科学理论是以相信世界的简单性为信条而建立起来的,处理的对象基本上是简单系统,或者是把复杂性约化为简单性来处理。但现代科学面临的是越来越复杂的对象,要求建立关于复杂性的科学理论——复杂性科学。

武杰教授在《跨学科研究与非线性思维》(第2版)一书中明确指出,"目前对自然系统的进一步研究,展现出了自然存在的经验性、不可分离性、非还原性和目的性等等。所有这些是上述简单性原则所不能涵盖的,需要有相应的具体方法去认识。这说明自然界的本质并非是简单的,还存在着复杂性的一面。这对简单性原则的运用是一个沉重的打击。"正如尼科里斯和普利高津在《探索复杂性》一书第一章的开篇语中所说："理化现象同生物现象的区别、'简单'性能同'复杂'性能的区别,并不像人们直觉想象的那么明显。这使我们对于物质世界有了一个多元论的观点,在这个世界里,各种现象作为影响体系的条件一个挨一个共处其中,而这种条件本身又是变化的。"因此,关于开放的非线性世界的这个观点,是本书作者希望奉献给读者的主要礼物。顺便指出,我不赞同"自然存在的经验性"之说,自然存在独立于人的经验性,而且先于人的经验性。如果改为"自然存在具有可经验性",我是赞同的。

我们上面提到的、代表 20 世纪第三次科学革命的所有新学科,都是一种处理宏观复杂性的理论方案。体现在这些不同理论方案中的共同思想是要求放弃关于"现实世界简单性"的传统信念,转向承认现实世界的复杂性;放弃把复杂性约化为简单性来处理的传统做法,提倡把复杂性当作复杂性来处理的新思维。武杰教授《跨学科研究与非线性思维》的书名就诠释了这些新学科的共同纲领。他认为:"跨学科研究是沟通知识的桥梁,非线性思维是创造知识的源泉。我们应当把跨学科研究与非线性思维内在地关联起来,提倡一种新的思维方式,主张实践优位的立场、融会贯通的思路、文理交叉的优势、形式演算的内核。"所以,非线性科学被誉为"21 世纪的科学"。从这个角度出发来审视系统科学的理论价值,以提高我们对发展系统科学特别是系统学的理论意义和实际价值的认识,这对于我们全面建成小康社会、振兴中华民族具有重大的现实意义。我祝愿更多的有志青年把自己的才华奉献于这一伟大事业!

序就序到此处。心血来潮,送武教授一首打油诗:

> 武功赖磨砺,
> 杰构须自创。
> 新意出慧心,
> 书香溢八方。

孤微子　苗东升
2014 年 6 月 25 日 于泊静斋

目 录

第一版序言 ………………………………… 徐永华（Ⅰ）

第二版序言 ………………………………… 苗东升（Ⅲ）

第一章 导 言 …………………………………………（1）
  一 什么是学科？ …………………………………（1）
    （一）学科的定义及其特征 ……………………（1）
    （二）交叉科学的基本分类 ……………………（3）
  二 学科的两大系统及其转换 ……………………（5）
    （一）以对象为中心的学科系统 ………………（6）
    （二）以问题为中心的学科系统 ………………（7）
    （三）从对象系统向问题系统的转换 …………（11）
  三 跨学科研究与非线性科学 ……………………（15）
    （一）跨学科研究的含义和实际应用 …………（16）
    （二）跨学科研究产生和成功的原因 …………（23）
    （三）非线性科学带给我们的启示 ……………（31）
    （四）跨学科研究的基本特征 …………………（40）

第二章 几何学与物理学 ……………………………（43）
  一 欧氏几何与古典物理学 ………………………（44）
    （一）欧几里得与托勒密 ………………………（44）
    （二）哥白尼与开普勒 …………………………（46）
    （三）伽利略与牛顿 ……………………………（49）

二 黎曼几何与近代物理学 ……………………………（52）
（一）非欧几何的建立 ……………………………………（52）
（二）狭义相对论的建立 …………………………………（55）
（三）广义相对论的建立 …………………………………（58）

三 纤维丛理论与现代物理学 ……………………………（63）
（一）规范场概念的诞生 …………………………………（63）
（二）杨－米尔斯规范场 …………………………………（66）
（三）纤维丛理论与规范场 ………………………………（72）
（四）杨－米尔斯场的实验检验 …………………………（79）

四 几点结论 ………………………………………………（83）
（一）相信世界在本质上是可认识的 ……………………（86）
（二）创造性的原理存在于数学之中 ……………………（86）
（三）对称性支配相互作用 ………………………………（88）
（四）物理学的几何化思想 ………………………………（90）
（五）真正的物理定律不可能是线性的 …………………（92）

第三章 物理学与经济学 …………………………………（96）
一 经济系统的复杂性特征 ………………………………（97）
（一）组元特征的复杂性 …………………………………（97）
（二）开放导致的复杂性 …………………………………（98）
（三）结构关系的复杂性 …………………………………（99）
（四）环境作用的复杂性 …………………………………（100）

二 经典力学与古典、新古典经济学 ……………………（101）
（一）经典力学与牛顿模式 ………………………………（102）
（二）古典、新古典经济学 ………………………………（107）
（三）传统经济学的主要特征 ……………………………（117）
（四）传统经济学的局限性 ………………………………（122）

三 量子力学与西方经济学的三次革命 …………………（125）
（一）量子力学及其主要特征 ……………………………（126）
（二）西方经济学的三次革命 ……………………………（138）
（三）凯恩斯革命的主要特征 ……………………………（142）

四　混沌学与非线性经济学 ………………………………… (145)
（一）建立非线性运行机制 …………………………………… (147)
（二）把握非均衡系统常态 …………………………………… (148)
（三）寻求确定性混沌规律 …………………………………… (151)

第四章　经济学与生态学 ……………………………………… (155)
一　一场空前险恶的生态劫难 ………………………………… (155)
（一）生物圈与生态环境的形势分析 ………………………… (156)
（二）当今人类面临的五大环境问题 ………………………… (162)
（三）当今生态环境危机的三大特征 ………………………… (168)
二　生态危机内在本质的探寻 ………………………………… (173)
（一）人类活动引起自然生态的失衡 ………………………… (173)
（二）两种生产力之间矛盾的尖锐化 ………………………… (179)
（三）生态危机本质上是人的生存危机 ……………………… (183)
三　关于人类中心主义的争论 ………………………………… (185)
（一）人类中心主义的形成及其内涵 ………………………… (186)
（二）人类中心主义的传统理念 ……………………………… (188)
（三）人类中心主义的现代形态 ……………………………… (192)
（四）对人类中心主义的批判与反思 ………………………… (194)
四　当今生态危机的真正根源 ………………………………… (200)
（一）主体能动性的异化 ……………………………………… (200)
（二）主体能动性异化的表现形式 …………………………… (202)
（三）经济全球化对生态环境的影响 ………………………… (205)
五　解决生态危机的基本思路 ………………………………… (207)
（一）建立一种全新的"大自然观" …………………………… (207)
（二）建立一种全新的"大生产观" …………………………… (209)
（三）建立一种全新的"大社会观" …………………………… (210)

第五章　从平衡到非平衡 ……………………………………… (214)
一　经典力学的研究方法 ……………………………………… (214)
（一）机械运动与力的概念 …………………………………… (215)

（二）静力学研究力系的平衡问题……………………（216）
　　（三）动力学研究力与运动的关系…………………（219）
　二　平衡与非平衡是研究复杂系统的方法…………………（222）
　　（一）平衡是系统相对稳定的阶段……………………（222）
　　（二）非平衡是系统演化的原因………………………（224）
　　（三）平衡与非平衡的辩证关系………………………（227）
　　（四）相互作用的多样性与平衡的复杂性……………（231）
　三　耗散结构理论与非平衡自组织演化……………………（233）
　　（一）两类不同的有序结构……………………………（234）
　　（二）耗散结构理论的建立……………………………（242）
　四　协同学与非平衡自组织演化……………………………（251）
　　（一）非平衡相变与平衡相变…………………………（252）
　　（二）竞争与协同………………………………………（255）
　　（三）序参量与伺服……………………………………（258）
　　（四）合作机制的建立…………………………………（260）
　五　"非平衡是有序之源"的讨论…………………………（264）
　　（一）非平衡与系统的开放性…………………………（264）
　　（二）非平衡与对称性破缺……………………………（267）
　　（三）非平衡与差异的普遍性…………………………（271）
　　（四）非平衡与自组织演化……………………………（274）

第六章　从线性到非线性……………………………………（279）
　一　线性与非线性的由来及特征……………………………（279）
　　（一）线性及其特征……………………………………（280）
　　（二）非线性及其特征…………………………………（285）
　二　因果关系的等当与非等当性……………………………（291）
　　（一）线性因果性………………………………………（291）
　　（二）非线性因果性……………………………………（297）
　三　事物发展的统一性与多元化……………………………（307）
　　（一）统一性与多元化的探析…………………………（308）

（二）非线性创造万物和生命 …………………………………（318）

　四　几点启示 ……………………………………………………（335）
　　（一）非线性是世界持续发展和社会进步的基本前提 ………（335）
　　（二）非线性是将一元论与多元化相统一的一种方式 ………（338）
　　（三）非线性是加深理解物质和意识关系的有力武器 ………（342）

第七章　从存在到演化 ……………………………………………（349）

　一　存在是指什么？ ……………………………………………（350）
　　（一）存在范畴的提出 …………………………………………（350）
　　（二）存在意义的考析 …………………………………………（354）
　　（三）存在领域的分割 …………………………………………（358）

　二　物质的客观实在性 …………………………………………（364）
　　（一）物质范畴的探析 …………………………………………（365）
　　（二）世界的物质统一性 ………………………………………（368）
　　（三）物质的无限可分性 ………………………………………（373）
　　（四）物质形态的多样性 ………………………………………（379）

　三　物质存在的系统性 …………………………………………（389）
　　（一）系统的定义与特征 ………………………………………（390）
　　（二）系统的基本类型 …………………………………………（394）
　　（三）系统的基本原理 …………………………………………（396）

　四　物质系统的层次性 …………………………………………（403）
　　（一）层次结构的普遍性 ………………………………………（404）
　　（二）层次结构的基本特点 ……………………………………（408）
　　（三）层次结构的结合度 ………………………………………（411）
　　（四）层次结构的因果链 ………………………………………（414）

　五　系统演化的过程性 …………………………………………（416）
　　（一）宇宙和天体的起源与演化 ………………………………（417）
　　（二）地球的形成与演化 ………………………………………（421）
　　（三）生命的起源与演化 ………………………………………（423）

　六　系统演化的方向性 …………………………………………（427）

（一）时间之矢与不可逆性 …………………………………（427）
　　（二）不可逆在演化中的作用 ………………………………（431）
　　（三）进化与退化的统一性 …………………………………（434）
　七　系统演化的自组织性 ………………………………………（441）
　　（一）自组织概念的提出及含义 ……………………………（441）
　　（二）自组织演化的过程与途径 ……………………………（444）
　　（三）自组织形成的根据和条件 ……………………………（447）

第八章　非线性是世界的本质 …………………………………（452）
　一　物理世界的本质是非线性的 ………………………………（453）
　　（一）经典物理学中的非线性问题 …………………………（453）
　　（二）广义相对论的非线性本质 ……………………………（459）
　　（三）量子力学线性与否的争论 ……………………………（460）
　　（四）规范场理论也是非线性的 ……………………………（462）
　二　复杂世界中的相干结构——孤子 …………………………（464）
　　（一）从罗素的孤波到孤子 …………………………………（465）
　　（二）自然界其他相干结构 …………………………………（468）
　　（三）孤子的生成演化机制 …………………………………（471）
　　（四）孤子的科学文化特征 …………………………………（475）
　三　确定性系统的无规则运动——混沌 ………………………（479）
　　（一）混沌的含义及其演变 …………………………………（479）
　　（二）"混沌之父"——洛伦兹 ………………………………（482）
　　（三）马康姆戏说混沌 ………………………………………（488）
　　（四）确定性混沌的基本特征 ………………………………（490）
　四　现实世界中的几何体——分形 ……………………………（495）
　　（一）几种有代表性的分形体 ………………………………（496）
　　（二）芒德勃罗分形几何的创立 ……………………………（501）
　　（三）分形几何与复杂性研究 ………………………………（506）
　　（四）分形结构的复杂性特征 ………………………………（515）

第九章 非线性是事物发展的终极原因 (523)

一 非线性是系统复杂性之根源 (524)
（一）简单性原则的局限性 (525)
（二）简单规则导致复杂行为 (533)
（三）非线性与系统复杂性 (538)

二 非线性是系统结构有序化之根本 (545)
（一）序的概念和有序度的描述 (546)
（二）有序与对称性破缺的关系 (551)
（三）非线性与系统结构的有序化 (564)

三 非线性是人类创造性思维之源泉 (576)
（一）非线性现象带给人们的思考 (577)
（二）发散思维与收敛思维张力常新 (582)
（三）从构成论向生成论的范式转换 (586)

四 非线性是事物运动发展之终极原因 (592)
（一）线性相互作用的"绝境" (593)
（二）非线性相互作用的机制 (595)

第十章 非线性提供了一种新的思维方式 (599)

一 传统自然科学的局限性 (600)
（一）分科的知识体系 (600)
（二）机械论的自然观 (602)
（三）还原分析的方法 (604)

二 迈向一种新的思维方式 (606)
（一）非线性系统的基本特征 (607)
（二）非线性科学引起的变革 (609)
（三）几种主要的非线性方法 (615)

三 科学向辩证思维的复归 (618)
（一）恩格斯关于科学向辩证思维复归的思想 (619)
（二）普里戈金关于科学系统演化的三形态说 (620)
（三）从形而上学思维到辩证思维的复归 (625)

四 非线性思维的基本内涵 …………………………………… (627)
（一）线性思维与非线性思维概念的提出 ………………… (628)
（二）把思维对象作为非线性系统来识物想事 …………… (630)
（三）把思维过程作为非线性系统来规范运作 …………… (633)

五 非线性思维的内在机制 …………………………………… (636)
（一）两可图识别的非线性机理 …………………………… (636)
（二）直觉产生的非逻辑特征 ……………………………… (639)
（三）灵感形成的非线性机理 ……………………………… (645)

六 复杂性科学的哲学启示 …………………………………… (652)
（一）复杂性科学的学科特征及其社会影响 ……………… (653)
（二）复杂性科学在当代语境下的哲学启示 ……………… (658)
（三）中国传统文化对复杂性研究的现实意义 …………… (673)

外国人名译名及对照 ………………………………………… (690)

参考文献 ……………………………………………………… (699)

第一版后记 …………………………………………………… (724)

第二版后记 …………………………………………………… (726)

CONTENTS

The preface to the first edition ················ Xu Yong-hua (I)

The preface to the second edition ················ Miao Dong-sheng (III)

Chapter One Introduction ················ (1)

　I. What is discipline ················ (1)

　II. Two systems of discipline and their transformation ················ (5)

　III. Interdisciplinary research and nonlinear science ················ (15)

Chapter Two Geometry and Physics ················ (43)

　I. Euclidean geometry and Classical physics ················ (44)

　II. Riemannian geometry and Modern physics ················ (52)

　III. Fiber bundle theory and Modern physics ················ (63)

　IV. Several conclusions ················ (83)

Chapter Three Physics and Economics ················ (96)

　I. Complexity characteristics of economical system ················ (97)

　II. Classical mechanics and classical and neoclassic economics ················ (101)

　III. Quantum mechanics and the three revolution of Western Economics ················ (125)

　IV. Chaos and nonlinear economics ················ (145)

Chapter Four Economics and Ecology ················ (155)

　I. An unprecedented dangerous ecological disaster ················ (155)

　II. To explore the internal nature of ecological crisis ················ (173)

　III. Debates on anthropocentrism ················ (185)

　IV. The actual root of present ecological crisis ················ (200)

　V. Principal thinking of solving the ecological crisis ················ (207)

Chapter Five From equilibrium to nonequilibrium ············ (214)
    Ⅰ. The study means of classical mechanics ············ (214)
    Ⅱ. Equilibrium and nonequilibrium are means of studying complicated system ············ (222)
    Ⅲ. Dissipative structure theory and nonequilibrium self-organization evolution ············ (233)
    Ⅳ. Synergetics and nonequilibrium self-organization evolution ············ (251)
    Ⅴ. Discussion on "Nonequilibrium is the source of order" ············ (264)

Chapter Six From linear to nonlinear ············ (279)
    Ⅰ. Origin and characteristics of linear and nonlinear ············ (279)
    Ⅱ. Equivalence and non-equivalence of causality ············ (291)
    Ⅲ. The unity and pluralism of object development ············ (307)
    Ⅳ. Several enlightenments ············ (335)

Chapter Seven From being to becoming ············ (349)
    Ⅰ. What is being ············ (350)
    Ⅱ. The objective subs*tan*tiality of matter ············ (364)
    Ⅲ. The systematicness of material existence ············ (389)
    Ⅳ. Levels of material system ············ (403)
    Ⅴ. The process of system evolution ············ (416)
    Ⅵ. The direction of system evolution ············ (427)
    Ⅶ. Self-organization of system evolution ············ (441)

Chapter Eight Nonlinear is the essence of nature ············ (452)
    Ⅰ. The nature of physics world is nonlinear ············ (453)
    Ⅱ. Coherence structure in complex world——Soliton ············ (464)
    Ⅲ. The "irregularity" movement in definite system——Chaos ············ (479)
    Ⅳ. Geometry body in real world——Fractals ············ (495)

Chapter Nine Nonlinear is the ultimate reason of object development ············ (523)
    Ⅰ. Nonlinear is the origin of system complexity ············ (524)
    Ⅱ. Nonlinear is the fundamentality of system structure order ············ (545)
    Ⅲ. Nonlinear is the source of creative thinking of human beings ············ (576)

  IV. Nonlinear is ultimate reason of movement and development of object ······ (592)

Chapter Ten Nonlinear provides a new thinking pattern ················· (599)

  I. Limitations of traditional nature science ································ (600)

  II. Stride towards a new thinking pattern ································· (606)

  III. The science return to dialectical thinking ···························· (618)

  IV. The basic connotation of nonlinear thinking ························· (627)

  V. The intrinsic mechanism of nonlinear thinking ······················· (636)

  VI. The philosophical enlightenments of complexity science ·················· (652)

Foreigner names translation and index ·· (690)

Bibliography ·· (699)

Postscript of the first edition ·· (724)

Postscript of the *sec*ond edition ·· (726)

第一章 导 言

20世纪以来，科学的整体化和综合化趋势已成为一股强劲的世界潮流，跨学科研究也已是学术界关注的一个热点问题。起初是从自然科学开始的，交叉学科、边缘学科、横断学科和综合性学科不断产生和发展，后来这一潮流又波及社会科学。随着经济、社会和科学、技术的发展，自然科学和社会科学之间的交叉渗透也日益加强，两者相互结合以解决人类面临的紧迫问题的步伐也大大加快了，以"学际性、国际性、开放性、流动性"为口号的综合研究中心也在世界各地纷纷建立，进一步推动了跨学科研究的发展。

笔者早年曾学过机械、数学和科学技术哲学三个不同专业，后来由于研究生教学工作的需要，就一直从事具有跨学科性质的"科学技术哲学"的教学和研究。1977年以来，一直有许多相关问题在脑海里徘徊，在这里，我想借本书的写作择其要者略作说明。

一 什么是学科？

本书的选题是一个跨学科性质的问题，首先需要解释的就是"什么是学科"这个问题，然后才能让读者了解学科之间是怎么"跨"起来的，以及跨学科研究与非线性思维的关系。

（一）学科的定义及其特征

学科（discipline）与科学（science）不是一回事，它们是两个不同的概念。国内外学术界对"什么是学科"的回答并没有严格的规定。《中国大百科全书》把学科等同于"知识门类"或"知识领域"。它把全部知识分成"66个学科或知识领域"①。《辞海》中"学科"词条的释文是:"(1)学术的分类。指一定科学领域或一门科学的分支。如自然科学部门中的物理学、生物学;社会科学部门中的史学、教育学等。(2)教学的科目。学校教学内容的基本单位。如普通中、小学的政治、语文、数学、外国语、物理、化学、历史、地理、音乐、图画、体育等。"② 以上关于学科概念的定义既不严格又停留在现象表面,没有揭示出学科概念的本质特征。

韦伯斯特(Webster)《国际词典》稍稍前进了一步,它把学科定义为"知识、实践和规则系统"。这些知识、实践和规则为该系统内的学者共同体提供该研究领域的唯一方向。美国著名科学哲学家托马斯·S.库恩(Thomas S. Kuhn)用"范式"(paradigm)、"学科基质"(disciplinary matrix)来规定一门学科。他认为,一门学科就有一个范式来支配,或由"学科基质"来规定。学科基质的主要成分是符号概括、模型和范例。③

有人提出至少有四种方式定义学科:

(1)用人们意欲研究的课题、研究的领域;

(2)用人们所做工作的参加者及权限或习惯;

(3)用人们探究的方法和模式;

(4)用人们的探究结果。④

例如,天文学是一个最早有清晰定义的学科,它规定了研究课题:恒星和行星的运动;有一批特殊能力的参加者;使用特殊的探究方法,获得了相应的探究结果。17世纪科学革命以后,学科被分为三个大类,即自然哲学,包括物理学和生物学等;精神哲学,包括各门社会科学;以及道德哲学,主要是伦理学。

---

① 中国大百科全书总编辑委员会:《中国大百科全书》,中国大百科全书出版社1993年版,内容简介。

② 辞海编辑委员会:《辞海》,上海辞书出版社1979年版,第2577页。

③ [美]托马斯·S.库恩:《必要的张力:科学的传统和变革论文选》,纪树立、范岱年等译,福建人民出版社1987年版,第293页。

④ Ann E. Prentice, *Information Science: Introduction*. New York: Neal-Schuman Publishers, Inc. 1990, p. vii.

随着现代科学特别是非线性科学的发展、研究范围的扩大，学科问题的研究也变得越来越复杂。任定成教授在《交叉科学导论》一书中对此做了讨论。他认为，"学科的特征在于它不依赖于其他学科的独立性。这种独立性反映在它的研究对象、语言系统和研究规范上"。一般认为，形成一门学科必须具备以下条件：

（1）专业组织；

（2）独特的语言系统；

（3）特殊的研究策略；

（4）特有的规则。

其中第四项中的规则具有四个特征：①潜在性；②公共性；③层次性；④相对稳定性。[①]

（二）交叉科学的基本分类

跨学科（Interdisciplinary）与交叉科学（Interdisciplinary Science）是在同等意义上使用的两个概念，因此国内许多人也称跨学科为交叉科学。顾名思义，跨学科就是横跨几门旧学科的新学科，交叉科学是交叉性学科的总称。它们由低到高，可分为六大类型：

1. 比较学科

比较学科是以比较方法作为主要研究方法，对具有可比性的两个或两个以上的不同系统进行研究，探索各系统运动发展的特殊规律和共同规律的科学。比较学科是各门比较学的总称，是一个学科群。其中包括比较文学、比较教育学、比较史学、比较法学、比较经济学等等。一般而言，它属于较低层次的交叉学科。

2. 边缘学科

边缘学科主要指两门或三门学科相互交叉、相互渗透而在边缘地带形成的学科。如物理学与化学结合产生了物理化学，与生物学结合产生了生物物理学。像教育经济学、历史自然学、技术美学、地球化学等都是边缘学科。该学科是交叉学科群中历史最悠久的一个学科门类，它通过两门或两门以上学科的有机结合形成跨学科性的研究，充分体现了交叉学科的基

---

① 李光、任定成：《交叉科学导论》，湖北人民出版社1989年版，第37—50页。

本特点。

3. 软科学

软科学，又称软学科，是以管理和决策为中心问题的高智能化学科，其研究对象大多是与国民经济、社会发展和科学技术相关的微观和宏观系统。如管理学、预测学、咨询学，以及政策科学、决策科学和领导科学等。每门软科学都是在多门学科的背景和基础上形成的。它的研究对象复杂，人为因素较多，解决问题的手段又是非线性的，所以在交叉学科的层次上高于边缘学科。

4. 综合学科

综合学科是以特定问题或目标为研究对象的学科。由于其研究对象的复杂性，任何单学科甚至单用硬学科或软学科都不能独立完成任务，必须综合运用多种学科的理论、方法和技术，因此称为综合学科。如环境科学、城市科学、行为科学等。与软科学相比，综合学科体现了软科学和硬科学成分兼有的特点，它的交叉广度要比软科学范围大。换句话说，软科学可视为综合学科中的一类特殊学科。因此，综合学科的交叉层次比软科学更进一步。

5. 横断学科

横断学科，又称为横向学科，是在广泛跨学科研究的基础上，以各种物质层次、结构、运动形式等的某些共同点为研究对象而形成的工具性、方法性较强的学科，如系统论、信息论、控制论、耗散结构理论、协同学等。横断学科完全是跨学科研究的产物，它比前四类交叉学科有更大的普遍性和通用性，是比综合学科更高层次的交叉学科。

6. 超学科

超学科，又称元学科，是超越一般学科层次而在更高或更深层次上总结事物（包括学科）一般规律的学科。如哲学，它在古代是一切学科的母学科；在现代它是概括自然、社会和人类思维的一般规律的学科。又如科学学，它是一门研究自然科学整体发展规律的学科。超学科在交叉层次上有双重特点：一方面它以高度的抽象性和普遍性超越横断学科，表现为交叉学科的最高层次；另一方面它又以高度的抽象性脱离它所依赖的背景学科，表现出非交叉学科的特点，即仿佛又回到了单学科阵营。如哲学和数学都有这个特点。特别是在当代，哲学已无家可归，没有任何特定的研究对象；也正因为它无家可归，所以它又以四海为家。

以上我们介绍了交叉学科的六个门类，它们按交叉层次由低到高排列，但到了最高层的超学科，仿佛又回到了单学科，然后通过比较研究跨入比较学科（如哲学是超学科，"比较哲学"则是比较学科），形成了一个否定之否定的循环。其关系如图1—1所示。①

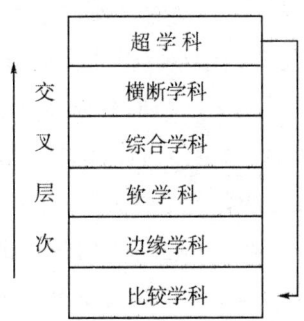

图1—1 交叉学科层次结构图

二 学科的两大系统及其转换

许国志院士指出："任何一门学科，只有当它是所处时代的社会生存与发展客观需要的自然产物，同时学科内在逻辑必要的前期预备性条件又已基本就绪时，它才会应运而生，并为世所容所重，得以充分发展。"② 所以，从学科系统形成的角度，我们可以把全部学科分为两大系统：一是以对象为中心建立起来的学科系统，二是以问题为中心建立起来的学科系统。前者的主要功能是解释世界，后者的主要功能则是改造世界。要想促进基础研究成果向实际应用的转化，就应该通过跨学科研究和教育，以及基础学科的结构重组和系统优化，实现对象学科系统向问题学科系统的转换。③

---

① 刘仲林：《中国创造学概论》，天津人民出版社2001年版，第39—42页。
② 许国志等：《系统工程的回顾与展望》，《系统工程理论与实践》1990年第6期，第1—15页。
③ 张书琛：《学科的两大系统及其转换》，《系统辩证学学报》2000年第3期，第6页。

（一）以对象为中心的学科系统

毛泽东同志在1937年撰写的《矛盾论》一文中曾指出："科学研究的区分，就是根据科学对象所具有的特殊的矛盾性。因此，对于某一现象的领域所特有的某一种矛盾的研究，就构成某一门科学的对象。"[①] 毛泽东的这一观点，基本上概括了20世纪之前的学科状况。也就是说，17世纪中叶至20世纪前的近代各门学科，基本上是在实验的基础上，通过经验归纳和理论演绎而形成的。由于当时牛顿（Isaac Newton）力学占主导地位，再加上大机器工业的影响及人们认识能力和研究手段的局限，各个学科之间基本上是彼此独立的，各学科分门别类、学科间壁垒森严是这一时期的主要特征。在这一时期，几乎每一门学科都是围绕着特定的研究对象而建立起来的，研究者也都专注于特定的研究对象（包括客体、现象、成分、属性、变量等）和研究领域。因而，这一时期的基础性学科，属于数学和自然科学系统的学科主要有数学、力学、物理学、化学、天文学、地理学、地质学和生物学；属于哲学和人文社会科学系统的有哲学、文学艺术、语言学、历史学、经济学、法学、政治学、社会学和人类学。这些学科作为传统的基础性学科，至今在学科系统中仍占据基础地位。

20世纪初，随着人们认识能力和研究手段的提高，各学科之间的关系开始受到学术界的普遍关注。于是，研究两种对象之间相互关系的二维交叉性学科开始大量涌现。以数学和自然科学为例，有计算数学、理论力学、生物力学、物理化学、生物化学、天体物理学、天文地质学、宇宙生物学，等等。在哲学和人文社会科学中也衍生出许多二维交叉性学科，如经济哲学、科学哲学、数理逻辑、实用美学、社会伦理学、民族语言学、思维历史学、法律社会学，等等。这些二维交叉性学科的出现，在一定程度上弥补了以往学科之间的裂痕，也改变了学科分割的局面；但仍然局限于两个研究对象之间的关系。因此，这些学科本质上仍属于以对象为中心建立起来的学科系统。

20世纪40年代，随着人们科学视野的拓展，研究诸多对象——通过各不相同的方式联系起来——的某种整体属性的学科（如系统论、信息

---

① 《毛泽东选集》第1卷，人民出版社1991年版，第309页。

论、控制论）开始形成，从而为现代科学研究开辟出一个崭新的前景。系统科学的诞生顺应了科学技术综合化和科学社会一体化的趋势，它改变了近代以来学科分割的局面，沟通了各学科之间的联系，为实现以对象为中心的学科系统向以问题为中心的学科系统的转换搭起了桥梁，并为这方面科研成果向实际应用的转化提供了理论和方法上的基础。

20世纪60年代，情况又发生了变化，几乎同时从非线性系统的两个极端方向取得了突破。一方面，从可积系统的一端，即研究无穷多自由度的非线性偏微分方程的一端，在浅水波方程中发现了"孤子"，并发展出一套系统的数学方法，对这一类的非线性方程给出了解法；另一方面，从不可积系统的一端，比如在天文学、气象学、经济学、生态学等领域对一些看起来相对简单的不可积系统的研究中，都发现了确定性系统中存在着对初值极为敏感的复杂运动形式——混沌运动。促成这种变化的一个重要原因是计算机的广泛应用和由计算机的应用而诞生的"计算物理"和"实验数学"这两个新兴领域的出现。计算机作为科学工作者的研究手段，使得他们可以"进攻"以往用解析手段不可能处理的问题，从中得出规律性的认识，也使得科学工作者可以打破原有的学科界限，从共性、普适性的角度来探讨各种非线性系统的行为。到了20世纪60年代末，以耗散结构理论、协同学、超循环理论为代表的非平衡自组织理论的崛起，科学的兴趣转向了对整体、对系统创生、演化，特别是进化的研究，使人们对自然系统的认识不断地从平衡走向非平衡、从线性走向非线性、从存在走向演化。这样就形成了贯穿信息科学、生命科学、空间科学、地球科学和环境科学等领域，解析、计算和实验三种手段并用，揭示非线性系统共性、探索复杂性的新兴科学领域——非线性科学。所以，我们说："非线性科学是研究非线性现象共性的一门学问，具有高层次的跨学科特性。"[1]

（二）以问题为中心的学科系统

系统科学是一门综合性很强的学科，这就涉及学科与科学的关系问

---

[1] 武杰、李宏芳：《非线性是自然界的本质吗？》，《科学技术与辩证法》2000年第2期，第1—5页。

题。这里我们先谈，什么是科学？一般认为科学是"反映自然、社会、思维等的客观规律的分科的知识体系"①。其实，这一定义是不全面的。钱时惕教授指出："科学是由人类对认识客体（自然界、社会界、思维过程及其他各种事物）的知识体系、产生知识的活动、科学方法、科学的社会建制、科学精神等按照一定层次、一定方式所构成的一个动态系统。"其关系如图1—2所示。② 所以，许多科学哲学家认为"科学始于问题"，科学探索和科学研究的过程就是提出问题、分析问题和解决问题的过程，也就是问题求解的过程。因而，作为这一过程之结果的科学成果、科学理论，也就是问题之解。由此看来，科学不但是始于问题、关于问题的，而且是为了解决（解答）问题的。③

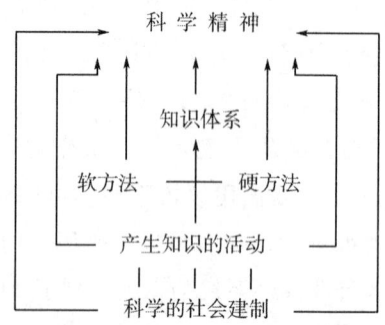

图 1—2 科学作为动态系统的结构图

什么是问题呢？一般来说，问题就是矛盾，更确切地说就是从主体需要与所需对象之间的关系中产生出来的一种矛盾。作为一种复杂社会性活动的科学，其主旨就是解决这种矛盾和问题。任何一种东西，如果它完全与人的需要无关，不影响主体需要的满足，人们是不会把它当成问题去探索、研究和解决的。所以，问题总是与人及人的需要有关。

那么，科学所要解决的问题又有哪些呢？张书琛教授通过对无限多样问题的考察，把它们分为以下三大类：

---

① 中国社会科学院语言研究所词典编辑室：《现代汉语词典》，商务印书馆2005年版，第769页。

② 钱时惕：《科技革命的历史、现状与未来》，广东教育出版社2007年版，第1—2页。

③ ［英］A. F. 查尔默斯：《科学究竟是什么？》，查汝强等译，商务印书馆1982年版，第54—58页。

1. "是怎样"（"然"）之类的问题

其中包括现象、面貌"是怎样"（"其然"）、其原因"是怎样"（"所以然"，亦即"为什么"）、其实质"是怎样"（"实然"或"本然"）这三方面的问题。这三方面大体相当于经验、科学、形而上学（"物理学之后"）这三个层次，根本目的是"求真"。

2. "应怎样"（"善"）之类的问题

其中包括事物状况"应怎样"（"应然"）、理想的图景"应怎样"（"该然"）、自己的行动"应怎样"（"应为"、"应做"）这三个方面的问题。这三方面的问题实际上就是价值评价、价值设想、价值取向，本质上是"向善"的。

3. "要怎样"之类的问题

这又包括主体的行动"能够怎样"（"可能"）、"最好怎样"（"可心"）、"决定怎样"（"要做"、"必行"）这三个相互联系的环节。简言之，这三个环节就是可行性分析、优化选择、确定方案，这实际上说的是人类的实践活动。因为"动物只是按照它所属的那个种的尺度和需要来建造，而人懂得按照任何一个种的尺度来进行生产，并且懂得处处都把内在的尺度运用于对象；因此，人也按照美的规律来构造"①。

科学所要解决的上述三大类问题，实质上是从古希腊就已经开始探索，并且至今仍在探索和研究的事实问题、价值问题和实践问题。上述三大类问题，共九个小问题，就是我们所要设想的以问题为中心的学科系统。这里我们通过"问题"沟通了学科与科学之间的关系。这一思维方式涵盖了经验、科学、哲学（包括形而上学和价值哲学）、方法和工程技术等各个方面。

古希腊和古罗马的学者将学问（包含着科学的古代哲学）分为"物理学"、"伦理学"和"逻辑学"三大类。其中的"物理学"包括自然物理学（近似于现代的自然科学）、社会物理学（近似于现代的实证的社会科学）和形而上学（即"物理学之后"，亦即古代自然哲学）；它实质上是关于事实的学问。其中的"伦理学"不同于我们今天所说的伦理学，而主要是指关于价值的学问；同时也含有实践哲学的内容——因为价值意

---

① 《马克思恩格斯选集》第 1 卷，人民出版社 1995 年版，第 47 页。

味着"应当怎样",它不但包括"应当怎样"才好,而且还包含"应当怎样做"才行。其中的逻辑学主要是关于思维方式和思维规律的学问,其中也暗含着理智思维(关于事实的思维)的逻辑和价值思维的逻辑。[①]

当代科学面临着来自社会的三大挑战:人类生存环境的恶化倾向、高技术评估的困难和科学与人文两种文化的不平衡。这些挑战是社会对科学需求的突出表现。在这种情况下,科学的社会效果甚至连同它的生命力,都取决于科学对其资源利用的程度、科学的目标与社会需求结合的程度、科学面对社会需求的自我调节和应变能力。由此可见,科学作为一种"五位一体"的动态系统,它本身也在转变之中。

科学自身发展的逻辑和社会需求的交汇点是新科学的生长点。在这种交汇点上当代科学走向表现出三大特征:走向复杂性和非线性(混沌学和其他非线性与复杂性研究领域);走向极端和本原(宇宙的起源、生命的起源和智力的起源);走向综合和统一(物理科学中的局域性与全域性的统一,生命科学中的遗传与进化的统一,认知科学中的精神与物质的统一),并且这些走向还塑造着新的科学形象。

与按传统理解的科学相比,新科学有四个基本特征:第一,传统理解的科学主张只揭示能由任何科学家重复的知识,而新科学则打破了拉普拉斯(P. S. Laplace)决定论的可预见性的狂想,把不可在先的现象和行为视为科学探索的重要对象;第二,传统理解的科学把科学的社会运用视为科学之外的社会问题,而新科学则把它包括在科学探索的过程之中;第三,传统理解的科学忽视价值因素或把它看得十分平淡,而新科学则把价值看作科学理性中的重要因素,因而使科学除了逻辑理性、数学理性和实验理性之外又增加了价值理性;第四,传统理解的科学知识系统是不关涉自身的,而新科学的知识系统则要求有评价自身的能力和方法。如果把这种新科学视为科学最基本的形式,那么传统理解的科学则应被认为是受严格限制的,是新科学的极限形式。[②] 所以,新科学的建立必须兼容传统科学,把它们看作是自己的极限形式,例如爱因斯坦(Albert Einstein)相对论力学之于牛顿经典力学。

---

① 张书琛:《学科的两大系统及其转换》,《系统辩证学学报》2000年第3期,第7页。
② 董光璧:《科学与我们的时代》,《科技日报》1999年1月2日。

（三）从对象系统向问题系统的转换

在谈论这个问题之前，我们有必要继续区分学科与科学这两个不同的概念。什么是学科？李光、任定成正确地指出："学科的特征在于它不依赖于其他学科的独立性。这种独立性反映在它的研究对象、语言系统和研究规范上。"学科的这种独立性必然导致各学科之间的分割。什么是科学呢？德国著名物理学家普朗克（M. K. E. L. Planck）在《世界物理图景的统一性》一书中曾做过精辟的分析。他认为："科学是内在的整体，它被分割为单独的部门不是取决于事物的本质，而是取决于人类认识能力的局限性。实际上存在着从物理学到化学、通过生物学和人类学到社会科学的连续的链条，这是一个任何一处都不能被打断的链条。"[①] 这样一幅世界的整体图景是不断发展的。由此可见，学科之间是彼此分割的，而科学却是一个不可分割的内在联系的整体。每门学科研究某一对象或事物的某一个方面，而大量的社会需求和社会问题却大都是综合性的。这就必然导致单个的学科与整体的科学、分割的学科与综合性的社会问题之间的错位和矛盾。

然而，冲突是融合的前提，对立为统一创造了条件。20世纪以来，跨学科研究的蓬勃兴起，犹如雨后春笋，层出不穷。特别是60年代以后，非线性科学作为自然科学进步和发展的主要标志，它的研究成果不仅融入自然科学的各个领域，而且渗透到社会科学的各个方面，非线性思维也成为科学思维的时代特征。正如克劳斯·迈因策尔（K. Mainzer）在《复杂性中的思维》一书中指出的那样："在自然科学中，从激光物理学、量子混沌和气象学直到化学中的分子建模和生物学中对细胞生长的计算机辅助模拟，非线性复杂系统已经成为一种成功的求解问题方式。另一方面，社会科学也认识到，人类面临的主要问题也是全球性的、复杂的和非线性的。生态、经济或政治系统中的局部性变化，都可能引起一场全球性危机。线性的思维方式以及把整体仅仅看作其部分之和的观点，显然已经过时了。认为甚至我们的意识也受复杂系统非线性动力学所支配这种思想，

---

① ［德］普朗克：《世界物理图景的统一性》，转引自黎鸣《试论唯物辩证法的拟化形式》，《中国社会科学》1981年第3期，第6页。

已成为当代科学和公众兴趣中最激动人心的课题之一。如果这个计算神经科学的命题是正确的，那么我们的确就获得了一种强有力的数学策略，使我们得以处理自然科学、社会科学和人文学科的跨学科问题。"①

另外，要真正解决上述两个矛盾，张书琛教授认为还应抓好以下三个环节：

1. 开展交叉研究和交叉教育

我国著名科学家钱三强早在20世纪80年代就富有远见地指出："本世纪末到下一个世纪初将是一个交叉科学时代。"我们要适应交叉科学时代科技发展的需要，就必须不失时机地进行交叉研究和交叉教育。

交叉研究和交叉教育始于"二战"期间，到20世纪70年代形成了一股国际潮流。现代交叉研究的形式大体上有三类：一是通过学会、协会等专业学术团体进行的交叉研究，如"全美STS（Science, Technology and Society）协会（科学、技术与社会相互关系协会）"、"中国软科学研究会"等。二是通过独立或相对独立的研究机构进行的交叉研究，如美国的"兰德公司"、中国的"国务院发展研究中心"等。三是通过大学的跨学科研究中心进行的交叉研究。在美国备案的3000多所大专院校中，大部分建有交叉研究机构，哈佛大学等名牌大学的交叉研究机构的数量已超过了各经典系的总和。在国内，像中国科学院生态环境研究中心、北京大学网络经济研究中心、清华大学国情研究中心、山西大学科学技术哲学研究中心等，都是相对独立的交叉研究和交叉教育机构。

交叉教育主要是通过大学开展的。当前各国大学的交叉教育主要有三个层次：一是设立跨学科（两学科或多学科）的专业，开设跨学科课程。美国一些大学不许开设"概念课"，而是倡导以主题形式进行多学科的交叉教育。英国剑桥大学开设了许多"两科交叉"和"多科交叉"课程。二是通过教育改革建立新的跨学科研究中心和多学科学校。如英国新型大学——索塞克斯大学不设院、系，代之以多学科学校和跨学科研究中心。三是建立跨学科的新型大学。日本于1973年建立的筑波大学即属此类。

2. 进行学科的结构重组和整体优化

交叉研究和交叉教育只是开阔人们的视野，开拓人们的思路，它不可

---

① ［德］克劳斯·迈因策尔：《复杂性中的思维》，曾国屏译，中央编译出版社1999年版，第1页。

能也没必要针对每一个实际问题。正如军队的队列训练不同于实战队形、军事演习不同于对敌实战一样,交叉教育也不同于解决实际问题时所应有的学科结构和布局。因而,要在交叉研究和交叉教育的基础上,在解决实际问题时根据实际的需要与可能,以一定问题为中心,以工程学的模式对各相关学科进行结构上的重组,对各学科的人才队伍进行功能性的系统优化。为了避免功能不足导致的低效率或某种功能过多导致的浪费,研究机构必须实行流动制管理,即科研队伍的组织应该主要以课题(项目)为中心,研究人员不断重组、不断流动,使其成为一个开放的系统。美国圣菲研究所(Santa Fe Institute)就是一个典型的开放型研究机构。它是于1984年在柯文(George Cowan)的倡导下,在盖尔曼(M. Gell-Mann)、安德森(P. Anderson)、阿罗(K. J. Arrow)等三位诺贝尔奖获得者的大力支持下成立的,很快就成为世界复杂性研究的基地,后来被评为全美国最优秀的五大研究所之一,与具有上百年历史的贝尔实验室比肩而立。

3. 实现以对象为中心的学科系统向以问题为中心的学科系统的转换

以对象为中心的学科系统,其主要任务是进行基础研究,其主要功能是认识和解释世界;而以问题为中心的学科系统,其主要任务则是进行开发和对策研究,其主要功能是解决实际问题,即改造世界。显而易见,以问题为中心的学科体系与社会实践的联系更为直接,更为密切,更适于解决实际问题。因而,要使我们的科研成果能够更多地转化为现实的价值,使科学更好地为实际工作服务,就必须实现从对象学科系统向问题学科系统的转换。[①] 2011年10月5日,苹果公司首席执行官史蒂夫·乔布斯(Steve Jobs)不幸去世,美国总统奥巴马(B. H. Obama Ⅱ)对他的逝世表示深切哀悼,认为"乔布斯改变了我们每一个人看世界的方式。"他"是美国最伟大的创新者之一,他敢于与众不同地思考,大胆地相信他可以改变世界,并且天才地实现了他的梦想"。乔布斯的成就与他一生以问题为中心的思考与实践密切相关。正如他自己所言:"关于我,应该谨记的关键一点就是,我仍然是个学生,我仍然在新兵训练营。"[②]

---

① 张书琛:《学科的两大系统及其转换》,《系统辩证学学报》2000年第3期,第8页。
② [美]沃尔特·艾萨克森:《史蒂夫·乔布斯传》,管延圻等译,中信出版社2011年版,第176页。

然而，反观我们今天的科学教育，从科学教育的观念、课程体系、教学内容直至教学方法，基本上仍然建立在传统线性科学的基础之上，在这种科学教育的土壤中，显然不可能培育出具有信息时代科学素养的一代新人。当前，如何迎接信息时代的挑战已成为素质教育中，特别是高等教育讨论的热门话题，但是大多数人关心的还仅限于如何对学生进行信息技术的训练，培养学生具体处理信息的方法和能力，却很少有人从基础科学、从新的科学方法和科学精神的深层次思考如何对学生进行科学教育。显然，进行非线性科学的教育，批判和超越传统科学，已成为信息时代科学教育中一个十分重要而迫切的新课题。目前，科学主义和人文主义两种文化的冲突、人与自然的协调发展，以及应用科学技术带来的社会伦理问题，都需要我们进行正确的审视和反省。在这样的背景下，以美国为首的发达国家在20世纪80年代相继引入了HPS教育，旨在通过科学史、科学哲学和科学社会学的学习来促进科学教育，理解科学本质、普及科学知识、崇尚科学精神。

为了更好地迎接这场挑战，了解非线性科学的学科性质，掌握跨学科研究的思维方法，进而拓宽洞察世界的新视野，增添理解自然、理解社会和理解自我的新理念，我想在这里重点介绍这样一个哲学命题："世界以我们建造世界的方式建造我们。"理解这一命题，应该把握以下三点：

（1）"人类是环境的创造物，也是环境的改造者。环境不但供给人类物质上的需要，并提供人类智慧、道德、社会以及精神上成长的机会。"[①]在物理学上有所谓牛顿运动三定律，其中第三定律——作用力反作用力定律是说：在两个物体之间存在着作用力和反作用力，它们大小相等，方向相反，作用在同一条直线上。2001年笔者发表一篇论文提出了"非线性相互作用是事物的真正的终极原因"[②]，为我们理解人与自然、人与社会、人与人之间的关系提供了一种新的理念。

（2）对于任何一个人类的个体来说，他的存在并不是由他本身决定的，他的"人的身份"是由其父母及其父母的社会关系、生存环境所决

[①] 联合国《人类环境宣言》，转引自周义澄《自然理论与现时代》，上海人民出版社1988年版，第238页。

[②] 武杰、李润珍：《非线性相互作用是事物的终极原因吗?》，《科学技术与辩证法》2001年第6期，第15—19页。

定的。因此，人的存在是先于本质的，不但如此，在其成长的过程中，现实的社会关系和生活环境使其能够作为一个独立的个体而存在，并开展其自身的活动。正是在这个意义上可以说：人是环境和教育的产物。但是我们必须看到，"人的存在先于本质"其实质是对人的限定，也只有超越这一限定，人才能实现对自身本质的确证，才能创造出属于自己的新世界，使人真正成之为人。所以马克思（Karl Marx）说："环境的改变和人的活动的一致，只能被看作是并合理地理解为变革的实践。"①

（3）要注意周围环境和氛围对人的影响：即便是一个不拘小节的人，如果进入一家五星级宾馆，估计也能控制随地吐痰的毛病。这就是环境和氛围的威力，而不是或者不全是能力和素质的问题。我们过去也常讲，在改造客观世界的同时，也要改造自己的主观世界。这里蕴含着人与自然、人与社会、人与人之间的关系。所以，我们每一个人都要努力营造一个好的环境和氛围，在向上的环境中锻炼成长。"这种观点表明：人创造环境，同样，环境也创造人。"② 也正是在改变现实环境的过程中，人的意识、观念、思想才得以现实地生成。所以，我比较赞同这一哲学命题——世界以我们建造世界的方式建造我们，让我们在"感悟→醒悟→顿悟"的思考中，在"天性→人为→事物"三位老师的教导下，在"学说→学术→学养"的实践中，深刻领会"教育的目的在于能让青年人毕生进行自我教育"（美国教育家 R. 哈钦斯），或者说"教育的目的是为了不教育"，自信、自觉、自强地走好自己的人生道路！

三　跨学科研究与非线性科学

自然界、人类社会和人脑的思维都是非常复杂的，实际上可以看作是一个广泛而又普遍联系的连续体。这就决定了对这个连续体进行探索的科学认识，也应该是连续的。比如用科学的眼光来看，从无生命的宏观行为（运动）到微观行为（运动），再从微观行为逐渐过渡到有生命的生物个体行为，最后是有生命的群体行为。这个连续体的前半部分行为由自然科

---

① 《马克思恩格斯选集》第 1 卷，人民出版社 1995 年版，第 59 页。
② 同上书，第 92 页。

学研究,而后面的群体行为则由社会科学研究。今天我们所进行的跨学科研究正是连续体中的一段谱线,连续链条的一个环节。现在这些位置有许多还是空白的,发展跨学科研究,正是为了填补这些空白,找到这个连续体的一些运动规律。

(一) 跨学科研究的含义和实际应用

中文"跨学科"一词是从英文翻译引进的。英文 interdisciplinary(我国学术界也称作"交叉学科")一词最早出现于 20 世纪 20 年代,1937 年英国《新韦氏大辞典》和《牛津英语辞典(增补本)》首次收入。最初只是在一般字面意义上使用此词,随着研究的深入,产生了多种理解,后来才逐渐趋向于较稳定的公认的含义。如,瑞士心理学家皮亚杰(J. Piaget)和奥地利学者 E. 詹奇(E. Jantsch)都把"跨学科"(Interdisciplinary)与"多学科"(Multidisciplinary)以及"超学科"(Trans-disciplinary)相区别,认为"多学科"是低层次的、利用多门学科的知识进行研究;"跨学科"是中等层次的、多门学科间相互作用、相互补充的合作研究;"超学科"则是高层次的、不存在学科界限的统一研究。法国学者 M. 布瓦索(M. Boisot)从形式和结构的角度把跨学科区分为线性跨学科、结构性跨学科和约束性跨学科三种类型:线性是指两门或两门以上学科应用共同的模型;结构性是指它们在更高层次上的结合,形成了一门全新学科的基本结构;约束性是指在一定目标要求的约束下多学科的协同合作。可见,"跨学科"中的"跨"字表示跨越于传统学科之间或跨出传统学科之外。就学术意义而言,它包括基本含义和引申含义。跨学科的基本含义是指"对那些处于典型学科之间的问题的一种研究"。引申含义是指由不同学科交叉渗透而形成的各种新学科的统称,即我们常说的交叉学;另一个引申含义是指一门以研究跨学科规律和方法为基本内容的高层次学科,即所谓跨学科学。[1]

我国著名科学家钱学森指出,所谓交叉科学是指自然科学和社会科学相互交叉地带生长出来的一系列新生学科。钱三强院士也指出,各门自然科学之间、自然科学与社会科学之间的交叉地带,一贯是新兴学科的生长

---

[1] 刘仲林:《当代跨学科学及其进展》,《自然辩证法研究》1993 年第 1 期,第 37—42 页。

点。当然，自然科学内部、社会科学内部各门学科之间，也不断产生交叉学科。不过，目前人们研究的注意力仍集中于这两大门类之间的交叉科学。

西方学者 G. 伯杰（G. Berger）1972 年在经济合作与发展组织（OECD）出版的《跨学科：大学的教学和科研问题》一书中对跨学科研究也做了解释。他指出，跨学科就是两门或两门以上不同学科之间存在紧密的和明显的相互作用，包括从简单的交换学术思想，直至全面交流整个学术观点、研究程序、方法论、认识论和全部术语以及各种资料。跨学科研究组的成员是在不同学科领域培养出来的，他们的观点、方法、资料以及所用术语都各具特色。他们联合起来，在经常进行交流的条件下，一起从事共同课题的研究。①

综上所述，目前在国内外学者中较为公认的"跨学科"的基本含义是指，对于典型学科之间的问题的研究。本书试图参照日本著名物理学家武谷三男（Mituo Taketani）的科学认识路线，由现象、实体（关系）到本质的思路，除导言部分外分为三个单元共九章。第一部分（第 2—4 章），笔者选择了四门典型学科：几何学——物理学——经济学——生态学，看它们之间是怎样相互联系和相互促进的，即从"现象论"的角度展示各门学科之间的相互交叉和普遍联系。

1. 第二章"几何学与物理学"是 1983 年笔者在华东师范大学进修时，受我国著名数学家谷超豪先生的一场报告的影响而撰写的。② 爱因斯坦指出："西方科学的发展是以两个伟大的成就为基础，那就是：希腊哲学家发明形式逻辑体系（在欧几里得几何学中），以及（在文艺复兴时期）发现通过系统的实验可能找出因果关系。"③ 这实际上指的是两门经典学科——数学和物理学在整个科学体系中的地位和作用。从历史上看，数学对物理学的发展产生过很大的影响，其中几何学与物理学的关系尤为密切，这是科学史上一个饶有兴味和值得重视的问题。爱因斯坦在许多文章中都曾提到物理原理几何化的问题。他把电磁场看作空间结构，实际上

---

① 王兴成：《跨学科研究及其组织管理》，《国外社会科学》1986 年第 6 期，第 12—16 页。
② 武杰：《从物理学发展的几个侧面看几何学对它的影响》，《太原重型机械学院学报》（社会科学版）1986 年试刊，第 23—33 页。
③ 许良英等编译：《爱因斯坦文集》第 1 卷，商务印书馆 1976 年版，第 574 页。

是把它看成几何结构。他通过非常美妙的想法也把引力看成几何,创立了广义相对论。既然广义相对论是将引力场和黎曼(B. Riemann)几何统一起来才得以创立的,量子力学又建立在希尔伯特(D. Hilbert)空间之上,那么,所有的物理学原理都可能是几何的。

  1954年,杨振宁和米尔斯(R. L. Mills)建立了现代规范场论,这个理论近年来的发展,使人们相信自然界现已发现的四种相互作用都是不同形式下的规范场,物理学家们期望已久的大统一理论有可能在规范场的概念上得以实现。而规范场和相对论、量子力学之间存在着固有的内在联系,因此,规范场和几何学之间也必然有密切的联系。事实上,规范场概念正是从物理学几何化的研究中引申出来的。20世纪60—70年代,杨振宁博士的研究充分证明规范场与纤维丛的几何有着密切的关系,从而使爱因斯坦开创的物理学几何化思想进入了一个崭新的阶段。

  本章笔者将从科学史的角度,顺着三条线索,即欧氏几何与牛顿力学、黎曼几何与相对论力学、纤维丛理论与规范场,阐述几何学对物理学的影响。在这个题目下,还有许多东西可讲,比如,光学与几何学的关系也很密切,量子力学与希尔伯特空间及一般泛涵分析也密不可分,杨—巴克斯特(R. J. Baxter)方程在数学领域中的应用似乎比在物理学中的应用更为广泛。仅由以上三部分内容,我们就可以发现,人类对自然界的探索经历了从朦胧的感性认识、哲学思辨到以实验为基础,以数学语言为逻辑形式的历史过程。大数学家外尔(H. Weyl)早在1910年就写过一篇论文《关于数学概念的定义》,他将数学看作"一棵自豪的树,它自由地将枝头长入稀薄的空气,同时又从直觉的大地和真实的摹写中吸取力量"[①]。这也就是说,近一个世纪以来,人们发现了数学与物理学的本质联系,数学的性质既不是先验的,也不是完全独立的,物理学是它发展的主要源泉之一。

  总之,20世纪物理学的发展深刻地改变着人们对自然界基本相互作用和自然规律的理解,同时"它深远地重新规划了物理学和现代几何学的发展",对基础科学研究的广大领域产生了巨大的影响。从这一历史的考察中,我们还发现,自然科学每一层次的跨越所需的时间越来越

---

  ① 转引自张奠宙《20世纪数学经纬》,华东师范大学出版社2002年版,第96页。

短。从圆锥曲线理论到牛顿力学经历了近2000年,从牛顿力学到黎曼几何和相对论只不过经历了200多年,从相对论经纤维丛理论到弱电统一仅用了60多年。现在理论研究变得越来越深奥和复杂,但是对于勇于探索的人来说,却变得越来越具有吸引力。正如1929年爱因斯坦所说:"最美好的东西却是我整天和深更半夜的思索和计算才得到的,现在已经大功告成,就放在我面前,已压缩成七页,题为《关于统一场论》。它显得有点古色古香,我的同事,还有你,我的朋友,你们一定会长时间地伸出舌头来啧啧称奇。"① 这也为我们回答罗素(Bertrand A. W. Russell)说过的令人困惑和费解的话——数学是这样一门学科,我们永远不知道它说的是什么,也不知道它说的是否正确——提供了一个很好的注释,使我们对数学的本质有了更深刻的认识:它"是人类为了有效地认知、控制和利用自然界及其客体而创造的一种抽象的、逻辑可能的形式结构或模式"②。

2. 第三章"物理学与经济学"主要讨论的是自然科学中的物理学对社会科学中的经济学的影响,它是在笔者一篇论文③的基础上修改扩充而成的。

20世纪40年代之前,自然科学和社会科学几乎被看成是互不相干的两大块,原因是长期以来,人们认为自然科学规律服从机械论,而社会科学规律和人的行为则遵从目的论。直至1948年维纳(N. Wiener)将"目的"赋予机器,创立了《控制论:或关于在动物和机器中控制和通信的科学》才沟通了两者的联系。事实上,自然科学与社会科学之间的相互作用,即使在过去,也是以一定的方式存在着的。1543年哥白尼(N. Copernicus)出版的《天体运行论》给神学写了挑战书,从此拉开了近代自然科学的序幕,经过伽利略(G. Galilei)、开普勒(J. Kepler)、惠更斯(C. Huygens)等一大批物理学家的努力,近代物理学逐渐走向成熟。到1687年,牛顿发表了《自然哲学之数学原理》,以万有引力定律

---

① 许良英等编译:《爱因斯坦文集》第3卷,商务印书馆1979年版,第454页。
② 郝宁湘、郭贵春:《数学:我们能够对你说些什么?》,《科学技术与辩证法》2004年第1期,第30—34页。
③ 王梅、武杰:《混沌经济学的非线性探索》,《系统辩证学学报》2004年第3期,第34—37页。

的发现和运动三大定律的建立实现了物理学上的第一次大综合，并宣告了近代自然科学的诞生。到 1859 年，达尔文（Ch. R. Darwin）发表了《物种起源》，使社会科学领域也开创了新局面，它把进化思想带进了哲学、艺术、宗教、社会以及其他一切领域，由此产生了社会进化论。几乎同时，马克思为了对人类社会关系发展的总体状况建立更加细致而科学的理论坐标，他在《经济学手稿（1857—1858）》中开始使用"社会形态"概念。在马克思看来，人类社会关系并不是铁板一块，而是在一定因素的作用下，形成一个历时性、阶段化和阶梯式的发展谱系，整个社会形态的演进归根结底由生产关系特别是生产力发展的水平和性质决定的，进而把人类社会的发展变化看作是一种"自然历史过程"，并第一次将社会学的研究放在了科学基础之上。这样，在自然科学诞生近 200 年后，社会科学作为一种新兴学科也宣告诞生了。

自然科学和社会科学的形成意味着两大门类学科的独立，但并不等于说彼此分道扬镳，相反，它们之间的相互影响却是多方面的：(1) 从大的时代背景看，文艺复兴之于 17 世纪的科学革命，理性主义之于 18 世纪的工业革命，实证主义之于 19 世纪科学的"黄金时代"，都有明显的内在联系。(2) 从个人经历来看，绝大多数的科学家都兼具哲学、宗教、文学、艺术的头脑，并从中不断获得发明和发现的灵感，而不是单纯的所谓"自然科学家"。(3) 从研究方法论上说，一个科学的发明和发现，既需要归纳、演绎、分析、综合等逻辑思维，也需要直觉、灵感、想象等非逻辑思维。开创了 20 世纪科学革命的爱因斯坦，在他提出著名的相对论时，在很大程度上就受益于声称"物是要素（感觉）的复合"的马赫（E. Mach）对牛顿绝对时空观的怀疑和批判。

然而，自然科学对社会科学的影响也是极为深刻的。近代以来，物理学经过了几次革命，每一次都是方法论意义上的革命，它们对经济学的发展都产生过深远的影响。目前，经济学已成为社会科学中最成熟的学科，也是模仿自然科学最成功的学科，以至于一些经济学家把它说成是"第一社会科学"。已成为实证科学的经济学在当今经济社会中起着十分重要的作用。

本章笔者主要从物理学的进化和经济学的发展来说明这一事实。由于经济系统为各门社会科学提供了一个复杂系统的极好样本，因此我们首先对经济系统的复杂性进行分析，然后按照历史的顺序分别对经典力学与古典、新古典经济学，量子力学与西方经济学的三次革命，混沌学与非线性经济学的关系进行论述，并着重分析当代非线性物理学及其方法对混沌经济学发展的具体影响。我们认为，面对当前复杂的市场经济，研究者要运用非均衡方法，引入非线性机制，谋划资源的最佳配置，追求商品生产的最高效率，并顺应人的本能欲望，推动经济的繁荣发展。正如著名经济学家阿瑟（W. Brian Arthur）所说："政府应该避免强迫得到期望结果与放手不管两个极端，而是要努力寻求轻轻地推动系统趋向有利于自然地生长和突现的合适结构。不是一只沉重的手，也不是一只看不见的手，而是一只轻轻推动的手。"[①]

3. 第四章"经济学与生态学"是托马斯·库恩"张力"理论的应用。2002年笔者在"国外社会科学"杂志上看到小约翰·B. 科布（J. B. Cobb）题为《论经济学和生态学之间的张力》的文章，更增强了对这一问题的思考。其实，这一命题直指当今人类社会面临的两大问题：当我们谈到经济学的时候，首先想到的是人的生产、交换、消费和服务；当我们谈到生态学的时候，首先想到的是生物圈，主要是指自然环境。科布认为，这两者之间存在一种张力。然而，人类从作为一个猎人或农夫开始，就"从事推翻自然界的平衡以利自己"的活动。[②] 人们按照自己的需要耕种农田、开山采矿、建造水库、发展交通运输、建设工厂，变荒漠为绿洲、变荒山为果园、变沙滩为城镇，所有这些为人类提供了丰富的物质生活和精神生活，为人类的未来创造了美好的前景。但是，人们的实践活动还有另一面。物质财富的高速增长是人类向自然索取的积极成果，可它的消极面却是对人类赖以生存和发展的自然环境的破坏和污染。正是由于实践活动的这种双重效应，人类在历史上屡遭危机。目前严重的生态危机已成为制约经济发展，危及人类生存和发展的全球性问题。反思其产生的根源，探索解决这一问题的途径、方式和方法，业已成为哲学、社会科学和自然科学所面临的重大课题。笔者冒昧地认为，全球性问题产生的根源在于人类角色内涵的失落和角色指向的紊乱，即人的主体能动性的异化。

---

① W. B. Arthur. "Complexity and Economy." *Science* 284 (1999), pp. 99—101.
② [英] J. D. 贝尔纳：《历史上的科学》，伍况甫等译，科学出版社1959年版，第535页。

因此，要消除生态环境危机就必须重新认识人类在自然界的位置，转换人是自然界主宰者的角色，从而实现人与自然共存共荣、互惠互利的协调发展。

　　本章笔者首先从生物圈与生态环境的概念出发，阐明人类正面临着一场空前险恶的生态劫难；然后从自然、社会和人本身三个层面深入分析生态危机的内在本质；接着进一步反思人类中心主义与非人类中心主义之争的初衷，从经济学与生态学的角度阐述人的主体能动性的异化及其表现形式；最后提出解决生态问题，协调人与自然关系的认识基础、根本方式和社会保证，试图为我国社会主义市场经济的健康运行和实现建设美丽中国的宏伟蓝图提供一种科学的发展思路。所以，我们要充分理解环境伦理学家罗尔斯顿（Holmes Rolston）的话，"生态系统既是一个生物系统，也是一个人类处于其顶端的系统。"[1] 从这个意义上说，人与自然的关系就是人与自己生存环境的关系，毁坏自然就是毁坏自己的家园，毁坏自己的"社会的房子"[2]。原因在于"人是自然界的一部分"，"自然界……是人的无机的身体"[3]。甚至"可以说，世界若不包含于我们之中，我们便不完整；同样，我们若不包含于世界，世界也是不完整的。"[4] 目前，"人类业已到了必须全世界一致行动共同对付环境问题，采取更审慎处理的历史转折点。由于无知或漠视会对生存及福利相关的地球，造成重大而无法挽回的危害。反之，借助于较充分的知识和较明智的行动，就可以为自己以及后代子孙，开创一个比需要和希望尤佳的环境，实现更为美好的生活。"[5] 所以，我们要把世界看作是一个"社会—经济—生态—自然"的复杂系统，社会发展不仅意味着经济增长和人口增长，而且首先包括建立一个良好的生态环境。这是协调人与自然关系，解决生态危机的认识论基础。因为人类不愿也不能做自然的奴隶，但也不能反过来叫自然做我们人

---

　　[1] ［美］霍尔姆斯·罗尔斯顿：《环境伦理学》，杨通进译，中国社会科学出版社2000年版，第99页。

　　[2] ［德］汉斯·萨克塞：《生态哲学》，文韬、佩云译，东方出版社1991年版，第4页。

　　[3] 《马克思恩格斯全集》第42卷，人民出版社1979年版，第95页。

　　[4] ［美］大卫·格里芬：《后现代科学：科学魅力的再现》，马季方译，中央编译出版社1995年版，第86页。

　　[5] 联合国《人类环境宣言》，转引自周义澄《自然理论与现时代》，上海人民出版社1988年版，第239页。

类的奴隶；人与自然、人与环境之间需要和谐，经济发展与生态平衡之间就必须保持必要的张力。这种态度可以被看作是马克思主义自然观的当代注释。

通过第一单元的论述，我们感到"跨学科"这一术语的含义仍然存在不确定性，需要我们大家共同探讨、深入研究。目前跨学科研究方兴未艾，但还属于经验性科学研究，还处于库恩"范式"理论所称的"前科学"阶段。也就是说，跨学科研究还未形成统一的范式，关于它的理论、方法以及概念基础还多限于直观经验，有待于我们继续在理论上进一步深化。所以，在全书的整体框架中，我们把这一单元的内容叫作科学认识的"现象论"阶段，它必将随着跨学科研究的深入，起到沟通知识的作用。

（二）跨学科研究产生和成功的原因

恩格斯（Friedrich Engels）在《自然辩证法》中曾预言未来"统一的科学"必然出现，并推断在不同学科的"接触点"上必然会产生新学科的火花。19世纪末，现代科学逐步形成，蓬勃发展的科学领域剧烈分化，学科林立。研究领域相互碰撞，所激发的火花促成了相当数量的崭新学科或研究领域的出现。如自然科学中古老的物理化学，其后的电磁学、热力工程学等；稍晚些社会科学中盛行比较研究，如语言学及民族学中的比较研究；其后是行为科学、一般系统论、耗散结构理论、混沌学等具有高度综合性学科的出现。现代科学形态的跨学科研究，主要是20世纪的产物，特别是第二次世界大战期间的"曼哈顿工程"和战后冷战时期的"空间技术竞赛"在更大规模上推动了跨学科研究的开展，使其逐步确立为独立的、自成体系的、有组织管理规划的科学研究活动。特别是现代社会中需要研究和解决的问题大多是综合性的，如生态环境的维护和改善、资源开发和利用、重大的自然工程与社会工程项目的建设，以及各种社会系统的管理问题等，无一不具有跨学科的性质。"实际问题是丰富多彩的，为了对各种实际问题作出科学的说明，探求它们的发展规律，需要研究者运用多种已有的知识武器，并创造新的方法与手段。在这种情况下，多学科、多角度、多层次的交叉研究和综合研究势在必行，而随着这种研究的开展，许多新的边缘学科、综合学科、横断学科必然不断涌现"[①]。非线性科学就是近年来兴起的一类关于非线性复杂系统的新型学科群。

在这些跨学科研究的应用中，成功的原因何在？本书的研究表明，"非线性复杂系统理论不可能还原成特殊的物理学的自然定律，尽管它的数学原理是在物理学中被发现的，并首先在物理学中得到成功应用。因此，它不是某种传统的'物理主义'，不是用类似的结构定律来解释激光、生态群体或我们大脑的动力学。它是一种跨学科方法论，以此来解释复杂系统中微观要素的非线性相互作用所造成的某些宏观现象。光波、流体、云彩、化学波、植物、动物、群体、市场和脑细胞集合体，都可以形成以序参量（order parameter）为标志的宏观现象。它们不能还原到复杂系统的原子、分子、细胞、机体等微观水平上。事实上，它们代表了真实的宏观现象的属性，例如场电势、社会或经济力量、情感乃至思想。有谁会否认情感和思想能够改变世界呢？"[②]

如上所述，一方面是跨学科研究，另一方面是非线性思维，这两个貌似不同的领域为什么各自对当代科学和人类思维会产生如此重大的影响？一方面是科学研究，另一方面是哲学探讨，它们之间又有什么内在关联呢？许多人认为，跨学科研究是一种思想交流；又有许多人认为，非线性科学是一种生活化的语言，它所带来的思维方式的变革也必然更贴近生活，那么，"思想交流"与"生活化"这两个词又意味着什么呢？或许，在柏拉图（Plato）理想化人格的意义上，就是人生自由的表达，因而跨学科研究与非线性思维都是追求对象自由的存在，在场的存在和现实的此在。正是在追求在场性、此在性和自由性的意义上，两者内在地关联起来了。揭示这种内在关联的意蕴，正是本书第二部分（第5—7章）的目的，即从"实体论"（关系论）的角度考察自然系统演化的主要机理。

1. 第五章"从平衡到非平衡"主要是讨论人类认识自然系统演化的方法论问题。20世纪60年代末，自从普里戈金（Ilya Prigogine）和哈肯（Hermann Haken）提出自组织理论以来，人们对复杂系统在非平衡条件

[①] 中国社会科学院访英代表团：《对英国社会科学组织工作的几点观感》，《国外社会科学》1986年第6期，第3页。

[②] ［德］克劳斯·迈因策尔：《复杂性中的思维》，曾国屏译，中央编译出版社1999年版，第1—2页。

下的演化有了更深入的认识，发现非平衡不是"转瞬即逝的现象"，而是系统演化更基本的现象，平衡仅仅是非平衡现象的特例，因而我们应该花更大的力气来分析研究非平衡问题。在这一章中，我们特别注意区分两种形成有序的相变（自组织）：保守自组织和耗散自组织。保守自组织意味着热力学平衡态的可逆结构的相变。典型的例子是雪花晶体的生长或使铁磁体系统退火到临界温度值时磁性的形成。保守自组织主要是造成低温低能的有序结构，这可以用玻尔兹曼（L. E. Boltzmann）分布来描述。耗散自组织是远离热平衡的不可逆结构的相变。当耗散（开放）系统与其环境的能量相互作用达到某个临界值时，微观要素的复杂的非线性合作产生出宏观模式。从哲学上看，所形成的结构的稳定性是由某种非线性和耗散的均衡来保证的。过强的非线性相互作用或耗散作用会使结构遭到破坏。

由于耗散相变的条件是十分普通的，这就使它有了广泛的跨学科应用。在物理学中，激光是一个典型的例子。在化学的别罗索夫—札鲍廷斯基（Belousov–Zhabotinsky）反应中，当特定的混合在一起的化学物质处于临界值时，就会出现浓度环或螺旋卷，各个环波之间的竞争与合作非常清楚地显示出了这些现象的非平衡和非线性。

这类非线性复杂系统的相变如果用协同学来解释，可以得到更定量的说明。在微观水平上，旧的状态的稳定模受到了不稳定模的支配（哈肯称之为"伺服原理"），它们决定着系统的宏观结构和序参量。各种不同的相变模式最终对应于不同的吸引子。在最初的水平上，显示的是均匀平衡态（不动点）；在较高速度的水平上，可以观察到两个或两个以上的螺旋，它们是周期的或准周期的吸引子（极限环）；最后，有序"退化"成确定论的混沌，这是一种复杂系统的分形吸引子（奇怪吸引子）。由于协同学的伺服原理允许我们消除代表着稳定模的自由度，所以在哈肯的近似计算中，相应于这些系统的非线性，演化方程转变为一种特殊形式，在此出现了模式之间的竞争，不稳定模的主导项的幅度被称为序参量，它们的演化方程描述了宏观模式的形成。最后的模式（吸引子）通过相变而实现。这一过程可以被理解为某种对称性破缺。从哲学上看，物质的进化是由赫拉克利特（Heraclitus）早已提到的"逻各斯"（或对称性破缺）引起的，当然，古人在这里用的不是数学描述，而仅仅是一种哲学解读。关于"对称性破缺"，笔者在后来的研究中做了详尽的论证，并把它称为自然界演化发展的一条基本原理。①

本章我们首先从经典力学的研究方法谈起，分析在研究事物（系统）演化时，非平衡是系统演化的原因，也是研究系统演化发展的基本方法和工具；进而归纳总结出在一般方法论层次上，平衡与非平衡的联系和区别以及在研究系统演化时，如何运用平衡、非平衡的方法来分析和解决问题；接着集中介绍以普里戈金和哈肯为代表的非平衡自组织理论对系统演化问题的巨大贡献；最后，重点论述了"非平衡是有序之源"这一重要观点。

总之，在自组织理论的推动下，不仅非平衡统计物理学有了飞速的发展，而且其他学科也进行非平衡方面的研究，如本书将要讨论的非平衡动力学、非平衡生态学、非平衡经济学等。在对非平衡及其相关现象的研究中，人们又陆续发现了一些新的现象并逐渐形成了一批新的理论，如对孤子、混沌、分形的研究及相应的理论。

2. 第六章"从线性到非线性"主要是讨论人类认识世界的深化过程。在过去的300多年里，经典自然科学之所以能够取得巨大成就，是分析方法起了根本性的作用。所谓分析的方法，实质上是分类和比例这两种处理自然事物的技巧。从分类的层面来看，人们早就掌握并习惯于用"二分法"来分析世界，因此，人们常用"简单的"和"复杂的"这两个词来描述和称谓自然现象。在前科学时代，人们对如何区分"简单的现象"和"复杂的现象"并没有一个统一的划分标准，只是基于生产活动和日常生活经验，很模糊地作出判断。近代以来，对自然现象进行分类的工作做得越来越细，像伽利略、牛顿、林奈（Carl von Linné）、道尔顿（J. Dalton）、达尔文、法拉第（M. Faraday）、麦克斯韦（J. C. Maxwell）和孔德（A. Comte）等人所做的工作，其实就是学科分类的重要标志。他们之所以能够在宏观科学领域取得顶尖的科学成果，无疑是与他们第一次把握了一大类自然现象密切相关，而这些现象在今天看来却是简单的。事实上，"由于某种判断的盲目，甚至最杰出的人物也会根本看不到眼前的事物。后来，到了一定的时候，人们就惊奇地发现，从前没有看到的东西

---

① 武杰、李润珍：《对称性破缺创造了现象世界：自然界演化发展的一条基本原理》，《科学技术与辩证法》2008年第3期，第62—67页。

现在到处都露出自己的痕迹。"①

在 20 世纪之前，对简单自然现象的研究，的确取得了许多杰出的成就，正如普里戈金和尼科里斯（G. Nicolis）所说："过去三个世纪里追随牛顿综合法则的科学历史，真像一桩富于戏剧性的故事。曾有过一些关头，经典科学似乎已近于功德圆满，决定性和可逆性规律驰骋的疆域似乎已尽收眼底，但是每每这个时候总有一些事情出了差错。于是，方案又必须扩大，待探索的疆域又变得宽广无际了。"② 事实确实如此，经典科学曾经有过几次近于功德圆满，但终究没有圆满过。原因在于没有深入到与简单相对应的那个复杂的非线性世界中去，传统的分类方法却用得过了头，机械的拆零手段用到了极致，以至于忘记了还有更复杂的对象世界的存在。

掌握一定比例是人类认识世界的又一种技巧，成比例性在人类的思想意识中也是根深蒂固的。伽利略早就说过，世界是用数学语言写成的一本书，人类的任务只是读懂这本书。而比伽利略早 1000 多年的古希腊的圣哲毕达哥拉斯（Pythagoras）早就断言，数是世界万物的本原，一切皆产生于数。所以，从最早假定数是万物本原到自然是用数学写成的，再到"数学结构是自然规律的本质，构成人类理解自然的一把钥匙"。[海森堡（W. K. Heisenberg）语] 于是，线性与非线性的描述就成了人们对自然认识的又一种表达，这种表达常常同简单的与复杂的表达相联系，甚至形成一种习惯，往往把"线性的"与"简单的"等同，把"复杂的"与"非线性的"等同，直到 21 世纪初许多科学家还在不假思索地这样用词。

其实，早在 1948 年，韦弗（Warren Weaver）就在《科学与复杂性》一文中，将系统问题区分为有组织的简单性、无组织的复杂性和有组织的复杂性三大类。前两类问题仅仅是所有系统问题中的一小部分，大多数问题是介于两个极端之间的中间区域。并指出，1900 年以前的物理学主要是解决基于两个变量之间的简单性问题，19 世纪基于概率论的统计力学处理的是巨变量的无组织的复杂性问题，而生命组织、经济系统等中等尺

---

① 《马克思恩格斯选集》第 4 卷，人民出版社 1995 年版，第 579 页。
② [比] G. 尼科里斯、I. 普里戈金：《探索复杂性》，罗久里、陈奎宁译，四川教育出版社 2010 年版，序。

度的有组织的复杂性问题则是未来科学的重要任务，如图1—3所示。[①] 这一认识被视为科学向复杂性进军的一个重要标志。

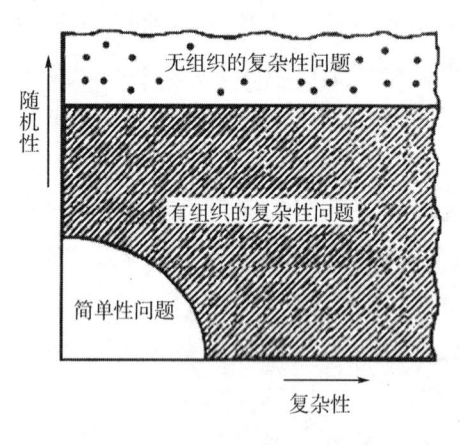

图1—3 韦弗的系统问题的分类图

本章笔者从三个角度，即线性与非线性的由来及其特征、因果关系的等当性与非等当性、事物发展的统一性与多元化展开论述。首先，指出人们的认识过程一般是从简单的线性系统开始，然后逐渐认识复杂的非线性系统。其次，阐述了非线性相互作用在系统形成和演化中的重要作用，指出我们所面对的世界在本质上是非线性的。在具体进行非线性科学研究时，必须注意两个方面：一方面，必须关注非线性导致的各种新质的产生；另一方面，必须关注非线性产生的新质的稳定性和统一性问题。

在这一章，我们还借助艾根（Manfred Eigen）的超循环理论对核酸和蛋白质的形成和它们之间相互作用的内容、传递方式、表现形式进行了分析，指出生物大分子的前生物进化同样离不开非线性相互作用。当然，这类系统的发展也可以用远离平衡态的相变理论来解释，即由分子、细胞等的（微观）非线性相互作用引起（宏观）序参量的演化得到解释。这样一来，生命的起源可以在非线性因果律和非平衡自组织的框架中得到解释，在这里不需要任何特殊的"生命力"或"目的力"。所以我们说，非线性理论完全改变了人们的传统因果观，为世界的多元化和多样性提供了合理的说明，也为解释复杂性问题开启了一个新的方向。大量事实表明，它不仅是关于自然科学的基础研究，也是关于社会科学的基础研究，它在经济、社会、思维等领域中的应用也日益明显。当然，这并不是说线性的或成比例的现象就不存在，更不意味着世界就是一个非理性的存在。

3. 第七章"从存在到演化"主要是讨论自然界的存在形态与其演化发展。回顾哲学发展的历史，很少有哪个概念能像"存在"这一概念困

---

① Warren Weaver. "Science and Complexity." *American Scientist* 36 (1948), pp. 536—541.

扰各种哲学流派长达数千年之久。从亚里士多德（Aristotle）在《形而上学》一书中提出"存在是什么？"这个永恒的哲学问题以后，诸如"实在是什么？""物质是什么？"的一系列相关问题便不断提出。很多书中都指出，客观实在是指独立于人的意识之外，能为人的意识所反映的客观存在，客观存在即物质。当然，若有人一直追问下去，有可能进入"恶的无限性"之中。以至有学者作出这样的感叹："物质是什么？没人问我，我很明白；一旦问起，我便茫然。"[①] 难怪德国哲学家施太格缪勒（W. Stegmueller）在《当代哲学主流》一书中，要以"神秘的物质"为标题来讨论物质的概念。他写道："未来世代的人们有一天会问：'20世纪的失误是什么呢？'对这个问题他们会回答说：'在20世纪，一方面唯物主义哲学（它把物质说成是唯一真正的实在）不仅在世界上许多国家成为现行官方世界观的组成部分，而且即使在西方哲学中，譬如在所谓身心讨论的范围内，也常常处于支配地位。但是另一方面，恰恰是这个物质概念始终是使这个世纪科学感到最困难，最难解决和最难理解的概念'。"[②] 这也就是说，一方面以"唯物主义"为口号的哲学广为流行，而另一方面"物质"究竟是什么？却又说不清。施太格缪勒正是在这里看到了"20世纪的失误"。

这使笔者想起了恩格斯在《反杜林论》中的一段精辟论述："世界的统一性并不在于它的存在，尽管世界的存在是它的统一性的前提，因为世界必须先存在，然后才能是统一的。在我们的视野的范围之外，存在甚至完全是一个悬而未决的问题。世界的真正的统一性在于它的物质性，而这种物质性不是由魔术师的三两句话所证明的，而是由哲学和自然科学的长期的和持续的发展所证明的。"[③] 但是，为了分析"20世纪的失误"的根本原因，我们有必要首先从世界统一性的基本前提出发，弄清楚存在究竟是指什么？它与实在和物质是什么关系？"因为世界必须先存在，然后才能是统一的。"

所以，本章试图首先从哲学的视角，通过对"存在"范畴的提出和

[①] 罗嘉昌：《从物质实体到关系实在》，中国社会科学出版社1996年版，序言。
[②] ［德］施太格缪勒：《当代哲学主流》下卷，王炳文等译，商务印书馆1992年版，第536页。
[③] 《马克思恩格斯选集》第3卷，人民出版社1995年版，第383页。

"存在"意义的考析,阐述"存在"的基本含义;并从"存在领域"的分割来回答什么是物质?什么是精神?什么是信息?继而结合现代自然科学的巨大成就,深刻揭示作为存在自然界的物质性、系统性和层次性,具体论述物质的客观实在性、物质形态的多样性,从粒子到场的转变谈了物质无限可分的新观点、物质存在的三种基本场和四种基本相互作用。阐述了物质系统的定义、基本特征和基本类型,从物质层次结构的构成性和相干性两个基本特点论述了结合度递减的规律性和双向因果关系。然后从动态的角度进一步阐发作为演化自然界的过程性、方向性和自组织性,具体从宇宙和天体的起源与演化、地球的形成与演化、生命的起源与演化唯象地描述了自然界的演化过程,指出了自然界演化的方向性。不可逆过程既可以导致有序结构的破坏,也可以导致更加有序结构的产生,因此,与不可逆过程相联系的"时间箭头"既可以指向退化,也可以指向进化,进而论述了进化与退化的统一性。最后,从自组织的定义、自组织形成的根据和条件论述了自然系统的自组织性,指出自然界物质系统的演化是熵减与熵增的转化过程。在这一过程中,熵减实质上是自组织过程的状态表现,而熵减又是与熵增互为条件的,两者相互依赖、交相映现。

这里需要指出的是:现代科学的研究早已突破了"实体微粒"的物质概念,认为物质最基本的组成成分是光量子。光量子是一种变动不居、缥缈无常的带有虚幻性的存在,这些基本材料经过千万条信息规则的支配和对称性破缺,才演化出有秩序、合目的、能为人类感知的现象世界。所以,代表宇宙"理性"的信息是"形而上"的形式因,承载信息的物质材料是"形而下"的质料因。从系统哲学的角度看,宇宙也不是单一要素构成的一团无生命的实体物质的集合,而是实体、能量和信息的复合体。现实的世界就是由三种基本要素构成的:它们是实体,能量和信息(实体可以看作是封闭着的能量)。没有实体,世界将虚幻而不可捉摸;没有能量,世界将丧失活力而走向死寂;没有信息,世界将混乱无序而没有任何意义。维纳曾经指出:"信息就是信息,不是物质也不是能量。不承认这一点的唯物论,在今天就不能存在下去。"[①] 所以,"人体和社会是

---

① [美]维纳:《控制论:关于在动物和机器中控制和通信的科学》,郝季仁译,北京大学出版社2007年版,第109页。

以人为中心的一元两面多维多层次的复杂系统（本体论模型）。它的一个特定维度是以人的基本存在形式为标志的形体两面性，即人既有一个体系统，也有一个形系统，分别对应于传统意义上的物质与精神，两者合起来才构成人的全部存在，才能完整阐述人的一元性。"① 至于自然界，马克思早已指出："被抽象地孤立地理解的、被固定为与人分离的自然界，对人说来也是无。"② 因此，一切自然系统都具有开放性、整体性、突现性、层次性和自组织性等基本特征。

通过第二单元的讨论，我们感到"跨学科研究"是一种辩证思维的复归过程，即由基于简单性、现代性的单一视野转向复杂性与后现代性的多元视野。它体现在科学研究的各个方面："从孤立地研究对象转向在相互联系中研究问题，从用静止的观点观察事物（存在的科学）转向用动态的观点观察事物（演化的科学），从强调用分析的、还原的方法处理问题转向强调整体地处理问题，从研究外力作用下的运动转向研究事物由于内在非线性作用导致的自组织运动，从实体中心论转向关系中心论，从排除目的性、秩序性、组织性、能动性等概念转向重新接纳这些概念，从偏爱平衡态、可逆过程和线性特性转向重点研究非平衡态、不可逆过程和非线性特性，从否定模糊性转向承认模糊性，等等。"③ 这些变化都归因于当代自然科学，特别是系统哲学所带来的科学思维方式的变革。所以，在全书的整体框架中，我们把这一单元的内容叫作科学认识的"关系论"阶段，它必将随着跨学科研究的深入发展和非线性科学的逐渐成熟，为建设信息—生态文明提供智力支撑。

（三）非线性科学带给我们的启示

20世纪80年代以来，伴随着工业—机械文明向信息—生态文明的大转变，科学也处于大转折时期，一些有远见卓识的科学家就已经开始探索这一新的历史性转折，并取得了一些重大成果。尼科里斯和普里戈金在他们1986年合著的《探索复杂性》一书的序言中指出："无论我们专心致

---

① 佘振苏、倪志勇：《人体复杂系统科学探索》，科学出版社2012年版，第31页。
② 《马克思恩格斯全集》第42卷，人民出版社1979年版，第178页。
③ 苗东升：《系统科学精要》，中国人民大学出版社2006年版，第15页。

志于哪种专业,都无法逃避这样一种感觉,即我们生活在一个大转变的年代。我们必须寻求和探索新的资源,更好地了解我们的环境,并与大自然建立一种较少破坏性的共存关系。""我们并不能预期这一转变时期的后果,但十分清楚的是,在我们努力迎接认识环境和改造环境的挑战时,科学必将发挥日益重要的作用。一个严肃的事实是,在这紧要的关头,科学本身也正经历着一个理论变革时期。""今天,一个正在壮大的少数派开始怀疑这种乐观的论调(指认为与宏观层次有关的基本定律已一清二楚。——引者注)。就在我们的宏观层次上,一些基本问题还远未得到解答。"[1] 正如盖尔曼所说:"我们必须给自己确立一个确实宏伟的任务,那就是实现正在兴起的、包括许多学科的科学大集成。"[2] 这一科学大集成在某种意义上就是探索复杂性的过程。在这一过程中,孤子(Slaton)、混沌(Chaos)、分形(fractal)理论的诞生使非线性科学取得了重大进展:相干结构和孤子揭示了非线性作用引起的惊人的有序性;确定性系统的混沌使人们看到了普遍存在于自然界而人们多年来视而不见的一种运动形式;分形和分维的研究把人们从点、线、面、体的常规几何观念中解放出来,而面对更为多样而真实的自然。这些在非常不同的学科领域内发现的非线性现象的共同特征是:一个学科内的进展能很快地向其他领域转换;同时也表明非线性科学具有促进学科间互相渗透的跨学科特性。美国圣菲研究所就是为了适应科学发展的这一综合化趋势而成立的。他们建所的理念之一就是促进知识统一和消除两种文化(科学文化和人文文化)之间的对立。

目前,非线性科学作为20世纪系统运动的"第三次浪潮",几乎波及到自然科学和人文社会科学的各个领域,并且正在改变着人们对现实世界的传统看法。科学界认为,非线性科学的研究不仅具有重大的科学意义,而且对人类社会、生态环境、医学诊断、经济发展、信息与决策等都有不可估量的影响。不考虑非线性因素,不建立非线性模型就无法真实而准确地反映客观规律。原因在于整个世界,从宇

---

[1] [比] G. 尼科里斯、I. 普里戈金:《探索复杂性》,罗久里、陈奎宁译,四川教育出版社2010年版,序。

[2] 转引自任定成等《科学前沿与现时代》,江苏人民出版社2001年版,第200页。

观、宏观到微观本质上都是非线性的，非线性是自然界色彩缤纷、复杂多样的根源。

非线性科学的发展在哲学和方法论方面也引起了深刻的变革。对它探索的贡献不仅在于开创了一个新的学科领域，意义更为深远之处在于它带来了自然观、科学观、方法论乃至思维方式的重大变革。因为非线性科学已经为我们打开了观察现实世界的新窗口，通过这一窗口人们发现自然界在灵魂深处是非线性的，并且非线性相互作用比线性相互作用有更内在、更本质的东西。线性相互作用只不过是非线性相互作用的高度简化和近似处理，复杂性不可还原的思想更深刻地批判了线性思维的还原论基础。

非线性科学的发展也使我们感到秩序与混沌这一古老张力在现代水平上的复活。这一复活昭示了当代科学特别是非线性科学向人们展示了一幅一元两面多维多层次统一的世界图景。以往一系列对立范畴，如物质与精神、客观与主观、大脑与意识……必然性与偶然性及与之相对应的确定性与不确定性、决定论与概率论，简单性与复杂性及与之相关的有序性与无序性，继承性与创新性及与之相关的连续性与断裂性等，都在更高的认识层次上，在宇宙演化的历史进程中达到了动态统一。"这种统一不仅超越了经典力学的单层次的统一性，而且超越了对立面的辩证综合和互斥互补的思想，正走向东方互根互补、互相包含、生生不已、道法自然的圆融境界。"① 因而"跨越学科界线，走向圆融境界"正是本书第三部分（第8—10章）追求的目标，即从"本质论"的角度阐述笔者近年来在这方面的一些主要研究成果。

1. 第八章"非线性是世界的本质"，这已成为学术界的共识。可是在十几年前人们还抱有一种怀疑的态度，所以笔者曾以反问的方式——"非线性是自然界的本质吗？"发表过一篇论文。② 大量事实表明，非线性科学已经成为当代科学认识的主流，更符合对象世界的认识与探索。正如迈因策尔所说："复杂性和非线性是物质、生命和人类社会的进化中最显

---

① 李曙华：《多元的统一性——混沌学的启示》，《系统辩证学学报》1997年第1期，第62页。

② 武杰、李宏芳：《非线性是自然界的本质吗?》，《科学技术与辩证法》2000年第2期，第1—5页。

著的特征。"① 甚至我们的大脑也表现为受制于我们大脑中复杂网络的非线性动力学。这就导致了人们对自然界的重新思考：不再用机械的线性自然观来看待世界，而是用一种"与自发的活性相关的新见解"。这种变化是深刻的——开始了一种"人与自然的新对话"。在此，我们想就非线性科学关于自然世界的重新描述做一个纲要式的概括，为本书进一步展开讨论提供一个论纲。概括地说，可以归纳为以下五个方面，而它们之间又是相互联系、相互关照的。

第一，非线性系统是由大量子系统或要素构成的复杂系统。任何非线性现象都是在系统的层次或水平上表现的。"当系统要素的数量相对小时，要素的行为往往可以用传统的术语给出形式化的描述；当要素非常大的时候，传统的术语不仅仅变得不适宜，而且对于理解系统来说完全失去了意义。"② 要素的巨大数量是必要条件，但不是充分条件。系统中的要素必须是相互作用的且具有动力学的性质。这就是说，一个复杂的非线性系统不仅存在自身特定的结构，而且存在于特定的外部环境之中，具有输入输出的功能，信息在其中能够自由地流动。

第二，非线性系统是整体协同的。整体协同的思想是由德国物理学家哈肯首先提出的。他认为，非线性复杂系统理论是一种全新的解决问题的方式，它不可能还原成传统科学意义上的物理学定律。整体协同思想的实质在于当我们面对一个对象时，首先要把它看成一个由大量要素构成的整体系统。在这一整体中，所有的微观要素或子系统之间都发生不以它们自身的存在为根据的相互作用，正是这种相互作用形成了对象在宏观层次的各种表现，这些表现可以用几个宏观量来表征，它们被称为序参量。也就是说，子系统的协同作用产生了序参量，序参量又反过来支配子系统。这种"鸡"与"蛋"关系的交叉、发展、放大，形成了最后的有序结构。③在这一整体协同的过程中，由于快变量转瞬即逝，对事物的影响很小，而慢变量则起着关键作用，决定着事物发展的最终方向。慢变量就是动力学

---

① ［德］克劳斯·迈因策尔：《复杂性中的思维》，曾国屏译，中央编译出版社1999年版，中文版序言。

② Paul Cilliers. *Complexity and postmodernism：Understanding complex systems.* London and New York：Routledge, 1998, p. 3.

③ ［德］H. 哈肯：《信息与自组织》，郭治安等译，四川教育出版社2010年版，译者序。

方程中的非线性因子，整体的性质正是非线性因子发挥作用的结果。

第三，关于对称性破缺的非线性思想。对称性破缺是指非线性系统在自组织的过程中所产生的相变。相变的产生意味着系统现时的结构与原本的结构出现了不对称。寻找对称性破缺背后的原因就能找到事物从一种状态演化到另一种状态的根据。关于这方面的内容，笔者在后来的研究中做了进一步的探讨。[①] 所以我们说，对称性破缺是有序之源，它反映了非线性系统从无序到有序，从稳定结构到非稳定结构的生成过程，非线性、自组织、突现、分层和自然选择在其中扮演了重要角色。

第四，多重选择与选择进化。多重选择作为非线性系统的一个基本特征，其本质表现是选择进化。即在一个非线性系统中，由于控制参量的不断变化，使系统越来越远离平衡态，在新结构出现的临界点附近，控制参量极其微小的变化，也能导致系统状态的突然改变。在变化的分叉点处，系统必然会作出选择，但选择什么样的结构模式和变化方向则是偶然的。这意味着系统进化过程中选择的必然性与偶然性，因此，通过对非线性因子的有效控制，可以促进事物的演化发展。

第五，长程关联的特性。长程关联也叫涨落的放大，它的实质是指系统中所产生的某个微小涨落，经过非线性作用的放大，在比较遥远的时间和空间范围内，最终能够起到决定系统命运的基本力量。这种情形改变了对微观层次和宏观层次之间关系的传统观点。[②] 同时我们不难看出，长程关联是一个过程，当系统处于平衡态或近平衡态时，微小的涨落并不能产生关联性的作用，而系统一旦走向非平衡或非线性的状态时，关联的作用开始了巨大变化，甚至可以达到和平均宏观值同样的数量级，局域的事件在整体系统中得到反响。爱德华·洛伦兹（Edward N. Lorenz）形象地将这一现象称为"蝴蝶效应"——象征"差之毫厘，失之千里"[③]。

[①] 武杰、李润珍:《对称破缺的系统学诠释》,《科学技术哲学研究》2009 年第 6 期,30—37 页。

[②] H. J. Jensen. *Self - Organized Criticality*. Cambridge: Cambridge University Press, 1998, p. 27.

[③] [美] E. N. 洛伦兹:《混沌的本质》,刘式达等译,气象出版社 1997 年版,第 11—13 页。

以上五个方面的初步概括,在这一章中得到了充分的体现。笔者首先对物理世界的非线性本质进行了论述,其中涉及经典力学中的单摆问题和三体问题,广义相对论、量子力学和规范场理论。然后重点介绍复杂世界中的相干结构——孤子,确定性系统中的"无规则"运动——混沌,现实世界中的几何体——分形。从中我们可以发现,非线性科学对于世界本质的新认识、新理解和新描述是深刻而具体的,是科学思想和科学思维方式上的一次真正的革命,是对传统科学的线性思维方式的一次真正的颠覆。它的理论价值和实际应用正如郝柏林院士所说:"跨越学科界限,是混沌研究的重要特点。普适性、标度律、自相似性、分形几何学、符号动力学、重正化群等概念和方法,正在超越原来数理学科的狭窄背景,走进化学、生物、地学,乃至社会科学的广阔天地。越来越多的人认识到,这是相对论和量子力学问世以来,对人类整个知识体系的又一次巨大冲击。"①

2. 第九章"非线性是事物发展的终极原因"是笔者在 2001 年受恩格斯在《自然辩证法》中一句话的深刻影响而完成的一篇论文的扩充。② 时隔 140 多年,特别是 20 世纪 60 年代以来,以孤子、混沌、分形为主体的非线性科学的诞生和兴起,使得物理学家认识到非线性科学是继相对论、量子力学之后的"又一次科学革命"。它从根本上改变着世界的科学图景,使人们对自身以及周围宏观世界的认识产生了新的思考:事物的真正的终极原因似乎还有待于进一步说明。

140 年前,恩格斯在研究自然辩证法时写道:"相互作用是我们从现今自然科学的观点出发来在整体上考察运动着的物质时首先遇到的东西。"并指出:"相互作用是事物的真正的终极原因。"③ 这在当时无疑是正确的,而且是非常深刻的。因为在恩格斯那个时代,自然科学存在的时间并不很长,人们的认识的确有很多局限性,非线性相互作用还没有进入科学的视野,人们普遍认为自然界的任何问题都可以线性地加以解决。那

---

① [美]詹姆斯·格雷克:《混沌:开创新科学》,张淑誉译、郝柏林校,高等教育出版社 2004 年版,校者前言。

② 武杰、李润珍:《非线性相互作用是事物的终极原因吗?》,《科学技术与辩证法》2001 年第 6 期,第 15—19 页。

③ 《马克思恩格斯选集》第 4 卷,人民出版社 1995 年版,第 327—328 页。

时，科学研究的任务只在于找出可解的线性方程，去认识物质的各种运动形式及其相互转化。因而"科学家一旦面临非线性系统，就必须代之以线性近似，……人们很少讲授，很少学习具有真正混沌的非线性系统。当人们偶然遇到这类事物时——他们确曾遇到过，以往的全部训练教他们把这些都当作反常情况而不予理睬。"[①]

然而140年过去了，自然科学有了飞速的发展，特别是近50多年来，以孤子、混沌和分形为主体的非线性科学的兴起及其蓬勃发展，极大地改变了世界的科学图景以及当代科学家的思想方法和思维方式。它使人们逐步认识到，线性是局部的，非线性才是普遍的，因此直接面对非线性系统就是不可避免的了。在这种情况下，就需要我们继续探讨这一问题，因为相互作用毕竟没有穷尽人们的认识，它还有线性和非线性之分，特别是需要我们回答：自然界在灵魂深处是如何地非线性？

所以，本章笔者从"世界在本质上是非线性的"这一观点出发，集中讨论了非线性相互作用在系统演化中的地位和作用。首先，通过分析简单性原则的局限性、简单规则能导致复杂行为、非线性与系统复杂性的关系，阐述了非线性是系统复杂性之根源；其次，通过论述有序与无序、有序与对称性破缺、非线性与结构有序化的关系，阐述了非线性是系统结构有序化之根本；再次，通过分析非线性科学带给人们的哲学思考、观念转变和思维方式的变革，阐述了非线性是人类创造性思维之源泉；最后，通过揭示线性相互作用的局限性和分析非线性相互作用的机制，指出线性相互作用满足叠加原理，不可能使系统突现任何新质，当然也就谈不上系统的演化和发展，而非线性相互作用比线性相互作用有更内在、更本质的东西。在现实世界中，非线性相互作用客观地、普遍地存在于系统内部和系统之间，它的存在具有绝对性和无条件性；而线性相互作用只不过是非线性相互作用的高度简化和近似处理，它的存在是有条件的、相对的。由此，我们可以说，矛盾的斗争性和同一性是系统要素之间非线性相互作用的外部表现，而非线性相互作用则是矛盾背后更深刻的内在根据，是事物运动发展的真正的终极原因。

[①] [美] 詹姆斯·格雷克：《混沌：开创新科学》，张淑誉译、郝柏林校，高等教育出版社2004年版，第61页。

3. 第十章"非线性提供了一种新的思维方式"是本书的最后一章，因而带有结束语的含义。它也是笔者一篇论文的扩充[1]，主要讨论了非线性科学对思维方式的影响。笔者认为，对世界的改造以对世界的认识为前提，而任何认识活动又是以一定的思维方式和经验为基础。"每一时代的理论思维……都是一种历史的产物，它在不同的时代具有完全不同的形式，同时具有完全不同的内容。"[2] 与近代自然科学相适应的是笛卡尔（René Descartes）的简单性思维，其特征是长于局部分析，缺乏整体综合。今天看来，正如埃德加·莫兰（Edgar Morin）所言：这是一种过分的简单化。"如果我们不再深入一步；如果我们把起点看成终点；如果我们把充其量不过是近似的东西视为确定无疑的东西；如果我们把部分混同于整体；那我们就是采取了一种简单化地看待世界的方法，而且迟早会为此付出代价。"[3] 事实上，人类在自己的实践中已经为此付出了惨重的代价，因为过于简单化从来都不会有好结果。今天的世界无疑是一个无比复杂的世界，而且它的复杂性有增无减。随着现代科学技术的发展，特别是非线性科学和大数据技术的产生和发展，线性思维的局限性已日益暴露。

真正把线性思维与非线性思维这对范畴引入思维研究，提出线性思维和非线性思维的概念应该是 20 世纪 80 年代末的事。苗东升先生指出："线性思维与非线性思维是一对矛盾，要在相互对比中加以区别和界定。从科学思维的角度看，线性思维与非线性思维都有两个层面的含义，二者又是相互联系的。在第一个层面上，把思维对象作为线性系统来识物想事的思维方式，称为线性思维；把思维对象作为非线性系统来识物想事的思维方式，称为非线性思维。在第二个层面上，把思维过程（活动）作为线性动力学系统来规范、运作的是线性思维，把思维过程（活动）作为非线性动力学系统来规范、运作的是非线性思维。"[4]

无论在理论上还是在实践中，线性思维与非线性思维的区别都是一种

---

[1] 李润珍、武杰：《非线性提供了一种新的思维方式》，《科学技术与辩证法》2003 年第 2 期，第 26—29 页。

[2] 《马克思恩格斯选集》第 4 卷，人民出版社 1995 年版，第 284 页。

[3] 转引自吴彤《复杂性范式的兴起》，《科学技术与辩证法》2001 年第 6 期，第 21 页。

[4] 苗东升：《非线性思维初探》，《首都师范大学学报》（社会科学版）2003 年第 5 期，第 96 页。

人们可以亲身感知的客观存在。人们在实践经验中既可以学到线性思维，也可以学到非线性思维。然而，从笛卡尔至今，400年来，线性思维能在科学发展、技术创新和人类的各种认识活动中处于支配地位，有其深层哲学观点的支持。在本体论方面，支撑它的是这样一个基本假设：现实世界本质上是线性的，非线性不过是对线性的偏离或干扰。在认识论和方法论方面，支撑它的是这样一个基本假设：非线性一般都可以简化为线性来认识和处理。人类文明发展到今天，非线性科学和复杂性研究迅速兴起，都需要仰仗非线性思维，人们也就不得不花大力气去克服线性思维的巨大惯性，从哲学观念上实现一次飞跃，放弃这种线性假设，采取非线性假设，用非线性思维来取代线性思维作为科学思维的主导方式。

本章笔者首先从传统自然科学的局限性开始分析，指出从古代的原子论到当代对夸克的苦苦探寻，人们都试图将物质的性质追溯到这些终极之石，以便用尽可能简单、尽可能少的基本概念和基本假设解释复杂的自然现象，于是大自然原则上被看成了一个巨大的确定论的保守系统。这或许是人类认识史上必不可少的一步，但是却可能使人误入歧途。接着，阐述了非线性复杂系统的基本特征、机械论与有机论的抗争、物质实体向关系实在的转移、还原论与整体论的有机结合，指出非线性科学的诞生促使人们迈向一种新的思维方式，即从形而上学思维到辩证思维的复归。然后，具体论述了恩格斯关于科学向辩证思维复归的思想、普里戈金关于科学系统演化的三形态学说，以及非线性思维的产生、基本特征和内在机理，使我们获得了一种跨学科研究的新纲领，甚至可以把神经计算的自组织，解释为一种具有共同原理的物理学、化学和神经生物学演化的自然结果。正如模式生成的情形，特定的模式识别是用其特征集的序参量来描述的。一旦给出了属于该序参量的部分特征，序参量就会完成其余的特征，使得整个系统以联想记忆的方式发挥作用。

1987年9月，美国圣菲研究所的克里斯·朗顿（Chris Langton）在曾经制造原子弹的罗沙拉莫斯（Los Alamos）主持召开了第一届国际人工生命研讨会。他作为"人工生命之父"在康韦（John Conway）、沃弗拉姆（Steven Wolfram）等人"生命游戏"研究的基础上，发现处于"混沌边缘"的元胞自动机既有足够的稳定性存储信息，又有足够的流动性来传递信息。于是他产生了一个新奇的念头：如果能在计算机或其他媒质中建立起产生"混沌边缘"的一定规则,那么从这些规则中就有可能浮现出生命现象。这一研究向我们揭示了生命的本质在于形式(算法)而不在于具体的物质。这种硅替身不同于地球上以碳为基础的生命,所以把它称为"人工生命"(Artificial Life)。这一计算机和生物学交叉的新兴学科,可能会带来一系列的哲学、社会问题。因此,朗顿指出:"人工生命不仅是对科学或技术的一个挑战,也是对我们最根本的社会、道德、哲学和宗教信仰的挑战。就像哥白尼的太阳系理论一样,它将迫使我们重新审视我们在宇宙中所处的地位和我们在大自然中扮演的角色。"[1]

综上所述,跨学科研究与非线性思维的内在联系就得到了比较系统的说明。跨学科研究的发展是历史的必然,具有强大的生命力。当代跨学科研究的蓬勃发展,大致有以下三方面的原因:首先是经济和社会的发展向人们提出了许多重大的理论问题和实际问题。这些问题并不是某门单一学科所能解决的,需要组织多学科、跨领域的合作研究,这就为跨学科研究的发展创造了条件。同时,随着人类干预自然能力的空前增长,出现了各种各样的全球性问题,也需要相应的跨学科研究来解决。其次是科学自身发展的趋势之所向。一方面是由于研究对象的交叉,即复合对象的整体研究的需要,出现了管理科学、环境科学、城市科学等综合性学科。另一方面是由于科学研究的交叉,即用一门或几门科学的方法去研究其他科学的问题,比如复杂网络、人工生命、遗传进化、心智科学等。最后是科研人员的通力合作。由于相关学科的科研人员自觉或不自觉地通过学科之间的协作共同为跨学科研究的发展作出了贡献,使一部分科学工作者转向了综合性学科的研究。比如,现在国内外各大学"跨学科研究中心"的普遍建立,就为跨学科研究的蓬勃发展提供了必要的智力支持和人才保证。

(四) 跨学科研究的基本特征

为了导言部分的自身完整,这里顺便谈一下跨学科研究的基本特征。跨学科研究最基本的特征,就是它的学科交叉性,以及多学科性和跨学科性。它承认事物联系的整体性与相互作用的复杂性,由此而产生了它的理

---

[1] [美]米歇尔·沃尔德罗普:《复杂:诞生于秩序与混沌边缘的科学》,陈玲译,生活·读书·新知三联书店 1997 年版,第 398 页。

论与方法的综合性和普遍性。具体来说，跨学科研究具有以下特征：

第一，它有很强的实践性。当代跨学科或多学科研究，尤其是社会科学和自然科学相结合的跨学科、多学科研究，是适应科技、经济和社会综合发展需要的产物。大量事实表明，它能卓有成效地解决现实发展中所提出的、已经或可能面临的综合性问题。这种研究，当然也包括对本身所需要的理论和方法论的研究，但它的活力在于解决复杂的实际问题的能力，因为它主要是为解决实际问题的决策服务的。如果跨学科或多学科研究，不能为解决实际问题提供方案选择和决策性建议，这种研究就失去发展的动力和活力。所以，笔者主张实践优位的立场。

第二，研究对象的复杂性。跨学科研究的对象大都不是某一单独的自然现象或社会现象，而是一个复杂系统，其中还包括系统的运行、管理和决策等一系列的复杂问题，并由此而规定了研究任务与研究手段的复杂性。因而，研究对象的复杂性可以从以下两个方面来理解：

其一，从经验上或直观上理解。以往研究对象比较单一、简单，或者可以分解成许多独立的因素，然后舍去那些研究者认为与主题关系不大的因素，抓住决定性的影响全局的因素，做理想化处理。现在人们认识到，复杂性在于研究对象包含着许多因素，它们之间相互联系、相互制约、相互作用，不能分解，更不能人为地舍去一些，保留一些，即使开始时某一因素的一个微小变化，都将对系统行为产生巨大影响，即所谓"差之毫厘，失之千里"的蝴蝶效应。

其二，从理论上或观念上理解，其中包含着概念的巨大变革。以往的研究是以机械论世界观和还原论方法为基础的，其核心是"拆零"，即"把问题分解成尽可能小的一些部分"，并且"还常常用一种有用的技法把这些细部的每一个从其周围环境中孤立出来。……这样一来，我们的问题与宇宙其余部分之间的复杂的相互作用，就可以不去过问了。"[1] 这是一种关于把事物的复杂性约化为"某个隐藏着的世界的简单性"观念。这里所指的"复杂性"，除了指从直观上看作为研究对象的事物由许多因素构成之外，尤其重要的是说，这些因素构成一个动态系统，它有完整的

---

[1] ［美］阿尔文·托夫勒：《前言：科学和变化》，［比］伊·普里戈金、伊·斯唐热：《从混沌到有序》，曾庆宏、沈小峰译，上海译文出版社1987年版，第5页。

结构而不能"拆零"。这是因为它不再是孤立系统或封闭系统,而是一个开放系统。今天,我们的兴趣正从"实体"转移到"关系",转移到"信息",转移到"时间"上。①

第三,研究思路的协同性。多学科研究的协同效应产生的是新知识的突现,而不是原有知识的线性叠加。这就是所谓"协同作用的放大原理"②。特别是非线性思维产生的知识创新,它是人类信息传递的产物,是"科学基质"母体的孕育。它在交叉中产生,在传递中壮大,在资讯中完善。所以,笔者多次强调非线性思维是创造知识的源泉。

第四,研究主体的群体性。跨学科研究实现了研究主体的变革,即由个体主体发展到群体主体。群体将产生群体效应,"为各学科和工程的发展提供一个综合的方法"③。研究主体的变化必将产生新的认识论、方法论与价值观。所以,我们把跨学科研究与非线性思维内在地关联起来,提倡一种新的思维方式,主张实践优位的立场、融会贯通的思路、文理交叉的优势、形式演算的内核。

古人云:"求木之长者,必固其根本;欲流之远者,必浚其泉源;思国之安者,必积其德义。"(魏征:《谏太宗十思疏》)笔者经过40多年的教学实践深刻感悟到,跨学科研究是沟通知识的桥梁,非线性思维是创造知识的源泉。因此,我们要继续加强自然科学家和社会科学家之间的沟通与合作,促进学科的融合,培养一批有专业深度、学科广度、理论高度,并有远见卓识的科学家。同时我们也希望,当代大学生和青年学者要注意把握物理、事理和人理的整体性,以正确解决各种复杂的理论问题和实际问题,为中华民族的伟大复兴贡献自己的聪明才智!

---

① [比]伊·普里戈金、伊·斯唐热:《从混沌到有序》,曾庆宏、沈小峰译,上海译文出版社1987年版,第41页。

② 鲍琳洁、佟一莹:《西门子精神:献给致力于创新的企业家》,国际文化出版公司1991年版,第405页。

③ 同上书,第79—80页。

第二章 几何学与物理学

从历史上看，数学对物理学的发展产生过很大的影响，其中几何学与物理学的关系尤为密切，这是科学史上一个饶有兴味和值得重视的问题。大科学家爱因斯坦在许多文章中都曾提到物理原理几何化的问题。他把电磁场看作空间结构，实际上是把它看成几何结构。他通过非常美妙的想法把引力看成几何，创立了广义相对论。既然广义相对论是将引力场和黎曼几何统一起来才得以创立，量子力学又建立在希尔伯特空间之上，那么，所有的物理原理都可能与几何学密切相关。

1954年，杨振宁和米尔斯建立了现代规范场论，这个理论近年来的发展，使人们相信自然界现已发现的四种相互作用都是不同形式下的规范场，物理学家期望已久的大统一理论有可能在规范场的概念上得以实现。而规范场与相对论、量子力学之间存在着固有的内在联系，因此，规范场与几何学之间也必然有密切的联系。事实上，规范场概念正是从物理学几何化的研究中引申出来的。20世纪60—70年代，杨振宁博士的研究充分证明规范场与纤维丛的几何有着密切的关系，从而使爱因斯坦开创的物理学几何化思想进入了一个崭新的阶段，同时也使数学与物理学相互交融的顺序在一些领域中发生了微妙的变化。物理学理论不仅先于相关的数学理论而产生，并且物理理论也可以作为数学的工具而应用于数学。因此，当代许多著名数学家都认为，数学需要物理学，"抽象理论与实际的惊人结合，鼓励着基础数学理论的研究，更鼓励着抽象数学与实际的结合。"[1]

下面，我们首先追溯科学发展的历史，从以下三个方面进行一些历史的考察和理论分析：一、欧氏几何对古典物理学建立的影响；二、黎曼几

---

[1] 陈珍整理：《神游数学王国六十余年——访陈省身教授》，《人物》1992年第5期。

何对近代物理学发展的影响；三、纤维丛理论与现代物理学研究的关系，然后引出一些结论。

一　欧氏几何与古典物理学

"我们推崇古代希腊是西方科学的摇篮。在那里，世界第一次目睹了一个逻辑体系的奇迹，这个逻辑体系如此精密地一步一步推进，以至它的每一个命题都是绝对不容置疑的——我这里说的就是欧几里得几何。推理的这种可赞叹的胜利，使人类理智获得了为取得以后的成就所必需的信心。如果欧几里得未能激起你少年时代的热情，那么你就不是一个天生的科学思想家。"[①]

（一）欧几里得与托勒密

在古代，几何学无疑是半经验的科学。相传几何学在4000年之前发源于埃及。埃及尼罗河两岸土地肥沃，农产丰富，因此埃及成为西方文化的发祥地。但是，尼罗河每年泛滥，水涨时两岸农田被淹没，水退后田地的界限被冲毁。为了解决土地的争执，测地学便随着这种需要而产生了。几何（geometry）这个词本来的意思就是大地测量。后来，随着生产实践的发展，逐步抽象出一些几何图形来描述客体行为的某些方面。到公元前300年左右，古希腊大数学家欧几里得（Euclid）在总结前人工作的基础上，第一次系统地应用公理化方法写成了数学巨著《几何原本》，共13卷。虽然这部巨著是在2000多年前写成的，但是它的一般内容和叙述特征同我们现在中学的几何教科书非常接近。所以，人们把公元前3世纪亚历山大城在数学领域里作出的巨大成就誉为科学的"黄金时代"。爱因斯坦也把希腊哲学家发明的包含在欧几里得几何学中的形式逻辑体系，称为西方科学发展的两大基础之一（另一基础是指系统的科学实验）。

古希腊的几何学，除了直线形和圆之外，还研究了圆锥曲线。梅内克谬斯（Menaechmus）研究圆锥曲线，是把圆锥曲线看成是顶角不同的三个圆锥和平面相交的截线。后来阿波罗尼（Apollonius）改进了研究圆锥

[①] 许良英等编译：《爱因斯坦文集》第1卷，商务印书馆1976年版，第313页。

曲线的方法。他不用三个圆锥，而只用一个圆锥，通过改变截面的位置来产生出三种曲线。他撰写了八卷本的《圆锥曲线》[1]。这部书可以看成是古希腊几何学的登峰造极之作，是一座巍然屹立的丰碑。我们现在解析几何中关于圆锥曲线的性质大都来源于此作。过了1800年左右，这部分圆锥曲线理论对自然科学的发展产生了意想不到的巨大影响。

在古代欧洲，物理学是自然科学的总称，它包括天文学、地理学、生物学等等。事情首先发生在天文学上。古希腊天文学已经相当发达了。当时主要有三个学派：一个是毕达哥拉斯学派的地动说。他们从宇宙和谐论的观点出发，认为几何学中一切平面图形以圆形最美，立体图形以球形最美。所以地球是球形的，一切天体都围绕中心火按各自的圆形轨道做匀速运动。恩格斯评价说，中心火虽不是太阳，但"这毕竟是关于地球运行的第一个推测"。[2] 另一个是柏拉图学派的地心说。他们从柏拉图到欧多克斯（Eudoxus）再到亚里士多德形成一个以地球为中心的同心球理论。天体的球壳由里向外依次是：月亮、水星、金星、太阳、火星、木星、土星、恒星共八层天，再加上最外面的原动天，就是"九重天"。第三个是亚历山大学派的本轮—均轮体系。上面提到的同心球理论要求天体与地球始终保持相等的距离。但是天文观测发现金星和火星的亮度经常有明显的变化，这就意味着它们与地球的距离并不固定；另外日食有时是全食，有时是环食，这表明太阳、月亮同地球的距离也在变化。为了克服同心球理论的困难，亚历山大学派的阿波罗尼设想出一套几何模型，用它来解释行星和地球之间距离的变化和行星运行的顺、留、逆现象。这就是所谓的本轮—均轮复合运动体系。它是地心体系的一次重大成功的变革。托勒密（Claudius Ptolemaeus）是亚历山大学派的最后一个著名的天文学家，也是地心说的集大成者。他的体系不仅是建立在"算术和几何学的无可争论的方法"之上，而且在当时是符合观测实际的，在哥白尼的日心说出现以前一直是推算日、月、五星位置和日食、月食以及编制历法的理论根据。

---

[1] 这八卷本的《圆锥曲线》，其中有四卷直接传到了欧洲，另有三卷先是传到阿拉伯，后来欧洲人找到了它，还有一卷已失传。

[2] ［德］恩格斯：《自然辩证法》，人民出版社1971年版，第166页。

从这些古代宇宙观可以看出，古代人笃信宗教，认为天神掌管世上的一切事务，并且"神永远是按几何规律办事"的，这就促使他们注意分析隐含于几何学中的规律性，把天体的运动和构形描述成一种符合规律性和对称性的几何"体"、一种符合完美秩序的概念。从思想渊源上来看，是把和谐、对称和简单性作为一种信念，一种科学所必须服从的方法论规范，作为科学家构造理论时孜孜以求的目标。这就是科学史上毕达哥拉斯主义对后人深刻而又深远的影响。在物理学观念上，古代人认为物体的基本运动不外乎两种：直线运动和圆周运动。其中直线运动是会终止的，如一个物体掉到地面上，运动就停止了；而圆周运动是永恒的，所有的天体都绕着地球作无限的运动。爱因斯坦在评述托勒密体系时指出："地球不动的学说所根据的假说，是宇宙有一个抽象的中心。根据想象，这个中心引起地面上重物坠落，因为物体在地球的不可入性所能允许的限度内，都有趋向宇宙中心的倾向。这就导致地球的形状近乎球形。"① 但是"宇宙中心概念一旦被充分的理由所否定以后，地球不动的思想，以及一般地说来，地球的特殊作用的思想，也就站不住脚了。"②

（二）哥白尼与开普勒

过了近 1500 年，随着社会和人类思维的发展，自然科学开始从神学中解放出来。地心说终于被哥白尼打破，代之以日心说。哥白尼的《天体运行论》假定行星绕太阳作圆周运动，给予宇宙的地心说以一种明晰的和系统的批判。更重要的是它大大简化了宇宙体系，摧毁了那种牢不可破的见解和目视的幻觉，把一直被颠倒的世界扶正了。"科学的发展从此便大踏步地前进，而且得到了一种力量，这种力量可以说是与从其出发点起的（时间）距离的平方成正比的。仿佛要向世界证明：从此以后，对有机物的最高产物，即对人的精神起作用的，是一种和无机物的运动规律正好相反的运动规律。"③

哥白尼的日心说经历了艰苦的历程才得到了人们的承认。这主要是

---

① 许良英等编译：《爱因斯坦文集》第 1 卷，商务印书馆 1976 年版，第 582 页。
② 同上书，第 583 页。
③ [德] 恩格斯：《自然辩证法》，人民出版社 1971 年版，第 8—9 页。

"由于我们人类是被束缚在地球上，我们的观察直接向我们揭示出来的决不是'真正的'行星运动，而只能是视线（地球——行星）同'恒星球'的交叉点。要超出定性的论据来支持哥白尼的体系，那只有求出行星的'真正轨道'，而这是一个几乎无法克服的困难问题，可是开普勒（就在伽利略在世时）却以真正的天才的办法解决了它。但这一决定性的进展，在伽利略一生的著作中却没有留下任何痕迹。——这一古怪的事例，说明有创造力的人往往是缺乏接受力的。"①

开普勒解决的第一个问题是要测定行星（包括地球）的真运动。这一点，他是根据一种真正灵感的想法，把几何学中的三角测量法搬上了行星空间。由于火星的表观运动是当时已经非常精确地知道了的，每过一个火星年，火星大概都在行星空间的同一地点。所以，开普勒把它作为行星空间的一个定点，用它和太阳作为测量角度的参照点。应用这样的方法，开普勒首先测定了地球在行星空间的真运动。这样，他就取得了建立三条基本定律的基础。

开普勒解决的第二个问题是要回答行星运动遵循怎样的数学定律。这一点，好像来自于他"宇宙和谐"的信念。起初，开普勒发现，正好存在的六颗行星和五个等边立体有联系。于是他就认为，上帝是按照一个数学模型来创造太阳系的，要设法把行星离太阳的距离同这些几何图形联系起来。1596年他发表了《宇宙结构的奥秘》一书，骄傲地向世人宣布：他成功地洞察到了上帝的创世计划，并找到了这些天球壳与五个等边立体套件内接和外切的关系，如下页图2—1所示。

开普勒所观测到的行星半径比率和从等边立体套件的几何学计算的比率之间能得到大体的一致。可是，他的行星半径的值取自哥白尼的资料，哥白尼的资料指的是行星到地球轨道中心的距离。开普勒希望通过参照行星到太阳的距离来改善他的理论，这样也就把地球轨道的偏心率考虑进去了。在这一基础上，开普勒利用他老师第谷·布拉赫（Tycho Brahe）更精确的资料重新计算了行星半径的比率，发现这些比率与从等边立体理论中计算出来的比率有很大的不同。开普勒一方面承认，这是对他的理论的一个反驳；另一方面却坚持"宇宙和谐"的信念，认为观察和理论之间

---

① 许良英等编译：《爱因斯坦文集》第1卷，商务印书馆1976年版，第583—584页。

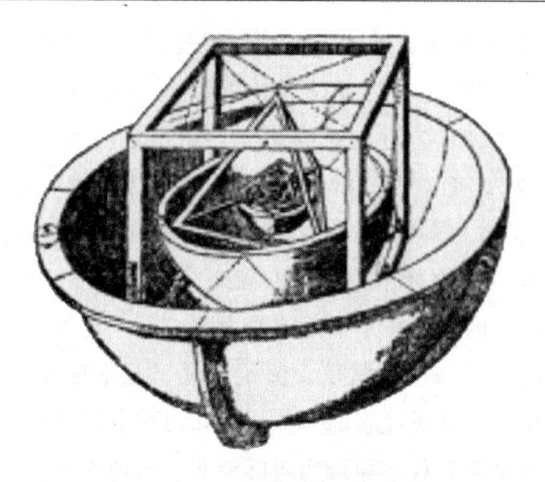

图 2—1　开普勒的等边立体套件

土星的天球—立方体—木星的天球—正四面体—
火星的天球—正十二面体—地球的天球—正二十
四面体—金星的天球—正八面体—水星的天球

的不一致，必定蕴涵着尚未发现的数学上的和谐。

开普勒坚持不懈地寻找太阳系中的数学规律，终于成功地用公式表示了行星运动三定律：

（1）轨道定律：行星沿椭圆轨道绕太阳运动，太阳位于椭圆的一个焦点上。

（2）面积定律：从太阳到行星的连线（矢径）在相等的时间内扫过相等的面积。

（3）周期定律：各行星公转周期的平方与轨道半长径的立方成正比。

开普勒的惊人发现使他非常欣慰，甚至把他的最后一部著作（1619年）叫作《宇宙和谐》。"看来他这样着迷似地坚信存在着一条简单的法则，部分来自他早年对数字学（numeralogy）[①]法则的迷恋，部分来自天才所具有的善于找到正确研究对象的那种本能。但是它也

---

① 数字学——一种借数字（如出生日期）预卜未来吉凶的伪科学。

指出了贯穿整个科学史的一条深沉的潜流,即对自然的单纯性和一致性的信念。它永远是灵感的泉源,帮助科学家们克服不可避免而又无法预见的各种障碍,当他们处于艰苦漫长而又毫无结果的工作期间,能从这一泉源中得到精神鼓舞。"① 正是这一信念使开普勒忍受了个人的巨大不幸②,也使他的研究工作从现象论阶段转入实体论阶段,以致他在最后发现伟大的第三定律时得意地写道:"十七年来我对布拉赫观测结果的刻苦研究同我现在的这个研究是如此相符,以致我起初还以为是在做梦……"③

从这里我们可以看出,开普勒的研究工作具有两个特点:一个特点是我们已经注意到的,他从起初坚持把一个几何模型及其形状当作解释的主要工具,改变为讨论运动本身及其潜藏的数字关系;另一个特点是他企图以几何和代数的语言,即数学公式来表达物理定律并获得成功。以他的名字命名的三大定律不仅解决了哥白尼学说的物理基础问题,同时也标志着近代自然科学的两大基础——经验观察和数学理论的汇合。爱因斯坦也曾就开普勒的惊人成就这样指出:"知识不能单从经验中得出,而只能从理智的发明同观察到的事实两者的比较中得出。""这好像是说:在我们还未能在事物中发现形式之前,人的头脑应当先独立把形式构造出来。开普勒的惊人成就,是证实上面这条真理的一个特别美妙的例子。"④

(三) 伽利略与牛顿

开普勒关于天体运动规律的研究,在某种意义上讲,就成了经典物理学的开端。谈到经典物理学的开端,人们决不会忘记另一个拓荒者——伽利略。因而,我们在这里要简单介绍一下伽利略关于地上物体

---

① [美] 转引自 G. Holton《物理科学的概念与理论导论》上册,张大卫等译,人民教育出版社 1983 年版,第 65 页。

② 开普勒的一生充满了不幸:幼年体弱多病,落得一只手半残,视力衰弱,妻死子病,母亲曾被指控施行巫术而遭到拘禁,终生贫困交加。他不得不靠教书及占星卜命维持生活,最后惨死于索取薪金的旅途中。

③ [美] 转引自 G. Holton《物理科学的概念与理论导论》上册,张大卫等译,人民教育出版社 1983 年版,第 65 页。

④ 许良英等编译:《爱因斯坦文集》第 1 卷,商务印书馆 1976 年版,第 278 页。

运动的研究。

当时经院哲学家们的主要兴趣在于寻求"终极原因",所以他们只是借助于质料、形式、动力、目的和自然位置等模糊概念,对运动做一般的定性描述。伽利略认为这些都是无用的。他所要研究的不是运动为什么发生,而是怎样发生。这就必须将古代关于距离和时间的概念给予确切的数学形式。事实上,自伽利略之后,空间和时间的概念就始终在物理学中具有了本原的和根本的性质。

运动学的第一个问题是描述质点的位置问题。笛卡尔创立了进行这种描述的数学框架——坐标系,而哥白尼又第一个把坐标系移到了太阳上,从而提出了坐标系的变化对所研究的运动过程的影响问题。伽利略高度评价和论证了哥白尼体系的优越性。所以,科学界一致公认把与太阳系中心相联系的坐标系称为伽利略系。这样,伽利略确定了一个具有重大原则意义的事实:任何一个相对于伽利略系处于匀速直线运动的坐标系,在描述力学过程方面同伽利略系完全等效。在《关于托勒密和哥白尼两大世界体系的对话》中,他曾明确指出,密封在一条做匀速直线运动的大船船舱里的观察者"无法从其中任何一个现象来确定,船是在运动还是停着不动"。这就是著名的伽利略相对性原理。可以说,如果没有这个原理,物理学的任何重大进展都是不可能的。但是我们可以看出,它是建立在绝对时空观念上的。所以说,绝对时空观、伽利略变换、速度相加定理、有无限多个惯性系是与伽利略相对性原理相容的,反映在几何学上是一种等距变换。

伽利略从运动的基本特征量——速度和加速度出发,把运动分为匀速运动和变速运动,这是伽利略迈出的第二步。关于自由落体和惯性运动的斜面实验则是一个纯粹的几何学问题。伽利略的这套工作,提出了一个非常有价值的研究方法。他曾写道:"我们可以说,这是第一次为新的方法打开了大门,这种将带来大量奇妙成果的新方法,在未来的年代里,会博得许多人的重视。"其实,它就是我们今天所说的思想实验。爱因斯坦创立相对论依据的就是思想实验。另外,在讨论抛射体运动时,他还涉及了运动合成原理。这样,惯性原理、力的作用原理、运动迭加原理和相对性原理,就被伽利略组成为力学基础的统一体。

17世纪的物理学是一个真正的辉煌时代。这个时代按照丹皮尔

(W. C. Dampier) 的说法，是"近代科学的真正起源"①。伽利略关于地上物体运动的研究，开普勒关于天体运动的研究，是这一时代的两面旗帜。科学一旦具备了必要的条件，就有了一个迅猛发展的潜力。打个现代的比方，可以说此时已达到临界质量，链式反应得以开始。这就是牛顿生活的时代背景。

牛顿出生那一年（1642年）伽利略正好去世。笛卡尔和惠更斯的生活年代则正好处在前后两人之间。牛顿正是站在这些巨人肩上，汇集了这一代人的集体智慧，实现了以牛顿力学为中心的科学知识的第一次大综合。"牛顿工作的两个最大的结果是：(1) 证明地上的力学也能应用于星球；(2) 从自然科学的大厦中排除掉不必要的哲学成见。希腊与中世纪认为天体有特殊的和神圣的性质。这种见解已经部分地被伽利略的望远镜所解除了，但牛顿则更进一步加以摧毁。"② 在这里，牛顿所做的工作是把由地球的引力作用而产生的直线运动和由太阳的引力作用而产生的椭圆运动统一了起来，即把两个表面上不同的现象联系起来，找到了共同的规律。不但如此，他还用精确的定量形式把这个规律表示了出来，这就是著名的引力平方反比定律：$F = GMm/r^2$。除此之外，牛顿还证明在有心力作用下，物体的运动规律是圆锥曲面的截线，可能是椭圆、抛物线和双曲线。彗星的运动轨道就有这三种情况：椭圆轨道占40%，抛物线轨道占49%，双曲线轨道占11%。

从此，人类智慧的力量第一次超出了地球的范围。1759年哈雷（E. Halley）彗星的复归，1846年海王星的发现，都使牛顿力学得到了更可靠的证实，也使哥白尼的日心说经过了300年的发展从假说变成最终被证实的学说。科学史上，往往表现出这样的情况：科学成果的价值是与它的艰难程度成正比的。万有引力定律的提出，牛顿花了近20年的时间（1665—1684年），可想它的艰难程度和科学价值之伟大。

从以上科学史的考察中，可以看出1800多年前阿波罗尼的圆锥曲线理论在这里得到了充分的应用。欧氏几何在古典物理学中起了何等重要的

---

① [英] W. C. 丹皮尔：《科学史——及其与哲学和宗教的关系》，李珩译，商务印书馆1975年版，第215页。

② 同上书，第244页。

作用。我们的前人总是把几何学的知识当作洞察宇宙基本结构和解释宇宙万物运动规律的一种有力工具。伽利略的宣言是对这一观点颇有说服力的表述:

"哲学写在这部宏伟的书(我指的是宇宙)中,这部书始终对我们开放着,但它很费解,除非人们首先学会理解这部书所使用的语言和解释这部书所使用的文字。它是用数学语言写的,它的文字是三角形、圆以及其他几何图形,没有这些图形,人们甚至根本不可能理解这部书中的一个词。"①

二 黎曼几何与近代物理学

"既然没有几何学的帮助,物理学的定律就无法表示,那么几何学就应当走在物理学的前面,因而几何学也应当被看作是这样的一门科学,它在逻辑上先于一切经验和一切经验科学。"②

(一) 非欧几何的建立

19世纪初,不仅对于数学家和哲学家,而且对于物理学家来说,欧氏几何的基础似乎是绝对不可动摇的。为了从根本上改变这种状况,就必须进行巨大的工作,这项工作差不多延续了一个世纪。值得注意的是,远在欧几里得几何的框架对于物理学显得过于狭窄之前,这项工作就已经从纯粹的数学研究方面开始了。从公元前300年直到1800年间,人们虽然始终坚信,欧氏几何是物理空间的正确理想化,但是在那样长的几乎整个时期之内,数学家们却始终对一件事耿耿于怀。欧几里得所用的公理对于物理空间和对该空间的图形来说,都应看作是不证自明的真理。然而,按照欧几里得那种方式陈述的平行公理(公设),却被人认为有些过于复杂。虽然没有人怀疑它的真理性,却缺乏像其他公理的那种说服力。即使

---

① [意]伽利略:《试验者》,转引自[美]约翰·洛西《科学哲学历史导论》,邱仁宗、金吾伦等译,华中工学院出版社1982年版,第18页。

② 许良英等编译:《爱因斯坦文集》第1卷,商务印书馆1976年版,第205页。

欧几里得自己，显然也不喜欢他对平行公理的那种说法，因为他只是在证完了无须用平行公理的所有定理之后才使用了它。

非欧几何的历史，就开始于努力消除对欧几里得平行公理的怀疑。从古希腊时代到 18 世纪对它的研究有两种途径：一种是用更加自明的命题来代替它；另一种是想用其他 9 个公理来证明它。但是，这两种尝试都未能得到令人满意的结果。于是，人们提出这样一个设想：如果能建立一种在逻辑上没有矛盾的科学体系，它同欧氏几何的区别在于，而且仅仅在于用另一条公理来代替平行公理，那么，就可以认为这个假设是被证明了的。高斯（C. F. Gauss）、罗巴切夫斯基（N. I. Lobachevsky）和鲍耶（J. Bolyai）分别从不同的侧面独立地得出了这种思想，并且令人信服地实现了它。因为罗巴切夫斯基的著作发表的最早，并且研究的是锐角假设的双曲线式几何，所以后人称之为罗氏几何。历史又到了迅速发展的阶段。在罗氏巨著发表的那一年（1826 年），一位在历史上有重大贡献的数学家黎曼在德国诞生了。28 年后，即 1854 年，年轻的黎曼提出了又一种新的几何学，即钝角假设的椭圆式几何，现在通称为黎曼几何。罗氏几何和黎曼几何又合称为非欧几何。

非欧几何建立以后，有两方面的问题有待解决。在理论方面，虽然大量的推导没有引起矛盾，但这并不能保证再推导下去不会产生矛盾；在应用方面，非欧几何到底反映哪种空间形式还未得到具体的说明。理论方面，后来由贝特拉米（E. Beltrami）和克莱茵（C. F. Klein）分别于 1868 年和 1871 年提出了两种非欧几何在欧氏几何中的模型。这样，非欧几何的无矛盾性就转化为欧氏几何的无矛盾性，使问题较好地得到了解决。应用方面，其实早在 1854 年黎曼就认为，我们平时所说的几何学只是已知测量范围之内的几何学。如果超出了这个范围，或者是在更细层次的范围里，空间是否还是欧几里得的，则是一个需要验证的问题，需要靠物理学发展的结果来决定。[①]

那么，如果不是欧几里得的还可能是什么样的呢？这里黎曼提出了一个新的理论。他认为几何学最根本的概念是距离（现代的观点应该是微

[①] 1854 年黎曼在就任哥廷根大学首席教授时发表了一篇演说，题目是《关于作为几何学基础的假设》。

分流形和距离）。具体说来，如果能够知道任一条曲线在任两个端点之间的长度的话，那么整套几何学就可以建立起来了。曲线的长度又可以建立在任意两个无限邻近点的距离的基础之上，所以可以用两个无限邻近点的距离来作为几何学的基础。这个思想起源于高斯，但黎曼把它一般化了。我们知道，在欧氏几何中，邻近点的距离平方是

$$dS^2 = dx_1^2 + dx_2^2 + dx_3^2$$

（在笛卡尔坐标下），这就确定了欧氏几何。但是在曲线坐标下，则应为 $dS^2 = \sum\sum g_{ij}(x) dx_i dx_j$，这里的 $g_{ij}(x)$ 是一组特殊的函数。如果 $g_{ij}(x)$ 是一般的函数，又 (δ_{ij}) 构成正定对称矩阵，那么从 $dS^2 = \sum\sum g_{ij}(x) dx_i dx_j$ 出发，也可以定义一种几何学，这便是黎曼几何。由于允许 $g_{ij}(x)$ 是坐标的函数，所以黎曼提供了空间的性质可以逐点而异的可能性。譬如，在每一点的周围，都可选取坐标使得在这一点上 $dS^2 = dx_1^2 + dx_2^2 + \cdots + dx_n^2$ 成立，所以在非常小的区域内勾股定理近似成立。但是在稍大一点的范围里就不再是欧几里得的了。

黎曼在1854年的演说中，给出下述结果但没有解说。如果 α 是曲率的测度，常曲率流形上无限邻近点的距离公式变为：

$$dS^2 = \frac{\sum_{i=1}^{n} dx_i^2}{[1 + (\alpha/4) \sum_{i=1}^{n} x_i^2]^2}$$

所以，当 $\alpha > 0$ 时，我们得到一个球面空间。它的公理是："通过直线外一点，不存在与已知直线平行的直线。"定理是：一个三角形的内角和总是大于180°，并随三角形面积的增加而增加；当 $\alpha = 0$ 时，得到一个欧氏空间。它的公理是："平面上通过直线外一点，只能有一条直线与已知直线平行。"定理是：一个三角形的内角和总是180°；当 $\alpha < 0$ 时，就是常负数曲率曲面。它的公理是："通过直线外一点，不只有一条直线与已知直线平行。"定理是：一个三角形的内角和总是小于180°，并随三角形面积的减少而减小。

当时人们不知道黎曼的公式是怎样算出来的，所以很少有人能够理解它。在今天看来，这篇演讲的意义非常深远。从数学上讲，它发展了空间的概念，引进了"多重广延量"，即现代微分流形的原始形式，为用抽象

空间描述自然现象打下了基础。

7 年以后，为了竞争巴黎科学院的奖金，黎曼在 1861 年写了一篇关于热传导的文章。这篇文章常常叫作他的《巴黎之作》。人们从中了解到了他在曲线坐标下的运算方法并加以发展，这就是我们现在所说的张量分析的方法。有些文章介绍，黎曼还对引力理论发生过兴趣。他曾对牛顿的引力理论表示怀疑，因为牛顿的引力是一种超距作用。黎曼因此写过一篇自然哲学的论文，认为作用应该通过接触来传递，类似于曲线求长度那样。所以，黎曼几何的建立还可能有物理观念的指导，但是黎曼本人并没有把黎曼几何用于引力理论。到此为止，黎曼已经用"纯粹数学推理的方法，得出了关于几何学同物理学不可分割的思想；60 年后，这个思想实际上体现在那个把几何学同引力论融合成为一个整体的广义相对论中。"[①] 笔者与黄勇博士在《自然辩证法通讯》上也发表过一篇关于张量概念演变的文章，"以广义相对论的数学基础张量分析和黎曼几何为线索，重点考察了张量概念的词源理解、形成过程和物理学隐喻，发现'球形宇宙'的隐喻原来蕴含在张量隐喻之中，希望以此表明，数学是物理学进化的认知变异体和延伸，具有深刻的文化意蕴。"[②] 现在已经有大量的根据可以说：从非欧几何发展起来的思想是极其富有成果的。

（二）狭义相对论的建立

19 世纪末，随着自然科学的发展人们发现了许多新奇的物理现象。其中之一就是 1887 年迈克耳孙（A. A. Michelson）和莫雷（E. W. Morley）的实验。他们发现，不论物体运动与否，从该物体上观测到的光速都是一样的。这显然违反了人们的常识。对一辆正在以速度 v 行驶的汽车，如果你是静止的，你看到汽车的速度是 v；而若你乘坐在同向行驶、速度也是 v 的汽车上，你看到的那辆汽车的速度必是零。然而，光速不是如此，牛顿力学在这里失效了。

---

① 许良英等编译：《爱因斯坦文集》第 1 卷，商务印书馆 1976 年版，第 208 页。
② 黄勇、武杰：《数学名词中文化意蕴的探析：以张量概念的演变为例》，《自然辩证法通讯》2013 年第 1 期，第 76—81 页。

1905年6月，爱因斯坦发表了《论动体的电动力学》，创立了狭义相对论。其基本原理是：

（1）相对性原理：在所有的相互做匀速直线运动的坐标系中，所发生的物理现象都遵从同样的定律；

（2）光速不变原理：在所有的相互做匀速直线运动的坐标系中，光在真空中的速度 c 不变。

现在假定物体沿 x 轴方向以速度 v 运动，坐标变换公式是

$$x' = x - vt, \; y' = y, \; z' = z$$

这被称为伽利略变换。如果我们用相对论的两条原理来推论，就会得到新的公式：

$$x' = \frac{x - vt}{\sqrt{1 - \frac{v^2}{c^2}}}, \; y' = y, \; z' = z, \; t' = \frac{t - \frac{v^2}{c^2}x}{\sqrt{1 - \frac{v^2}{c^2}}}$$

这就是洛伦兹（H. A. Lorentz）变换在特殊的运动（沿 x 轴）方向上的方程。当 $v \ll c$，v^2/c^2 可忽略不计时，就是通常的伽利略变换。一般的洛伦兹变换是 (x,y,z,t) 到 (x',y',z',t') 的线性变换，可以用 4×4 的四阶矩阵来表示。

对狭义相对论，物理学界迅速给予认可，数学家也立刻加入研究。法国大数学家彭加勒（J. H. Poincaré）从洛伦兹群作用下的不变量的角度研究狭义相对论的数学基础；而德国数学家闵可夫斯基（H. Minkowski）则给相对论提供了新的几何学框架。他注意到相对论需要四维的时空，前三维是用通常的 x、y、z 轴标志的，第四维该如何处理？他模仿复数的虚数部分，聪明地引入了 ict。这样的空间被称为闵可夫斯基空间。欧氏空间的距离 $d^2 = x^2 + y^2 + z^2$；而闵可夫斯基空间中的距离 $s^2 = x^2 + y^2 + z^2 - c^2t^2$。这一重大变化，使闵可夫斯基空间和欧氏空间有了本质的不同。也可以说，牛顿力学是研究欧氏空间中伽利略变换下的不变量，而爱因斯坦的相对论力学则是研究闵可夫斯基空间中在洛伦兹变换下的不变量。这时，空间和时间彼此相关，能量和质量有了新的关系：

$$E^2 = \frac{m^2 c^4}{1 - \frac{v^2}{c^2}}$$

其中，E 是能量，v 是速度，m 是静止质量，c 是光速。当物体静止时，$v = 0$，则有 $E = mc^2$。将上式两边开平方，可得到

$$E = \frac{mc^2}{\pm\sqrt{1 - \frac{v^2}{c^2}}}$$

式中正号容易理解，表示能量，但负号的物理意义是什么？1930 年物理学家狄拉克（P. A. M. Dirac）据此猜想自然界中存在着反粒子，其能量为负值。后来果然被实验所证实，1932 年，安德逊（C. D. Andesson）第一个利用云雾室从宇宙射线中发现了带正电荷的正电子。它是人类第一次在实验中发现的反粒子，与普通的带负电荷的电子正好相反。

到此，我们"如果要用一句话来说明狭义相对论的正面结果，那便是把时间和空间的观念结合到一个统一的观念里。这当然不是说时间与空间在性质上绝对相同。它们之间的关系很像实数和虚数组成复数时彼此之间所发生的关系一样。从这方面看来，爱因斯坦在物理学方面的工作就很像高斯在数学方面的工作。我们不妨把这对比再引申一步说，物理学中从狭义相对论过渡到广义相对论就好像是数学中的线性函数论过渡到一般函数论一样。"[①] 实际上，爱因斯坦关于狭义相对论的工作并没有用到黎曼几何和张量分析。（在狭义相对论中，它的量度是 $ds^2 = dx^2 + dy^2 + dz^2 - c^2 dt^2$，这是一个常曲率空间，被平面 $t = const$ 所截的任何截口都是欧几里得的）。我们知道，狭义相对论并不涉及引力的作用，于是从 1905 年起爱因斯坦便开始从事有引力问题的研究。起初，他想把引力现象也纳入狭义相对论的范畴，并通过在他的空—时几何中加进一种结构以说明它的效应。加进的结构使得物体自动地沿着这样一条轨道运动，这轨道与假设物体受引力作用时所运行的轨道相同。经过两年的尝试，爱因斯坦认识到："当我力图在狭义相对论的框架里把引力表示出来的时候，我才完全明白，狭义相对论不过是必然发展过程的第一步。……在狭义相对论的框架

[①] ［德］普朗克：《从近代物理学来看宇宙》，商务印书馆 1959 年版，第 6 页。

里，是不可能有令人满意的引力理论的"[1]，必须另找出路。

（三）广义相对论的建立

爱因斯坦的下一个目标是建立广义相对论，其主要想法是给引力以新的解释。万有引力定律是牛顿力学的基本原理之一，但是引力产生的机制大家并不清楚。伽利略当年在比萨斜塔上做实验，发现重物和轻物同时落地，这同人们的意料相反。按照常理，重物较轻物所受的引力大，应有较大的加速度，所以应当早些落地。据说，爱因斯坦由此想到，引力也许根本不是一种外在的力。因为自由落体运动只是由于四维时空中的几何位移所造成的，重物和轻物经过时空中的同一几何曲线，经历的位移相同，所以才有相同的加速度，即同时落地。这时，他想到了"惯性质量与引力质量相等"这样一个平凡而古老的实验事实，提出了"引力场同参考系的相当的加速度在物理上完全等价"的假想。"这个假设的启发性意义在于，它允许用一个均匀加速参考系来代替一个均匀引力场，而均匀加速参考系这种情况，从理论研究的观点看来，在一定程度上是可以接受的。"[2] 这就是著名的"等效原理"。在科学理论中，每一个等效原理或对称原理的建立，都标志着理论的进步。因为它一般都是解决难题的结果，同时，等效原理也为广义相对性原理的提出提供了基础。因为，从形式上看，承认那种对原来的"惯性"坐标加速运动的坐标系，就意味着承认非线性的坐标变换。从而扩大了不变性的观念，即广义相对性原理的提出。到此，爱因斯坦还只是用了一些最简单的数学工具，并没有涉及高深的数学理论。

然而，较之狭义相对论，广义相对论真正用到了黎曼几何。1912年爱因斯坦发表了一篇论文，认为引力场不是均匀分布的，并把四维时空想象为弯曲的，其上定义有曲线距离，即黎曼几何中的黎曼流形。它和闵可夫斯基时空的关系就好像黎曼几何和欧氏几何的关系一样。在三维的欧氏空间中，由于 x、y、z 是相互独立的变量，其中的微小位移 ds 的平方是 $(ds)^2 = (dx)^2 + (dy)^2 + (dz)^2$；在平坦的闵可夫斯基空间中，因为 x、y、z、ict 也都是相互独立的，所以应有 $(ds)^2 = (dx)^2 + (dy)^2 +$

---

[1] 许良英等编译：《爱因斯坦文集》第1卷，商务印书馆1976年版，第28—29页。
[2] 范岱年等编译：《爱因斯坦文集》第2卷，商务印书馆1977年版，第199页。

$(\mathrm{d}z)^2 - c^2 (\mathrm{d}t)^2$。但是在广义相对论中,四维时空是弯曲的,即应将它看成由含有四个独立参数 x_1、x_2、x_3、x_4 的四个方程来表示:

$$x = x(x_1,x_2,x_3,x_4), \quad y = y(x_1,x_2,x_3,x_4)$$
$$z = z(x_1,x_2,x_3,x_4), \quad t = t(x_1,x_2,x_3,x_4)$$

这样一来,$\mathrm{d}s^2 = \mathrm{d}x^2 + \mathrm{d}y^2 + \mathrm{d}z^2 - c^2 \mathrm{d}t^2 = \sum g_{ij}\mathrm{d}x_i\mathrm{d}x_j$,其中 16 个系数 $g_{ij}(i,j = 1,2,3,4)$ 决定了爱因斯坦时空的曲率(由于 $g_{ij} = g_{ji}$ 的对称性,实际上只有 10 个是独立的)。而在狭义相对论中,"没有场"的空间特征是:

$$g_{ij} = \begin{pmatrix} -1 & 0 & 0 & 0 \\ 0 & 1 & 0 & 0 \\ 0 & 0 & 1 & 0 \\ 0 & 0 & 0 & 1 \end{pmatrix}$$ 为闵可夫斯基空间的度规张量。

它对应着线性的洛伦兹变换,是不依赖于坐标的常数,即 g_{ij} 是一种刚性度规。这样,就允许有刚性的尺和同步的钟,坐标差和可量度的长度、时间直接相联系;而对于非线性变换来说,$g_{ij}(x)$ 是坐标的函数,即 $g_{ij}(x)$ 是一种柔性度规。此时,不存在刚性的尺和同步的钟,不同的坐标点,尺和钟的标准都不同。坐标的微分只有与度规 g_{ij} 联系起来考虑才具有量度的意义。

这样一来,加速参考系或引力场(按等效原理)与惯性系相比,其根本区别表现在:前者具有一种柔性的时空度规,即黎曼度规;而后者只是前者的一种特殊情况——刚性的时空度规,即准欧几里得度规。因此,研究 g_{ij} 的几何性质和物理意义,就成了解决引力问题,推广狭义相对论,建立更广泛、更普遍的新理论的关键。所以,当爱因斯坦发现基于等效原理的非线性变换会导致"刚性"时空的破坏时,被"大大地困惑住了"。要克服这种"困惑","从坐标必须具有直接的度规意义这一观念中解放出来,可不是那么容易的"[①],那是需要有足够的勇气和智慧的。在完成认识上和学术上的这一飞跃时,爱因斯坦花了很长时间(1908—1913 年)终于从科学先辈们关于几何性质的研究及其与物理学关系的哲学争论中得

---

① 许良英等编译:《爱因斯坦文集》第 1 卷,商务印书馆 1976 年版,第 30 页。

到了力量和启示。"在这里,海尔曼·闵可夫斯基关于狭义相对论形式基础的分析显得很重要。这种分析归结为这样一条定理:四维空间有一个(不变的)准欧几里得度规;它决定着实验上可证实的空间度规特性和惯性原理,从而又决定着洛伦兹不变的方程组的形式。"① 这一思想是从狭义相对论的数学表示,走向广义相对论的数学表示的一个桥梁。另外是赫尔姆霍茨(H. L. F. Helmholtz)关于几何与物理学相联系的观点,给了爱因斯坦哲学思想上很大的启发。按照这种观点,"欧几里得几何像一般几何一样,它有着数学科学的特点,因为由公理推出定理,首先是纯粹逻辑的问题,但同时它又是物理科学,因为它的公理本身就包含着关于自然界客体的论断,这些论断的正确性只有通过实验才可以证明。"② 1925 年,他在论述非欧几何与物理学关系的一篇文章中明确指出:"要是没有这种观点,实际上就不可能通向相对论。"③ 正是由于爱因斯坦坚持了几何与经验、几何与自然界客体相关的唯物主义观点,又在老同学格罗斯曼(M. Grossmann)的帮助下,掌握了张量分析和黎曼几何等数学工具,才在科学史上第一次提出了时空度规依赖于自然界的物理过程的思想。大数学家希尔伯特对此做了高度评价:"在我们数学风气浓厚的哥廷根大街上,任何一个学童所知道的四维几何都比爱因斯坦更多。但是,在四维几何方面做出成就的毕竟是爱因斯坦而不是数学家。"④ 爱因斯坦自己也曾这样写道:"在我一生中,还没有如此勤奋工作过,我已沉湎于数学的伟大。直到今天,我一直在领略数学的微妙部分的纯正的高贵。"⑤

爱因斯坦关于时空度规依赖于物理过程,具体来说,就是时空度规 g_{ij} 与引力场相联系的思想,1913 年首次公布于他与格罗斯曼合著的《广义相对论纲要和引力论》这篇著名论文中。在这篇论文中,爱因斯坦明确指出:要推广狭义相对论,使之适应非惯性系或引力场中的物理现象,关键在于推广闵可夫斯基空间,使度规张量 g_{ij} 具有一般函数的特征,并与引力场相关。这正是爱因斯坦在 1907 年后用了好几年时间所考虑的问题。

---

① 许良英等编译:《爱因斯坦文集》第 1 卷,商务印书馆 1976 年版,第 47 页。
② 同上书,第 207 页。
③ 同上。
④ 转引自 P. Frank, *Einstein: His Life and Times.* New York: Knopf, 1947, p. 206.
⑤ 转引自张奠宙《20 世纪数学经纬》,华东师范大学出版社 2002 年版,第 39 页。

引力论的基本问题是要说明试验质点在引力作用下的运动轨迹，即世界线的问题。在广义相对论中归结为流形上的类时（即"弧长"平方为负数：$ds^2 < 0$）的测地线。类时意味着质点的运动速度低于光速，两事件之间可建立因果联系。这时测地线联系于一个变分原理，即质点的运动与经典力学——狭义相对论中的规律一样，将在时空中满足最小作用原理 $\delta\{\int ds\} = 0$，并且 $ds^2 = \sum g_{ij} dx_i dx_j$。由此可见，坐标微分 dx_i 本身没有直接的量度意义，"只有在那些规定引力场的量 g_{ij} 都是已知的情况下才是可以量度的，这也可以这样表达：引力场以完全确定的方式给测量工具和时钟以影响。"[1]

最后，爱因斯坦在这篇论文的基础上，经过一年多的探索，于 1915 年 11 月 25 日建立了比牛顿—泊松（S. D. Poisson）方程复杂得多的引力场方程，并于 1916 年初在《物理学杂志》上发表了长达 50 页的总结性论文《广义相对论的基础》，标志着广义相对论的真正诞生。其基本思想是：四维时空的几何结构与其中的物质分布和运动是相互联系的，这种联系可以表示为一个二阶张量的非线性方程：

$$R_{ij} - \frac{1}{2} R g_{ij} - \lambda g_{ij} = -\frac{8\pi G}{c^4} T_{ij}$$

其中，R_{ij} 是由 g_{ij} 构成的，称为里奇（C. G. Ricci）张量；$R = \sum g_{ij} R_{ij}$ 称为曲率标量；T_{ij} 是描述物质分布（运动）的能量动量张量；λ 是宇宙因子（由于 λ 极小，通常情况下可不予考虑）。解引力场方程就是去求引力场的度规。由于这个方程很复杂，所以它的解也是很复杂的。

到此，我们又一次看到，奇迹的奇度是与问题的难度成正比的。广义相对论的建立，爱因斯坦花了近 10 年的时间。之后不久就在水星近日点进动、谱线的引力红移、光线的引力偏转等几个实验中得到了验证。这使我们想起德国启蒙思想家莱辛（G. E. Lessing）的一句鼓舞人心的言词："为寻求真理的努力所付出的代价，总是比不担风险地占有它要高昂得多。"[2]

历史表明，广义相对论是爱因斯坦最具天分的创造，是人类思想史上最伟大的成就。它发现的不是一个外围的岛屿，而是发现了科学新思想的

---

[1] 范岱年等编译：《爱因斯坦文集》第 2 卷，商务印书馆 1977 年版，第 231 页。
[2] 许良英等编译：《爱因斯坦文集》第 1 卷，商务印书馆 1976 年版，第 50 页。

大陆，使哲学的深奥、物理学的洞察力和数学的技巧最惊人地结合在一起。这样，爱因斯坦以精确的方式，从物理学上证实了辩证唯物主义的一个基本命题：即空间和时间是一切存在的基本形式。① 现实的有物质存在的空间，不是平坦的欧几里得空间，而是弯曲的黎曼空间。空间的曲率体现了引力场的强度，它取决于运动物质的质量及其分布。也就是说，在现实的世界中物质、运动、空间和时间有着不可分割的内在联系。

从以上分析中，我们可以看出，爱因斯坦的广义相对论思想虽然来自物理学的研究，但是广义相对论的建立却离不开黎曼几何。所以在谈到广义相对论的建立时，人们总不会忘记他的老同学格罗斯曼的一臂之力。也正是由于几何学在物理学发展中的重要作用，所以有人把爱因斯坦的广义相对论称之为引力几何学理论。同时，随着"黎曼几何在相对论中的成功运用使数学界恢复了对这门学科的兴趣。然而，在物理学中，爱因斯坦的工作提出了一个甚至更为广泛的问题。他用 g_{ij} 的适当函数使空间中的质量的引力效应具体化了。结果，他的空—时结构中的测地线经证明恰恰就是物体自由运动的轨道，例如正像地球围绕太阳运转一样。与牛顿力学中的情况不同，为了解释运动的轨道不需要引力。重力的消失提出了另一个问题，那就是用空间的量度去解释电荷的吸力和斥力。这样一种成就将会给重力和电磁学提供一种统一的理论。这个工作已经导致黎曼几何的种种推广，这些推广总称为非黎曼几何。"②

推广黎曼几何的概念以便把电磁现象和引力现象统一起来，用以解释物质的基元结构，这是爱因斯坦在1923年提出的一个总体结构的设想。这成了他生命最后30年所主要研究的东西。在1929年、1945年和1954年爱因斯坦曾先后提出过不少方案，取得了一些进展，但都只停留在数学的表述形式上，没有得到有物理意义的结果。他在晚年写道：

"我完成不了这项工作了；它将被遗忘，但是将来会被重新发现。历史上这样的先例很多。"③

---

① 《马克思恩格斯选集》第3卷，人民出版社1995年版，第392页。
② ［美］M. 克莱因：《古今数学思想》第4册，北京大学数学系数学史翻译组译，上海科学技术出版社1981年版，第227—228页。
③ 许良英等编译：《爱因斯坦文集》第1卷，商务印书馆1976年版，第453页。

事实正是这样，从 20 世纪 70 年代到 80 年代，理论物理学研究的中心议题就是统一场论。

三　纤维丛理论与现代物理学

爱因斯坦晚年常常谈起牛顿，他曾十分羡慕牛顿处于科学童年时代的幸运，然而，他批判了牛顿，超越了牛顿。后辈物理学家也非常羡慕爱因斯坦，因为他处于物理学发展的黄金时代，那是一个原子大门刚刚打开，风起云涌，英雄辈出的时代。然而，杨振宁却是在科学发展的常规时期做出了革命性贡献。他和米尔斯从麦克斯韦的电磁理论直接推广建立的规范场，是 20 世纪独立于相对论和量子力学的第三个重要的物理学理论。他们的工作成就不仅使人们再次感受到物理学几何化的作用，同时也强烈地感受到几何学物理化的重要意义。所以，我国学者高策教授明确提出：杨振宁是与爱因斯坦比肩的物理学家。[①]

（一）规范场概念的诞生

20 世纪后半叶，粒子物理学的发展表明，自然界中所存在的基本相互作用都是通过某种形式的规范场来传播的，并且发现数学中的纤维丛理论与规范场有密切的内在联系。这一进展导致了当代物理学的一个基本原则：全部基本力都是相位场（或规范场）。[②]

规范场思想起源于 1918 年，主要是受爱因斯坦引力理论的影响而产生的。1916 年，爱因斯坦创立了广义相对论，它的产生导致了一个全新的概念：物质场的几何化。具体地说，就是引力场等价于连续变化的、具有黎曼曲率的时空度规场。这一理论在科学史上是一个划时代的贡献，然而，爱因斯坦的工作并没有就此止步。他坚信自然界是统一的，并认为不同类型的场也应该统一起来。当时，除了引力场之外，人们对电磁场已经

---

　　① 高策：《杨振宁：与爱因斯坦比肩的物理学家》，《科学技术与辩证法》1998 年第 4 期，第 34—41 页。

　　② C. W. Kilrnister. *Schrödinger*：*Centenary Celebration of a Polymath*. Cambridge：Cambridge University Press，1987，p. 57.

有了较为深刻的认识。于是，爱因斯坦进一步设想，能不能把电磁场也放在几何化的想法中，以建立一个把不同类型的场统一起来的"统一场论"，不仅用来描述电磁场和引力场，而且还能描述基本粒子的行为，以解释自然界的物质结构。爱因斯坦的这一思想不仅激励了当时的物理学家，而且由于他的广义相对论成功地实现了黎曼几何与引力场的结合，也吸引了当时的许多大数学家，如列维·奇维塔（T. Levi - Civita）、嘉当（E. J. Cartan）和外尔等人。其中外尔的工作导致了规范思想的产生。

外尔是大数学家希尔伯特的学生，他的数学工作几乎遍及整个数学领域，特别是在积分方程的解析理论、黎曼曲面、相对论和联络空间、群的表示及其在量子力学上的应用等方面有突出的贡献。他的许多成果已成为20世纪一系列重要数学成就的出发点。外尔的研究足迹紧紧追随着整个科学的进展，从广义相对论到量子力学，一直在科学的前沿上弄潮。许多人认为，时至今日，通晓整个数学的数学家似乎已经没有了，外尔也许是能做到这一点的最后一人——成为当代数学界总览全局的大家。1918年前后，外尔认为，爱因斯坦的伟大成就就是把引力解释为时—空结构，如果推广广义相对论也把电磁相互作用包括在内，就需要某种附加的几何思想。为此，他类似于广义相对论中的局域对称性，把电磁场也看成是一种局域对称性的表现形式，将黎曼几何进行修改，建立了一种新的几何结构。在1918年的一篇重要文章中他阐述了这一基本思想：

> "如果黎曼几何要与自然相一致，那么它的发展所必须基于的基本概念应是矢量的无穷小平行移动。……但是一个真正的无穷小几何必须只承认一个长度从一点到与它无限地靠近的另一点转移的这一原则。这就禁止我们去假定在一段有限的距离内长度从一点转移到另一点的问题是可积的，尤其是当方向的转移问题业已证明是不可积时更不能这样假定。那样的假定被看成是错误的，一种几何产生了，它……也……解释了……电磁场。"[①]

[①] 转引自杨振宁《魏尔对物理学的贡献》，李炳安、张美曼译，《自然杂志》1986年第11期，第807页。

外尔应用的不变性是一种尺度不变性，这种不变性要求当所有测量长度的尺度以同样的整体上的因子改变时，物理定律保持不变。在外尔的理论中，引入了"局域尺度变化"这一概念来表示矢量在移动过程中，不仅其方向随路径改变，而且矢量长度的标度也将随不同时空而改变，但是物理定律在这种局域尺度改变时不变。也就是说，这里要求的是一个局域的变换不变性，允许在不同的时空点上有不同的尺度改变，非常类似于广义相对论中的曲线坐标变换。当时，外尔把这种物理定律对局域尺度变换的不变性称之为"测量不变性"，后来又改称为"规范不变性"。这就意味着规范不变性思想的诞生。

外尔最初的规范思想并没有得到进一步的发展，主要原因是未能经得起爱因斯坦提出的一个理想实验的验证，并遭到了泡利（W. Pauli）等人的反对。爱因斯坦的理想实验是：如果外尔的想法是正确的，则可取两个钟，且从同一点 O 出发，让它们分别沿不同的路径回到同一点 O，那么它们的标度将会连续变化。因此，在它们回到 O 点时，由于它们经历了不同的历史，一般来说，它们将会有不同的大小，所以这两个钟的快慢将会是不同的。这也就是说，钟对时间的测量要靠它的历史。如果事实果真如此，那也就是说：每个人都将有自己的定律，也就没有物理学可言，并且将产生种种混乱。对于爱因斯坦的异议，外尔没有能解决。事实上，外尔的想法是超越当时物理学发展的，因为规范不变性实质上是相位不变性，而相位概念真正进入物理学是在量子力学产生以后。尽管如此，外尔自爱因斯坦提出理想实验后，仍然几次回到这一课题，并专注于他原来的想法。直到 1955 年去世前几个月，他在将 1918 年的规范理论的论文收入《论文全集》时，在"跋"中还写道："我的理论的证据似乎是这样的：就像坐标不变性保持能量动量守恒一样，规范不变性保持了电荷守恒。"[1]

1925—1927 年，继相对论之后，在物理学中又发生了一场革命，这就是量子力学的诞生。这场革命虽然与外尔的规范理论毫无关系，但是却导致了人们对规范场的正确理解。

量子力学是在两条道路上发展起来的，即海森堡（W. K. Heisenberg）的矩阵力学和薛定谔（E. Schrödinger）的波动力学。在这两条道路上，复

---

[1] 转引自张奠宙《20世纪数学经纬》，华东师范大学出版社 2002 年版，第 94 页。

数成了物理学中最基本的概念之一。我们知道,矩阵力学和波动力学的基本方程分别是:

$$pq - qp = -i\hbar$$

$$i\hbar \frac{\partial \psi}{\partial t} = \hat{H}\psi$$

在这两个方程中都明显地含有虚数单位 $i = \sqrt{-1}$。i 在量子力学中的出现具有重要意义,因为去掉 i 而只用两个方程的实部或虚部,这些方程的真实意义就完全丧失。在量子力学以前的物理学中,复数的介入仅仅是作为一种辅助的计算工具。例如:在求解线性交变电流问题时用到复数,但是在求出解以后,总是取其实部或虚部,以得到真实的物理答案。这也就是说,复数在量子力学以后的物理学中才有了真实的含义。把这一特征与外尔的规范理论结合起来,即把规范不变因子 S_μ(实数)变为复数的相位因子 $e^{i\mu}$,外尔原来的"尺度不变性"就变成了"相位不变性",这一变化正好反映了电磁场的量子力学特征。这一工作是由福克(V. A. Fock)和伦敦(F. London)于 1927 年完成的。

如果把尺度变换变为相位变换,爱因斯坦的异议是否还存在?有意思的是,此后的 20 余年里,外尔的规范理论几乎无人问津。直到 1954 年杨振宁和米尔斯提出非交换规范场论,外尔的工作才重新被人重视,杨振宁也因而成为外尔科学事业的一位继承人。至于爱因斯坦的异议是杨振宁在 1983 年给予澄清的:在爱因斯坦的理想实验中,当两个钟回到出发点 O 时,由于嵌入了一个相位因子 i,它们不会有不同的标度,但有不同的相位,而不同的相位不会影响钟的快慢。因此,爱因斯坦的异议也就不复存在了。

(二)杨-米尔斯规范场

早期的规范理论虽然由于量子力学的建立而成为一个合理的物理结构,但是从 1929 年以后的 25 年中,它并没有得到进一步的发展,也没有引起更多的物理学家和数学家的重视。主要原因之一是规范不变性还仅仅是电磁理论中的一种特征。直到 1954 年杨振宁和米尔斯提出了非交换规范场[又称非阿贝尔(N. H. Abel)规范理论],才改变了这一状况,使规范场真正起到了动力学的作用。

现行的数学、物理学术语"杨－米尔斯场"、"杨－米尔斯方程"、"杨－米尔斯理论"都源自于杨振宁和米尔斯1954年撰写的论文《同位旋守恒和同位旋规范不变性》。① 它的思想源于1942年，当时年仅20岁的杨振宁是中国西南联大的研究生，已经透彻地研究过泡利的有关场论的评论文章。规范不变性决定一切电磁相互作用的事实给了他很深刻的印象。1945年夏天，杨振宁到美国芝加哥大学攻读博士学位，试图将它推广到考虑同位旋（同位旋的概念是海森堡于1932年引入的，表示物理学中的一种新的对称性，类似于电子的自旋）作用的情形，于是他尝试着把场强 $F_{\mu\nu}$ 定义为：

$$F_{\mu\nu} = \frac{\partial A_\mu}{\partial X_\nu} - \frac{\partial A_\nu}{\partial X_\mu} \qquad (2-1)$$

这似乎是电磁场的一种"自然"推广，结果行不通，只好放弃。后来他曾几次回到这一课题，但却总是遇到相同的困难。1954年，杨振宁到纽约市东面约80公里的长岛上，在布鲁克海文国家实验室做访问学者时，又重新回到了这一问题。那时做博士后工作的米尔斯和他在同一办公室，两人经常在一起讨论问题。当他们把公式（2—1）再加上一项 $[A_\mu A_\nu]$ 时（$A_\mu A_\nu$ 都是 2×2 的矩阵），一切困难都克服了。这一困境的破解意味着一种思维方式的变革，用常规的逻辑思维是达不到的。

1987年，米尔斯在为上海《自然杂志》所写的综合论文中回忆说："1954年我在布鲁克海文做博士后，与杨振宁在同一间办公室。杨振宁已多次显示他乐于帮助青年物理学者，并把推广规范不变性的想法告诉我。我们之间有较为详细的讨论，我当时已有关于量子电动力学的一些基础，所以在讨论中我能谈点看法，特别是在量子化方面，对建立公式稍有贡献。然而，主要想法都是杨振宁的。"② 那么，这一年杨振宁和米尔斯短暂而卓有成效的合作到底发生了什么呢？

1954年初，杨振宁和米尔斯从麦克斯韦电磁场理论和海森堡的同位旋守恒概念出发，建立了非阿贝尔规范场理论，但是他们当时"并不知

---

① C. N. Yang, R. Mills. "Conservation of Isotopic Spin and Isotopic Gauge Invariance." *Physics Review* 1996 (1954), p.191.

② ［美］R. 米尔斯：《规范场》，《自然杂志》1987年第8期，第565页。

道麦克斯韦方程的几何意义，也没有朝那个方向去想"[1]。那么，他们推广麦克斯韦方程又是基于什么呢？当时，随着粒子物理学的发展，人们在实验上证实了总同位旋守恒，同时发现了越来越多的介子，各种类型的相互作用逐渐被人们认识。在这种情况下，杨振宁和米尔斯基于两个想法：

其一，局域对称性。[2] 如果核相互作用是像电磁场一样的局域规范理论，那么就存在一个势，它与如何定义粒子状态的直观概念相冲突。比如，质子和中子很相似，它们一起构成了一个同位旋双重态。但是，两者又不完全一样，因为一个带电，另一个不带电，并且有微小的质量差别。如果不考虑电磁相互作用与质量差异，两者就完全等同了。现在，我们进入这样一个世界，在这里，可以称一个核子为质子，另一个为中子，但哪一个是中子，哪一个是质子则是一个约定的问题。事实上，可以取两种状态的任何线性组合，并采取一种约定称它为质子，与它正交的状态为中子。于是产生了这样的问题：是否在某个地方的这种约定的选择与同在另一个地方做实验的人相关联？也就是说，是否在不同的空间—时间点的每一个观测者都可以独立地选择约定？如果约定应该互不相关地被选择，就不得不构造一个理论，它允许点到点的约定自由，那么就自然而然地得到杨—米尔斯场。

其二，与守恒定律有关，即把电磁场中的电荷守恒定律进行推广。[3]

---

[1] Chen Ning Yang. *Selected Paper*, 1945—1980, *With Commentary*. New York：W. H. Freeman &Co Ltd, 1983, Postscript.

[2] 所谓局域对称性是一种较为深刻的变换不变性。我们通常考虑的变换都是整体的。比如，一个单体的转动就是对整个宇宙进行的，在这种变换下的不变性称为"整体对称性"。局域对称性是指物体或物理定理在一个局域变换下的不变性；局域变换是一系列单独的变换，在时空的每一点都有一个变换。例如，一个长圆柱体，它显然是以其轴线为轴的转动下不变。现在想象把这个圆柱体切成很多（N个）非常薄的圆环。这时，这个体系在每一个环上有一个不同角度的转动，这一变换下的不变性称为"局域对称性"。显然，整体对称性是一个简单的对称性，是在一组由同一参数（转动的角度）所描述的变换下的不变性，它不产生新的物理效应；而局域对称性则有着更丰富的内容，它是在由N个不同转角所描述的一组变换下的不变性。局域变换产生了相互作用，给出了粒子间或物体间相互作用的动力学机制。

[3] 根据诺特（A. E. Noether）定理：对于自然界中的每一个对称性，相应地都有一个守恒定律，而对于每一个守恒定律，则有一个对称性。因此，如果想象一个仅有强相互作用的世界，其中同位旋守恒及相关的对称性是严格有效的。推广规范不变性思想，结果应是强相互作用的一个完整理论，并以同位旋为造成这一强相互作用的"荷"，而新发明的规范场则为"粘胶"，起着电磁场在电动力学中所起的那种作用。

我们知道，守恒的电荷要产生一个电磁场，这是通过 $P - \frac{e}{c}A$ 而来的。1954 年前后有一个很自然的问题，这就是发现同位旋也是守恒的，那么守恒的同位旋是否也产生一个场呢？是否也可以用同样的方法，即 $P - \frac{e}{c}A$ 来产生呢？这个问题一提出，由于下面的过程是不能任意改变的，必然会引出一系列的理论思考，最后得到的也是杨－米尔斯场。

局域的电荷对称，用群来表示，它只含有一个生成元，因而群元素是相互对易的（变换 Commutate），组成 U(1) 阿贝尔群，与之对应的规范场又称为阿贝尔规范场。局域的同位旋对称，含有三个生成元，可用群元素不可相互交换的非阿贝尔 SU(2) 群来表述。与局域的电荷对称要求存在电磁场一样，局域的非阿贝尔对称性要求存在一个矢量场，这就是杨－米尔斯场。在这个群空间表示中有多个分量，数目和群的生成元的数目一样多，组成了群的规则表示。杨－米尔斯规范理论虽然是由 SU（2）同位旋对称性这一特殊形式产生的，但其推理方式很容易推广到一般情形。所以，人们把局域的非阿贝尔对称性导致的所有规范场都称为杨－米尔斯场或非阿贝尔规范场。

然而，在 20 世纪 50 年代，杨－米尔斯理论诞生后远没有爱因斯坦当年提出引力理论那么幸运。因为，人们的普遍感觉是提出了一个好像与现实世界没有太大关系的理论。直到 1967 年，杨振宁在研究规范场的概念和它可能的推广时，认识到不可积相位因子是一个异常重要的概念。因此，他把注意力集中在这里，发现平行不可置换的列维－奇维塔概念是不可积相位因子的一种特殊情形，这使他进一步发现规范场公式

$$F_{\mu\nu} = \frac{\partial A_\mu}{\partial X_\nu} - \frac{\partial A_\nu}{\partial X_\mu} + i\varepsilon(A_\mu A_\nu - A_\nu A_\mu) \qquad (2\text{—}2)$$

和黎曼几何中的公式

$$R^l_{ijk} = \frac{\partial}{\partial X^j}\begin{Bmatrix} l \\ i \ k \end{Bmatrix} - \frac{\partial}{\partial X^k}\begin{Bmatrix} l \\ i \ j \end{Bmatrix} + \begin{Bmatrix} m \\ i \ k \end{Bmatrix}\begin{Bmatrix} l \\ m \ j \end{Bmatrix} - \begin{Bmatrix} m \\ i \ j \end{Bmatrix}\begin{Bmatrix} l \\ m \ k \end{Bmatrix}$$

$$(2\text{—}3)$$

不仅十分相似，而且公式（2—3）是（2—2）的特例！

这是他第一次感到规范场理论和现代微分几何有密切的关系。当时杨振宁非常激动,高兴地说:"这使我无法描述我当时的心情,我深深地认识到,从数学的观点看,规范场概念是几何化得很深的。"① "如果我们今天要重新命名它(指:规范不变性),显然我们应该叫它相位不变性,而规范场应当叫作相位场。"②

由此可见,时隔半个世纪以后,物理学家对规范场几何化的再次认识有了质的区别。外尔从几何化引出规范场,并没有发现规范场和几何学的本质联系,这是由当时人们对自然界的认识和几何学的发展所决定的。而杨振宁是在现代规范场理论建立之后发现它的几何特征的,即从物理学到几何学,深入到了两者关系的本质层次。当然,这两个认识时期的规范场和几何学也有本质的差别。

在1967—1974年期间,杨振宁带着对规范场几何意义的深邃洞察走访了著名的微分几何学家西蒙斯(J. Simons)教授,并同他就这个问题进行了讨论。西蒙斯认为,规范场很可能和现代微分几何中的纤维丛理论有关,并建议他去读斯廷罗德(N. E. Steenrod)的《纤维丛的拓扑学》。但是,由于现代数学难懂、晦涩的语言对于物理学家来说是极其复杂和抽象的,因此,他当时的研究没有得出进一步的结果。在此期间,杨振宁并没有停步,他对规范场理论的进化过程进行了分析。他认为从认识论的观点看,在早期的量子电动理论中,规范概念起源于下述变换:

$$P \to P - \frac{e}{c}A$$

在量子力学中应被替换为:

$$P - \frac{e}{c}A \to -ih(\frac{\partial}{\partial x^\mu} - i\frac{e}{hc}A_\mu)$$

而非阿贝尔规范场的推广来自于下述变换:

---

① Chen Ning Yang. *Selected Paper*, 1945—1980, *With Commentary*. New York: W. H. Freeman & Co Ltd, 1983, p. 73.
② 杨振宁:《负一的平方根、复相位与薛定谔》,《杨振宁文集》,华东师范大学出版社1998年版,第636页。

$$1 - \frac{ie}{hc}A_\mu d\,x^\mu \to exp\left(-\frac{ie}{hc}A_\mu d\,x^\mu\right)$$

这时，有一点变得非常明确了，即最后的这个变换意味着规范势就是数学上的"联络"，从而开始了规范场与几何学相联系的重要一步。但是，杨振宁并没有发表这一阶段关于这个问题的研究成果，只是在此后的一些文章中强调了规范场与纤维丛理论的可能联系。比如，1972年在意大利的里雅斯特庆祝狄拉克的70岁诞辰时，他明确指出："在数学方面，规范场的概念明显地与纤维丛有关。"①

1974年，杨振宁发表了《规范场的积分形式》一文。他认为，如果分析电磁场在量子力学中的意义，就得出这样一个结论，"电磁场是一个不可积相位因子的规范不变的表现。"② 把这个概念用"李群的不可积元素"来代替，就自然地得到规范场的一个积分表示：

$$\Phi_{BA} = \exp\left[-\frac{ie}{hc}\int_A^B A_\mu d\,x^\mu\right]$$

从数学的观点看，规范场的积分形式比早期的微分形式包含着更多的东西和有更大的意义，因为它把球面拓扑问题摆在了显著位置。但是在1975年以前，杨振宁还没有真正掌握"纤维丛概念的精神"，因此，在《规范场的积分形式》一文中，关于规范场和纤维丛的关系还只是一种"图景"，没有展开讨论。

1975年初，杨振宁邀请西蒙斯教授作了一系列关于微分几何和纤维丛理论的讲座。接着他研究了阿哈罗诺夫－玻姆（Aharonov-Bohm）实验和狄拉克磁单极子量子化规律的数学意义，并和吴大峻一起学习了深奥的陈－韦伊（Chern-Weil）理论。他们发现规范场具有按照纤维丛概念形成的整套几何联络。同年，他们的成果以《不可积相位因子的概念和规范场的整体表示》③ 为题在美国《物理评论》上发表。在这篇文章中，他们探讨了整体联络的概念，证明了规范相位因子可给出电磁场的内在和完备描

---

① 宁平治编：《杨振宁演讲集》，南开大学出版社1989年版，第298页。
② 同上书，第319页。
③ Wu T. T., Yang C. N. "Concept of nonintegrable phase factors and global formulation of gauge fields." *Phys Rev* D, 12 (1975), pp. 3845—3857.

述，引入了纤维丛理论，澄清了规范场理论的一些模糊思想。可见，这篇文章是规范场几何化研究的一篇历史性文献，它标志着物理学几何化的新阶段，也引起了数学界的高度重视，形成了杨振宁→辛格（I. M. Singer）→阿蒂亚（M. F. Atiyah）这样一条物理学影响数学的历史通道。

（三）纤维丛理论与规范场

杨振宁曾有"欧高黎嘉陈"的诗句，说的是历史上最伟大的几何学家依次为：欧几里得、高斯、黎曼、嘉当和陈省身。诗作自然不是历史评论，对几何学有伟大贡献的也许还有笛卡尔、克莱因等可以提及。但是，就20世纪而言，嘉当和陈省身无疑是两位最杰出的几何学家。谈到规范场的几何化问题无疑离不开这两位数学大家。

法国数学家嘉当的主要贡献是开创了流形上的分析，特别是在李（挪威数学家，M. S. Lie）群和外微分两个方面有突出贡献，这是研究微分几何强有力的新工具。他一生写了9本书，186篇论文，作品的难读是出了名的，当然，这也从一个侧面反映出他的工作具有高度的原创性和深刻性。1936年，年仅25岁的中国留学生陈省身由德国汉堡来到法国巴黎接受嘉当的指导。10个月的博士后工作，使他迅速达到微分几何研究的前沿，后来成为美国微分几何学派的领袖人物。本来分析学一向是数学的主体，微分几何只是微积分在几何学上的运用，但是，由于爱因斯坦广义相对论和杨-米尔斯规范场论的推动，以及整体微分几何的形成，使得微分几何成为现代核心数学发展的主流学科，反过来影响分析学的发展。1943年正当微分几何趋向整体的时候，陈省身应邀来到美国普林斯顿高级研究所。此后两年间，完成了他一生最重要的工作：证明高维的高斯-博内（Gauss-Bonnet）公式，构造了现今普遍使用的陈示性类（Chern Classes）[①]，为形成中的整体微分几何奠定了基础。

[①] 一般来讲，主要的"示性类"有以下三种：（1）惠特尼（H. Whitney）示性类：一般的拓扑不变式；（2）庞特里亚金（L. S. Pontryagin）示性类：实流形上的拓扑不变式；（3）陈示性类：复向量丛上的拓扑不变式。因为，复数是一个神奇的领域，例如有了复数，任何代数方程都可以解，而在实数范围内就不可以。陈省身所研究的向量丛不仅刻画底空间，更刻画了纤维丛，这样"陈示性类"就具有了更广更深的含义。这种既有局部意义又有整体意义的数学结构具有普遍价值，因此它影响到了整个数学界。

第二章 几何学与物理学

第二次世界大战以后，数学发生了历史性的转折：从线性数学转向非线性数学，从局部性质研究过渡到整体性质研究，从现实空间发展到研究一般的 n 维流形。微分几何的发展恰好顺应了这一数学中心转移的历史潮流。正因为如此，陈省身"由于对整体微分几何学的杰出贡献，而对数学整体产生深远影响"而获得沃尔夫（Ricardo Wolf）奖。[①] 微分几何趋向整体是一个自然的趋势。当人们了解了局部的性质以后，自然想知道它们的整体含义。但是意想不到的是，有整体意义的几何现象在局部上也特别美妙，纤维丛就是这样。

1916 年，爱因斯坦把引力场和黎曼几何结合起来，建立了广义相对论。广义相对论表明时空中每一点的质量能量与这一点的曲率，即时空的弯曲程度相联系。广义相对论的时空结构局部看起来一样，但整体看差别很大。实际上，几何学家嘉当早在这以前就产生了局部一样但整体不同的空间思想。后来这一思想又被他的学生有所发展，于 1941 年两人共同提出了"一般纤维丛"的概念。1945 年，陈省身在这方面做出了极为重要的贡献，20 多年后他的工作意想不到地与规范场联系起来了。

纤维丛是一个纯数学的概念，属于微分几何和拓扑学的范围。作为一种复杂的几何结构，它是由底空间、纤维、丛空间、射影、变换群等构成，还必须满足一些必要的条件，所有这些结合在一起就是一个纤维丛。最简单的例子是一个圆筒。如图 2—2 所示：

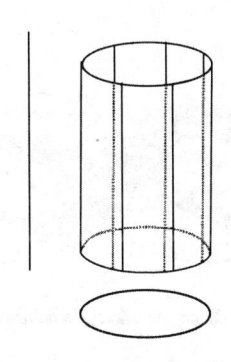

图 2—2 平凡纤维丛示意图

[①] 沃尔夫基金会公告原文：for outstanding contributions to global differential geometry, which have profoundly influenced all mathematics.

把一根根长度为 l 的线段垂直地插在一个单位圆上就组成一个圆筒。这一根根线段就是纤维，这个单位圆就是纤维丛的底。直观地看，纤维丛就是底空间上每个点都长出一纤维的总和，这些纤维在底空间上按照一定的规则排列在一起，共同构成了纤维丛的整体，称之为丛空间。另一个例子是刚体在欧氏空间 R^3 的位置，它决定于重心的位置和刚体本身的方位。重心在 R^3 一定点的刚体，其位置由它的空间方位决定，可以用正交群 SO(3) 的一个元素来表示。因而刚体的可能位置是一个以 R^3 为底，SO(3) 为纤维的纤维丛。

在这两个例子中，纤维丛上每一元素可以用底上的一点和区间 l 的点或 SO(3) 的元素来表示。在各个纤维上的元素可以选取对底上各点为通用的坐标，这样构造的纤维丛很平常，故称之为平凡的纤维丛。

较复杂的例子是球面上相切的二维标架，它由两个互相垂直的切向量组成，并假定第二向量总是由第一向量绕外法线以右手系的方向转 90° 而成。这时标架决定于底空间（球面）上的点和一个转角。转角可作为一个纤维（即先固定原先的正交相切标架）上标架的坐标。由于球面找不到一个连续分布的单位向量场，所以对标架而言，并没有一个可通用的角坐标。这种纤维丛比较复杂，故称之为非平凡的纤维丛。最简单的例子是 1858 年莫比乌斯（A. F. Mobius）发现的单侧曲面：取一片长方形的纸条，把一个短边扭转 180°，然后把这边跟对边粘贴起来，就形成了一条莫比乌斯带，如图 2—3 所示：

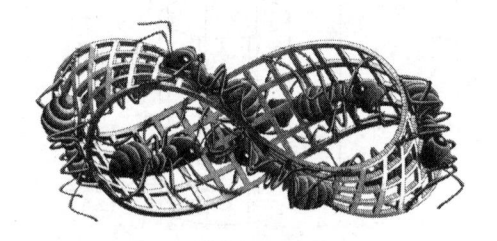

图 2—3　莫比乌斯带

由于有了扭转，纤维就没有统一的坐标，这样就得到了一个非平凡的纤维丛。它的单面性特征可以说明如下：用刷子油漆这个图形时，能连续不断地一次就刷遍整个曲面。如果是一个没有扭转过的带子，一面刷遍了，要想刷另一面，就必须把刷子挪动跨过带子的一条棱，才能刷到带子的另一面。(莫比乌斯带只有一面,它的边界是单独的一个棱,而这个棱本身没有边界,所以区域的边界没有边界。)由此可见,平凡与不平凡的纤维丛的差别主要在它们的构造方式上。

纤维丛理论对现代物理学的研究起了很重要的促进作用,突出地表现在规范场中。规范场具有全域性的特征,"全域性"意味着只有把整个几何对象考虑在内才具有明显的各种性质。因此,杨振宁认为"规范场概念是几何化得很深的"。下面我们通过几个例子来说明规范场的几何化问题。

1. 电磁场是人们最早认识的规范场,被称为阿贝尔规范场。如果把麦克斯韦方程中的高斯定律和法拉第定律结合起来,可以写成这样一个方程:

$$\frac{\partial f_{\mu\nu}}{\partial x^{\lambda}} + \frac{\partial f_{\nu\lambda}}{\partial x^{\mu}} + \frac{\partial f_{\lambda\mu}}{\partial x^{\nu}} = 0$$

从数学的观点看,这个方程正好表达了一个几何定理:边界的边界是不存在的,如图 2—4 所示:

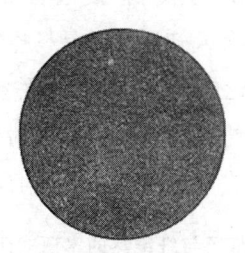

图 2—4 二维平面的边界是一维曲线

这是一个二维的平面,它有一个边界,而这个边界是一维的。因为二维物体的边界总是一维的,而一维物体的边界将是零维的。那么,这个边界有没有它的边界呢?没有。这可以解释如下:如果它的形状像一个"⌒",它将有一个包含"⌒"的两个端点的边界。由于图 2—4 所示图形的边缘是一个闭合的环形,它就不具有边界了。这也就是说,边界的边界是不存在的。我们可以类推到三维空间,证明多维物体的边界的边界也是不存在的。上述方程对应这样一个定理,从一个角度说明了电磁场的几何结构——电磁场是一种矢量场,以横波形式在空间传播,形成了电磁波,它的相空间像一个环。

2. 磁单极与纤维丛的关系。在通常情况下，我们选取最简单的氢原子波函数。如果把它看成是上面一个和下面一个波函数接起来的话，那么在接触的地方，它的 Φ_a 和 Φ_b 是一样的：$\Phi_a = \Phi_b$。

如果存在磁单极子，这个磁单极子不仅是个波函数，还是个波截面，在接榫的地方 $\Phi_a \neq \Phi_b$，而是 $\Phi_a = S\Phi_b$，S 与磁单极的强度有关，并不等于 1（磁荷 g 与电子电量 e 满足如下关系 $g = n\dfrac{e}{2aC\varepsilon_0}$）。所以杨振宁指出："这两种情况是不一样的。通过这样的想法，就可以知道为什么从数学的观点讲起来，磁单极的问题和电磁场的问题都是纤维丛。在没有磁单极时，是个平凡的纤维丛，因为它的接榫是 1。有磁单极时，因为它的接榫不等于 1，所以是不平凡的纤维丛。不平凡的纤维丛这两年在物理学中有了很重要的发展，因为大家在引进广义规范场以后，就发现虽然普通的电磁场是一个平凡的纤维丛，而在一个比较广义的、比较广泛的规范场里不可避免地要产生不平凡的纤维丛。"①

3. 规范场与纤维丛的术语对照表。规范场和纤维丛理论的密切关系，今天已广为人知。然而，很少有人知道，正是杨振宁本人和辛格的交往，才触发了数学界对杨-米尔斯理论的关注，事情仍然要从 1975 年的吴大峻和杨振宁的文章说起。在那篇文章里，刊有如下一张对照表，把规范场理论中的物理学概念和纤维丛理论中的数学概念加以一一对应，使人一目了然。

表 2—1　　　　　规范场与纤维丛的术语对照表

规范场术语	纤维丛术语
规范或整体规范	主坐标丛
规范形式	主纤维丛
规范势	主纤维丛上的联络
S	转移函数
相因子	平行移动

---

① 宁平治编：《杨振宁演讲集》，南开大学出版社 1989 年版，第 353 页。

第二章　几何学与物理学

续表

规范场术语	纤维丛术语
场强 f	曲率
源① J	?
电磁作用	U（1）丛上的联络
同位旋规范场	SU（2）丛上的联络
狄拉克的磁单极量子化	按第一陈类将 U（1）丛分类
无磁单极的电磁作用	平凡的 U（1）丛上的联络
有磁单极的电磁作用	非平凡的 U（1）丛上的联络

1976 年夏天，美国马萨诸塞理工学院的数学教授辛格来石溪纽约大学访问时，杨振宁向他介绍了吴大峻和他的上述工作。辛格一下子就被这张对照表吸引住了。当年秋天，辛格又去英国牛津大学访问，向当今最负盛名的大数学家阿蒂亚转述了杨振宁等人的研究情况。于是，阿蒂亚、希钦（N. J. Hitchin）以及辛格三人合作，写了著名论文《瞬子的变形》。1978 年阿蒂亚又写了《杨－米尔斯场的几何学》等著作，终使规范场理论研究成为 20 世纪 80 年代数学发展的一个主流方向。

1988 年，阿蒂亚把"规范场理论"作为他《论文选集》第 5 卷的标题，并在前言中写道："从 1977 年开始，我的兴趣转向规范场理论以及几何学和物理学间的关系……1977 年的动因来自两个方面：一方面是辛格告诉我，由于杨振宁的影响，杨－米尔斯方程刚刚开始向数学界渗透。当他在 1977 年初访问牛津时，辛格、希钦和我周密地考察了杨－米尔斯方程的自对偶性。我们发现，指标定理的一个简单应用，就可得出关于'瞬子'参数个数的公式。……另一方面的动因则来自彭罗斯（R. Penrose）和他的小组。"②

由此可见，在杨－米尔斯场中，纤维丛是一个十分根本的概念，因此粒子物理学的研究与纤维丛理论发生了密切的关系。为什么纤维丛理论会有这

---

① 即电源，是广义的电荷和电流概念。表中有一个带"?"的空位，这是由于当时数学家还没有研究与物理学中的"源"相对应的概念，所谓"源"就是密度－电流四维矢量。在数学语言中，这个概念现在已写成 $*Ә*f = J$，无源情况将满足 $*Ә*f = 0$。

② Atiyah M. F. *Collect Works*: *Gauge Theories* V. 5. New York: The Clarendon Press, 1988.

么大的作用呢？这是因为我们所研究的对象往往存在自由度。比如刚体运动，就有转动作为其内禀自由度；基本粒子如上所说也有它的内禀自由度。既然它们都有内禀自由度，而纤维丛理论又可以用较好的方法把体系的内在自由度表示出来。翻译成微分几何的语言就是：在每一个时空点上嫁接的内部空间称为"纤维"，这个内部空间（纤维）与外部空间（底空间）的联合称为"纤维丛空间"，所以，纤维丛理论的运用也就非常自然了。

一般来说，一个量子动力学系统是由在任何一点耦合的物质场和相互作用场组成，比如，电子场与电磁场的耦合。在微分几何中，场就是纤维丛的截面，纤维丛上的截面又是流形上函数的推广。函数是可以微分的，而对纤维丛上的截面进行微分，必须约定各纤维与邻近纤维之间的关系，即引进联络。含有联络的协变导数是使截面映射到截面的线性微分算子。这个系统就由主丛（P, M, G, π）和它的伴矢丛（D, M, G, π_D）组成，前者代表相互作用场，后者代表物质场。其中 D 和 P 是总空间，相当于 6 元组中的底空间和标准纤维之"和"，而 π 和 π_D 是各自丛的投影影射。伴丛之"伴"意指共享底空间 M 和主丛的局域对称群 G。主丛上的标准纤维是群 G 自身，伴丛的标准纤维是由 G 的矢量空间表示，G 即是常叫的场论的规范群，如图 2—5 所示。

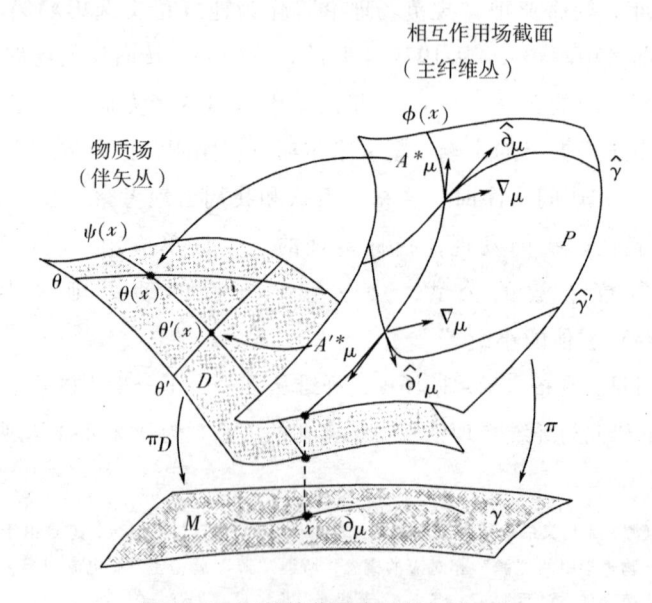

图 2—5　两丛的共用底空间与时—空

物质场的波函数由矢量丛的分量 θ 表示，矢量丛中一根纤维 $\psi(x)$ 代表物质场中的一点，并且纤维中不同点 $\theta(x)$ 和 $\theta'(x)$ 发生的实际相有赖于它与相互作用场的耦合。相互作用势，比如电磁势，是由主丛上的纤维 $\varphi(x)$ 上的联络表示。两根纤维 $\psi(x)$ 和 $\varphi(x)$ 同在 x 上，并一起表示动力系统中的一个事件，其中包括了点相互作用的观念。同一个 M 的系统构成场论的参数空间，即所谓"时 - 空"。

（四）杨 - 米尔斯场的实验检验

杨 - 米尔斯规范理论的实验验证也没有爱因斯坦引力理论那么幸运。爱因斯坦 1916 年建立了广义相对论，爱丁顿（A. S. Eddington）便在 1919 年通过日全食观测到了第一个证据。不幸运的是规范场论的实验证据迟到了近 20 年，原因在于杨 - 米尔斯理论是一个超越时代的理论结构，在它建立伊始，人们还没有认识到规范不变性所揭示的内部对称性对基本粒子研究的重要意义。实际上，当时除了泡利关注此事外，20 世纪上半叶一大批物理学伟人，包括玻尔（N. Bohr）、海森伯、薛定谔、狄拉克等人都还健在，他们似乎都没有注意到 1954 年的那篇文章。尤其是大数学家外尔，亲自创立了早期的规范场，并从 1933 年起就在普林斯顿高等研究所工作，也没有注意到杨振宁和米尔斯的文章。1985 年，杨振宁在纪念外尔诞辰 100 周年的演讲中深情地回忆道：

"1949 年，当我作为一个年轻的'成员'来到普林斯顿高级研究所时，我遇见了外尔，在 1949—1955 年的那些年月里我常常看到他。他是非常平易近人的，但是我现在已不记得是否与他讨论过物理或数学了。在物理学家中没有人知道他对规范场思想的兴趣是锲而不舍的，无论奥本海默（J. R. Oppenheimer）还是泡利都从未提到过这一点。我猜想他们也没有把我和米尔斯 1954 年发表的一些文章告诉他。如果他们告诉了他，或者他由于某种原因偶然发现了我们的文章，那么我会想象得出，他一定会很高兴，而且是很激动的。因为我们把他所珍爱的两种东西——规范场和非阿贝尔李群放在一起了。"①

在1954年以后的整整50年中，经过物理学家们的共同努力，已经部分地发现杨－米尔斯场的一些奇妙性质。比如，1965年，希格斯（P. Higgs）在研究局域对称性的自发破缺时，发现除光子之外的所有规范量子都可以通过一个被称为"对称性自发破缺"的机制而获得质量。这一机制既不破坏理论的规范不变性，也不影响其可重整化的性质，较好地解决了场量子的质量问题。可见，杨振宁和米尔斯建立的是一种新颖的、具有令人眩目的数学美的规范对称理论。从某种意义上讲，它是一种以美为前提的科学创造，它是对称性支配相互作用的重要体现。因此，要使它成为一个有用的理论，杨－米尔斯场最终也必须回到爱因斯坦倒转后的链条中去，接受实验的检验。② 50年的历史给了我们奇妙的回答。

1. 弱电统一理论的证实。规范场的第一个实验验证是和弱电统一理论联系在一起的，实验的结果几乎是在20年以后才得出的。20世纪60年代后期，格拉肖（S. L. Glashow）、温伯格（S. Weinberg）、萨拉姆（A. Salam）在杨－米尔斯场和对称性自发破缺两个概念的基础上，将弱相互作用和电磁相互作用统一起来。他们建立的统一模型实质上就是把杨－米尔斯SU(2)规范场推广到SU(2)×U(1)。这个模型被物理学家称为标准理论（GWS理论），它开创了自然界四种相互作用统一的一个新纪元。

标准理论首先得到的第一个实验证据是它预言的弱中性流，于1973年和1974年在日内瓦欧洲核子中心和美国费米（Enrico Fermi）实验室分别被发现。而更令人惊奇的是标准理论所预言的杨－米尔斯规范场粒子——中间玻色子——$W^{\pm}$和Z^0，在1983年初分别由鲁比亚（C. Rubbia）和达留拉特（P. Darriulat）领导的两个实验小组用质子—反质子对撞机发现，并且这些粒子的质量与理论预言的十分接近，从而直接证明了弱电统一理论，也首次为杨－米尔斯理论提供了实验证据。由于弱电统一理论的

---

① 杨振宁：《外尔对物理学的贡献——在纪念外尔诞辰100周年大会上的演讲》，李炳安、张美曼译，《自然杂志》1986年第11期，第810页。
② 麦克斯韦电磁场理论的建立过程是：实验→场方程→对称性；爱因斯坦把它倒转后变为：对称性→场方程→实验。

巨大成功,温伯格、萨拉姆和格拉肖分享了 1979 年的诺贝尔物理学奖——这是第一个与规范场理论相关的诺贝尔奖;鲁比亚与范德米尔(S. Van der Meer)分享了 1984 年的诺贝尔物理学奖——这是第二个与规范场理论相关的诺贝尔奖。

2. 重整化操作的升格。20 世纪 40 年代,施温格(J. S. Schwinger)、朝永振一郎(Sin-itiro Tomonaga)和费因曼(R. P. Feynman)等人为了处理量子电动力学(QED)中的发散困难引进了重整化操作,这是重整化理论发展的初始初段(这三人获得了 1965 年的诺贝尔物理学奖)。所谓重整化,是指量子场论中解决"发散"或"无穷大"问题的一种方案。也就是说,在有相互作用的量子场的微扰展开计算中,总会出现无穷多项发散的积分,如果经过重整化操作,则可以把所有发散项吸收到有限的几个基本常量中来。于是,物理学家首先引入一个截止值,将发散部分向有限部分"退耦"。其次通过重新定义理论参数将发散部分吸收掉。最后干脆忽略掉高能效应。所以,重整化实际上是联系不同能标下理论建构的一种方法。后来,随着对重整化群的深入研究,人们对重整化方法的应用又推进了一大步。[1] 1971 年,荷兰一位物理学博士生特霍夫特(G. tHooft)在导师韦尔特曼(M. J. G. Veltmann)的帮助下,共同证明自发对称破缺的规范场是可以重整化的,用其方法算出的顶夸克的质量与实验结果符合得很好。由于他们的创造性工作为建立以规范场为基础的标准模型奠定了坚实的数学基础。这时,量子电动力学作为规范场理论发展的第一个里程碑就成为一个非常精确并与实验相符的优秀理论,重整化方法也因此有了非常成功的开端。因此,特霍夫特和韦尔特曼获得了 1999 年的诺贝尔物理学奖——这是第三个与规范场理论相关的诺贝尔奖。

3. 夸克禁闭的解释。弱电统一理论被证实以后,另一个建立在杨-米尔斯规范场基础上的理论——量子色动力学(QCD)也获得大量实验的支持。量子色动力学是 20 世纪 70 年代发展起来的关于描述夸克之间强相互作用的理论,它采用的是 $SU(3)$ 群的规范场,也是杨-米尔斯场的一种推广。目前,实验物理学家通过高能探针的深度非弹性散射,已间接

---

[1] 武杰、程守华:《量子场论的还原性问题》,《自然辩证法研究》2007 年第 1 期,第 10 页。

地观测到了中子或质子内部的夸克。量子色动力学计算的结果与这些实验所获得的结果相吻合。因此，粒子物理学界普遍接受了量子色动力学描述强相互作用的方案。

在这个强相互作用的理论中，最引人注目的是关于夸克禁闭的解释。自从 20 世纪 60 年代盖尔曼提出夸克模型以来，物理学家从未在实验中发现过单独的夸克，但是夸克模型又很好地解释了核子现象。于是，理论物理学家就猜测夸克是被囚禁在核子内部的，为什么夸克被囚禁却一直困惑着人们。

这个问题的最后解决也是和杨－米尔斯规范场联系在一起的。1972—1973 年，美国物理学家格罗斯（David Gross）和他的研究生维尔泽克（Frank Wilczek）以及波利策（David Politzer）分别独立地发现杨－米尔斯场是渐近自由的。渐近自由表明，夸克间的距离越小，夸克的能量越大，它们之间的相互作用强度就越小；反之，距离越大，夸克间的拉力越大，因此，永远不能把夸克从核子中分离出来。这样夸克禁闭得以解释，即强力的表现与电磁力恰好相反：在远距离上，虚粒子不仅没有屏蔽强力使其变弱，反而加强了胶子（传递强力的粒子）之间的相互作用——正因为如此，强力在远距离上才名副其实。在以后的理论计算中，人们还发现在各种量子场中，只有杨－米尔斯场具有这种渐近自由的性质。但是，在现实生活中也有类似的现象存在，例如法律、纪律等规章制度对人们行为的约束作用也是渐近自由的。[①] 这三位科学家因对强力的重要见解（夸克幽禁得以解释）而获得 2004 年的诺贝尔物理学奖——这是第四个与规范场理论相关的诺贝尔奖。

20 世纪 70 年代以后，物理学家在上述理论成果和实验验证的鼓舞下，似乎也看到了探寻更大统一理论成功的曙光，如建立了以 SU(5) 群或其他李群的规范场为基石的大统一理论(GUT)，试图统一强相互作用和弱电相互作用。这个大统一理论的首要特征便是质子衰变，推测出质子的寿命比我们宇宙的年龄还要大，并且所涉及的粒子能量极高，无法在现有加速器上验证。这就使杨－米尔斯规范场不仅与粒子物理学和高能加速

---

① 武杰、李宏芳：《渐近自由——自然界普适的一种性质》，《科学技术与辩证法》2000 年第 1 期，第 52—56 页。

器有关，而且和宇宙学密切相关。由于大统一理论所涉及的粒子只能在宇宙大爆炸的极早期找到相应的状态，所以目前的大统一理论似乎离成功还比较遥远。①

比大统一理论更加激进的是，一些理论物理学家试图构建一种把引力相互作用也包括进来的"包罗万象的理论"。20世纪80年代以后，有人就提出了一个建立在超对称规范理论上的弦理论——超弦理论。这一理论认为，如果以更高的精度去考量粒子，就会发现它们不是点状的，而是由一维的小环构成。每个粒子像一根无限纤细的橡皮筋或一根振荡跳动的细线，所以被称为"弦"。弦的尺寸小得可怜，平均大约等于普朗克长度 $\ell_p = \sqrt{\frac{hG}{2\pi C^3}} \approx 1.616 \times 10^{-33}$ cm，即使用仪器来检测也显得像点一样。超弦理论引进了十个维度——九个空间维度和一个时间维度，其中有六个维度的尺度都小于 10^{-33} cm。由于超弦的尺寸太小了，即使有一个像星系一样大的粒子加速器，也不可能探测到超弦的尺寸以证明它的存在。显然，物理学家离"终极理论之梦"的距离还相当遥远，"也许远在几个世纪以外，也许完全不同于我们今天想象的任何东西"②。尽管如此，米尔斯还是认为，"如果最终的理论能被真正确认的话，那么一定会证明它是一个规范理论，这一点现在看来几乎是无可怀疑的了。我的感觉是，在最终目标达到以前，还必须至少要有一个或更多个概念上的革命。"③

四　几点结论

以上我们从科学史的角度，顺着三条线索：即欧氏几何与牛顿力学，黎曼几何与相对论力学，纤维丛理论与规范场论，阐述了几何学对物理学发展的影响。在这个题目下，还有许多东西可讲，比如，光学与几何学的关系也很密切；量子力学与希尔伯特空间及一般泛涵分析也密不可分；

---

① 高策、刘国岚：《世纪之理论：杨－米尔斯规范场》，《科学技术与辩证法》1999年第2期，第39—45页。

② [美] S. 温伯格：《终极理论之梦》，李泳译，湖南科学技术出版社2007年版，第169页。

③ [美] R. 米尔斯：《规范场》，《自然杂志》1987年第8期，第577页。

杨-巴克斯特方程在数学领域中的应用似乎比在物理学中的应用更为广泛。由于篇幅所限，我们就不去涉及了。仅由以上三部分内容，我们就可以发现，人类对自然界的探索经历了从朦胧的感性认识、哲学思辨到以实验为基础、数学语言为逻辑形式的历史过程。

17世纪，牛顿站在哥白尼、开普勒、伽利略、惠更斯等巨人的肩上，既建立了经典力学，揭示了天上和地上一切物体运动的普遍规律，实现了物理学史上的第一次大综合；同时他与莱布尼茨（G. W. Leibniz）分别独立地创立了微积分理论，开辟了数学史上的一个新纪元。但是，在这一时期，数学始终是作为一种工具，作为物理学内容的表达形式而应用于经典物理学之中。19世纪50年代以后，经过克劳修斯（R. J. E. Clausius）、吉布斯（J. W. Gibbs）、玻尔兹曼等人的研究，经典热力学和统计物理学正式建立，从而把热与能、热运动的宏观表现与微观机制统一起来，实现了物理学史上的第二次大综合。19世纪60年代，麦克斯韦在库仑（Ch. A. de Coulomb）、安培（A. M. Ampère）、法拉第等人工作的基础上，经过深入研究，把电、磁、光统一起来，建立了以他的名字命名的电磁场方程组，并预言了电磁波的存在［1887年赫兹（H. R. Hertz）实验证实了电磁波的存在］。从此，"场"的观念进入了物理学，成为现代物理学的中心概念，实现了物理学史上的第三次大综合。至此，经典力学、经典热力学和经典电磁学共同形成了一个完整的物理学体系。这样，在19世纪末，一座金碧辉煌的经典物理学大厦巍然矗立。在这座大厦中，宏观领域内的一切自然现象似乎都得到了合理的解释。因此，人们以为人类对自然界的认识达到了顶峰，经典物理学已近于功德圆满。

然而，从19世纪末20世纪初开始，数学与物理学的关系从基础上发生交叉，物理学开始进入数学。大数学家外尔早在1910年就写过一篇题为《关于数学概念的定义》的论文。他将数学看作是"一棵自豪的树，它自由地将枝头长入稀薄的空气，同时又从直觉的大地和真实的摹写中吸取力量"[1]。这也就是说，最近一个世纪以来，人们发现了数学与物理学的本质联系，数学的性质既不是先验的，也不是完全独立的，物理学是它产生和发展的主要源泉之一。首先是以爱因斯坦、玻尔等人为代表的一批

---

[1] 转引自张奠宙《20世纪数学经纬》，华东师范大学出版社2002年版，第96页。

青年物理学家发起了世纪之交的三次物理学革命,从根本上动摇了经典物理学大厦的基础,导致了人们对自然界认识的重大革命。其中爱因斯坦几乎是单枪匹马地完成了狭义相对论和广义相对论两次革命,并以光量子学说的建立直接促进了第三次革命——量子力学的诞生。这次高峰是相对论与黎曼几何、量子力学与希尔伯特空间及一般泛涵分析的关系。

翻过上个世纪之交惊心动魄的物理学革命一页,现代物理学已从绝对时间、空间进入相对时间、空间,从宏观世界进入了微观世界和宇观世界。到了 20 世纪中叶以后,人类智慧的目光从原子层次伸向了亚原子,甚至更深的层次。这些新的层次看起来似乎更加神秘莫测,犹如夜幕笼罩着的森林,难以显现自己的真实面目。正是在这个新的世界里,一位伟大的探索者,一位非凡的美籍华人做出了不朽的贡献,成为近代科学产生以来,继牛顿、麦克斯韦、爱因斯坦、玻尔之后最杰出的物理学家,他就是久负盛名的理论物理学家杨振宁。在世界的另一端,两位英国物理学家彭罗斯和霍金(S. W. Hawking)将微分几何和拓扑学引入了广义相对论,揭示了宇宙奇异的必然性,阐明了黑洞现象的物理机制,并开辟了粒子物理学、广义相对论和宇宙学共同研究的前景。这次高峰是杨-米尔斯规范场与微分几何,杨-巴克斯特方程与多个数学领域的关系。[1]

总之,20 世纪物理学的发展深刻地改变着人类对自然界基本相互作用和自然规律的理解,同时"它深远地重新规划了物理学和现代几何学的发展",对基础科学研究的广大领域产生了巨大的影响。由此可见,科学理论的发展与思维方式的变革是相互促进的,并因此构成了雄伟壮丽的科学发展史。在 20 世纪的物理学发展中,无论是相对论、量子力学还是规范场理论,莫不与思维方式的变革息息相关。甚至可以说,没有科学的思维方法,现代物理学就不可能产生。当然,反过来说,思维方法的突破,也离不开现代物理学的发展。特别值得注意的是,对现代物理学做出过重大贡献的科学家,大多不仅是科学的巨匠,而且往往对思维方法非常关注,爱因斯坦就是其中的佼佼者。大数学家外尔说过,爱因斯坦创立广

---

[1] 1990 年,在日本京都举行的国际数学大会上,四位菲尔兹(J. C. Fields)获奖者中,有三位的工作与杨-巴克斯特方程有关。并且,数学家和物理学家们一致认为,杨-巴克斯特方程是一个基本的数学结构,在未来数学和物理学两个学科领域中会有更广泛的应用前景。

义相对论的思维方法是"抽象思维能力的最伟大典范"。下面我们就此做一简要探讨。

(一) 相信世界在本质上是可认识的

现代自然科学充分证明，自然界在本质上是复杂的，一个个层次分析下去以致无穷。但是，人类的智慧是可以克服一切困难的，把这一层层的理论剖析下去，又可以发现，层与层之间所需的时间越来越短。从圆锥曲线理论到牛顿力学经历了近2000年，从牛顿力学到黎曼几何和相对论只不过经历了200多年，从相对论经纤维丛理论到弱电统一理论仅用了60多年，其中规范场和纤维丛理论的结合只有二三十年。现在理论研究变得越来越深奥和复杂，但是对勇于探索的人来说，却变得越来越具有吸引力。"相信世界在本质上是有秩序的和可认识的这一信念，是一切科学工作的基础。""毫无疑问，任何科学工作，除完全不需要理性干预的工作以外，都是从世界的合理性和可知性这种坚定的信念出发的（这种信念是宗教感情的亲属）。"[①] 的确，在科学研究中，如同在人类其他活动中一样，信仰是生死之地、存亡之道和不可不察的大事。普朗克和爱因斯坦都认为，如果你不笃信外部世界是实实在在存在着的，并且是有秩序的和可认识的，那你就不是一个科学家。"要是不相信我们的理论构造能够掌握实在，要是不相信我们世界的内在和谐，那就不可能有科学。这种信念是，并且永远是一切科学创造的根本动力。在我们的一切努力中，在每一次新旧观点之间的戏剧性的冲突中，我们都认识到求理解的永恒的欲望，以及对于我们世界的和谐的坚定信念，都随着求理解的障碍的增长而不断地加强。"[②] 事实上，困难常常是前进的动力，人类在认识自然的过程中经常碰到种种困难，正是通过克服一个又一个的困难，才使我们一步又一步地深入了解自然。

(二) 创造性的原理存在于数学之中

自从古希腊哲学家毕达哥拉斯把音乐的和谐推广到整个宇宙，认为

[①] 许良英等编译：《爱因斯坦文集》第1卷，商务印书馆1976年版，第284页。
[②] 同上书，第379页。

"数是万物之本原",强调事物之间的比例关系以来,物理学家对数学在物理学中的应用,几乎抱有一种类似宗教般的信仰。许多伟大的物理学家如哥白尼、开普勒、麦克斯韦、爱因斯坦,都是在寻求数学的简单、和谐中,创立了伟大的科学理论。而且,物理学越发展就越是数学化,数学成了物理学的收敛中心。现代物理学发展的历史也充分表明,谁要想在物理学领域里取得突破性进展,他就必须掌握新的鲜为人知的数学方法。正如爱因斯坦所言:

"迄今为止,我们的经验已经使我们有理由相信,自然界是可以想象到的最简单的数学观念的实际体现。我坚信,我们能够用纯粹数学的构造来发现概念以及把这些概念联系起来的定律,这些概念和定律是理解自然现象的钥匙。经验可以提示合适的数学概念,但是数学概念无论如何却不能从经验中推导出来。当然,经验始终是数学构造的物理效用的唯一判据。但是这种创造的原理却存在于数学之中。因此,在某种意义上,我认为,像古代人所梦想的,纯粹思维能够把握实在,这种看法是正确的"。[1]

这一思想是爱因斯坦1933年6月10日在牛津大学的一次题为《关于理论物理学的方法》演讲中提出来的。有人认为爱因斯坦的这些话是纯粹唯心主义的,我们认为这些话是有一定道理的,也是爱因斯坦的亲身感受。因为物理学中有许多基本理论是要用到数学的,所以许多理论物理学家越来越被一些纯粹的数学问题所困扰。爱因斯坦在纪念开普勒逝世300周年时写道,他的惊人成就证实了下面一条真理:"知识不能单从经验中得出,而只能从理智的发明同观察到的事实两者的比较中得出"[2]。以后的实践也充分证明,物理学的发展不仅需要数学,而且需要很漂亮的数学。杨振宁曾把数学与物理学的关系比作是一个枝杈上生长的两片叶子。这两片叶子大半是独立的,可是在基础的地方,在命根所在的地方,有着不可思议的相同之处。这相同的地方不仅包含了上面提到的牛顿力学、相

---

[1] 许良英等编译:《爱因斯坦文集》第1卷,商务印书馆1976年版,第316页。
[2] 同上书,第278页。

对论力学和粒子物理学,也将包含今后物理学发展的新课题。桂起权教授更是坚信:宇宙的基本结构及其相互作用的奥秘都深藏于数学规律,尤其是基本对称性之中。即使"对称性破缺"也仍是深层物理规律的"内在对称性"局部的、不完全的反映。如果有某位科学美学鉴赏家说,宇宙=上帝的几何学杰作,这并没有错,只不过这个"上帝"=自组织的宇宙本身。[①]

(三) 对称性支配相互作用

科学发展的历史表明,大自然在基础层次上是可以理解的,并且随着探讨的不断深入,自然界越来越显示出她的和谐之美。在刚刚过去的一个世纪中,许多最基本的思想都起源于爱因斯坦,在后半个世纪,杨振宁的工作全面深化和发展了这些思想。其中"对称性支配相互作用",就是一个很重要的思想方法。在经典物理学中,理论的建立程序为:

$$实验 \to 方程 \to 对称性$$

比如,电磁学理论就是由电学和磁学的四个主要实验总结出来的,是通过实验,得出四个定律。这四个定律由麦克斯韦把它数学化,建立了精美的电磁场方程组。如果把这个数学化的过程仔细想一下,就会发现它是个相位因子的问题;通过相位因子的想法,最后得到了普遍的规范不变性的思想。所以,杨振宁在《从历史角度看四个相互作用的统一》[②]一文中指出,"总的说起来,规范场的观念是从电磁学来的。"

后来,爱因斯坦在狭义相对论的建立中倒转了这个程序:

$$对称性 \to 方程 \to 实验$$

在广义相对论中,爱因斯坦又把这个倒转过来的程序应用于引力场方程的建立。杨振宁从规范对称性出发建立了规范场方程,遵循了同样的程

[①] 桂起权:《对称性破缺与宇宙设计》,《自然辩证法研究》2007年第1期,第27—31页。
[②] 杨振宁:《杨振宁文集》上集,华东师范大学出版社1998年版,第246—271页。

序。但是，杨振宁的这一工作把这个程序推广到了电磁相互作用、弱相互作用、强相互作用和引力相互作用。并且，以规范场为基础的弱电统一理论、量子色动力学、大统一理论，以及以后的统一理论工作都要遵循同样的程序。为此，杨振宁把对称性在理论物理学中的地位和作用概括为一个基本原理：对称性支配相互作用原理。1957年，他在获得诺贝尔物理学奖的演讲中指出："当我们默默考虑一下这中间所包含的数学推理的优美性和它的美丽的完整性，并以此对比它的复杂的、深入的物理成果，我们就不能不深深感到对对称性定律的力量的钦佩。"[①]

在这里，我们需要弄清楚的是：数学对称性（和谐）是关于物理世界基本结构知识的本质核心。现在，杨－米尔斯规范势 B_μ 和 A_μ 是规范场形式结构的体现，它包含着同时体现外部时空和"内部空间"结构的双重作用：一方面，作为外部时空中的四维矢量场；另一方面，作为体现内部自由度的 SU(2) 同位旋矢量算符。类似地，电磁势 $B_\mu A_\mu$ 及其相互作用在本质上也被"相位不变性"的要求所决定。也正因为多种相互作用都可以通过"规范势"来刻画，所以"规范不变性"的要求就成为一个决定相互作用形式的强有力的原理。这个原理在旧量子场论中是没有的，却成为规范场纲领的基石。

然而，大家知道，自然界不仅是一个简单和谐的统一体，而且还是一个复杂多变的演化系统。对此，我们可以做这样的假设：

> 自然界像一棵参天大树，我们怎么去认识这棵大树？认识的方法可以多种多样，最常见的方法有两种：一种是自上而下的方法，即从树叶→树枝→树干→树根；另一种是自下而上的方法，即从树根→树干→树枝→树叶。其实，前者是传统的追求统一性的方法，后者则是探索复杂性的方法。这也就是说，追求统一性和探索复杂性是人类认识自然的两种方式：一个是逆着自然界演化的方向，是一种回溯和还原的方法，即原始宇宙"在足够高的温度下，完整的对称性可能得到回复"。另一个是顺着自然界演化的方向，是一种展望和融合的方

---

① 杨振宁：《物理学中的宇称守恒定律和其他对称定律》，《科学通报》1958年第2期，第33页。

法，即在宇宙演化的过程中，随着"温度的不断降低，对称性才可能破缺"①。所以，把整体分解为部分是追求下向因果关系的分析还原法；而把部分整合为整体则是探索上向因果关系的综合集成法。其实，无论是分解还是整合都是在探寻事物之间的因果关系，只是寻找的方向不同罢了。

根据这一假设，笔者认真分析了20世纪下半叶科学发展的两大思潮，②指导学生梁保胜完成了硕士学位论文《追求统一性与探索复杂性：科学认识的两个维度》，同时自己也发表了两篇相关论文，提出了"对称性破缺创造了现象世界——自然界演化发展的一条基本原理"③，认为正在兴起的复杂性科学除了关注下向因果关系外，更注重由低层次的组成要素经过相互作用和动态演化产生出高层次的整体涌现现象，也就是更注重自下而上的整合过程——探索上向因果关系。因此，笔者指出："现代科学的发展告诉我们，对称性打开了物质世界神秘的大门，为探寻它所建立的科学规律是自然秩序的表征提供了一把有效的钥匙，但不是自然界本身；而对称破缺则是对物质世界深层密码的解读，由于它，自然界的有序演化有了'源头活水'，每一次对称破缺都可能有新质的突现，从而使自然系统的层次结构跃上了一个新的台阶。"④

(四) 物理学的几何化思想

按照规范场研究纲领，我们回头再来看爱因斯坦的引力场理论。1912年，在狭义相对论与闵可夫斯基空间相结合（1907）的基础上，爱因斯坦把黎曼几何引入广义相对论，由此他深刻地意识到：一切物理学中的场都有与之相适应的空间结构（从规范理论的角度看，狭义相对论与广义

---

① 杨振宁：《三十五年心路》，广西科学技术出版社1989年版，第149页。
② 林德宏：《20世纪下半叶的两大科学思潮》，《科学技术与辩证法》2005年第3期，第23—25页。
③ 武杰、李润珍：《对称性破缺创造了现象世界——自然界演化发展的一条基本原理》，《科学技术与辩证法》2008年第3期，第62—67页。
④ 武杰、李润珍：《对称破缺的系统学诠释》，《科学技术哲学研究》2009年第6期，第36页。

相对论的本质区别是，前者是整体理论而后者是局域理论，这个"局域性"正是规范理论的关键），场方程的形式完全决定于几何空间的形式。为此，他在后来研究统一场论的过程中，一个主要的工作就是要寻找与电磁场相对应的几何结构，并最终在一个新的几何框架内将引力与电磁力统一起来。由于历史的原因，尽管爱因斯坦的工作没有再取得重大进展，但却开创了物理学几何化的先河。由此，引力场的几何化可以归结为规范场的几何化问题。1913年，爱因斯坦在提出广义相对性原理时，包含着两方面的思想——物理表述和数学表述：物理上强调的是自然定律的普适性，数学上强调的则是坐标变换中的广义协变性（变换中之不变性）。可是批评者却误以为，任何非广义协变理论似乎都可以通过一定的数学变换重铸广义协变形式，因此广义协变性原理没有实质性的内容。然而，曹天予却提出了强有力的反驳证据。因为在批评者所做的那些变换而得到的结果中，时空却是平坦的并且外部对称是全域的，但是引力相互作用则必定是由弯曲时空的"局域对称性"所支配的。可见，真正的"广义协变性"必定是局域对称的，这是引力场弯曲时空所满足的唯一一类对称性。所以，在这里规范对称性原理是不可或缺的。

由此可见，一方面爱因斯坦已经做到的是"引力场的几何化"：让彭加勒群（洛伦兹群是其子群）的"局域对称性"消除时空的平坦性，并要求引进与引力相关的时空几何结构，比如矩阵、仿射联络和曲率等。另一方面，在电磁场理论（作为一种最早的规范理论）与广义相对论的理论结构之间也存在着高度的相似性：电磁场对应于引力场，局域相函数对应于局域切矢量，电磁势对应于仿射联络，规范不变性对应于广义协变性。另外，人们相信对于引力以外的其他相互作用也可以用规范作用来描述，同样具有内部对称性的空间结构，比如电磁学中的相空间像一个环；核物理学中的同位旋空间像一个三维球的内部；描述强相互作用的是更加抽象的"色空间"等。

到20世纪70年代，杨振宁又发现"规范场也是一个几何化得很深的物理结构"。规范场与纤维丛几何的关系正如引力场与黎曼几何的关系一样，是"同一大象的两个不同部分"[①]。最简单的规范场是麦克斯韦场，

---

① 陈省身：《我与杨家两代的因缘》，《陈省身文选》，科学出版社1989年版。

"像麦克斯韦场那样的规范场，不仅可以用纤维丛的几何语言来表示，而且必须这样来表示，才能表达它们的全部意义。"① 因此，纤维丛正是爱因斯坦所要寻找的几何结构，规范场方程也正是爱因斯坦所要寻找而未能达到的场方程。如果我们比较这两件事还会发现，爱因斯坦是在创立广义相对论的时候，寻求黎曼几何作为数学框架的，这和规范场在事后发现与纤维丛有关是不一样的。规范场理论和纤维丛理论，两者是各自发展，殊途同归。其实，纤维丛理论的产生（1944）仅比规范场早了10年，杨振宁在开始创建规范场理论时（1954）并不知道有与之相关的纤维丛理论，然而它在70年代的进一步发展却得益于纤维丛理论。

后来，曹天予在《规范理论和基础物理学的几何化》（1987）一文中也曾提出规范场与引力场类比的思想。他认为，如果从规范场论的眼光来看引力场，"局域规范对称性"就可以消除时空的"平坦性"，而"仿射联络"能够在弯曲时空中起到联络不同时空点方向的作用。与引力场的弯曲时空相似，物理系统的内部空间的方向在不同时空点也是不同的。因此，局域规范对称性也要求引入规范势，这相应于规范作用，以便联络在不同时空点的内方向。这样，规范势在规范理论的"纤维丛空间"中所起的作用，恰好等同于仿射联络在广义相对论的"弯曲时空"中所起的作用。因此，规范相互作用应当看作是一种新的几何化。我们引申一点可以说，引力场几何化实质上是规范场几何化的特例；规范场几何化是更高、更普遍的观念，不仅外部时空可以几何化，而且"内部空间"也可以几何化。对应于微分几何，这个"内部空间"（纤维）与外部时空（底空间）的联合称为"纤维丛空间"。所以有人说，杨振宁"物理学的规范场理论"与陈省身"微分几何的纤维丛理论"不谋而合且遥相呼应，这是一种天意!②

（五）真正的物理定律不可能是线性的

1946年，爱因斯坦在《自述》中谈到由狭义相对论过渡到广义相对论的关键性想法时指出："惯性质量同引力质量相等的事实，很自然地使

---

① 宁平治编：《杨振宁演讲集》，南开大学出版社1989年版，第459页。
② 桂起权、高策：《规范场的哲学探究》，科学出版社2008年版，第190—191页。

人认识到，狭义相对论的基本要求（定律对于洛伦兹变换的不变性）是太狭窄了，也就是说，我们必须假设，定律对于四维连续区中的坐标的非线性变换也是不变的。"① 这个想法产生于 1908 年，7 年后，广义相对论建立。而广义相对论的方程是非线性的，这不仅印证了这个想法，而且使爱因斯坦进一步认识到，"真正的定律不可能是线性的，而且也不可能从这些线性方程中得到。"②

广义相对论之后产生的量子力学，尽管与非线性的经典理论有很深的关系，但是它"仍然确确实实是一种线性的理论"。这是量子力学的创立者之一——海森堡在 20 世纪 60 年代中讲到的，并且他也意识到，本质上线性的量子理论甚至可能最终不得不被一种非线性理论所取代。其实，1923 年爱因斯坦试图建立统一场论时，从一开始就隐含着两个目的：一个目的是把引力和电磁力统一起来；第二个目的是奠定量子力学的基础，或者说，统一相对论和量子力学。

表面上独立于相对论和量子力学，直接从麦克斯韦电磁场中发展起来的规范场，是一个非线性的理论。在粒子物理学中，杨-米尔斯场不仅能反映出场与场、粒子与粒子、场与粒子的相互作用，而且也能反映出场的自身作用和粒子的自我影响。回想爱因斯坦当时强调引力场方程必须是非线性的，因为引力场必须作为自己的源；现在看来，杨振宁的工作使得所有的相互作用都服从这一原则，因为规范场是关于包括引力相互作用在内的四种相互作用的理论。

今天，我们也试图运用大哲学家康德（Immanuel Kant）在《自然科学的形而上学基础》③ 一书中提出的"四类范畴"对量子场论（量子力学和相对论相结合的产物）的特殊形式规范场论与牛顿力学进行一次对照性的考察：

牛顿力学的研究对象主要是宏观物体的机械运动，而规范场论的研究对象则是各种规范场。所以，①牛顿力学是在量的范畴下按照欧氏几何的观点考察物体在时空中的纯粹运动，被称为运动学；规范场论则是在量的

---

① 许良英等编译：《爱因斯坦文集》第 1 卷，商务印书馆 1976 年版，第 30 页。

② 同上书，第 39 页。

③ [德] 康德：《自然科学的形而上学基础》，邓晓芒译，上海人民出版社 2003 年版。

范畴下按照微分几何的观点考察粒子的时空流形（包括外部时空和内部空间）。②牛顿力学是在质的范畴下考察物体运动变化的原因和规律，被称为动力学；规范场论则是在质的范畴下考察物质场的变化。③牛顿力学是在关系范畴下考察物体运动的力学规律；在规范场论中演变为在关系范畴下考察相互作用场。④牛顿力学是在模态范畴下考察各种运动现象；在规范场论中演化为在模态范畴下考察各种规范场，如表2—2所示。

表2—2　　　四类范畴下牛顿力学与规范场论的对比考察表

自然科学及规定性 \ 范畴		量	质	关系	模态
牛顿力学	物质运动	运动学	动力学	力学	现象学
规范场论	规范场	时空流形	物质场	相互作用场	各种规范场

通过以上考察我们发现，康德作出这样的区分一定在人的认知本性中有某种根据。正如齐良骥先生所言，"可以看出：康德这种想法包含着不少可供发挥的因素。第一类范畴涉及的是单纯在空间时间感性形式条件下的孤立的对象。第二类范畴涉及的是在空间时间中却又是在动力学规律之下互相关联着的（动力学的）对象（关系范畴），以及这样的对象对人的知性的关系（样式范畴）。"由于"人的认识是以在空间的形式中接受到外部对象对感官的刺激为首要条件，所以第一类范畴是量的范畴，其次才是直观对象的质。而任何性质都有一定的强度，因此，也是一种量。"[①]齐良骥先生接着指出："从认识的发展看，先是认识对象与对象中间的一定的联系，在这基础上才可能有知性对于对象之间的相互联系的认识的层次（可能性、存在性、必然性）。因之，第三组范畴是关系范畴，第四组是样式，这两组都涉及动力学的范围。这四组范畴的次序表现认识的一种过程。后来在黑格尔（G. W. F. Hegel）建立的范畴的逻辑发展体系中，康德设计的烙印还看得很清楚，质与量是'存在论'的主要部分，互相关联着的关系范畴属于'本质论'，样式范畴则属于'概念论'。"[②]所以说："一个一般自然的形而上学系统，尤其是有形自然的形而上学系统臻

[①] 齐良骥：《康德的知识学》，商务印书馆2000年版，第121页。

[②] 同上书，第122页。

于完善的图型,就是范畴表。……在这里不可能作更多的发现和添加,顶多可以在也许缺乏清晰性和彻底性的地方作些改善。"① 这是其一,即总体性原则。

其二,康德所寻求的自然科学的形而上学基础,是本义上的(或译为:严密的)自然科学的纯粹部分,正如我们本章所论证了的,无论是牛顿运动定律在伽利略变换下的不变性、狭义相对性原理要求一切物理规律在洛伦兹变换下的不变性,还是广义相对论把不变性推广到非惯性系、规范场论中一切物理规律在局域变换下的不变性,它们不仅都是本义上的自然科学,而且是最能体现本义上的自然科学的纯粹部分。但是,这两者之间有着本质的区别:前者是整体理论而后者则是局域理论,而这个"局域性"正好表明了它们的非线性特征。例如,磁场在两极附近强度最大,距离远了强度就会衰减,作用范围也慢慢失效。如果没用"局域性"概念,随便一个磁场都可以无限地延伸至全球。实际上,引力场的强度也是随着场源越来越远而越来越弱。所以,一切有源场的方程都是非线性的。由此可见,对于大自然来说,非线性是基本的,而线性只是它的近似或特例而已。

总之,现代物理学的发展有力地表明,规范场论比历史上的任何理论都更能深刻地体现"物理定律相对于不同观察方式的内在不变性",最能体现康德对科学原理所要求的"普遍必然性"和"无可置疑的确定性"。换句话说,规范场论是最能体现"本义自然科学的纯粹部分"。因此,笔者认为,关于量子引力论和超弦理论在数学上的成功和实验上的困难,也许能从规范场论是如何体现"本义上的自然科学的纯粹部分"中得到一些启示。

---

① [德]康德:《自然科学的形而上学基础》,邓晓芒译,上海人民出版社 2003 年版,第 130 页。

第三章 物理学与经济学

A. 爱因斯坦和 L. 英费尔德（L. Infeld）曾在《物理学的进化》一书中详细地论述了物理学从伽利略、牛顿时代的经典理论发展到 20 世纪的相对论、量子力学和量子场论的过程。20 世纪 40 年代以后，科学的发展又进入了一个崭新的历史时期，新的学科不断产生，系统科学、广义热力学、非线性动力学、混沌理论和分形几何等以全新的方法论冲击着我们根深蒂固的思维方式。

在系统科学出现以前，自然科学和社会科学这两大领域的研究方法往往被看成是互不相干的两大块，原因是长期以来旧唯物主义哲学认为自然科学规律服从机械论，而社会科学规律和人的行为则遵从目的论。事实上，自然科学与社会科学的相互影响、相互作用，即使在过去，也是以一定的方式存在着的。近代以来，物理学经过了几次革命，每一次革命实质上都是方法论的革命，它们对经济学的发展都产生过深远的影响。特别是 20 世纪后半叶，以孤子、混沌和分形为主要特征的非线性科学的诞生和发展，使经济学也受到了一次强大的冲击，混沌经济学或非线性经济学就是在这次冲击中发展起来的一门交叉学科。它用非线性的方法研究复杂的经济问题，寻求经济系统的规律，从而指导实践。本章主要从物理学的进化和经济学的发展来说明这一事实。由于经济系统为各门学科提供了一个复杂系统的极好样本，因此，我们首先要对经济系统的复杂性进行分析，然后按照历史的顺序分别对经典力学与古典、新古典经济学，量子力学与西方经济学的三次革命，混沌学与非线性经济学的关系展开论述，并着重指出当代非线性动力学及其方法对非线性经济学发展的重大影响和深远意义。

一 经济系统的复杂性特征

经济学（Economics）是研究人类社会各个发展阶段上的各种经济活动和相应的经济关系及其运行、发展规律的科学。其中，经济活动是人们在一定的经济关系的前提下，进行生产、交换、分配、消费以及与之有密切关联的活动。在经济活动中，存在以较少耗费取得较大效益的问题。经济关系是人们在经济活动中结成的相互关系，在各种经济关系中，占主导地位的是生产关系，它又与一定的生产力发展水平密切相关。目前，经济学[①]是社会科学中最成熟的学科，也是模仿自然科学最成功的学科，以至于一些经济学家把它说成是"第一社会科学"。

事实上，经济学和伦理学一样是关于人的行为和行为选择的学问。"在很长一段时间内，经济学科曾经认为是伦理学的一个分支"，只是在时代的演变过程中才与伦理学分离了。[②] 与伦理学分离之后，经济学便成为一门实证科学，而伦理学则不可能成为实证科学。成为实证科学的经济学立足于描述人们的行为和偏好，谋划资源的最佳配置，追求商品生产的最高效率，即根据"实然"情况并顺应人的本能欲望，推动经济的繁荣和发展。然而，作为经济学研究对象的社会生产过程却是一个异常复杂的社会系统。在现代社会中，任何经济过程或经济现象都会受到来自其他相关因素或过程的影响，决不会孤立地发生或存在。这也就是说，各种经济过程或经济活动构成了一个有机的整体，这便是经济系统。经济系统是一个复杂的系统，其复杂性特征主要表现在以下几个方面：

（一）组元[③]特征的复杂性

经济系统的主体要素是具有有限理性和非理性的人，所以从严格意义

---

① 本章所说的经济学特指现代西方经济学。

② ［印度］阿马蒂亚·森：《伦理学与经济学》，王宇、王文玉译，商务印书馆2000年版，第9—13页。

③ ［德］克劳斯·迈因策尔认为，"一个社会构型中的每一组元都涉及一个具有特征行为矢量的子群体"。

——克劳斯·迈因策尔：《复杂性中的思维》，曾国平译，中央编译出版社1999年版，导言第12页。

上说，经济系统是由人的一切复杂性活动以及人与环境的复杂关系组成的。同一般的物理系统相比，该系统最大的不同在于人的参与。任何经济活动、经济行为和经济关系都是在人的主导下展开的，它们取决于人的有限理性和非理性的能力，如思想、意愿、偏好、知识、心理、价值观等等。由于人的有限理性和非理性是极其复杂的、非线性的，使得经济系统必然呈现出复杂性。有人对理性消费者的心理进行过分析，发现其中存在着分形特征。[①] 其实，分形概念的提出为我们提供了描述复杂性事物和过程的一种新的语言。在一个分形体内，任何一个相对独立的部分在一定程度上都是整体的再现和缩影。也就是说，局部与整体之间存在某种程度的相似性。这种特性在经济系统中也是普遍存在的，具体表现为：结构分形、状态分形和过程分形。所谓结构分形，是指经济系统的整体结构与部门结构在某些方面具有相似性，如宏观经济部门在结构上与中观、微观部门之间具有某种相似性；状态分形，是指经济系统的状态行为在不同时间尺度上具有相似性，如经济周期中长周期与短周期之间的相似性；过程分形，是指一个演化过程完全结束时才能进入下一个新的演化阶段，这表现为经济系统的演化也具有历史的相似性。

（二）开放导致的复杂性

根据普里戈金广义热力学第二定律可以看出，经济系统是一个典型的非平衡开放系统。我们知道，任何一个正常的生产过程都要不断地与外界进行物质、能量和信息的交换。这"三流"具体表现为：生产资料——劳动资料和劳动对象组成的物质流；由劳动力和其他能源形式组成的能量流；由组织、计划、指导、协调、控制、管理等组成的为达到一定目的的信息流。同时，任何经济系统的正常运行也都离不开这"三流"的作用，从而使得经济系统成为非均衡有序的耗散结构。普里戈金指出："这就是为什么我们要引入'耗散结构'概念的原因。我们为的是强调在这样的情形中，一方面是结构和有序，另一方面是耗散或消费，这二者之间有着初看上去是悖理的密切联系。……在经典热力学中，热的传输被认为是一

[①] 李大勇等：《宏观经济运行中消费心理的分形预测》，《预测》1998年第3期，第36—37页。

个浪费的源泉。但在贝纳德格子中，热的传输变成了一个有序的源泉。"①其中，"耗散"一词在物理学中有特定的含义，它是指自由度较少的高品质能量向自由度较大的低品质能量转变。因此，任何系统只有把自己保持在不断与外界进行物质、能量和信息交换的状态下，才能使自身具有保持非平衡有序结构的能力。同时，耗散是系统产生复杂性的重要根源，因为耗散而使系统的自由度归并，产生诸如吸引、分岔、突变、混沌等复杂的系统行为。历史上，中国明清时期与日本明治维新之前的闭关锁国是非开放的经济。封闭经济的最大弊端是阻塞了多样性的经济信息，使得走某种经济道路的过程变得没有了选择，就像拉磨的驴子蒙着眼睛只会在原地打转，哪来经济进步呢？② 历史告诉我们，没有多样性就没有选择，没有选择又哪来建构呢？

（三）结构关系的复杂性

经济系统通常都是由许多子系统组成的，系统内部的各要素、各子系统之间存在着复杂的非线性相互作用，导致了不仅在时间上而且在空间上产生各种复杂形式的相关结构。从空间上看，经济系统是一个多目标、多变量、多层次的综合体，它决定了经济过程具有非常复杂的相互依赖和相互制约的关系，各层次之间构成了一个具有双向因果链的网络。各个目标之间存在着复杂性，层次之间以及层次内部也存在着复杂性；各个变量、各个层次的行为彼此竞争、相互耦合，又会产生更加错综复杂的系统整体性行为：或者是协同效应，或者是突变的产生。在经济系统中，每一个层次的经济单位都按其经济结构的性质实现自身利益的最大化，但各个层次的经济利益又往往不一致，这种不同层次之间的利益协调就成为经济系统复杂性的本质问题。从时间上看，某一经济单位由于学习效应、协作效应、自适应预期和先进的管理手段等会导致自增强机制、收益递增、阈值效应和各种正、负反馈过程等。总之，现实的经济系统是非线性的，到处都表现出复杂性特征。也可以说，复杂性是事物特定结构中的外部联系和

---

① ［比］伊·普里戈金、伊·斯唐热：《从混沌到有序》，曾庆宏、沈小峰译，上海译文出版社1987年版，第187页。

② 吴彤：《自组织方法论研究》，清华大学出版社2001年版，第41页。

表面特征，是事物的外在表现；非线性是事物特定结构中的内在联系和根本性质，是系统复杂性的根源。

（四）环境作用的复杂性

经济系统是在一定的自然环境和社会条件下组合起来的，因此它必然受到自然环境和社会条件的双重制约。然而，经济系统也正是在不断地与周围环境的适应中迈步前进的。管理学家根据现代社会的发展已经意识到，过去在组织中把所有不同的个性、文化，通过组织这个"大熔炉"熔炼成一个面孔、一种文化的办法已经过时。现在是弘扬个性，允许各种文化兼容并包的新管理学时代。比如，中国海尔集团实行了一种新的用人制度，他们把它总结为变"相马"为"赛马"的激励制度。[①] 相马与赛马虽然只有一字之差，但是有本质的区别。相马，是将命运交给了别人；赛马，则是把命运掌握在自己的手中。这个制度根源于海尔的人才发展观——斜坡球体人才发展论思想：斜坡上的球体代表每一个员工个体，球体周围代表员工的发展环境，斜坡代表企业发展规模和市场竞争程度。员工发展有两个阻力：员工的惰性是内在阻力；而发展中的困难是外在阻力。同样，员工发展也有两个动力：内在动力——个人素质的提高；外在动力——企业的激励机制。企业规模越大，市场竞争越激烈，斜坡的角度就越大，人才的发展、竞争就越激烈，对人才的要求也就越高。而员工施展才能的舞台也取决于两个方面：球的半径——人才的素质和能力；球体的弹性——个体活力的发展程度。陈海春教授从自己亲身的感悟中给出一个可供参考的例证：他认为，一个能成功的人就是既"有用"又"可爱"的人。他本人自励的理念是："内在优于外在，长远优于即时、习得优于天赋、内省优于灌输。"[②] 所以，企业要根据对员工不同层次的需求（适应、服从、充分参与、自我实现），分别给予不同的动力——激励机制。对员工自身而言，斜坡上的球体"不进则退"，只有不断提高自身素质，克服惰性，再加上企业的外在推动力，才能实现自我，否则，只有滑下或

---

① 吴彤：《自组织方法论研究》，清华大学出版社2001年版，第153页。
② 陈海春：　《人脉管理——决定人生成败》，http://v.ku6.com/show/fj_GO2UP00wKAVLb.html。

被淘汰。以上是对个体发展环境和企业文化氛围的分析。对于一个国家、一个民族，在当今经济全球化的背景下，国民经济的良好运行和可持续发展就更是一个异常复杂的问题了。因此，要求我们既要保持自身的发展速度，又要有很强的对环境变化的适应能力，特别是对发达国家变革的响应和跟进能力。

同物理系统相比，经济系统除了上述四个方面的复杂性特征之外，还有以下三点要特别注意：一是开放系统的非稳态增长现象，使稳态时间序列分析误差甚大；二是多变量弛豫时间尺度的接近，使哈肯倡导的区分慢变量和快变量的绝热消去法难以应用；三是经济系统中人的参与，使得一般物理系统中"结构决定功能"的命题不再适用。所以，我们要深刻把握系统的整体性特征，注意处理好局部与整体、近期与长远、微观与宏观的关系。一般认为，系统的功能是系统在与环境的相互关系中表现出来的系统整体的行为、特性、能力和作用的总称。贝塔朗菲（Ludwig Von Bertalanffy）指出："复杂现象大于因果链的孤立属性的简单总和。解释这些现象不仅要通过它们的组成部分，而且要估计到它们之间的联系的总和。有联系的事物的总和，可以看成具有特殊的整体水平的功能和属性的系统。"[①] 因此，在分析和研究复杂经济系统的功能时，要特别注意系统的构成要素、系统的结构形式和系统的环境条件。

本章的主题是讨论物理学与经济学的关系。古典经济学的创始人亚当·斯密就曾在一篇《关于天文学史的论文》中写道：牛顿的体系是人类最伟大的发现之一。[②] 下面我们就从这里开始探讨经济学是如何受牛顿和谐而有秩序的机械论思想的影响而成长起来的。

二 经典力学与古典、新古典经济学

1543 年，波兰天文学家哥白尼发表了《天体运行论》一书，给神学写了挑战书，从此拉开了近代物理学的序幕，经过伽利略、开普勒、惠更

[①] 转引自魏宏森《系统科学方法论导论》，人民出版社 1985 年版，第 24 页。
[②] 转引自［美］斯皮格尔《经济思想的成长》上卷，晏智杰等译，中国社会科学出版社 1999 年版，第 191 页。

斯等一大批物理学家的努力，近代物理学逐渐走向成熟。到 1687 年，英国物理学家牛顿发表了划时代的著作《自然哲学之数学原理》，提出运动物质的质量、加速度和惯性之间的确定性关系，从而奠定了经典力学的范式，实现了物理学史上的第一次大综合。此后，经典力学的范式几乎渗透到了近代科学的各个领域，机械还原论和机械决定论的思想很自然地在牛顿力学的土壤里萌发、成长。随着牛顿力学在解释地面物体和天体运动方面的不断成功，其影响越来越大。诚如 1962 年库恩在《科学革命的结构》中所言，由于牛顿所确立的范式，规定并影响着几代人所研究的问题、道路、方向和方法，18 世纪欧洲一大批优秀的科学家参与了牛顿力学的逻辑重构工作，达朗贝尔（Jean Le Rond D'Alembert）、拉格朗日（Joseph-Louis Lagrange）、欧拉（L. Euler）、哈密顿（W. R. Hamilton）等就是其中最杰出的代表。他们用更加严密、更加彻底的数学分析精神，改造了牛顿原来的表达方式，这就是所谓的"分析力学"——经典力学更加严密的形式。到 18 世纪末 19 世纪初，甚至有的自然科学家"以为他们离用物理的和机械的原理去给世界以最后解释的日子已经不远了……。"

更为悲壮的是，当许多社会科学家看到自然科学取得一个又一个的胜利时，他们也按捺不住激动的心情，毫不犹豫地拿起这把利剑刺向了社会。初始的胜利使社会科学家陶醉在牛顿体系的光环中，他们从来不曾意识到自己正滑向一个杂草丛生的泥沼。传统经济学就是这样滑进去的。做一比较，我们就可以从中看出古典经济学和新古典经济学的局限性，了解他们是怎样走到"确定性"这条道路上的。

（一）经典力学与牛顿模式

力学是一门非常古老的学问，以研究机械运动为主。在我国，公元前 5 世纪的《墨经》中已经有关于杠杆原理的论述，有关于平动、转动和滚动的说明；在西方也可以追溯到公元前 4 世纪亚里士多德关于力产生运动的说教。但是，力学作为一门科学的理论却建立于公元 17 世纪。16 世纪末至 17 世纪初，伽利略用实验的方法发现了落体定律，其后牛顿提出了以他名字命名的三个运动定律和万有引力定律，从而奠定了经典力学的基础。现在把以牛顿定律为基础的经典力学也统称为牛顿力学。

1. 牛顿力学和康德"本义上的自然科学"

牛顿力学是物理学中发展最早、最为成熟的理论，它有严密的理论体系和完备的研究方法。以至于 18 世纪大哲学家康德在考察"自然科学的形而上学基础"时，就是在牛顿力学的基础上总结出了他的"本义上的（或译为：严密）自然科学"思想，认为"任何一种学说，如果它可以成为一个系统，即成为一个按照原则而整理好的知识整体的话，就叫作科学，而当这些原则可以作为把知识经验地，或者是理智地联结于一个整体之中的原理时，那么不论是作为物体学说还是作为灵魂学说的自然科学，似乎都必须划分为历史的自然科学和理智的自然科学。"① 因此，"一切科学，不论是自然科学还是心理学，其目的都在于使我们的经验互相协调，并把它们纳入一个逻辑体系。"② 如果把康德在《纯粹理性批判》中的先天原则和经验法则对纯粹知识和经验性知识的区分应用到自然科学的划分上，还应当有下面一段话："只有那些其确定性是无可置辩的科学才能成为本义上的科学；仅仅只是具有经验的确定性的知识只能在非本义上称之为学问（Wissen）。"③ 康德的这两段话清楚地说明了什么是科学，什么是本义上的科学。

所以，在康德看来，只有那些追求"无可置疑的确定性"和"普遍必然性"的科学才是本义上的自然科学，牛顿力学就是典型的本义上的自然科学的纯粹部分。康德指出，严密自然科学与数学及形（而）上学形成了一个三角形关系［这里的"形而上学"（Metaphysic）不同于一般理解的"反辩证法"，所以本章采用了"形上学"的译法］：数学之所以能够对科学发挥如此巨大的威力并具有普适性，就是因为它从形上学那里借来了普遍必然性。因此，数学和形上学因"普遍必然性"而结成为最坚定的盟友。这样，从伽利略发现落体定律到 20 世纪初，牛顿力学兴盛了约 300 年。尽管在 20 世纪初发现了牛顿力学的局限性，建立了描述宏观物体高速运动的狭义相对论和描述微观客体运动的量子力学，但是在一

---

① ［德］康德：《自然科学的形而上学基础》，邓晓芒译，上海人民出版社 2003 年版，第 2 页。
② ［美］爱因斯坦：《相对论的意义》，李灏译，科学出版社 1979 年版，第 1 页。
③ ［德］康德：《自然科学的形而上学基础》，邓晓芒译，上海人民出版社 2003 年版，第 3 页。

般工程技术领域中牛顿力学仍然是其理论基础。同时，由于机械运动是自然界中最普遍的运动形式，牛顿力学中提出的许多物理概念和物理原理仍然适用于一般物理学，所以牛顿力学也还是整个物理学和自然科学的理论基础。牛顿力学的三大定律和万有引力定律可以表述如下：

牛顿第一运动定律：一切物体在没有受到外力作用时，总是保持静止或匀速直线运动状态，直到有外力迫使它改变这种状态为止。物体的这种性质叫惯性，所以牛顿第一运动定律也叫惯性定律。

牛顿第二运动定律：物体的加速度跟所受外力的合力成正比，跟物体的质量成反比，加速度的方向与合外力的方向相同，即 $\vec{F} = m\dfrac{d\vec{v}}{dt} = m\vec{a}$。

牛顿第三运动定律：两个物体之间的作用力和反作用力总是大小相等，方向相反，作用在同一条直线上。

牛顿万有引力定律：任何两个物体都是相互吸引的。引力的大小与两个物体质量的乘积成正比，与它们之间的距离的平方成反比。即 $F = G\dfrac{m_1 m_2}{r^2}$，其中 G 是万有引力常数，$G = 6.67 \times 10^{-11}$ 牛顿·米^2/千克^2。

现在我们知道，经典力学的基本定律是牛顿运动定律或与牛顿定律有关且等价的其他力学原理。这些是20世纪以前的力学原理，它们有两个基本假定：其一是假定时间和空间是绝对的，长度和时间间隔的测量与观测者的运动无关，物质之间相互作用的传递是瞬时即达的；其二是一切可观测的物理量在原则上可以无限精确地加以测定。20世纪以来，由于物理学的迅速发展，经典力学的局限性充分暴露。如第一个假定，实际上只适用于与光速相比低速运动的情况，在高速运动情况下，时间和长度不能再认为与观测者的运动无关。第二个假定只适用于宏观物体，在微观领域中，所有物理量在原则上不可能同时被精确测定。因此，经典力学的定律一般只是宏观物体低速运动时的近似定律。

2. 牛顿模式的形成

在康德时代，最能体现本义上的自然科学的纯粹部分的代表就是牛顿力学。这一观点与 20 世纪科学史家科恩（I. B. Cohen）的考察在总体上是一致的。1980 年科恩在《牛顿革命》一书中认为，牛顿模式的形成大体经历了三个阶段：第一个阶段是将物理世界理想化，建构为数学世界；第二个阶段是将所得到的定律与经验数据相对照；第三个阶段是在此基础上，精心构造他的"宇宙体系"。

这三个阶段的思想表明，科恩对牛顿模式的考察是建立在《自然哲学之数学原理》基础之上的。牛顿在《原理》第一版序言中一开始就指出，"我将在本书中致力于发展与哲学相关的数学"，所以，这本书是几何学与力学的精彩结合，是一种"理性的力学"，一门"精确地提出问题并加以演示的科学，旨在研究某种力所产生的运动，以及某种运动所需要的力"。它的任务是"由运动现象去研究自然力，再由这些力去推演其他运动现象"。为此，牛顿仿照欧几里得的《几何原本》构建了一个人类思想史上既宏伟又标准的公理化体系。他所说的"自然之力，主要是与重力、浮力、弹力、流体阻力以及其他无论是吸引力抑或排斥力相联系的问题"[①]，而运动则包括落体、抛体、球体滚动、单摆与复摆、流体、行星自转与公转、回归点、轨道运动等，简而言之，包括当时已知的一切运动形式和现象。也就是说，牛顿是要用统一的力学原理去解释从地面物体到天体的所有运动和现象。从具体结构来看，《原理》是一种严密的逻辑体系，从最基本的定义和公理出发，在第一编和第二编中推导出若干普适命题的基础上，在第三编中把它们应用于宇宙体系。具体来说：

《原理》第一编为"物体的运动"。牛顿在本编中把各种运动形式加以分类，详细考察了每一种运动形式与力的关系，并为全书的讨论做了数学工具上的准备。所以科恩说：牛顿在"第一个阶段开始于对自然界的简单化、理想化，从而导致数学领域中一个想象的建筑。它是一个几何空间的系统；数学实体根据某些可表述为数学定律或数学关系的条件在数学时间中运动。"[②] 这正如他的书名所强调的——是论述"自然哲学之数学原理"，尤其是他发明的微积分理论，本身就和自然界中的运动现象有某

[①] ［英］伊萨克·牛顿：《自然哲学之数学原理》，王克迪译，北京大学出版社 2006 年版，序言第 2 页。

[②] ［美］I. B. 科恩：《牛顿革命》，颜锋等译，江西教育出版社 1999 年版，第 13 页。

种内在的一致性。"鲜为人知的是,他在纯数学方面(解析几何和微积分)的论文,常常有一种被隐含在运动物理学的语言和原理中的倾向。这种动力学与纯数学的交织,也是《原理》中的科学的一个特点。"① 这一步也是科学史上的重要一步,微积分的发明和应用使自然科学走上一条不归之路。

《原理》第二编讨论"物体(在阻滞介质中)的运动",进一步考察了各种形式的阻力对于运动的影响,讨论地面上各种实际存在的力与运动的关系。所以科恩指出:牛顿"在第二个阶段,将经验数据与从这些数据得到的定律或法则进行比较和对照。"②

《原理》第三编"宇宙体系(使用数学的论述)"是全书最为辉煌的篇章,气势磅礴,美轮美奂。牛顿在这一编中"示范了把它们应用于宇宙体系,用前两编中数学证明的命题通过天文现象推演出使物体倾向于太阳和行星的重力,再运用其他数学命题由这些力推算出行星、彗星、月球和海洋的运动"③。可以说牛顿的宇宙,结构简单明快,不留丝毫的神秘和含糊,运行机制稳定和谐,井井有条,令人叹服。它是人类科学史上对宇宙做出的最大立法。所以科恩说:"在第三个阶段中,牛顿将在第一阶段和第二个阶段中得到的成果(粗略地说,相当于《原理》中第一编和第二编)应用于自然哲学中,精心构造了他的'宇宙体系'(第三编)。"④

总的来说,牛顿的这种风格就是通过数学,找到自然科学中的普遍必然性,并且明确地把时间、空间和运动放在和"原理"(牛顿术语)的定义同等地位,并细加说明。事实上,在牛顿力学中已形成了本义上的自然科学的研究框架。正如柯瓦雷(Alexandre Koyré)总结的:

"与笛卡尔的世界相反,牛顿的世界不再是由两种成分(广延与运动),而是由三种成分所组成:(1)物质,即无限多彼此分离的,

---

① [美] I. B. 科恩:《牛顿革命》,颜锋等译,江西教育出版社1999年版,第59页。
② 同上书,第13页。
③ [英] 牛顿:《自然哲学之数学原理》,王克迪译,北京大学出版社2006年版,序言第2页。
④ [美] I. B. 科恩:《牛顿革命》,颜锋等译,江西教育出版社1999年版,第13页。

坚硬的、不变的——但互不相同的——微粒；(2)运动，这是一种奇特的悖论式的关系状态，它并不影响微粒的本质，而仅把它们在无限的同质的虚空中到处传递；(3)空间，即那种无限的同质的虚空，微粒（以及由之构成的物体）在其中运动而不对其产生任何影响。当然，牛顿的世界中还有第四种部分，即把它们结合并维持在一起的引力。然而这不是它的一种构造成分；它或是一种超自然的力量——上帝的行动——或是制定自然之书句法规则的一种数学结构。"[①]

总之，牛顿用物质、时间、空间的概念，以及微积分、运动理论和万有引力定律构造了一个和谐的"宇宙体系"，统一说明"地面物体和天体的所有运动"，真正体现了严密自然科学的纯粹部分。

（二）古典、新古典经济学

"经济"（economy）一词，在西方源于希腊文 oikonomia，原意是指家计管理。古希腊哲学家色诺芬（Xenophon）在《经济论》一书中论述了以家庭为单位的奴隶制经济的管理，这和当时的经济发展状况是适应的，因此，当时的经济学也可称为"庄园经济学"。后来，亚里士多德最先运用分析比较的逻辑方法来看待货币的实质和市场交换的艺术而被称为"第一位具有分析头脑的经济学家"[②]。到1615年出现了以"政治经济学"（political economy）为名称的第一本著作，即法国经济学家蒙克莱田（A. de Montchrétien）的《献给国王和王太后的政治经济学》。为了区别，说明他研究的是属于国家范围或社会范围的经济问题，不同于以往的庄园经济学，故加上了"政治"二字而成为"政治经济学"。从此"政治经济学"一词被广泛使用。在整个重商主义时期，政治经济学的内容局限于流通领域，但也包括一些国家管理，它是反映资本原始积累时期商业资产阶级利益的经济理论和政策体系。到了重农主义和英国古典学派，政治经济学的研究重点转向了生产领域和包括流通领域在内的再生产，从而接触

---

① ［法］亚历山大·柯瓦雷：《牛顿研究》，张卜天译，北京大学出版社2003年版，第8页。

② ［美］埃里克·罗尔：《经济思想史》，陆元诚译，商务印书馆1991年版，第31页。

到财富增长和经济发展的规律。古典政治经济学已经同政治思想、博弈哲学等逐渐分离，成为社会科学中一门独立研究人类在"稀缺"资源下做出选择的科学，其研究范围包含了博弈实体经济学的经济理论和经济政策的大部分领域。

1. 古典经济学的建立与完成

古典经济学产生和发展的重心主要在英国和法国。在英国，从威廉·配第（W. Petty）开始，到大卫·李嘉图（David Ricardo）结束；在法国，从布阿吉尔贝尔（P. de Boisguillebert）开始，到西斯蒙第（S. de Sismondi）结束。[①] 其中，最有代表性的人物和理论体系的创立者是亚当·斯密，他于1776年出版的《国民财富的性质和原因的研究》（这部写作6年、修改3年的经济学巨著，简称《国富论》）把资本主义经济学发展成为一个完整的体系，标志着古典自由主义经济学的正式诞生。书中批判了重商主义把对外贸易作为财富唯一源泉的片面观点，分析了自由竞争的市场机制，并将其看作一只"看不见的手"支配着整个社会经济活动；反对国家干预经济生活，提出了自由放任原则；论证了国民财富增长的条件、促进或阻碍国民财富增长的原因，最终把经济研究从流通领域拓展到了生产领域。

另外，亚当·斯密1759年还出版过《道德情操论》一书，可以说《国富论》建立的经济理论就是以他的《道德情操论》为前提的。这两部相隔17年的著作，交替创作、修订再版是作者整个写作计划和学术思想的有机组成部分。前者阐述的主要是伦理道德问题，后者阐述的主要是经济发展问题，亚当·斯密把两者有机地统一起来，并把《国富论》看作是《道德情操论》思想的继续发挥。比如，在对利己主义行为的控制上，《道德情操论》寄重托于同情心和正义感，而在《国富论》中则寄希望于竞争机制；但对自利行为动机的论述，在本质上却是一致的。所以，亚当·斯密的"道德情操"这一短语，是用来说明人（被设想为在本能上是自私的动物）的令人难以理解的能力，即能判断克制私利的能力。

亚当·斯密的主要追随者包括大卫·李嘉图、托马斯·马尔萨斯（T. R. Malthus）和约翰·穆勒（John. S. Mill）。其中，大卫·李嘉图既是

[①] 《马克思恩格斯选集》第3卷，人民出版社1995年版，第572页。

英国古典经济学的杰出代表,也是英国古典经济学的集大成者。他的主要著作是 1817 年完成的《政治经济学及赋税原理》,这部著作的出版与老师兼朋友的詹姆斯·穆勒(James Mill)的再三催促和无私帮助密不可分;另外与马尔萨斯的论战,也是李嘉图学术上迅速成熟的一个助推器。他们两人由于立场不同,几乎在每一件事上都有争执,直至李嘉图去世为止。1823 年他在给马尔萨斯的最后一封信中写道:"亲爱的马尔萨斯,现在,我完了。像其他争论者一样,经过了多次讨论之后,我们依然各持己见,相持不下。然而,这些讨论丝毫没有影响我们的友谊;即使您是同意了我的观点,我对您的敬爱也不会比今天更进一步。"1823 年 9 月 11 日年仅 51 岁的李嘉图因为一只耳朵的感染而突然故去。

然而,他从小就是一位天才的商人,15 岁左右跟随父亲下海经商,到 1797 年 25 岁的大卫·李嘉图已经拥有了 200 万英镑的资产。随后,他在两年数学、物理学的学习中,偶尔读到了亚当·斯密的《国富论》而对经济学产生了浓厚的兴趣。1809 年 37 岁的李嘉图又成了一位大器晚成的经济学奇才。之后在 14 年短暂的学术生涯中,他为后人留下了大量的著作、文章、笔记和书信。李嘉图继承了斯密理论中的科学因素,以边沁(J. Bentham)的功利主义为出发点,建立起以劳动价值论为基础,以分配论为中心的理论体系。他认为全部价值是由劳动产生的,并在三个阶级之间进行分配:工资由工人的必要生活资料的价值决定,利润是工资以上的余额,地租是工资和利润以上的余额。由此说明了工资和利润、利润和地租的对立,实际上揭示了无产阶级与资产阶级、资产阶级与地主阶级之间的矛盾。另外,李嘉图在《政治经济学及赋税原理》中辟出专章,集中讨论了国际贸易问题,提出著名的比较优势理论。由于他把资本主义制度看作是永恒的,只注意经济范畴的数量关系,在方法论上又有形而上学的缺陷,因而不能在价值规律的基础上说明资本和劳动的交换、等量资本获得等量利润这两大难题,最终导致了他的理论体系的解体。

另外,法国重农学派的创始人弗朗斯瓦·魁奈(Francois Quesnay)60 多岁才开始研究经济问题,针对当时法国农业存在的主要问题发表了一系列文章。由于他任路易十五宫廷御医的特殊身份,很快就在其周围聚集了许多人,形成了一个学派——重农学派。他们的理论强烈地影响了法国的经济政策,特别是对资本再生产和流通规律的探索具有重要的开拓性意义。这些理论集中反映在魁奈的《经济表》(1758)中。马克思在《反杜林论》的第二篇第十章"《批判史》论述"中指出:"重农学派在魁奈的《经济表》中给我们留下了一个谜,为解开这个谜,经济学的以前的批评家和历史编纂学家绞尽脑汁而毫无结果。这个表本来应该清楚地表明重农学派对一国总财富的生产和流通的观念,可是它对后世的经济学家仍然是一团模糊。"[①] 其实,魁奈的经济思想——自然秩序、财富、纯产品、三个阶级的划分、重农思想——都集中体现在这个表中。它的建立是以三个假定为前提的:第一是价格的不变性。表中所描述的是在自然秩序下所进行的等价交换,把市场价格的变动以及市场价格和自然价格之间的差异略去,因为这种差异会使研究工作和说明复杂化。第二是简单再生产。就是把注意力集中在简单再生产上,以此来说明各经济部门是如何互相制约和互相依存的,以及农业如何通过流通来滋养整个经济体系。第三是略而不谈对外贸易。就是指所说明的情况是不受国外市场干扰的稳定的经济状况,只是在抽象地考察资产阶级社会是应该这样做的。另外,魁奈的"纯产品学说"认为物质才是财富,只有农业才使财富增加,工业只能改变财富的形态,服务业就更不能增加财富的数量了,因而主张只对土地收入征税,提出了所谓"土地单一税理论"。所以,马克思在《剩余价值理论》中说:"在重农学派本身得出的结论中,对土地所有权的表面上的推崇也就变成了经济上的否定和对资本主义生产的肯定。"[②]

最后,我们要提及的是法国古典经济学的完成者,浪漫主义的奠基人西斯蒙第。他作为小生产者的代表,并没有拒绝接受与商品生产有关的一些经济范畴,但他清楚地看到了资本主义的缺点和矛盾,并于1819年出版了《政治经济学新原理》一书。他认为,政治经济学是以增进人类幸福为目的的一门科学,提出了同英国古典政治经济学迥然不同的结论,否定了他们宣扬的资本主义的进步性和永恒性。他最早指出了资本主义经济危机的必然性并成为经济学史上系统论述经济危机问题的第一人。因此,马克思指出:李嘉图的"政治经济学无情地做出了自己的最后结论并以此结束,西斯蒙第则表现了政治经济学对自身的怀疑,从而对这个结束作

---

① 《马克思恩格斯选集》第3卷,人民出版社1995年版,第592页。
② 《马克思恩格斯全集》第33卷,人民出版社2004年版,第26页。

了补充。"①

2. 新古典经济学的代表人物

正当古典经济学的危机即将来临之际，有人猛然醒悟：以前的经济理论只强调了生产和成本，却忽视了效用和需求。因此，经济学的大树分出了枝干：一个枝干是以马克思为杰出代表，继续沿着劳动价值论这条线索，以其独特的智慧和洞察力，赤裸裸地揭露了资本主义经济制度的剥削本质，并成为号召全世界无产者联合起来，推翻资本主义制度的行动纲领。对于这些理论，大家都比较熟悉，这里就不多费篇幅了。另一个枝干就是通过对需求和效用的认识，建立在"边际效用论"和"均衡价格论"基础上的新古典主义理论。因为新古典主义抛弃了劳动价值理论，所以被马克思称之为"庸俗经济学"。下面我们通过介绍新古典经济学的主要代表人物，进一步了解这一学派的演化历程及其主要的学术观点。

（1）萨伊（J. B. Say，1767—1832 年）是法国人，他与英国的李嘉图是同时代的人，但他们对斯密学说的态度截然不同。斯密的劳动价值论包含两个大的方面：一是商品的价值是由生产该商品时所耗费的劳动决定的；二是商品的价值又是这个商品在交换中所能购得和支配的劳动决定的。在此基础上，斯密进一步指出，这种购买到的能支配劳动的生产物，不全部归劳动者所有，除工人应得的工资外，还要给资本家以利润，给地主以地租，因此得出价值是由三种收入构成的结论。李嘉图继承了前者，提出了劳动时间决定商品价值的观点，成为马克思价值理论的基石。而萨伊则继承了后者，重点从交换价值即价格的角度来分析，提出了"物品的效用就是物品价值的基础"。"所谓生产，不是创造物质，而是创造效用"，"商品的价值取决于它的效用"，并提出商品的效用是由劳动、资本、土地三要素共同创造的。以生产三要素理论为基础，萨伊进一步创立了"三个统一体"的分配理论（即劳动—工资，资本—利息，土地—地租）和"供给会自行创造需求"的市场理论（亦即"萨伊定律"）。这一理论在西方经济学界影响十分巨大，长达 100 多年时间，作为自由放任经济的理论基础，直到 20 世纪 30 年代"凯恩斯革命"才被取代，其大致意思是：商品供给恒等于生产者的货币收入；生产者的货币收入恒等于他

---

① 《马克思恩格斯全集》第 31 卷，人民出版社 1998 年版，第 455 页。

们的货币支出，货币支出必然引出商品需求。因此，商品供给等于商品需求，国民经济会自动实现均衡。

（2）马尔萨斯（1766—1834年）是英国人，人们都知道马尔萨斯是著名的人口理论学家，后来主要转向了经济学研究。由于长期以来对他的评价和解读一直存在着激烈的争论，也许是物极必反。1978年后在马寅初先生的《新人口论》得到正确评价的同时，国内学术界不少人也提出要重新评价马尔萨斯，并对其《人口原理》采取一分为二的态度。

关于人口理论。我们可以用龟兔赛跑的寓言来理解马尔萨斯的人口理论。他说，食物是人类生存的必需品，食物的增长只有按算术级数（1，2，3，4，……），而且因为收益递减规律，土地上的食物增长会越来越慢，就像一只慢慢爬行的乌龟；而人口的增长是成几何级数（1，2，4，8，……），就像一只狂奔不止的兔子，因此人类社会将不可避免地出现因人口过剩而导致的失业和贫困。马尔萨斯提出解决这一矛盾的办法是相当残忍的。他说："一个出生在已被占有了的世界上的人，如果他不能从他父母那里获得衣食，社会又不需要他的劳动，那么他就没有权利要求最小量的食物，在大自然这个盛大的筵席上，是没有他的座位的，事实上大自然要叫他离开。"[①] 这是达尔文的生物进化论在人类学上的体现，因此马尔萨斯的《人口原理》一问世就受到不少人的指责和抨击。马克思曾经尖锐指出："马尔萨斯愚蠢地把一定数量的人同一定数量的生活资料硬联系在一起。李嘉图当即正确地反驳他说，假如一个工人没有工作，现有的谷物数量就同他毫不相干，因而，决定是否把工人列入过剩人口范畴的，是雇佣资料，而不是生存资料。"[②] 可见，被马尔萨斯当作抑制人口增长因素的贫困和罪恶完全不是源于人类本性的无法避免的现象，而纯粹是资本主义制度的产物。

但是，需要特别指出的是，1798年，32岁的马尔萨斯匿名发表了《人口原理：人口对社会未来进步的影响，兼评葛德文先生、孔多塞先生和其他著述家的推测》（第一版）以来，激烈的争论一直延续至今。近年来，关于马尔萨斯的人口理论在中国已由全盘否定到部分肯定并开始重新

---

① ［英］马尔萨斯：《人口原理》（第二版），英国华德和洛克公司1803年版，第531页。
② 《马克思恩格斯全集》第46卷下册，人民出版社1980年版，第108页。

评价。王存同博士就曾指出:"尽管马尔萨斯人口理论存在一定的历史局限性,但它找到了人口苦难的线索,探索了一定的解决途径,表达了对真理的热爱……。""若抛开阶级性、政治性等因素,仅就作品的科学性、价值性、历史性而言,我们不难发现,马尔萨斯的《人口原理》不乏真知灼见。""公正评价马尔萨斯、解读其《人口原理》依然对社会科学发展及中国人口问题具有现实性指导意义。……《人口原理》完全可以跻身于那些对思想进步产生重大影响的著作之列,在人类思想进步史上具有不可抹杀的思想价值与历史贡献。"[1]

关于经济学理论。对于马尔萨斯在经济学界的成名,也流传着一个反面故事。马尔萨斯和李嘉图是同时代的英国人。当时,李嘉图是经济学界的泰斗,但到晚年,他突然发现自己理论中存在着矛盾,又不便于推翻自己的理论,成天忧心忡忡。后来他想到马尔萨斯,就把自己的想法告诉了他,谁知马尔萨斯很快就用化名把这个矛盾揭穿,李嘉图一气之下死了。这时候,马尔萨斯又站出来承认那篇文章是他写的,一夜之间,马尔萨斯成名了。后来李嘉图的学生在整理他的资料和遗物时,发现李嘉图的日记中正好记载了他找到马尔萨斯的事情,于是,引起了一些人对马尔萨斯人品的鞭挞。马克思就曾批评马尔萨斯是个"可怜的剽窃者、被有产者收买的辩护士、无耻的诽谤者"[2],"只是发表了一些十分荒唐的见解"[3]。但是,由于马尔萨斯的理论主要是针对李嘉图体系中的一些矛盾,试图否定他的劳动价值论,为自己的经济学研究开辟道路,"歪打正着"地提出了"有效需求不足"的观点。这一思想后来却成为凯恩斯理论的基础。

综上所述,对马尔萨斯本人的评价和对其人口理论的解读争论了200多年,特别是长期以来由于一些历史的影响和局限,对他的误解、曲解也削弱了对其《人口原理》的积极探讨。因此"如何评价、解读马尔萨斯,事实上也关系到对所有学者、学术的评价问题,更关乎学科的良性运转。"[4] 所以我们说,社会科学领域中任何理论的产生和发展,都离不开

---

[1] 王存同:《再论马尔萨斯》,《中国人口学》2008年第3期,第87—94页。
[2] 转引自《列宁全集》第2卷,人民出版社1984年版,第176页。
[3] 《马克思恩格斯全集》第26卷第3册,人民出版社1974年版,第32页。
[4] 王存同:《再论马尔萨斯》,《中国人口学》2008年第3期,第87页。

当时的历史条件，也离不开过去思想发展的状况。马尔萨斯的人口理论及其经济思想就是当时西欧的经济、政治和思想发展的产物。

(3) 约翰·穆勒（1806—1873年）是詹姆斯·穆勒（1773—1836年）的长子，是西方经济学从古典主义向新古典主义过渡时期最有代表性的经济学家。他的学说是折衷主义的综合物，1848年发表的《政治经济学原理——及其在社会哲学上的若干应用》被西方国家誉为经济学的"圣经"，成为西方经济学产生以来广为流行的第一本教科书，其流行时间大致相当于马克思定居伦敦的时期（1849—1883年）。因此，可以说他是一位没有杰出经济学观点而又不得不令人关注的人物。原因是：

"约翰·斯图亚特·穆勒的《政治经济学原理》在学术界享有的持久地位，稳如磐石，能做到这一点的科学著作为数甚少。固然，亚当·斯密更具有启发性，马尔萨斯更富于独创性，李嘉图更有条理性，可事实依然是，穆勒知道如何总结这三个人的发现，知道如何把这些发现首尾一致地联结在一起，使普通人对其有所了解。他的伟大不在于为后人发现了真理，而在于充分表达出了当时人们所信赖的那些真理……不管整个经济理论发生什么样的变化，穆勒的著作都将永远具有不朽的重要意义。"[①]

1870年前后，新古典学派正式与古典经济学决裂，响亮地提出了"边际效用理论"和"均衡价格理论"，为西方经济学的研究开拓了新的领域。下面两位就是这一时期的代表人物。

(4) 庞巴维克（E. Bohm - Bawerk, 1851—1914年）是奥地利人，他是奥地利学派的代表人物，该学派是以边际效用价值论为基础，故又被称为"边际效用学派"。在这里，我们有必要先了解"边际"这个词的含义。19世纪中叶，德国经济学家戈森（H. H. Gossen）提出了一种观点，认为同一享受若继续下去，其感受程度就会不断递减，直至最后出现感受上的饱和状态。这一"欲望强度或享乐递减定律"被称为

[①] [英]约翰·穆勒：《政治经济学原理》，赵荣潜等译，华夏出版社2009年版，特别序言（亚瑟·T. 哈德利）。

"戈森第一定律"①。后来人们以此为基础提出了主观价值理论，一般都把"边际"理解为"增加的"或"额外的"意思，比如你在消费一种商品时，每增加一个单位所增加的效用就会递减，最后一个消费单位的效用最小，这个最后增加的效用被称为"边际效用"。庞巴维克的经济学说主要包括边际效用论和时差利息论。

关于边际效用论。这一理论有三个要点：第一，一种物品是否有价值，取决于人们对该物品的主观评价；第二，人们对物品价值的主观评价是以物品的稀少性为条件的；第三，物品的最终价值是由它的边际效用量来决定的。他认为，人们最不重要的需要的效用即为边际效用。根据上述三个条件，他的结论是："物品的数量和物品的价值成反比，市场上同类商品数量越多，价值越小，反之亦然。"

关于时差利息论。他这里的利息包括了资本的利息、土地地租以及利润等；他把物品区分为"现在物品"和"将来物品"，并提出现在物品与未来物品由于所处时间不同，它们的价值便有所差别，并且"现在的物品通常比同一种和同一数量的未来物品更有价值"。这一理论就是现在理财学中"货币的时间价值"的理论基础。

（5）马歇尔（A. Marshall，1842—1924 年）是英国人，他可以称得上新古典学派的标志性代表人物。马歇尔1890年发表的《经济学原理》成为西方经济学界的第二本教科书。他在这本著作中，将古典经济学、马尔萨斯和萨伊的学说、约翰·穆勒的学说以及庞巴维克为代表的奥地利学派、杰文斯（W. S. Jevons）为代表的数理学派、瓦尔拉斯（Léon Walras）为代表的洛桑学派等的理论兼收并蓄，集中了其中的所有精华，在融合了供求理论、生产费用理论、边际效用理论、边际生产力理论等的基础上，建立了以均衡价格论为核心的完整的微观经济学体系，至今仍占据主导地位。下面简单介绍一下马歇尔的均衡价格论及其分配理论。

关于均衡价格论。他运用边际效用理论说明了需求价格和需求规律，即"需求数量随着价格的下跌而增加，随着价格上涨而减少"；又运用边

---

① 戈森第二定律：也叫边际效用均等定律，是指在物品供给有限和人的欲望无限的情况下，应尽可能使各种欲望被满足的程度相等，从而使各类被享用物品的边际效用均等。这时，人能在一定的收入条件下获得最大总和的享乐。

际生产费用理论说明了供给价格和供给规律，即"供给与需求相反，价格高则供给多，价格低则供给少"；最后，他把需求规律和供给规律结合起来形成均衡价格规律，即"当供给价格和需求价格相一致时，需求量和供给量也相一致，就会形成均衡价格"，并分别用曲线图予以说明。

马歇尔分别从单个厂商的短期均衡和一个行业所有厂商的长期均衡两种情况进行了具体分析。他指出，产品差别使得个别厂商的产品需求曲线 D 成为一条向右下方倾斜的曲线，如图 3—1 所示。如果该厂商提高价格，它将失去一部分顾客；如果降低价格，就会吸引其他厂商的一部分顾客。进而，他引进边际收益 MR 和边际成本 MC 曲线。在短期内，如图 3—1 所示，在需求曲线 D 和平均成本曲线 AC 既定的情况下，厂商如把生产量确定在 $MC = MR$ 的水平上，就可以达到短期均衡状态，从而实现超额利润（图 3—1 中的阴影部分）。从长期来看，如图 3—2 所示，由于新厂商的进入引起价格竞争，迫使原有厂商降低价格水平，缩小利润幅度，最后当需求曲线 D 下降到切平均成本曲线 AC 最低点的左面 F 点时，达到个别厂商，同时也是行业的长期均衡状态。这时超额利润消失，既无厂商进入，又无厂商退出，厂商个数达到最适度的数量。所以，与纯粹竞争模型相比，垄断竞争在长期均衡情况下的价格要高一些，可以获得正常的生产利润。[1]

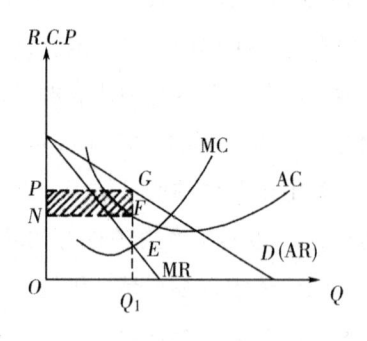

图 3—1　短期均衡曲线　　图 3—2　长期均衡曲线

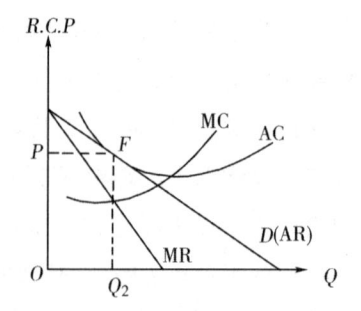

关于分配理论。马歇尔在均衡价格论的基础上，确立了按生产要素分配的理论，而生产要素的价格也取决于各自的均衡价格，这些生产要素归

---

[1] 薛耀文、武杰：《西方经济学教程》，兵器工业出版社 2000 年版，第 174 页。

劳动、土地、资本、企业组织的所有者。

综上所述，新古典经济学是19世纪70年代由"边际革命"开始而形成的一种经济学流派。它在继承古典经济学自由主义的同时，以边际效用价值论代替了古典经济学的劳动价值论，以需求为核心的分析代替了古典经济学以供给为核心的分析。新古典经济学形成之后，代替古典经济学成为当时经济理论的主流。新古典学派主要包括奥地利学派、洛桑学派、剑桥学派。他们认为边际效用递减规律是理解经济现象的一个根本基础，利用这一规律可以解释买主面对一批不同价格时所采取的购买行为、市场参与者对价格的反应、各种资源在不同用途之间的最佳配置等各种经济问题。

（三）传统经济学的主要特征

通过以上对古典、新古典经济学的考察，我们发现："科学的基本概念中的重大变革都是逐渐发生的。单个个人的工作可能会在这样的概念革命中发挥显著的作用，但是……任何个人能够做出的革新范围必定有限，因为每个个人在研究中都必定要使用他在传统的教育中学来的工具，而他穷其一生也不可能把这些工具全部更换。……《天体运行论》的局限性更可视为一切制造革命的著作的本质的、典型的特征。"[①] 在这里，古典、新古典经济学又显露了哪些主要特征呢？

1. 个人利己主义观念

由于受形而上学自然观的影响，古典经济学一开始就看重经济学与自然科学的相似之处，到了"新古典经济学，已经把这个多姿多彩而又错综复杂的世界简化成了用几页纸就能写尽的一系列狭隘、抽象的法则。"[②] 所以，在没有相应的和精确的经济学方法分析复杂的经济现象时，他们采用了当时最流行的方法——还原法。其基本思路是：既然经济学是直接研究人的行为选择的理论，他们就采用"隔离"的方法，排除一切干扰因素，把个人从社会中抽象出来，得到所谓的"经济人"假设。这样，在

[①] [美] 托马斯·库恩：《哥白尼革命》，吴国盛等译，北京大学出版社2003年版，第178页。

[②] [美] M. 沃尔德罗普：《复杂——诞生于秩序和混沌边缘的科学》，陈玲译，生活·读书·新知三联书店1997年版，第13页。

古典经济学中所分析的人就成了一个不与外界发生任何关系的物体,一个严格遵守各种规律的机器人。然而,人的行为是不同于其他动物的。非人动物的行为完全服从于动物本能,它的欲望为个体生存和种的繁衍的需要所限,即被限定在生物生存的必要条件限度内,决不会膨胀为无限的贪欲。但人因为具有"符号化的想象力和智慧"①,其行为大部分要受思想观念的指导,其欲望便不再为生物性生存的必要条件所限,它极易膨胀为无限的贪欲。这样就形成了古典经济学的思想基础——个人利己主义观念。

新古典学派秉承了这一个人利己主义观念,并把它发展成为经济学研究的根本点。比如,英国经济学家马歇尔在用局部分析法分析经济现象时,抛弃了劳动价值论,抽掉了社会关系的内容,把社会经济系统分割成对生产、价格和生产要素的要求毫无反应的"个别"产业,于是把对经济的研究从经济结构的深层关系转向了表面形态,从经济结构的总体转向了个体。奥地利学派则更进一步,他们把个人从社会和历史中抽象出来,分析孤立个人的经济行为,并以此作为说明社会经济现象的关键。在他们眼里个人被看成是生活在孤岛上与世隔绝的"鲁滨孙"。分析孤岛上的鲁滨孙就可以找到社会经济运行的规律,所以经济研究的根本点就应放在孤立的个人欲望以及满足这种欲望的条件上。这也就是说,只要抓住了个人的心理欲望,也就认识了经济活动的本质。其实,这是庸俗经济学的一贯手法。

由此可见,自亚当·斯密之后的100多年中,经济理论一直遵循理性选择的思路,即把"经济人"从事经济活动的动机与利润最大化紧密地联系在一起。到了19世纪,李嘉图把复杂的经济问题简化为几个变量,然后在假设的基础上推出确定性的结论。这种经济学方法的演绎主义转向更将经济系统的不确定性因素简化掉了,从而为经济学成为确定性的科学铺平了道路。这样"去解决实际问题的习惯",被后来的熊彼特(J. A. Schumpeter)称之为"李嘉图的恶习"②。

---

① [德] 恩斯特·卡西尔:《人论》,甘阳译,上海译文出版社2003年版,第42页。
② [美] 约瑟夫·熊彼特:《经济分析史》第2卷,杨敬年译,商务印书馆1992年版,第147页。

2. 静态、均衡方法

大家知道，形而上学自然观的显著特征就是孤立、静止、片面地看待运动中的事物。从亚当·斯密起，大多数英国古典经济学家就像牛顿力学在静止中分析受力物体一样，采用了"静态"方法。他们首先用静止的眼光把一个在不变的经济过程中所能观察到的经济现象分离出来，然后用静态的方法建立模型，把消费品的流动与生产服务的流动看成是同步的。在这一过程中，社会仿佛是依赖于当前的生产而存在。古典学派的这种静态思维方法造成了其均衡理论的产生。他们认为在一般的经济活动中，每个人、每家厂商都力求为自己谋取最大的利益，因而在自由交易过程中，供需双方都千方百计地寻求对自己最有利的价格和数量。这样，效益不高的厂商就会被淘汰，所有生产资料都会被充分利用，从而实现供需均衡，使经济达到最优化的境界。

后来，经过大卫·李嘉图、萨伊、瓦尔拉斯和马歇尔等人的不断充实和完善，创立了新古典微观经济理论———一般均衡论。由于这套理论是建立在一系列的理想假设之上的，因而在传统经济学中，只强调竞争过程的趋同性和系统的稳定性，却忽视了经济结构的多样性、市场活动的不稳定性和演化过程的突变性。复杂的经济系统被简化为仅有两个变量的线性的物理系统。在这里没有多目标，没有多变量；系统没有层次性，子系统之间是纯粹的线性关系，没有协同，也没有分岔，没有突变，更没有混沌。显然，这种用线性模型近似地代替非线性原型的做法，实际上是把非线性产生的许多非平庸特性给简化掉了。所以，这种建立在牛顿力学范式基础上的以"经济人"假设为核心，刻意排除不确定性和非线性，把经济系统作为稳定态假设，进行静态分析的均衡理论具有非现实性。

因此，熊彼特明确指出：经济学"与自然科学的情形有所不同，经济学的对象是不断变化的。不仅经济学家们关注的各种课题会由于政治和社会变化而变化，而且经济本身也在变化。例如，现在英国经济的结构同斯密时代就大不相同。此外，人类行为本身也不可能设想为一成不变的，人们一旦意识到种种新的可能性，他们便可能改变他们的行为。由于所有这一切变化，历史的观察在经济学中就比在自然科学中显得更加重要"①。换言之,所谓历史规律其实质就是人自身活动的规律,脱离开人的活动的规律只能是对现实的人的活动的抽象。在《詹姆斯·穆勒〈政治经济学原理〉一书摘要》中马克思明确指出:"穆勒——完全和李嘉图学派一样——犯了这样的错误:在表述抽象规律的时候忽视了这种规律的变化或不断扬弃,而抽象规律正是通过变化和不断扬弃才得以实现的。"②

3. 决定论思想

传统经济学站在个人利己主义立场上,从单个的"经济人"出发来分析经济系统时,采用线性叠加的方法寻求整个社会的规律,必然会得出资本主义经济不可能达到均衡状态的结论。原因是人的贪欲的膨胀表现为对财富和权力的追求,一旦失控就会造成巨大的破坏力。在近代,资本主义一半是通过野蛮的掠夺和血腥的杀戮,一半是通过"新教伦理"而完成其"原始积累"的;进入20世纪,由于对财富和霸权的追求导致了两次世界大战;就是在资本主义达到鼎盛时期,我们也能清楚地看到,人的贪欲的失控不仅会破坏社会的经济政治秩序,而且会破坏人类赖以生存的根基——地球。总之,资本主义激发了人们的贪欲,它使人们抛弃一切道德准则,漠视精神价值,把绝大部分时间和精力都投放于发现物质(资源)、制造物品、技术创新和商业算计之中。经济学强有力地参与了这种价值导向,正因为如此,它必须为自己的价值导向负责任。所以我们说,社会正义与生态文明建设休戚相关,经济学也不是一个"装满水果和鲜花的、无穷大的牛角"(神话中的牛角)。"今天所谓的'经济增长',破坏了地球上生命赖以生存的系统,减弱了地球对于未来人类生存的承载能力"③。这与古典、新古典经济学家研究问题的初衷是相矛盾的,于是,他们就像牛顿一样,最后不得不求助于上帝——"自然秩序"。

在传统经济学看来,"自然秩序"是上帝安排的,是一种由外界势力

---

① [美]约瑟夫·熊彼特:《经济分析史》第1卷,杨敬年译,商务印书馆1992年版,第2页。
② 《马克思恩格斯全集》第42卷,人民出版社1979年版,第18页。
③ [巴西]何塞·卢岑贝格:《自然不可改良》,黄凤祝等译,生活·读书·新知三联书店1999年版,第74页。

强加于人类的东西,或是由"个人利己主义"自然而然产生出来的东西。人类的任务就是发现这种秩序,并使自己的活动适应于这种规律。[①] 他们认为在自由放任和消除国家干预的情况下,个人追求私利的结果自然而然会增进整个社会的利益,所以资本主义商品生产是最符合人的利己本性的"自然秩序"。这种思维方式忽略了一个最基本因素,那就是"人应该如何活着"的问题。它具体体现在马歇尔的连续原理及"自然界没有飞跃"和克拉克(J. B. Clark)的自然法则中。

在传统经济学中,决定产业的资本存量是实物资本、自然资本和知识的函数,而信息费用、不确定性和交易成本均被忽略。所以,按照新古典思想,"如果它针对一类消费者对于一种同质商品所表现出来的市场行为,则至少到马歇尔时代为止,它可以名副其实地看作是一种决定论的定律。"[②] 甚至到后期新古典中有人将经济决定论绝对化,认为只要将复杂的经济行为简化为一个线性方程,然后求出帕累托(W. Paleito)最优解[③],从此经济学就可以一劳永逸。这不正是牛顿力学在经济学中的翻版吗?巴西著名环保主义者、诺贝尔奖获得者何塞·卢岑贝格(Jose Lutzenberger)问一位经济学家,如果科学家不能发明经济学家所需要的技术,经济学家会怎么做呢?这个经济学家回答说:我会付给科学家双倍的薪水![④] 依他之见,在金钱的刺激之下,什么样的技术都可以发明出来。实际上,人类理性和科学是有局限性的,而不是无所不能的。事实也告诉我们,"金钱不是万能的"。1987年10月19日美国"黑色星期一"无情地击碎了新古典经济学家的美梦,一夜之间,传统经济学精心构筑的大厦处于摇摇欲坠的地步。2008年9月由美国次贷危机而引发的金融风暴席卷全球,又一次让人们感受到了次贷危机的"蝴蝶效应"。所以说,"经济

---

① 杨立雄、王雨田:《物理学的进化与非线性经济学的崛起》,《自然辩证法研究》1997年第10期,第22页。

② [英]马克·布劳格:《经济学方法论》,转引自杨立雄、王雨田《物理学的进化与非线性经济学的崛起》,《自然辩证法研究》1997年第10期,第22页。

③ 帕累托最优解:是意大利经济学家帕累托于1896年提出的关于社会经济资源配置的最优状态,即任何资源的重新配置,至少使一个人的状况得到改善而不使其他任何人的状况受到损害,所以又称为帕累托最佳。

④ [巴西]何塞·卢岑贝格:《自然不可改良》,黄凤祝等译,生活·读书·新知三联书店1999年版,第74页。

学是一种还远不能令人满意的科学;但是,假若有如战争这样一桩事情,哪怕它的波及面很广而破坏性又很大,就足以推翻经济学中的教理的话,那么,经济学的不能令人满意的程度就必然更大了。"① 所以,我们必须把知识和智慧有机地结合起来,进行一次文化的提升,即把建立在"贪欲"基础上的文化提升到"智慧"的基础上,以获取人类可持续发展的机会,这样人类才能安全地生活在地球上。

(四) 传统经济学的局限性

由于任何革命都产生于传统之中,也就难以摆脱传统的痕迹、惯性及其评价标准。因而,革命性人物也会有传统/革命的二象性显露——哥白尼是这样,牛顿是这样,康德的二元论是这样,量子革命的首倡者普朗克也是这样,更何况亚当·斯密、大卫·李嘉图、约翰·穆勒和马歇尔等这样一些更为敏感的经济学家呢?对于传统的作用,科学哲学家库恩再三提及:"十分常见的是,一个成功的科学家必然同时显示维持传统和反对偶像崇拜这两方面的性格。"② 随着时代的发展,以"经济人"假设为核心,以追求利润最大化和均衡理论为支柱的传统经济学已经越来越无力解释一系列经济现实中出现的问题。比如,经济不稳定性的来源与社会多样性的起因,微观有序与宏观无序,经济波动与系统分岔等等。造成这种局面的根源在于其分析问题的方法是机械还原论。还原论方法应用于经济学研究至少有三个致命的缺陷:

第一,社会经济系统并不是一个简单的线性系统。每一个"古典"作家在那个领域内进行推理时,不能总是正确无误地"隔离"有关因素。即使能做到这一点,古典经济学在分析了单个"经济人"并以此来寻求整个社会的经济规律时,却采用了牛顿力学中的线性叠加方法,出现了所谓的"复合错误"——几乎正确的单称命题却得不出正确的全称命题。

第二,社会是人们交互作用的产物,是以共同的物质生产活动为基础而相互联系的人类生活共同体。如果我们再来考察所谓"静态"方法,

---

① [美]约瑟夫·熊彼特:《经济分析史》第3卷,杨敬年译,商务印书馆1995年版,第564页。

② [美]托马斯·库恩:《必要的张力》,纪树立、范岱年等译,福建人民出版社1981年版,第225页。

就会发现这种方法是假定除了被研究对象可以变动外，其他一切因素都固定不变。这种方法在实验室的自然科学研究中是可以采用的，可是在社会科学中，特别是在专门研究人的行为选择的经济学中就未必奏效。因为在经济学中被研究的对象是活生生的人的行为，他们个别地和集体地在行动。事实上，他们是不允许进行这种实验室的试验的，非要这样做，其结果也一定会走样。

第三，传统经济学忽略了一个最基本的因素——人的全面发展。推动人类行动的动力有两种：一种是"最强的动力"，一种是"最好的动力"。"最强的动力不总是最好的，而最好的往往动力不强。"① 所谓"最强的动力"就是经济学家们常说的追求个人利益最大化的动力，也就是力求个人物质欲望和感性欲望之满足的动力，归根结底，它就是人们发财致富和出人头地的欲望，即贪欲。而"最好的动力"则是追求人格完善和精神超越的动力，它可表现为虔诚的基督教徒"拯救灵魂"的努力，也可表现为中国哲人追求"天人合一"境界的努力，还可表现为追求共产主义理想的努力。自从经济学与伦理学分离之后，它就忘记了"道德情操"这一原则，只关心刺激和协调人们的"最强动力"，而完全放弃了对人们的"最好动力"的培养。正因为如此，现代经济学表现出很强的可行性，而伦理学则显得苍白无力。②

所以，熊彼特指出："同其他社会科学相比，经济学的特征之一，是它有一个庞大的有条理的抽象理论体系，它的许多内容还是用数学语言表述的。然而，在对它的解释上，在决定取舍的标准上，仍存在着实质性的分歧。尽管多数经济学家赞同经验检验的概念，但对它的解释也是各式各样的。"③ 历史上，费尔巴哈（L. A. Feuerbach）把人抽象化，看成是自然存在物，最后滑向"半截子唯物主义"。与费尔巴哈不同，马克思强调人的存在的社会性，认为人的本质包含两个方面的内容：其一，人是自我确

---

① ［德］彼得·科斯洛夫斯基：《伦理经济学原理》，孙瑜译，中国社会科学出版社1997年版，第14页。

② 卢风、费平：《技术、经济学、科学与哲学》，《清华大学学报》（哲学社会科学版）2002年第4期，第34页。

③ ［美］约瑟夫·熊彼特：《经济分析史》第1卷，杨敬年译，商务印书馆1992年版，第2页。

定的，不能用一个外在的概念去限定人，即人之为人的过程是一个不断人化的过程，所以人是一种历史性的存在。他不同于人以外的所有的存在都是"本质先于存在"，而人这种存在是"存在先于本质"。其二，人是社会的存在，只有在社会关系中才能真正阐明人的本质问题。正"因为人的本质是人的真正的社会联系，所以人在积极实现自己本质的过程中创造、生产人的社会联系、社会本质"①。身为人本心理学中流砥柱的马斯洛（Abraham H. Maslow）面对现实的挑战和受东方文化的影响，在他晚年的一篇重要文章《Z理论》中重新反省和修正了自己多年建立起来的五层次需求理论，在"自我实现的需求"的基础上增加了第六个需求层次——自我超越的需求，如图3—3所示。他指出："缺乏个人超越的层面，我们会生病……我们需要'比我们更大的'东西……人们需要超越自我实现，人们需要超越自我"②，并将高原体验、高峰体验和灵性成长放在了这一层次上。

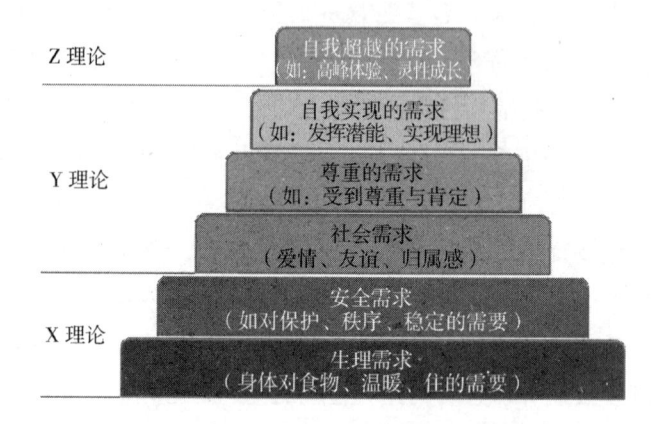

图3—3　修改后的马斯洛需求层次理论

然而，主流经济理论对现实确定性的默认或不加置疑的接受，使它与现实之间形成极大的反差，以至于长期以来在经济理论分析与经济政策实践中出现了一个悖论：一方面，经济理论分析之所以得以进行，是因为它

---

① 《马克思恩格斯全集》第42卷，人民出版社1979年版，第24页。
② 张静怡：《这才是完整的马斯洛需求层次，你知道吗？》，http：//edu.enorth.com.cn/system/2014/07/25/012040136.shtml。

排除了不确定性和不断扬弃；另一方面，经济政策之所以能够实行，是因为它仔细地考虑了不确定性和情况变动。令人惊奇的是，长期以来西方主流经济学家竟然视而不见这个悖论，却津津乐道于建构他们的理论体系。事实上，我们所消费的一切东西必须是以前生产出来的，社会总是依赖于过去而生存，并为将来而工作，原始资本包括在我们必须赖以开始的资料之中。所以，静态分析只能是一种心理的假定，线性模型也只能是非线性原型的近似，因为现实的经济系统是复杂的、不确定的，因而也是非均衡、非线性的。20世纪物理学的发展，特别是海森堡不确定性原理的提出彻底否定了拉普拉斯（P. S. Laplace）的因果决定论，也为陷入困境的西方经济学注入了一股清新的空气。

三 量子力学与西方经济学的三次革命

19世纪末，正当物理学沉浸于机械决定论完美无缺的理论中，沾沾自喜于经典力学和经典物理学无所不能的光环中时，物理学上空的"两朵乌云"却预示着新的暴风雨即将来临。经过许多物理学家的共同努力，物理理论中最重要的两大体系——相对论和量子力学建立起来了。相对论成功地揭示了时间与空间、物质与运动、能量和质量、动量和能量的统一性，突破了牛顿的绝对时空观。量子力学的创立和发展突破了牛顿体系中根深蒂固的决定论思想，一种新的统计规律为人们所认识。但是在对待决定论和概率论的问题上，以玻尔为代表的哥本哈根学派和爱因斯坦等人展开了旷日持久的争论。爱因斯坦只相信世界的完备规律和秩序，"……无论如何深信上帝不是在掷骰子"[1]；以玻尔为代表的哥本哈根学派则认为微观粒子的运动不能还原为力学规律，而是服从统计规律。这样，"上帝不仅掷骰子，而且有时还把骰子掷到人们看不到的地方去。"（霍金语）于是，机械还原论逐渐被整体涌现论所取代，机械决定论逐渐被统计因果性所取代；完全确定的、自身固有的、相互独立的概念逐渐被不完全确定的、潜在可能的和具有相对性的概念所代替；未来变得不可预测，世界变得丰富多彩，一切都处于演化的洪流之中。

---

[1] 许良英等编译：《爱因斯坦文集》第1卷，商务印书馆1976年版，第221页。

(一) 量子力学及其主要特征

19世纪末，面对经典物理学的辉煌成就，一些物理学家认为，经典力学和经典物理学已"结合成一座具有庄严雄伟的建筑体系和动人心弦的美丽的庙堂"[①]。"似乎……绝大多数重要的基本原理已经牢固地确立起来；看来，下一步的发展主要在于把这些原理认真地应用到我们所注意的种种现象中去。正是在这里，测量科学显示出它的重要性——定量的结果比定性的工作更为重要。一位杰出的物理学家指出：未来的物理学真理将不得不在小数点后第六位寻找。"[②] 但是，并非所有的物理学家都持这种盲目乐观的态度。面对19世纪末一系列旧理论无法解释的实验事实，即所谓"反常现象"的不断出现，当时名声显赫的开尔文（W. Thomson, Lord Kelvin）勋爵，于1900年4月27日在英国皇家学会发表了一篇著名演讲（修改补充后于1901年7月以"悬浮在热和光动力理论上空的19世纪的乌云"为题正式发表）。他指出："动力学理论断言热和光都是运动的方式，可是现在，这种理论的优美性和明晰性被两朵乌云遮蔽得黯然失色了。第一朵乌云是随着光的波动说开始出现的，……第二朵乌云是麦克斯韦—玻尔兹曼关于能量均分的学说。"[③] 其中，第一朵乌云以爱因斯坦相对论的提出而烟消云散，第二朵乌云中则蕴含了量子力学的诞生。

1. 山雨欲来风满楼

现在看来，开尔文勋爵把物理学天空看得过于晴朗了，其实当时物理学的上空何止"两朵乌云"。早在他演讲之前，就已经是"黑云压城城欲摧"、"山雨欲来风满楼"了！物理学早已陷入严重的危机之中。事实上，在19世纪末，黑体辐射、光电效应、原子光谱等实验事实，已经接二连三地与经典物理学理论发生了尖锐的矛盾。实际情况比开尔文看到的还要广泛，还要深刻。

物理学革命可以说是从1895年揭开序幕的，特别是放射性的发现，

---

① [德] M. V. 劳厄：《物理学史》，范岱年、戴念祖译，商务印书馆1978年版，第25页。
② 参见 L. Badash. "The Completeness of Nineteenth - Century Science." *ISIS.* 63 (1972), pp. 48—58.
③ 参见 Lord Kelvin. "Nineteenth Century Clouds over the Dynamical Theory of Heat and Light." *Phi. Mag.* 2 (1901), pp. 1—40.

有力地冲击着原子不可分、质量不可变的传统物质观，动摇了经典物理学的基础。新发现一个接一个地写入物理学的编年史：

1895 年 11 月 8 日到 12 月 28 日，德国物理学家伦琴（W. K. Röntgen）在研究阴极射线时，发现具有惊人穿透力的 X 射线。因此，1901 年他获得了第一个诺贝尔物理学奖。

1896 年，法国物理学家贝克勒尔（A. H. Becquerel）发现铀元素具有放射性。

1897 年，英国的 J. J. 汤姆孙（J. J. Thomson）和荷兰的塞曼（P. Zeeman）分别测定了阴极射线的荷质比 $e/m = 1.76 \times 10^7$ 静电单位/克，确证了电子的存在。

1898 年，居里夫妇（皮埃尔·居里，P. Curie；玛丽·居里－斯克罗多夫斯卡，Marie S. Curie）又发现了放射性极强的新元素钋和镭。

1899 年，卢瑟福（E. Rutherford）把注意力转向辐射本性的研究，他和索迪（F. Soddy）于 1902 年提出了元素蜕变说。居里又于 1903 年测出镭的热效应。

总之，X 射线的发现和放射性的研究撼动了 19 世纪的科学基础，引起了世界的极大轰动，就连那些坚持旧观点的人，也无法反对大量确凿的实验证据，只能抱一种走着瞧的态度。当时，各种报刊充满了报道这方面内容的大字标题。克鲁克斯（W. Crookes）评论道："十分之几克镭就破坏了化学中的原子论，革新了物理学的基础，复活了炼金术士的观念，给某些趾高气扬的化学家以沉重的打击。"[1] 彭加勒还把镭誉为"当代伟大的革命家"[2]。

2. 量子力学的建立

上个世纪之交，是物理学基础急剧变革的时期，也是物理学危机和革命交织的时期。危机一般是指"困难关头"，这里喻指科学发展进程中的一个重要阶段。旧理论的基础业已摇摇欲坠，新理论的基础尚未确立或巩固之时，就是科学的危机时期。危机也是科学革命的前夜，是新理论诞生

---

[1] R. H. Kargon. "The Conservative Mode: Robert A. Millikan and the Twentieth–Century Revolution in Physics." *ISIS*. 68 (1977), pp. 509—526.

[2] H. Poincaré. *The Foundations of Science*, Authorized Translation by G. B. Halsted, New York and Garrison: The Science Press, 1913, p. 303.

的前奏，它能够加速旧理论框架的变革和新理论框架的建立。其实，以 1895 年伦琴 X 射线的发现，1900 年普朗克"能量子"概念的提出，1905 年爱因斯坦"论动体的电动力学"论文的发表为开端，十年间物理学革命在三个领域几乎同时展开，把人类带进了一个"激动人心的年代"[①]。随后，人们的研究重心倾向了微观领域，研究的主要对象转向了微观粒子。

量子力学就是研究微观粒子运动规律的物理学分支学科，它通过对微观客体波粒二象性的理解，引进波函数的描述方法，为复杂的量子现象建立了一个严密、自恰的逻辑体系。历史上，量子理论首先是从黑体辐射问题上打开突破口的。1900 年，普朗克为了克服经典理论解释黑体辐射的困难，引入了能量子的概念，为量子理论奠定了基础。随后（1905），爱因斯坦进一步发展了普朗克的理论，用光量子的概念成功地解释了光电效应的实验现象，为量子理论的进一步发展打开了局面。1913 年，玻尔在卢瑟福原子模型的基础上，应用量子化的概念解释了氢原子光谱，从而使前期量子论得到了很大的成功。1924 年，德布罗意（L. de Broglie）"物质波"概念的提出以及随后薛定谔波动方程、海森堡矩阵力学的出现，形成了非相对论量子力学的理论框架。1928 年，狄拉克把量子论与相对论结合起来，提出了电子的相对论运动方程——狄拉克方程。至此，量子力学的理论体系完全建筑成功，海森堡（1932）、薛定谔和狄拉克（1933）也分别获得了诺贝尔物理学奖。量子力学的建立是 20 世纪物理学最重大的进展之一，其成果渗透到天文学、化学、生物学等自然科学领域，而且导致了许多新兴的交叉学科和边缘学科（宇宙学、量子化学、生物物理学、分子生物学等）的诞生。20 世纪中叶相继出现的尖端技术，诸如原子能、半导体、激光、超导、遥感遥测、航天技术等，都是在近代物理的基础上建立与发展起来的。

3. 量子力学的主要特征

量子理论和相对论的建立及其所构成的近现代物理学革命极大地变革了人们的世界观（物质观、运动观、时空观）和思维方式。"推翻了一切

---

① 李醒民：《激动人心的年代：世纪之交物理学革命的历史考察和哲学探讨》，中国人民大学出版社 2009 年版，第 51 页。

关于最终的绝对真理和与之相应的绝对的人类状态的观念。"① 为丰富和发展辩证唯物主义奠定了坚实的理论基础,也为 20 世纪经济学的发展提供了宝贵的思想材料。

(1) 微观粒子的波粒二象性。19 世纪的物理学对宇宙的看法曾经是这样的:宇宙可划分为两个较小的世界,一个是光、波的世界,另一个是物质微粒(原子和电子)的世界,这两个世界的相互作用决定着可感知的宇宙现象。② 1905 年爱因斯坦提出光量子假说之后,光似乎又显示出一种粒子性。由历史学转行过来的德布罗意从爱因斯坦光的波粒二象性思想中受到很大的启发,认为"整个世纪以来,在光学中,比起波的研究方法来,如果说是过于忽略粒子的研究方法的话,那么在实物粒子的理论上,是不是发生了相反的错误,把粒子的图像想得太多,而过分忽视了波的图像呢?"③ 于是,他在 1923 年提出了"电子具有波动性"的假设,同时也希望光的波动性和粒子性能够统一起来,即在光的理论中同时引进粒子概念和周期性概念,以完善爱因斯坦的光量子学说,进一步揭示"量子"的真正含义。

1924 年,德布罗意在其博士论文:"关于量子理论的研究"中首次提出了"物质波"的假说,即一个能量为 E、动量为 p 的实物粒子($m_0 \neq 0$,例如电子)也可能具有波动性,其频率 ν 由能量 E 确定,波长 λ 由动量 p 确定:

$$\nu = \frac{E}{h} \qquad \lambda = \frac{h}{p}$$

这两式称为德布罗意关系式,与普朗克—爱因斯坦关系式(光子的静止质量为零)$E = h\nu, p = h/\lambda$ 相同,这种与物质粒子相联系的波称为德布罗意波。

从公式 $\lambda = h/p$ 还可以看出:由于普朗克常数 $h = 6.63 \times 10^{-34} \text{J} \cdot \text{s}$ 是一个很小的量,所以,宏观物体的相应物质波的波长 λ 都非常短,在通常条件下不会显示波动性。这也是物质波存在而长期未能被发现的原因,

---

① 《马克思恩格斯选集》第 4 卷,人民出版社 1995 年版,第 217 页。
② 江晓原:《科学史十五讲》,北京大学出版社 2006 年版,第 334 页。
③ 转引自王纪龙等《大学物理学》下册,兵器工业出版社 2000 年版,第 20 页。

只有电子的波长 $\lambda = 1.4 \times 10^{-2}$ nm 相对长一些而易于探测。目前已利用电子波在电场或磁场中的偏转或聚集制成了电子显微镜,其分辨率可以大大高于光学显微镜。

从此物理学中有了物质波的概念——物质既是粒子,也是波。德布罗意认为,物质粒子的运动伴随着某种引导波,这种波伴随粒子一起在空间传播。在玻尔的原子模型中,电子的轨道应该满足:轨道的长度包含着整数个这种引导波。第一轨道包含一个波,第二轨道包含两个波,等等。德布罗意希望用他的理论实现实物粒子和光共有的波动性和粒子性的统一。如此大胆独特的思想,以至于普朗克、洛伦兹这些人都难以相信它的正确性。后来,德布罗意的导师朗之万(Paul Langevin)把德布罗意的论文副本寄给了爱因斯坦,请他提意见。爱因斯坦看后立即意识到德布罗意理论的深远意义,在给朗之万的复信中高度赞扬说,德布罗意"揭开了巨大帷幕的一角"。正是由于爱因斯坦的鼎力推荐,德布罗意的工作才引起了物理学界的广泛重视,特别是对薛定谔产生了积极的影响,随后他创立了波动力学。1927 年戴维森(C. J. Davisson)和革末(L. H. Germer)以及汤姆孙(G. P. Thomson)分别通过电子的衍射实验证实了电子确实具有波动性。这样光、波的世界与物质微粒的世界获得了统一,为量子理论的发展开辟了一条崭新的路径,德布罗意因此获得 1929 年的诺贝尔物理学奖;戴维森和 G. P. 汤姆孙也因发现电子在晶体中的衍射现象而获得 1937 年的诺贝尔物理学奖。

(2)波函数及其物理意义。在经典力学中,一个质点的运动状态是由它的空间坐标 r 随着时间的变化,即作为时间 t 的函数 $r(t)$ 来描述的。而对于具有波粒二象性的微观粒子来说,其波动性显然不能用上述方法,必须引入一个新的函数来描述,这就是波函数 $\psi(r,t)$。为了对描述微观粒子运动状态的波函数有所了解,我们先考察描述自由粒子的波函数。

自由粒子不受外力作用,所以它的能量 E 和动量 p 均为恒量。利用德布罗意关系,我们可以用一个单色平面波来描述自由粒子沿 x 方向的运动状态,即 $\psi(x,t) = \psi_0 \cos 2\pi \left(\nu t - \dfrac{x}{\lambda} \right)$。若改写为复数形式即为 $\psi(x,t) = \psi_0 e^{-2\pi i \left(\nu t - \frac{x}{\lambda} \right)} = \psi_0 e^{-i \frac{2\pi}{h}(Et - px)}$(这一步不仅仅是数学运算,它是从一个平面波的表达式抽象化为波函数的重要一步),此式称为德布罗意波函数。如果粒子在一个力场中运动，则不再是自由粒子，此粒子的波动性也就不能再用平面波来描述，而必须用更为复杂的波来描述。一般情况下，波函数 $\psi(r,t)$ 用来描述微观粒子的波粒二象性，以上描述自由粒子的波函数只是它的一个具体例子。对于处在不同运动状态下的微观粒子，其波函数 $\psi(r,t)$ 的具体形式是不同的。

引进波函数 $\psi(r,t)$ 以后，如何对波函数进行诠释就成为量子力学创立初期的首要任务。大量电子衍射实验表明，照片上所显示的衍射图像与入射电子束的强度无关，即使入射电子流极其微弱，以致电子几乎是一个一个地通过金属箔而衍射，短时间内底片上记录下来的只是一些分布不规律的点子，但只要时间足够长，仍能得到同样的衍射图样。由此可见，单个电子就具有波动性，即电子既不是经典意义下的粒子，也不是经典意义下的波。对实验的进一步分析表明，电子所呈现的粒子性，只是指其在实验中总是具有一定质量和电荷的定域粒子，并不与"粒子有确切的轨道"等经典概念有什么联系；而电子所呈现的波动性，也只是波动性中最基本的东西——波的叠加性，并不一定与某种实在的物理量在空间的波动联系在一起。因此，波粒二象性实际上是把微观粒子的"原子性"与波的"叠加性"统一起来。在量子概念下，电子既是粒子，也是波。

对微观粒子的波粒二象性及其波函数的正确解释是1926年6月由玻恩（M. Born）首先提出的。他认为德布罗意波并不像经典波那样代表实在的物理量的波动，它只不过是粒子在空间的概率分布的概率波（不是直接可测的物理量），即粒子的波动性是以统计概率的规律表现出来的。如果用波函数 $\psi(r,t)$ 表示粒子的德布罗意波的振幅，并将其复共轭记为 $\psi^*(r,t)$，那么波的强度可表示为：

$$|\psi(r,t)|^2 = \psi^*(r,t) \cdot \psi(r,t)$$

这样，玻恩对波函数 $\psi(r,t)$ 的统计解释即可表述为：波函数绝对值的平方 $|\psi(r,t)|^2$ 表示单位体积内发现一个粒子的概率，称为概率密度。更确切地说 $|\psi(r,t)|^2 \Delta x \Delta y \Delta z$ 表示 t 时刻在 r 点处的体积元 $\Delta x \Delta y \Delta z$ 内找到粒子的几率。所以，玻恩指出，在原子世界中，我们有两套规律，粒子

服从几率的规律,而几率的规律服从因果的规律。① 另外,由于粒子必定要在空间中的某一点出现,所以粒子在空间各点出现的概率总和等于1,也就是 $|\psi(r,t)|^2$ 对全部空间的积分应等于1,即波函数的归一化条件为:

$$\iiint |\psi|^2 \, dV = 1$$

因此,微观粒子的德布罗意波也必须理解为这种统计学意义上的概率波。

综上所述,非相对论的微观粒子的运动可以用薛定谔方程来描述,即1926年1月薛定谔在德布罗意关于物质波概念的启发下,通过对力学与光学的比较研究得到了一个二阶偏微分方程:

$$i\hbar \frac{\partial \psi(x,t)}{\partial t} = -\frac{\hbar^2}{2m} \frac{\partial^2}{\partial x^2} \psi(x,t) + U(x,t)\psi(x,t)$$

从这一方程我们可看出,牛顿第二定律 $\vec{F} = m\vec{a}$ 是宏观物体的运动方程,只要准确地给出初始状态和力场分布,任何一个时刻的状态就唯一地被确定了。而微观粒子的运动规律,由于波粒二象性的存在,位置、动量不能同时确定,无因果关系可言。就此,海森堡曾经说过一句非常精辟的话:"……在'如果我们确切地知道现在,我们就能预言未来'这句话里,结论倒没有错而是前提错了。从原则上说我们是不可能详尽无遗地知道现在的。"②

(3) 海森堡的不确定性原理。在经典力学中,描述一个粒子(质点)的状态可以用同时准确确定其位置和速度的方法来实现。但对于遵循量子规律的微观粒子,由于其波粒二象性,"运动轨迹"等经典概念已失去意义,这种本质的变化必然对测量带来影响。1926年春天,爱因斯坦在与海森堡的谈话中指出:"一个人把实际观察到的东西记在心中,会有启发性帮助的……但是在原则上,试图单靠可观察量来建立理论,那是完全错误的。实际上恰恰相反,是理论决定我们能够观察到的东西……只有理

---

① [德] M. 玻恩:《关于因果和机遇的自然哲学》,侯德彭、蒋贻安译,商务印书馆1964年版,第7—9页。

② 转引自吴宗汉《文科物理十五讲》,北京大学出版社2004年版,第286—287页。

论,即只有关于自然规律的知识,才能使我们从感觉印象推论出基本现象。"① 这就意味着我们必须从理论上分析测量能获得怎样的精确度。

经过对测量理论和测量过程的深入研究,1927 年海森堡提出了著名的不确定性原理:如果测量一个粒子的位置的不确定范围是 Δx,那么同时测量其动量也有一个不确定范围 Δp_x,两者的乘积不可能小于 $\hbar/2$,($\hbar = h/2\pi$)即:

$$\Delta x \Delta p_x \geq \frac{\hbar}{2}$$

这一不等式亦称为测不准关系式,它表明要同时用经典力学的坐标、动量等概念来描述微观粒子的运动只能在一定范围内近似表达,超过这个限度经典概念就不能应用。正如海森堡所说:"在位置被测定的一瞬间,即当光子正被电子偏转时,电子的动量发生了一个不连续的变化,因此,在确知电子位置的瞬间,关于它的动量我们就只能知道相应于其不连续变化的大小的程度。于是,位置测定得越准确,动量的测定就越不准确,反之亦然。"②

下面我们以电子的单缝衍射实验做一说明:设有一束波长为 λ 的电子,以速度 v 沿 Oy 轴射向 AB 屏上的狭缝,狭缝宽度为 $d = \Delta x$;由于电子的波动性,在 CD 屏上将观测到衍射图像,如图 3—4 所示。如果只考虑中央极大,根据波动理论,衍射花纹中心处出现的第一级暗纹的衍射角 θ 应满足下列关系:

$$\sin\theta = \frac{\lambda}{d}$$

对于入射电子束中的每一个电子来说,我们不能确切地说它是从缝中哪一点通过的,而只能说它是从宽为 d 的缝中通过的,因此它在 x 方向的位置不确定量 Δx 应为:$\Delta x \approx d$;由于衍射后电子动量的大小仍为 p,但方向发生了改变,所以出射电子的动量在 x 方向的分量 p_x 只决定于它的出射角 θ。采取主峰近似,即忽略主峰极大以外的其他衍射峰,认为电子都

---

① 许良英等编译:《爱因斯坦文集》第 1 卷,商务印书馆 1976 年版,第 211 页。
② [德]海森堡:《测不准关系的由来》,董光璧译,《科学与哲学》1980 年第 3 期,第 53—57 页。

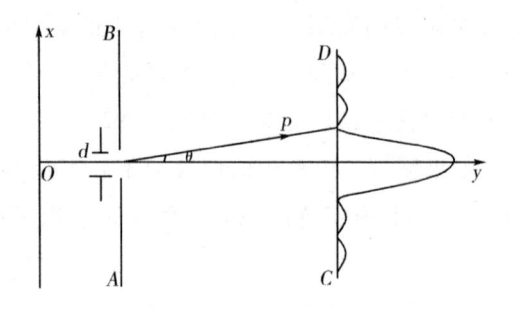

图 3—4 用电子的单缝衍射实验说明不确定关系

落在中央主峰内,因此一个电子在通过狭缝时,x 方向的动量分量 p_x 的大小限制在 $0 \sim p\sin\theta$ 的范围内。这表明,一个电子通过狭缝时 x 方向上的动量不确定量为 $\Delta P_x \approx P\sin\theta$,考虑到衍射条纹的次极大,可得:

$$\Delta p_x \geqslant p\sin\theta \geqslant p\lambda/\mathrm{d} \geqslant p\lambda/\Delta x$$

代入德布罗意公式 $\lambda = h/p$,可得:

$$\Delta x \Delta p_x \geqslant h$$

上式说明在电子衍射的情况下,狭缝宽度 d 越小,即位置不确定量 Δx 越小时,则同方向上衍射电子的动量不确定度 Δp_x 就越大。这也就是说,电子的位置限制得越准确,动量值就越不准确。以上分析过程也适用于光子。

同理,我们可以得到粒子体系中,时间和能量之间也存在类似关系:

$$\Delta E \Delta t \geqslant \frac{\hbar}{2}$$

这一不等式表明,能量这个动力学变量的不确定度 ΔE 与表征体系改变率的时间间隔 Δt 有关。也就是说,在这一段时间内粒子的能量状态并非完全确定,它有一个弥散 $\Delta E \geqslant \hbar/2\Delta t$,称为能级宽度。因此,上式也可以用来解释原子光谱的谱线宽度,或者说原子激发的能级宽度与其在激发态的平均寿命呈反比关系,当 $\Delta t \to \infty$ 时,$\Delta E \to 0$,该粒子的能量状态才是完全确定的。

所以,海森堡在谈到诸如位置与动量、能量与时间这样一些正则共轭量的不确定关系时指出:"粒子图像和波动图像只不过是同一物理实在的两个不同方面，这一事实正是量子力学理论问题的核心。虽然这是一个纯粹的物理本质问题，不过令人满意的是，在这个理论的数学工具之中我们也找到了这种二象性的反映。这表现在对于同一组数学方程我们能够随便使用哪一种图像来进行诠释。""这种不确定性正是量子力学中出现统计关系的根本原因。"① 这条原理被认为是科学中最深奥、最有意义的原理之一，是一个创新理念的和谐典范。它把原子物理学与经典线性数学两门具体学科，用两者之间的范畴条件裂痕与内容条件分裂的具体内容联系起来，客观地分析了两门学科之间的辩证关系。认为经典线性数学在量的测定范畴内，是"有准而有不准"的理论体系；而认为原子量纲体系则是一个"无准而无不准"的新理论体系。所以，测不准关系的产生来源于经典数学的"有准而有不准"的结构；而原子物理学中的"无准而无不准"的思想则是一种新的认知理念。新旧理念之间是一种辩证关系，是一种科学理论和谐发展的关系。"事实上，世界体系的每一个思想映像，总是在客观上受到历史状况的限制，在主观上受到得出该思想映像的人的肉体状况和精神状况的限制。"② 由于人类受限于自身无法摆脱的宏观性，所以在认识微观客体时，只能而且必须通过测量仪器与微观客体的相互作用，间接地予以整体性把握。这样，不确定性原理不仅要求我们抛弃传统的决定论观念，而且也告诫我们人类创造概念能力的局限性。实际上，在这里产生了一个超出物理学本身范围的认识论与心理学问题。③

（4）玻尔的互补原理。海森堡不确定性原理的提出，显示了限制经典概念有效性的特殊形式。玻尔为此付出心血，做了更为普遍、更为透彻的分析。1927年9月6日，他在纪念伏打（A. G. Volta）逝世100周年的科摩国际物理学会议上，发表了《量子公设和原子论的最近发展》④ 之讲演，首次阐释了他的互补原理。后来，玻尔又花费了大量的时间和精力精心雕琢这一基本观点，深入探索它的理论意义，并把它推广到量子力学以外的领域。玻尔认为，对微观粒子现象的任何观察，都将涉及一种与观察

---

① [德] W. 海森堡：《量子论的物理原理》，王正行译，科学出版社1983年版，第136页。
② 《马克思恩格斯选集》第3卷，人民出版社1995年版，第376页。
③ [丹麦] N. Bohr. *The Philosophical Writings of Niels Bohr Volume* I：*Atomic Theory and the Description of Nature.* Woodbridge：Ox Bow Press，1987，p.96.
④ [丹麦] 玻尔：《原子论和自然的描述》，郁韬译，商务印书馆1964年版，第39页。

仪器之间不可忽略的相互作用。因此，就不可能既赋予现象、又赋予观察仪器以一种通常物理意义上的独立实在性，它将不可避免地导致互补关系和因果关系的几率形式。观察仪器分为两类：测定位置的和测定速度（或动量）的。只有把这两类仪器的结果互补起来，才能得到对微观粒子的完全认识。这也就是说，描述同一微观现象可以用很不相同的、甚至截然相反的图像来描述，例如波动图像和粒子图像，但两者却是互相补充、缺一不可的。摆弄这两种图像，从一种图像转到另一种图像，然后又从另一种图像转回原来的图像，我们最终能够得到隐藏在实验背后的实在的正确印象。这样就形成了如图3—5所示的关于量子测量现象的描述语境。

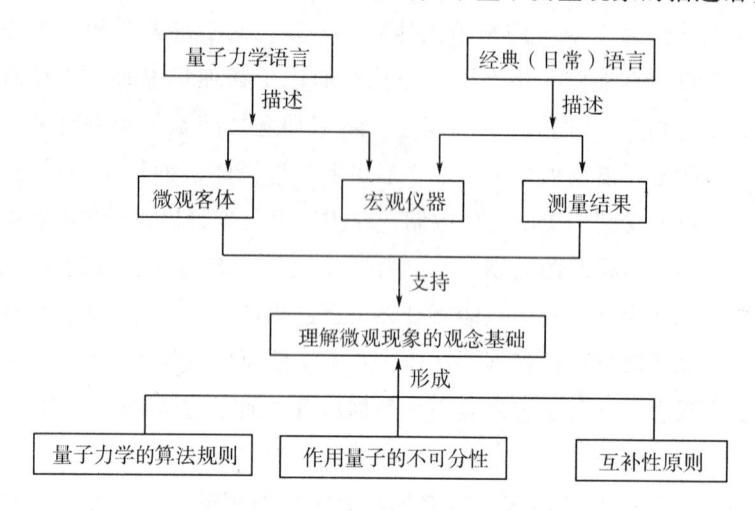

图 3—5　量子测量现象的描述语境

这一观察的意义语境，建立了量子系统与测量仪器之间的整体性关系，使量子力学的算法规则、作用量子的不可分性与经典物理学的理解观念实现了一种很好的嫁接。[①]

由此可见，玻尔的互补原理首先来自于理解微观现象的观念基础——对波粒二象性的看法：

① 就同一微观客体而言，光或粒子都具有波粒二象性；

② 波动性和粒子性不会在同一次测量中出现，在描述微观粒子时表现为两种截然对立、互相排斥的性质；

---

① 成素梅：《在宏观与微观之间》，中山大学出版社2006年版，第65页。

③由于两者不会在实验中同时出现,说明两种属性不会直接冲突,但是在解释实验和描述微观现象时又是缺一不可的,所以这两种互斥的性质又是互补的,它们叠加起来共同构成我们对对象的完整描述。用玻尔的原话来说:"一些经典概念的应用不可避免的排除另一些经典概念的应用,而这'另一些经典概念'在另一条件下又是描述现象不可或缺的;必须而且只需将所有这些既互斥又互补的概念汇集在一起,才能而且定能形成对现象的详尽无遗的描述。"①

其次,玻尔的互补原理有两个主要支柱:其一,必须用纯粹的经典术语来描述测量仪器与测量结果;其二,测量仪器与被观察的量子系统一起构成了一个不可分割的整体。因此,如果说海森堡的不确定关系是从数学上表达了物质的波粒二象性,那么玻尔的互补原理则从哲学的高度概括了波粒二象性,形成了一个更加宽广的思维框架,是一种普遍适用的哲学原理。这样,互补原理和不确定关系就构成了量子力学哥本哈根解释的两大支柱。

玻尔互补原理的提出,使我们的认识论有了进一步的发展,它指出了经典认识论相对于科学认识论的局限性。在经典认识论中,客体的属性、规律与主体无关,与主体所采取的观察方法也无关。主体可以在客体之外去认识客体,同时不对客体产生任何影响或干扰,主客体之间不存在不可分割的联系。而由互补原理引申出来的认识论指出:单独说客体的属性、规律是没有意义的,必须同时说明主体的参与及其采取的观察方式,即主体对客体的认识必须通过对客体施加影响来实现。因此,主客体之间存在着不可分割的联系。但是在一定条件下主体对客体的影响可以忽略不计,这时经典认识论就仍然适用。

玻尔的互补原理被哥本哈根学派推崇备至,认为是一种普遍适用的哲学原理,并试图用它去解释生物学、心理学、数学、化学、人类学、语言学、民族文化等方面的问题,以揭示其他形式的互补关系。比如"在生活的戏剧中,我们自己既是演员,又是观众"②,关键是要扩展我们"看"

---

① [丹麦] N. 玻尔:《原子物理学和人类知识论文续编》,郁韬译,商务印书馆1978年版,第6—7页。

② [丹麦] N. 玻尔:《尼尔斯·玻尔哲学文选》,戈革译,商务印书馆1999年版,第247页。

问题的概念构架。玻恩后来写道："就这样，古典科学哲学变成现代科学哲学，这种哲学在尼尔斯·玻尔的互补原理中达到顶峰。"与此相反，薛定谔对哥本哈根学派这一超经验的、几乎是超自然的解释表示关注和失望，他重申电子犹如波动的概念，并且试图建立不依赖电子犹如粒子的理论。爱因斯坦则断然拒绝哥本哈根学派对量子力学的解释，他称这种解释是"海森堡—玻尔的绥靖哲学"或"绥靖宗教"，并且认为，这种哲学或宗教向他们的信徒暂时提供了一个舒适的、一躺下去就不那么容易惊醒的"软枕"[1]。

总之，"围绕对光的波粒二象性的认识、波函数的统计解释、不确定关系的逻辑严密性以及量子力学对实在的描述是否完备等问题，以玻尔为首的哥本哈根学派和爱因斯坦进行了富有意义的争论。争论的焦点由对物理学问题的理解，发展到对哲学问题的看法。玻尔等人认为，爱因斯坦的错误所在是坚持实在论；而爱因斯坦表示，玻尔等人的实证论态度难以使人喜欢和赞同。争论背后隐含着一个古老而复杂的哲学命题：我们认识到的自然界的规律性是否就是自然界本身固有的规律性？"[2] 尽管这两位科学巨人早已相继离开人世，但是他们在争论中所涉及的问题，至今依然使人感到兴味盎然，不仅促使一些物理学家去钻研，而且也引起了不少哲学家、经济学家和其他社会学家的思考。

（二）西方经济学的三次革命

科学发展的历史表明，任何突破性意义的变革都是在新的历史条件下，对传统观念和价值标准产生质疑，进而确立新的研究范式的过程。西方经济学从古典到新古典再到现代意义的转变，可以说就是一个从确定性到不确定性的范式转换。它既是对当下的历史现实和价值观念的回应，也是经济系统自我创新的结果，还预示了不确定性经济学演化发展的路径。我们知道，西方经济学的系统发展源于亚当·斯密，后来经过大卫·李嘉图、西斯蒙第、萨伊、约翰·穆勒和马歇尔等人的努力，逐渐形成了一个

---

[1] 许良英等编译：《爱因斯坦文集》第1卷，商务印书馆1976年版，第241页。
[2] 李醒民：《激动人心的年代：世纪之交物理学革命的历史考察和哲学探讨》，中国人民大学出版社2009年版，第133页。

经典的经济学理论体系,这就是我们上一节介绍的古典、新古典经济学。进入20世纪以后,随着物理学上两次大革命的冲击,西方经济学也历经了"张伯伦革命"、"凯恩斯革命"和"预期革命"三大革命的洗礼,形成了包括微观经济学和宏观经济学的基本理论框架。这个理论框架集中并充分地反映了现代西方主流经济学过去100年间的研究成果和发展特征,它在研究方法上更注重证伪主义的普遍化、假定条件的多样化、分析工具的数理化、研究领域的非经济化、案例使用的经典化和学科交叉的边缘化。下面我们通过回顾西方经济学上的这三次革命,进一步了解西方经济学的发展脉络及其与量子力学的关系。

1. 张伯伦革命

19世纪末20世纪初,随着资本主义进入垄断阶段,继续沿袭"斯密传统"构造的理论框架已无法对其进行解释,因而现实世界中普遍存在的垄断现象开始引起经济学家们的关注。1933年美国哈佛大学的张伯伦($E. H. Chamberlin$)和英国剑桥大学的琼·罗宾逊($Joan\ Robinson$)夫人分别出版了《垄断竞争理论》和《不完全竞争经济学》,正式宣告了"斯密传统"的结束。张伯伦认为,垄断与竞争力量的混合来源于产品差别,产品差别是造成垄断的一个决定性因素。一种产品具有差别,就意味着卖者对他自身的产品拥有绝对的垄断,但却要遭受非常接近的替代品的竞争,这样每一个卖者就既是垄断者又是竞争者。因此,在企业家的心目中既没有纯粹的竞争者,也没有纯粹的垄断者,只有"垄断的竞争者",由此建立了他的垄断竞争价值理论。因而,始于张、罗二人的"张伯伦革命"摈弃了长期以来古典经济学把竞争作为普遍现象而把垄断看作个别例外的传统假定,认为完全竞争与完全垄断是两种极端情况,更多的是处于两种极端之间的"垄断竞争"或"不完全竞争"的市场模式。他们运用边际分析的方法,分析了"垄断竞争"的成因、均衡条件、福利效应等,从而完成了微观经济的革命,并将市场结构划分为更加符合资本主义实际情况的四种类型——完全竞争市场、垄断竞争市场、寡头市场和完全垄断市场。

2. 凯恩斯革命

1929年8月开始的那次经济大萧条,对美国来说是一场空前的灾难,到1933年3月经济降到了最低点——GDP下跌了近33%,失业人数上升到了25%。凯恩斯革命就是以这场经济危机为背景，为了适应当时垄断资产阶级的迫切需要而开创的。1936年，凯恩斯（J. M. Keynes）发表了他的代表性著作《就业、利息和货币通论》。它是以政府干预为中心思想、以需求管理和收入分析为特征的宏观经济学。从此使西方经济学在分析方法上实现了微观分析与宏观分析的分野，凯恩斯也因此成为现代宏观经济学的开山鼻祖。

凯恩斯革命完成的理论创新主要是：否定了古典经济学关于充分就业均衡的假定及其理论基础——供给会自动创造需求的"萨伊定律"，认为在通常情况下，总供给与总需求的均衡是小于充分就业的均衡，导致非自愿失业和小于充分就业均衡的根源在于有效需求不足，而有效需求不足的原因又在于"消费倾向、灵活偏好和对资本未来收益的预期这三个基本心理因素"。据此凯恩斯摈弃了亚当·斯密"看不见的手"的机理，不相信市场机制的完善性和协调性；主张采用强有力的政府干预手段，建议政府采取财政政策增加投资，刺激经济，弥补私人市场的有效需求不足，从而实现充分就业，消除产生失业和经济危机的基础。这些思想对西方垄断资本主义的发展以及西方经济学的发展都产生了巨大而深远的影响，因而有学者把凯恩斯的理论比作"哥白尼在天文学上，达尔文在生物学上，爱因斯坦在物理学上一样的革命"。

不可否认，凯恩斯经济政策的实施在一定程度上缓和了资本主义的经济危机，减少了失业，促进了经济增长，使西方世界经历了长达25年之久的"繁荣"。但是，长期推行凯恩斯的膨胀性经济政策却带来了20世纪70年代的"滞胀"，使凯恩斯主义不得不退出"官方经济学"的宝座，让位于新保守主义经济学。即使如此，在目前各国实施的经济政策中，仍然可以看到浓厚的凯恩斯主义色彩；甚至可以说，政府的宏观调控已经成为世界经济发展的重要手段。目前我国"经济体制改革的核心问题是处理好政府和市场的关系，必须更加尊重市场规律，更好发挥政府作用。……健全现代市场体系，加强宏观调控目标和政策手段机制化建设。"[①]

---

① 《中国共产党第十八次全国代表大会文件汇编》，人民出版社2012年版，第19页。

3. 预期革命

"预期革命"是特指20世纪70年代发展起来的一种新古典宏观经济学理论。1972年，美国芝加哥大学的卢卡斯（*Robert E. Lucas Jr*）发表了《预期和货币中性》（1970年完成）一文。因为他使用了"理性预期"[①]这一重要的经济学概念，并以此建立起他的理论体系而被普遍称为"理性预期学派"。这个学派的经济学遵循古典经济学的传统，相信市场力量的有效性，即认为如果让市场机制自发地发挥作用，就可以解决失业、衰退等一系列宏观经济问题。因而，他们认为，虽然凯恩斯也曾反复讲到预期，但他的预期只是适应性预期，具有随机性，没有理性的解释，即属于"后向预期"。这是因为凯恩斯主义是一个充满矛盾的体系，其假设前提就是错误的：

第一，凯恩斯主义中的当事人不以追求利润最大化为目标；

第二，同一"经济人"在不同函数和方程中具有不同的行为（新古典宏观经济学提出的假定条件正好与上述两个假定相反）；

第三，"理性预期"假定市场是连续出清（相对于短缺和过剩而言，出清意味着供求均衡）的，即通过工资和价格的不断调整，使供给总是等于需求，即处于均衡状态。

从这三个假定出发，卢卡斯的演绎逻辑是，货币对产量等其他经济变量具有重要影响：一方面货币供给的冲击可以导致货币存量的随机变动，由此引起经济波动；另一方面由于经济的这种波动是通过总需求曲线完成的。所以，货币供给的冲击将导致总需求的变化，而总需求的变化又将导致经济波动。因此，他们认为，既然从货币政策的角度看，政府赖以干预经济的宏观经济政策是无效的，因而不仅存在"市场失灵"，也存在"政府失灵"。于是，卢卡斯的研究"改变了宏观经济的分析，加深了人们对经济政策的理解"，并为各国政府制订经济政策提供了崭新的思路。然而，在20世纪的最后十几年里，人们发现，"市场失灵"与"政府失灵"的概念充斥于经济学文献，它们针锋相对，难分胜负，没有赢家，最终形成了一个没有经济学"主流"理论的"真空"状态。由此可见，现代西

---

① 理性预期：是指经济当事人为了避免损失和谋取最大利益，设法利用一切可以取得的信息来对所关心的经济变量在未来的变动状况作出尽可能准确的预计。

方经济学在过去100年间的发展中，经历了一个否定之否定的过程，其中凯恩斯革命发挥了重要的推动作用。

(三) 凯恩斯革命的主要特征

凯恩斯革命是在传统经济学的均衡分析失效、理性分析迷失、确定性被消解的情况下，对经济学理论进行的一场轰轰烈烈的范式变革。因此，凯恩斯革命的意义不仅在于它创立了现代宏观经济学，更重要的是它在经济学中开创了不确定性研究的先河。凯恩斯自称受海森堡－玻尔思想的影响，并吸收了法兰克·奈特（Frank Knight）关于不确定性的真知灼见[①]，把不确定性、预期及不完全信息引入经济分析，使政府、厂商、个人决策所面临的环境背景发生了很大变化，这就构成了凯恩斯革命的精髓所在。

1. 建立不确定性的核心理念

在20世纪30年代的经济大萧条中，凯恩斯从经济学的基本假设出发，开始了对传统经济理论的批判和新体系的建构。他直言不讳地指出，古典经济学的"罪过"是企图通过抽象掉我们对未来知之甚少这一事实来处理现实问题，结果经济活动中的不确定性在统计学意义上被覆盖掉了。在凯恩斯看来，经济活动中人类面临着普遍的不确定性，但是主流经济学却把它看作是概率分布已经明确了的状况，这显然是对不确定性的误解。这种误解所演绎出来的模型是静态的，它使经济行为人的经营状况变成一种特殊状态，而不是现实中的普遍状态，因而不能反映现实世界中不断变化、不断进步和不断波动的经济现象。因此，凯恩斯认为，不确定性与概率概念是不同的，它不能用概率来进行计算。因为概率是可以通过数学方法加以计算的，如果不确定性能够通过纯粹的概率形式来表述，那么它就变成了确定性的了，进而简化成为局部的风险。从而，凯恩斯将不确定性作为经济学研究的核心理念，并把整个经济系统的演化看作是拥有未来不确定性的过程。

具体来讲，按照凯恩斯的理论，国民收入决定于总就业量，总就业量

---

① 1921年，美国芝加哥学派的创始人法兰克·奈特出版了《风险、不确定性与利润》一书，书中对风险和不确定性两个概念做了区分。他认为：风险是能被计算概率和期望值的不确定性，而不能被预先计算与评估的风险则是不确定性，并提出了利润来自于不确定性的观点。

决定于总需求。有效需求不足可以归结为现在消费需求和投资需求不足，投资需求不足又是因消费需求不足派生所致的。这样，投资与储蓄不一致是经济活动中不确定性问题的根源所在。[①] 为什么二者会不一致呢？为此，凯恩斯引入了"预期"概念，预期是联结现在和未来的纽带。他总结出三大心理规律：一是消费倾向规律；二是流动偏好规律；三是资本边际效率规律。这三大心理规律的基本背景就是未来的不确定性。经济行为人增加储蓄、积累财富的过程正是以对未来世界的不确定的预期为基础的。因此，凯恩斯认为不确定性并不能从经济活动中消除掉，更不相信人类能够找到一种方法来完全预期未来。所以，他将不确定性引入宏观货币理论，强调人们持有货币的原因并不在于预防动机，而在于利率的未来不确定性，使人们将货币变成一种应付不确定性的手段。正是由于凯恩斯强调了经济生活中不确定性的存在，才使其得出投资会产生波动，从而使产量和就业也会产生波动的结论。因此，不确定性问题就成为凯恩斯经济理论的核心。只有通过政府的有效干预，才能应对经济活动中的不确定性，以保证经济的稳定和持续增长。

2. 采取总量分析的研究思路

凯恩斯为了贯彻不确定性的哲学理念，他在《就业、利息和货币通论》一书中克服了传统经济学的还原论方法而代之以"总量分析法"。同时，为了克服传统方法对研究经济问题不加综合造成的忽视经济现象因果联系的缺陷，他把数学方法应用到宏观总量的确定和变动上，突破了数学方法只限于个量分析的局面。比如，他的弹性分析方法侧重于从数量上说明经济现象的内在联系，打破了过去那种以个量分析为基础的线性方程的局限，体现了变量之间的除线性关系之外的另一种关系。当凯恩斯把乘数用于投资增加对于推动收入、就业量成倍增长的投资乘数分析中时，已接近于非线性作用中"对初始条件的敏感依赖性"。

依据凯恩斯的理论，形成资本主义经济萧条的根源是三大心理规律：边际消费倾向递减、流动偏好陷阱和资本预期收益不足。边际消费倾向递

[①] 在量子力学中，微观客体的波粒二象性是不确定关系的根本原因。宏观现象是否也满足不确定关系？回答是肯定的。只是由于约化普朗克常数 $\hbar$ 极小，在宏观现象中被其他误差所掩盖，所以不确定关系在经典物理中不具有明显的表现形式。

减导致消费不足；在货币供给既定的条件下，流动偏好陷阱导致利息率较高；而资本的边际效率又因为预期收益不足而偏低，从而使资本的边际效率很难超过利息率，这就使得投资不足。因而，消费和投资需求不足导致总需求不足，从而出现经济萧条。为了实现充分就业，就要解决有效需求不足问题。为此，政府必须运用财政政策和货币政策的手段增加投资，刺激经济。财政政策就是政府通过增加支出或减少税收增加总需求；通过乘数原理引起收入多倍增加。货币政策是用增加货币供给量来降低利率，刺激投资从而增加收入。但由于存在流动性陷阱，因而货币政策效果有限，增加收入主要依靠财政政策。

但是，凯恩斯的总量分析法并不是把经济系统看成一个有机的整体，其理论是在假定完全竞争、供给结构和需求结构能无障碍地自动实现均衡的条件下，研究个别商品的价格决定问题，并在这种均衡价格论的基础上，分别研究个别市场或个别商品的供给问题。这里涉及的只是经济结构的细胞或个别组织而非整体。在模型中增加非线性项也只是为了修正与实际观察的误差，只能作为一种外部的干扰因素，而不是看作系统内部各子系统相互作用的结果。所以，理性预期学派认为，凯恩斯的预期只是适应性预期，属于"后向预期"。

3. 运用比较静态的研究方法

凯恩斯在《通论》中坚持不确定性的分析理念，认为大多数经济决策都是在不确定的条件下作出的。在这种情况下，人们的市场行为准则是：依据现在预测未来，最近过去的实现结果仍会继续下去，对于现在预期行为具有支配力量（这里隐含了时间的一维性）；以大多数人的行为为准则，依靠他人的判断（这种个人的判断易与他人形成协同效应，最后导致"混沌"的发生）。于是，凯恩斯引入时间概念，通过对"不确定性"的贯彻区分了过去和未来，为不均衡的研究奠定了基础。因此可以说，不确定性是凯恩斯对于在时间中发生的经济活动和在时间中形成的经济过程所持有的一种超越经济学本身的哲学理念，而他的宏观经济理论体系正是这一理念的引申或在这一理念之上对传统经济学说的重构过程。这一哲学理念的贯彻和新体系的建构也反映在凯恩斯的具体研究方法上。

比如，凯恩斯反对古典均衡论思想，认为静态均衡论不能保证均衡会在充分就业的条件下产生，也不能保证市场自发的调整机制能以合理的速度发挥作用；出现货币市场均衡或商品市场均衡而就业就会失衡。这种均衡与非均衡的矛盾表现为社会经济资源的闲置或具有充分的弹性，这表明了资本主义市场本身是非均衡的。因此，政府的主要责任就在于运用酌情决定的货币政策和财政政策的手段增加投资，刺激经济，以保证国家资源的充分利用。

由此可见，凯恩斯革命是不彻底的，因为它采用了短期的、比较静态的总量分析方法。这种方法只是比较了一个经济变动过程的起点和终点，是经济由非均衡达到均衡的一个不断循环的过程。它不涉及转变期间和具体变动过程本身的情况，实际上只是对两种既定自变量和各自相应的因变量的均衡值加以比较，所以其本质上还是静态分析的均衡理论。但是，它比古典经济学中的静态、均衡法还是前进了一步，毕竟它强调了社会和经济是一个动态发展的过程。

综上所述，"凯恩斯革命"之所以能够在西方资本主义世界发挥如此重要的作用，产生了巨大而深远的影响，原因就在于它把不确定性作为其理论体系的基础。正如剑桥学派的罗宾逊夫人所言："从理论方面来说，革命在于从均衡观转向历史观，在于从理性选择原理转向以推测或惯例为基础的决策问题。"[1] 同时我们也发现，凯恩斯研究经济学的理念、思路和方法深受20世纪20年代物理学革命的影响，他在思维方式上顺应时代潮流，在方法论上与量子力学的几个显著特征有深刻的联系。但是，由于凯恩斯理论也存在着明显的漏洞，造成了20世纪70年代资本主义发达国家的滞胀局面。于是有人指责当前资本主义世界范围内的通货膨胀正是信奉凯恩斯教义的人所造成的，甚至有人惊叹凯恩斯革命是"一出悲剧"。随后，凯恩斯理论逐渐失去了往日的光彩，新的经济理论也就应运而生。

四　混沌学与非线性经济学

19世纪50年代，物理学中对独立于时间的可逆过程和依赖于时间的不可逆过程的区分，是对牛顿范式的第一次挑战，是人类重新发现时间本质这一认识过程中的重要一步。热力学和统计物理学的发展促使人们在研

---

[1] ［英］琼·罗宾逊：《凯恩斯以后》，虞关涛等译，商务印书馆1985年版，第6页。

究问题时必须从整体出发，考虑粒子之间的相互作用，这时线性方程已难以胜任。也正是由于这两方面的原因——不可逆过程对系统演化所起的建设性作用，导致了人们认识世界的一种新方法——自组织方法的产生；大量非平衡、非线性复杂问题的提出，促使人们去研究各种非线性现象的共性问题。到 20 世纪 40 年代，以普里戈金为代表的布鲁塞尔学派开始了长达 20 多年的精心研究，于 1969 年创立了著名的耗散结构理论。随后在短短的几年内相继出现了突变论、协同学和超循环理论等自组织理论。*KAM* 定理[①]和奇异吸引子的发现，非线性动力学、分形几何以及自组织理论的发展，使 20 世纪物理学上的又一重要学科——混沌学的研究取得了突破性的进展。混沌理论的建立在科学和哲学上都具有重要的理论价值，被誉为 20 世纪物理学史上的第三次革命。它彻底"排除了拉普拉斯决定论的可预见性的狂想"，大大深化了人们对不确定性和复杂性的认识。在方法论上，自然科学中长期存在的两种不兼容的描述——决定论和概率论的描述——在混沌理论中奇迹般地消除了。所以，尼科里斯和普里戈金指出："自 60 年代以来，我们目睹着数学和物理学中掀起的革命，它们正迫使我们接受一种描述大自然的新观点。"[②]

可以说，自从非线性进入经济学之后，新古典经济学就经受着严峻的挑战，相继出现了经济控制论、信息经济学以及博弈论与制度经济学的有机结合，特别是 20 世纪 70 年代以后，混沌学的兴起对经济学的影响更为深远。1980 年我国旅美学者陈平教授第一次发现了维数为 1.5 左右的货币奇异吸引子；1987 年美国纽约股市暴跌后，用混沌理论分析股票市场取得成功。20 世纪 90 年代以来，涌现出一大批混沌经济学的著作，许多复杂的经济问题得到了很好的解释和说明。混沌之中有分形，分形是描述混沌运动的几何语言。那么，混沌理论是怎样影响经济学的呢？我们可以从以下几方面做一分析。

---

① KAM 定理：1960 年前后著名数学家柯尔莫哥洛夫（A. N. Kolmogorov）、阿诺德（V. I. Arnold）和莫塞尔（J. Moser）提出并证明了以他们姓氏的字头命名的 KAM 定理。通俗地说，就是经典力学的相空间轨迹既非完全规则亦非完全无规则，但它们十分敏感地依赖于起始条件，微小的涨落可能引起结果的极大差异。

② [比] G. 尼科里斯，I. 普里戈金：《探索复杂性》，罗久里、陈奎宁译，四川教育出版社 1986 年版，第 5 页。

(一) 建立非线性运行机制

由于传统经济学采用了牛顿力学的分析方法,使它不得不面对这样的事实:个体无法过渡到整体。也就是说,许多结论在微观分析中看来是正确的,但是把它们推演到宏观分析中却可能得出相反的结论,萨谬尔森(P. A. Samuelson)把这种现象称为"复合错误"。尽管著名经济学家凯恩斯为了克服古典经济学还原论方法的局限性而提出了"总量分析法"。他把数学方法应用到宏观总量的确定和变动上,突破了数学方法只限于个量分析的局面。但是,凯恩斯革命是不彻底的,他的总量分析法并没有把经济系统看成是一个有机的整体,最终还是造成20世纪70年代资本主义发达国家的滞胀局面,也使自己退出了"官方经济学"的宝座。

混沌经济学[1]强调对经济现象的整体把握,一开始就把经济系统看成是一个不可分割的整体,注重在整体规律约束下的个体行为,认为"人类行为只能借助于对其整体结构的考察而得以揭示。"[2] 我们知道,一般的经济系统都是由数以百计的个体和组织构成,而每一个个体和组织又涉及数以千计的商品和数以万计的生产过程。因此,在社会经济系统内部就必然存在着复杂的非线性相互作用,建模时必须引入非线性项。目前,混沌学在经济分析中的应用已取得令人瞩目的成果[3]。

1990年,正当知识经济初见端倪,技术进步对经济增长的作用日益明显之际,美国经济学家罗默(P. Romer)提出了新经济增长理论,认为知识积累是经济增长的原动力。[4] 在这一思想的引导下,我国学者丁晓峰认为,经济增长的过程是一个动态经济发展的非线性过程,符合逻辑斯蒂方程描述的规律,于是他建立了经济增长过程中知识积累效应的混沌经济模型:

$$X_{t+1} = \mu X_t(1 - X_t)$$

---

[1] [美] 理查德·H. 戴:《混沌经济学》,傅琳等译,上海译文出版社1996年版。
[2] 沈华嵩:《经济系统的自组织理论》,中国社会科学出版社1991年版,第56页。
[3] 美国经济学家 W. B. 阿瑟、P. 罗默以及圣菲研究所的其他经济学家都已应用混沌学和分形理论研究经济问题。
[4] P. Romer. "Endogenous Technological Change." *Journal of Political Economy*, Vol. 98, No. 2 (October 1990), p. 5.

其中，$X_t \epsilon (0, 1)$，$\mu \epsilon (0, 4)$；$\mu = W\gamma(\alpha + \beta)/(1 + m)$

经过分析，他发现知识积累效应变量 X_t 变换的过程是一个倍周期分叉的混沌过程，即知识积累效应函数 X_t 的周期性态取决于它的控制参数 μ 的取值，并指出政府科技调控参数 W 和知识积累增长率 $(\alpha + \beta)$ 负相关，同时两者也是决定 X_t 的周期性态的关键性初始条件。因此，对于知识增长率较低的国家，政府应该适当加大科技调控力度；反之，则适当减小调控力度（注：α 表示专门知识积累增长率，β 表示一般社会知识积累增长率，m 表示人口增长率，γ 为劳动投入增长率）。[1] 后来，经济学家们又在凯恩斯－卡尔多（Keynes－Kaldor）模型、古典竞争模型、增长模型中相继发现了对初值的敏感依赖性、奇异吸引子、极限环、混沌等一系列的奇特行为。

现已确认经济系统中的非线性机制是一种普遍的现象。由于经济系统中的时间不可逆、多重因果反应环以及不确定性的存在，使经济系统本身处于一个不均匀的时空中，具有极为复杂的非线性特征。非对称的供给和需求、非对称的经济周期波动、非对称的信息、货币的对称破缺（符号经济与实物经济的非一一对应）、经济变量迭代过程的时滞、人的行为的"有限理性"等都是非线性特征的表现。然而，非线性和非平衡是复杂性产生的两个主要根源，它们给经济系统带来了吸引、分岔、突变、锁定、混沌等复杂性的系统行为和特征。因此在建模中，强调非线性分析，使用非线性微分方程和非线性差分方程是混沌经济学的主要特征之一。正是基于经济系统的这些特征和对经济现象的整体把握，混沌经济学才得出了一系列新的结论：比如，现实的经济波动源于经济系统的内生机制而非随机振荡，非均衡是经济系统的常态，杂乱无章的经济现象背后隐藏着良好的结构而非随机状态，等等。

（二）把握非均衡系统常态

自从"时间悖论"发现以后，人们就认为经典物理学本质上是关于"存在的物理学"而不是"演化的物理学"，因此它强调的是世界的确定

---

[1] 丁晓峰：《经济增长过程中知识积累效应的混沌经济模型》，《自然辩证法研究》1997 年第 10 期，第 17—20 页。

性和稳定性，反映到经济学中便是传统经济学的静态、均衡论。但是，在现代社会科学技术已成为第一生产力，工业化、信息化常常显示出反均衡，在劳动力市场中甚至表现为顽固的反均衡。因此，现实的经济系统内部经常出现非平衡甚至远离平衡的状态，使均衡反而成为一种偶然现象。其实，经济系统之所以没有达到克劳修斯所预言的"热寂"状态，主要也正是由于这一原因——系统的"非平衡是有序之源"[1]。

混沌经济学与传统经济学的一个显著区别在于它运用了动态、非均衡方法分析经济现象。在这个问题上，凯恩斯首先迈出了谨慎的一步，提出了小于充分就业的均衡，强调社会和经济是一个动态发展的过程。混沌经济学的"非均衡"包含的内容要丰富得多，它在强调不确定性因素和"通过涨落达到有序"的时候，就已经明确表达了非平衡即非均衡才是经济系统的常态，并且把时间因素和不可逆性纳入了经济分析的视野。1981年本哈彼（J. Benhabib）和理查德·戴（R. H. Day）在分析消费者选择问题时，假定实际的现实消费影响未来的消费偏好，由此得出了一个有趣的结论：实际收入的增加将导致极为复杂的消费行为，即穷人的消费选择很可能是相当稳定的，而富人的消费行为则可能是周期波动的，甚至是混沌的。[2] 普里戈金曾引用过这样一个例子：假设有一位女士没有多少钱，那么她基本上已经接近平衡态，为了避免平衡，她会尽量降低开销，维持一种能活下来的最低生活水平。因为这时开销的大小对她的生存有直接的影响。但是在远离平衡态时，她则完全没有必要这样做。这时，她已经是很有钱的人，她会有多种选择，省钱已不是唯一选择。这就告诉我们，系统在远离平衡态时，尽管熵增长很快，但系统的演化却更加有序，同时给出了一个重要的概念——临界点（critical point）。在接近平衡点时，系统只能有一种选择，像前面所讲的那位陷入贫困线的女士，她只能选择省钱；在近平衡点时，她会有少许选择；而在远离平衡点时，则有多种多样的选择。然而从静态稳定走向动态稳定，它要求任何系统都必须是开放的、流动的，必须同外界不断地进行物质、能量和信

---

[1] [比]伊·普里戈金、伊·斯唐热：《从混沌到有序》，曾庆宏、沈小峰译，上海译文出版社1987年版，第228页。

[2] J. Benhabib, R. H. Day. "Rational Choice and Erratic Behaviour." *Review of Economic Studies*, Vol. 48. pp. 459—471（1981）.

息的交换，否则就会变成"死结构"。① 由此，人们还发现经济弹性表现为一种分形维数（简称分维）。生活必需品、日用品或一般劳务关于价格的分维值较小；而非必需品、奢侈品、娱乐品或特殊劳务关于价格的分维值较大。基尼（Corrado Gini）系数（在 0 ~ 1 之间）是国际上用来综合考察居民收入分配差异状况的一个重要指标，它与分维也有关。当收入分配比较平均时，分维较小；反之，当收入分配集中时，对应的分维则较大。目前一般发达国家的基尼指数在 0.24 到 0.36 之间。根据黄金分割律，基尼系数的标准值应为 0.382，所以通常把 0.4 作为收入分配差距的"警戒线"，以预报、预警和防止居民之间出现收入分配差距较大的两极分化。

目前，人们把注意力集中到大量的宏观经济资料上，用时间序列分析的方法计算经济资料的关联维数，试图揭示隐藏在复杂经济现象背后的某些规律，从而达到非线性预测的目的。事实上，把不可逆性引入经济学，时间就显得特别重要。比如，人口问题目前仍然是耸立于世人面前的首要问题。正在努力建立混沌经济学的美国经济学家威廉·布赖恩·阿瑟就明确指出："问题在时间上，如果一个政府今天设法减少了出生率，那么 10 年以后就会影响到学校的大小和多少，20 年以后就会影响到国家的劳动力，30 年以后就会影响到下一代的人口，60 年以后就会影响到退休的人数"，甚至影响这个国家的社会结构。这就是混沌对时间敏感依赖而带来的"时间延宕"效应。② 经济系统的不可逆过程，如创新扩散、比例失调、信息耗散、通货膨胀等都有自发的趋势，它们会使系统远离平衡态。混沌理论的研究表明，即使从一个均匀的初始状态出发，仅仅是一些偶然因素也足以使系统产生对称性破缺，出现经济活动高度集中的地带，并产生累进的竞争优势。这一切都表明"时间"这个要素是每一个经济学问题中的核心问题。对时间的考察促进了经济学的动态分析以及由此导致对传统均衡理论的责难和批评。③

---

① 赵凯荣：《论动态稳定》，《现代哲学》2002 年第 3 期，第 40 页。
② ［美］M. 沃尔德罗普：《复杂——诞生于秩序和混沌边缘的科学》，陈玲译，北京三联书店 1997 年版，第 15 页。
③ 沈华嵩：《经济系统的自组织理论》，中国社会科学出版社 1991 年版，第 215 页。

（三）寻求确定性混沌规律

近代科学产生以后，人们逐步认识到自然界中存在着必然与偶然两类现象，以及反映必然现象规律性的动力学规律和反映偶然现象规律性的统计学规律。对这两类现象及其规律的不同解释，曾经出现过机械决定论和非决定论的争论。那么在经济学中哪一个起主导作用呢？纵观经济发展史，对第一种观点的回答是经济史上的主要线索；从"自然秩序"和"看不见的手"到"自然界没有飞跃"再到"理性预期"，无一不体现着决定论的思想。

混沌经济学在方法论上的又一个革命性的观点，在于它强调经济规律的同时也不忽视外部偶然因素和内在随机性的影响。不可否认，经济现象有其内在的规律性，但是经济现象也同样受偶然性因素的影响。在一定情况下，外部或内部的不确定性因素可能支配着经济的发展。混沌经济学正是考虑到这些因素才解释了许多传统经济学不能解释的现象。如股市的暴跌，过去一直得不到很好的解释。混沌经济学认为股市存在复杂的非线性机制，在特殊情况下，股市被推至临界点，这时一个小小的扰动就会把股市推过临界点，使股市走向混沌，即崩溃。这就是著名的"蝴蝶效应"。

《资本市场的混沌和秩序》的作者彼得斯（Edgar E. Peters）利用关联维方法对资本市场进行了认真的分析。他发现：传统资本市场理论的关键概念可能存在着重要的失误。事实上经济系统的演化体现了非常大的不稳定性——市场本身是不稳定的。然而，传统经济学却把经济状态描绘成永远处于完美的均衡之中，供给总是正好等于需求。"启蒙运动时期的哲学家们把宇宙看成是艾萨克·牛顿完美运行定律下的一种巨大的、精确有如时钟的装置。唯一的区别是，经济学家们似乎把人类社会看成是在亚当·斯密那只看不见的手操纵下的一个上足了润滑油的机器。"[①]

以 S&P 500 指数为例，埃德加·E. 彼得斯使用了 1950 年 1 月—1990 年 7 月的每月资料对其进行研究，发现该收益率分布并不遵循正

[①] [美] M. 沃尔德罗普：《复杂——诞生于秩序和混沌边缘的科学》，陈玲译，北京三联书店 1997 年版，第 12 页。

态分布，却显示了一个稳定地收敛于 0.0241 比特/月的值。这就意味着在股票预测方面我们以 0.0241 比特/月的速率失去预测能力，即如果我们准确地知道下个月的收益率是多少，那么我们将在 1/0.0241 或 42 个月之后失去全部预测能力。这同样意味着确认了 S&P 500 的循环周期大约是 3—4 年，即表明系统在 42 个月之后失去对于初始条件的所有记忆。另外，他还证明了 S&P 500 指数收益率在日、周和月之间存在着自相似性[1]，其分维大约为 2.33，这又意味着我们可以用至少三个变量为系统的运动建立模型。其实，老子很早就领悟到了数量达到三的威力。他说："道生一，一生二，二生三，三生万物（《道德经》42 章）。"然而，数量未达到三，但是通过相互作用达到三，也同样可以演化成为复杂系统。对于英国，德国和日本的股票市场分析，埃德加·E. 彼得斯也发现了类似的情况。[2]

由此可见，通过运用非线性动力学的混沌学方法（也包括分形理论和方法的运用），资本市场的确已被证明或检验出具有混沌的两个明显特征——分形分数维的存在和对初始条件的敏感依赖性。因此，市场是一个复杂的动力学系统，类似于一个生态系统，它有进化；同时也在一定周期意义上循环，又像超循环。它们把原来被线性理论简化掉的、因素之间原本存在的关联恢复起来了。因而以正态分布为基础的 EMH 理论的准确性也就大打折扣了，这样对经济现象得出"像重力定理一样确定无疑"的结论我们不得不提出质疑。[3] 对确定性的非线性方程我们只能预测它发生的概率而不是其中某一精确的结果，一个偶发事件也许就能改变社会和经济的发展。我国著名学者林夏水先生将它概括为"确定性混沌现象"，用以表达混沌现象及其非线性规律的普适性。这说明物质世界本质上是非线性的，它把必然现象及其动力学规律和偶然现象及其统计学规律作为确定性混沌现象中的既必然又偶然的矛盾双方斗争和转化的结果，包含在自

---

[1] ［美］埃德加·E. 彼得斯：《资本市场的混沌与秩序》，王小东译，经济科学出版社 1999 年版，第 35 页。

[2] 同上书，第 150 页。

[3] EMH 理论也称有效市场假说，由尤金·法玛（Eugene Fama）于 1970 年提出，后成为理财学中的著名假说。1991 年埃德加·E. 彼得斯通过分析批判这一理论的诸多不足，首次提出了分形市场假说（FMH），奠定了非线性金融理论的基础。

身之中；同时指出从确定性混沌现象中分化出来的必然现象和偶然现象，必须经过"确定性混沌"阶段才能实现其转化。①

总之，在经济学上，经济发展的动力学不再被认为是一种均衡的东西，在经济过程中不仅存在报酬递减的情况，也在一定条件下存在报酬递增的情况。随着时间的流逝，报酬递增（非线性和正反馈）放大了随机性事件，有时就会锁定某一事件，因而使得经济过程不是一个可以预先测定的问题，一个线性增长的问题。事实上，经济结构能够围绕小事件结晶出来，这种锁定作用对经济动力学的方法或经济预测以及经济管理方法的策略，特别是政府的管理方法策略，提出了自组织的方法论需求。正如阿瑟所说："政府应该避免强迫得到期望结果与放手不管两个极端，而是要努力寻求轻轻地推动系统趋向有利于自然地生长和突现的合适结构。不是一只沉重的手，也不是一只看不见的手，而是一只轻轻推动的手。"②

当然，把非线性动力学方法应用于经济学，并非像人们预期的一下子就找到了解决一切经济学问题和社会问题的万能钥匙。埃德加·E. 彼得斯说得好，混沌理论自身并不能帮助我们预测市场，它只能帮助我们理解市场。纵观物理学和经济学发展的历史，我们可以看出物理学主要是在方法论上对经济学产生了重大影响，间接地促进了经济学的发展，并直接导致了混沌经济学的产生。物理学对经济学的这种影响今后还将延续下去。"实质上，我们现在在哪儿依赖于我们过去在哪儿，我们将来去哪儿依赖于我们现在做什么。通过推广我们看待时间的影响的框架，我们丰富了我们的分析能力和理解市场功能的潜力。"③ 著名历史学家亨利·亚当斯（Henry Adams）也指出："混沌是自然的法则，秩序是人类的梦想。"目前"亚当斯提到的'人类的梦想'只实现了一部分。虽然有秩序存在，但一个混沌过程仍旧是无法作长期预测的。预测才真正是人类的梦想。混沌理论显示给我们本质上的秩序，但同时也告诫我们，必

---

① 林夏水：《非线性科学与决定论自然观的变革》，《理论视野》2002年第3期，第24页。
② W. B. Arthur. "Complexity and Economy." *Science* 284 (1999), pp. 99—101.
③ [美]埃德加·E. 彼得斯：《资本市场的混沌与秩序》，王小东译，经济科学出版社1999年版，第183页。

须继续与不确定性一起生活。"① 这如同"混沌是过程的科学"一样,我们力图所反映的也仅仅是混沌经济学的发展过程,而不是经济学的一个划时代的结果!

---

① [美]埃德加·E.彼得斯:《资本市场的混沌与秩序》,王小东译,经济科学出版社1999年版,第107页。

第四章 经济学与生态学

20世纪以来，科学技术的发展日新月异，为人类创造了丰富的物质财富，并极大地改变了人们的生产方式和生活方式。与1900年相比，20世纪末的全球人口增长了5倍，经济产值增长了20多倍。但随着人类干预大自然能力的增强及规模的扩大，在创造了辉煌的物质文明的同时，人类自身也陷入了始料未及的严重困境。可以毫不夸张地说，人类未来的冲突绝不仅仅是政治、经济、文化的冲突，还可能发展到为争夺生态空间而大动干戈。越来越多的科学家、哲学家预言：恐怖主义、霸权主义虽然不会在短期内消失，但全球生态环境的恶化已成为21世纪人类面临的最大"敌人"。

本章我们首先从生物圈与生态环境的概念出发，阐明人类正面临着一场空前险恶的生态劫难；然后从自然、社会和人本身三个层面深入分析生态危机的内在本质；接着进一步反思人类中心主义与非人类中心主义之争的初衷，从经济学与生态学的角度阐述人的主体能动性的异化及其表现形式；最后提出解决生态环境问题，协调人与自然关系的认识基础、根本方式和社会保证，试图为我国社会主义市场经济的健康运行和建设美丽中国的宏伟蓝图提供一种科学的发展思路。

一 一场空前险恶的生态劫难

随着人类社会的发展，人工自然的疆域总在不断地扩大。它的每一步扩大，都意味着人的活动介入了自然界的一个新领域，也意味着这个领域中原有的平衡受到干扰甚至被改变。英国著名科学史家、科学学的奠基人贝尔纳（J. D. Bernal）指出，从远古时代的猎人和农夫开始，"人就从事推翻自然界的平衡以利自己"的活动。① 可以说，随着从原始社会进入农业社会、工业社会进而向现代社会的过渡，自然界原有的平衡在越来越多的领域内被改变了，这是一个缓慢而不可逆转的历史过程。

（一）生物圈与生态环境的形势分析

今天，当我们谈到生态学的时候，首先想到的是生物圈，它主要是指自然环境；当我们谈到经济学的时候，首先想到的是人的生产、交换、消费和服务。如此对待这两个论题，它们便很难相互衔接，这正是问题之所在。我们需要一个健康的自然环境作为人类生存的环境，我们也需要生产、交换、消费和服务，为满足人的基本需求提供必要的物质保障。但正是因为两者我们都需要，当我们专注某一方面而忽视另一方面的时候，便可能会有某种灾难发生。事实上，这种灾难已经降临，现在的问题是：我们如何认识，如何应对？

1. 生物圈与生态环境

面对当今"资源约束趋紧、环境污染严重、生态系统退化的严峻形势"，人们的生态文明理念日趋建立。但是，为了从源头上扭转生态环境恶化的趋势，我们必须"把生态文明建设放在突出地位，融入经济建设、政治建设、文化建设、社会建设各方面和全过程"，"按照人口资源环境相均衡、经济社会生态效益相统一的原则，控制开发强度，调整空间结构，促进生产空间集约高效、生活空间宜居适度、生态空间山清水秀，给自然留下更多修复空间，给农业留下更多良田，给子孙后代留下天蓝、地绿、水净的美好家园。"② 要达到这一理想状态或境界，我们必须从源头上谈起。

所以，今天我们谈生态文明建设，首先涉及的就是生物圈的问题。生物圈的概念是由奥地利地质学家休斯（E. Suess）于1375年首先提出的，它是指地球上有生命活动的领域及其居住环境的整体。主要范围在地面以上23千米和地面以下10千米的区域，其中包括大气圈的下层，岩石圈的上层，整个土壤圈和水圈。但是，大部分生物都集中在地表之上和海平面

---

① [英] 贝尔纳：《历史上的科学》，伍况甫等译，科学出版社1959年版，第535页。
② 《中国共产党第十八次全国代表大会文件汇编》，人民出版社2012年版，第36页。

以下各 100 米的范围内，这里是生物圈的核心部分。生物圈主要由生命物质、生物生成性物质和生物惰性物质三部分组成。生命物质又称为活质，是生物有机体的总和；生物生成性物质是由生命物质所组成的有机矿物质相互作用的生成物，如煤炭、石油、泥炭和土壤腐殖质，等等；生物惰性物质是指大气低层的气体、沉积岩、黏土、矿物质和水。生物圈的形成是生物界与水圈、大气圈及岩石圈（土圈）长期相互作用的结果，生物圈存在的基本条件是：

（1）获得来自太阳的充足光能。一切生命活动都需要能量，而其基本来源是太阳能，绿色植物吸收太阳能合成有机物而进入生物循环。

（2）存在可被生物利用的大量液态水。几乎所有的生物全都含有大量水分，没有水就没有生命。

（3）生物圈内所有生命活动要有适宜的温度条件，在此温度变化范围内，物质有固态、液态和气态三种变化。

（4）能提供给生命物质所需的各种营养元素，包括 C、H、O、N 四种主要元素，占总量的 98%；另外 S、P、Cl、Na、Ca、Mg、Fe、K 八种元素，约占 2%；此外还有几十种微量元素。它们是生命物质的组分或中介。

由此可见，凡有生命存在的地方都属于生物圈，地球表层是生物栖居的主要地方，地球就成为最大的生态系统。生物的生命活动促进了物质循环、能量流动和信息交换，并引起生物的生命活动发生变化。生物要从环境中取得必需的物质、能量和信息，就要适应环境；反过来，环境发生了变化又推动生物的适应性，这种相互作用促进了整个生命世界的持续不断的变化。这样，生态学（ecology）的概念就应运而生，它是由德国生物学家海克尔（E. H. Haeckel）于 1866 年首先提出的。生态学作为一门新兴学科，是研究生物之间以及生物与环境之间相互关系的科学。20 世纪 30—40 年代是生态学基础理论发展的奠基时期，其中最有代表性的是"生态系统"概念和"十分之一定律"的提出。这些概念和原理的提出不仅把生态学推向系统研究的新高度，而且为日后生态学研究领域的拓展，尤其是认识和解决日益突出的环境问题进行了理论准备。20 世纪 50 年代，美国生态学家奥德姆（E. P. Odum）最早认识到把能量流作为生态学原理的重要性，并使生态学与经济学结合起来，发展了人类生态学。他于 1953 年出版了《生态学基础》一书，标志着近代生态学（系统生态学）的形成。20世纪60年代以后，随着人类活动范围的扩大和多样化，人与环境的关系问题越来越突出。1962年蕾切尔·卡逊（Rachel Carson）女士的"《寂静的春天》犹如旷野中的一声呐喊，用它深切的感受、全面的研究和雄辩的论点改变了历史的进程"[①]。从此，近代生态学的研究范围，除生物个体、种群和生物群落外，已经扩大到包括人类社会在内的多种类型的复合系统，人类面临的人口、资源、环境等几个重大问题已成为生态学的研究内容。特别是20世纪70年代联合国教科文组织开展的人与生物圈计划在全世界开展，把生态学推向一个崭新的阶段，即进入现代生态学阶段。由于它注重解决全球面临的生态环境问题和社会经济发展中的众多生态问题，所以在世界走向可持续发展的今天正发挥着越来越重要的作用。

有史以来，人类生存与发展的直接环境就是由许多生态系统构成的，我们把它称之为生态环境。一般来讲，生态环境是指影响人类生存与发展的水资源、土地资源、生物资源以及气候资源的数量与质量的总称，是关系到社会和经济持续发展的复合生态系统。它是由生物群落和非生物自然因素组成的，主要或完全由自然因素形成，并且间接地、潜在地、长远地对人类的生存和发展产生影响，所以我们又把它称为生态自然。自然界的平衡主要不是热力学意义上的平衡态，而是多指自然界本身形成的非平衡的稳定状态。这种状态是由系统内部的相互作用所决定的。不论由于什么原因所造成的涨落，如果被放大到能使系统失稳的临界点时，那么系统的自然平衡就会受到破坏，从而使系统进入新的演化历程。与人类社会生产、生活最直接的生态环境系统就是如此。生态环境的破坏，最终会导致人类生活环境的恶化。因此，人与自然的关系就是人与自己生存环境的关系，毁坏自然就是毁坏自己的家园，毁坏自己"无机的身体"。同样，人类要保护和改善生活环境，就必须保护和改善生态环境。所以我们说，人作为生态系统中的一员，他的生存和发展离不开整个生物圈的繁荣，同样他的幸福和健康也离不开整个生态环境的优美。

2. 生态环境的形势分析

在整个地球的生态系统中，人类活动是引起生态环境变化的强有力因

---

① [美]蕾切尔·卡逊：《寂静的春天》，吕瑞兰等译，吉林人民出版社1997年版，美国前副总统阿尔·戈尔前言。

素，它比其他任何生物的活动对整个生态系统的影响都要大得多。当然，这种影响可以是正面的，如栽培植物、驯养动物、植树造林、改良土壤和疏通河道等；但是，另一方面人类也做了非常多的破坏生态系统平衡的事，从而引发了生态问题和环境问题。

各个时代都有自己时代的生态环境问题。在人类发展的早期，由于生产力发展水平低下，只能靠采集和狩猎维持生计，常常由于过度的采集和狩猎，消灭了一个地区的物种，破坏了自己的食物来源，被迫从一个地区迁徙到另一个地区。这就是渔猎时代的特殊的环境和生态问题。到了新石器时代，由于生产工具的改进，产生了原始农业和原始畜牧业，从而解决了渔猎时代的环境问题。但是，在整个古代，农业的自发的发展，特别是刀耕火种的农业技术，破坏了大片的森林，很多地方的环境遭到破坏，生态平衡难以维持，一些哺育了人类光辉灿烂的历史文化的沃土终于变成了不毛之地。这就是农业时代的特殊的环境和生态问题。进入20世纪以来，随着科学技术的进步和机器大工业的发展，大量废弃物不经任何处理就排向大自然，引起了空气、水源、土地和动植物的污染，自然本有的净化能力急剧下降，自然资源的自我再生能力迅速衰减，至今已发展成为全球性的甚至直接威胁人类生存与发展的社会公害。这就是当今时代的环境和生态问题。可以说，这是各国思想家几乎与科技革命同时考虑的一个重大问题。

(1) 经济增长极限论。面对日益严重的生态和环境问题，一些有识之士大声疾呼，悉心研究，提出了一个又一个报告，撰写了一篇又一篇文章。1968年4月，来自十个国家的30多位科学家、教育家、经济学家和工业家，应意大利企业家、经济学家奥尔利欧·佩奇 ($A.\ Peccei$) 之邀齐聚罗马林西学院，讨论人类的现状和未来，成立了一个非正式的国际组织，这就是后来闻名于世的"罗马俱乐部"。《增长的极限》就是梅多斯 ($Dennis\ L.\ Meadows$) 等人接受罗马俱乐部的委托为它提供的第一个研究报告（1972年）。

该书作者之一丹尼斯·梅多斯女士是美国麻省理工学院的教授。他们以整个世界为研究对象，探讨了影响现代社会发展的五大要素——人口、工业、污染、粮食生产和资源消耗的变动与联系。研究认为，这五种因素增长的共同特点是指数增长，经过一定时间的倍增，会变得异常巨大；而与此同时，地球是有限的，人类处于其中的这个世界本身是一个有限的世界，因此一定会出现一些"增长的极限"。我们虽然"不可能确切地预言哪一种极限将首先出现或者后果会是怎样，因为人类对这种局面会有许多可以想象的、无法预言的反应。然而，人们可能研究世界系统中什么条件和什么变动可以导致社会和一个有限世界中的增长极限发生冲突，或者和这些极限相适应。"[①] 最后的研究结论认为，在人口增长率和资源消耗率保持不变的前提下，由于世界粮食短缺、资源耗竭、污染严重等原因，世界人口生产和工业生产能力将会发生无法控制的崩溃；而唯一可行的解决办法就是"在1975年停止人口增长和在1985年停止工业资本增长，……把出生率调节到和1975年的死亡率相等，以稳定人口。让工业资本自然地增加到1990年为止，此后也加以稳定，把投资率调节到和损耗率相等"[②]，以达到"增长为零"的"全球性的均衡"。这个事关人类命运的耸人听闻的结论使得《增长的极限》出版之后，立即引起了西方国家学术界的激烈争论，其中透显的悲观论调更是传染给了许多人，一时间似乎"世界末日"即将来临。这当然会引起一些人的不满，他们起而反对，提出了一套与之针锋相对的盲目乐观的理论。

（2）市场/科技万能论。针对经济增长极限论，以美国赫德森研究所所长、物理学家赫尔曼·卡恩（H. Kahn）、未来学家阿尔文·托夫勒（Alvin Toffler）、经济学家朱利安·西蒙（Julian L. Simon）为代表提出了一套乐观主义理论。比如，卡恩在1976年发表的《今后200年》一书中，提出著名的"大过渡"理论，预言到22世纪初，世界大多数国家将进入"后工业社会"，跨入人类历史上的另一个伟大时代。1980年托夫勒在其《第三次浪潮》一书中，提出人类社会至今已经历了两次浪潮（农业革命和工业革命），正面临着第三次浪潮（信息革命或知识革命）的冲击，这是一个大跃进的年代。西蒙在其1981年出版的《没有极限的增长》一书中进一步指出，人类目前所面临的"困境"只是人类历史上的一个插曲而已，人们完全可以借助科学技术的进步和人类文明程度的提高来消除"困境"走向光明。我们可以将这些思想和观点概括为以下四点：第一，科学技术的发展具有克服人类种种困境、解决种种经济增长难题的

[①] [美]梅多斯等：《增长的极限》，于树生译，商务印书馆1984年版，第63页。
[②] 同上书，第123—124页。

巨大力量；第二，从长远发展趋势来看，人类有利用自然资源的无限可能性，人类的前景是美好的；第三，经济增长有巨大的潜力，是能够长期持续下去的；第四，认为经济增长比环境保护更重要，特别是发展中国家应该把环境质量放在第二位，优先考虑发展问题。有的甚至认为先把经济搞上去了再说，环保可暂时放在一边。一个形象的说法是"在饥饿和空气污染中，当然是面包更重要"①。

（3）经济与环境协调论。与上述消极悲观和盲目乐观的态度不同，1972年联合国人类环境会议通过的《人类环境宣言》代表了第三种态度。《人类环境宣言》提出：

> "人类是环境的创造物，也是环境的改造者。环境不但供给人类物质上的需求，并提供人类智慧、道德、社会以及精神上成长的机会。人类在地球上长久而艰难的演化过程中，由于科学和技术的快速发展，现已达到利用难以计数的方法、前所未有的规模，来改造其环境的阶段。人类环境有两个方面，即自然环境和人为环境，均为人类的福祉，是基本人权的享有以至生存权本身所必需的。……人类环境的维护和改善是一项影响人类福利与经济发展的重要课题，是全世界人民的迫切愿望，也是所有政府应肩负的责任。……人类业已到了必须全世界一致行动共同对付环境问题，采取更审慎处理的历史转折点。由于无知或漠视会对生存及福利相关的地球，造成重大而无法挽回的危害。反之，借助于较充分的知识和较明智的行动，就可以为自己以及后代子孙，开创一个比需要和希望尤佳的环境，实现更为美好的生活。提高环境质量与创造美好生活的远景甚为广阔。现今最需要的是一种持重而平静的心情，热切而有秩序的工作，以期在自然界获得解放。人类必须与大自然协同一致，运用知识建立一个更美好的环境。为了现在以及未来千秋万代，维护并改善人类的环境，业已成为人类必须遵循的崇高目标。"②

---

① 陈其荣：《自然哲学》，复旦大学出版社2004年版，第208—209页。
② 转引自周义澄《自然理论与现时代》，上海人民出版社1988年版，第238—239页。

通过以上三种观点的比较分析,特别是认真阅读和理解《人类环境宣言》之后,我们可以看出,在历史的惨痛教训下人类对待自然的态度发生了大的转变,即从支配或统治自然到与自然和谐相处:"人类不愿也不能做自然的奴隶,但也不能反过来叫自然做我们人类的奴隶;人类与地球、人类与环境、人类与自然之间需要和谐,需要共同兴衰的协调发展。"[①] 总之,20世纪70年代,在这场反对经济增长和拥护经济增长的大论战中,人们逐渐取得了一致意见——走可持续发展的道路。于是"可持续发展"(Sustainable Development)这一概念也于1980年首次出现在世界三大国际组织[②]联合发表的《世界自然资源保护大纲》中,告诫人们要有建设一个可持续发展社会的紧迫感。

(二) 当今人类面临的五大环境问题

当今人类面临的生态环境问题,有各种各样的表现形式,我国著名环境科学家曲格平先生在《困境与选择》一书中将其划归四种类型:(1)全球环境问题,主要是温室效应(全球变暖)、臭氧层消耗、酸雨蔓延、生物多样性减少。(2)环境污染,包括大气污染、水污染、噪声污染、电磁污染、放射性污染、工业废弃物和生活垃圾污染、海洋污染等。(3)生态破坏,主要有森林锐减、草原退化、土壤侵蚀、沙漠化等。(4)资源短缺,主要是可耕地减少、水资源匮乏、能源危机等。也有人将其划分为下述十大环境问题:大气污染、温室效应、臭氧层消耗、酸雨蔓延、物种锐减、森林浩劫、土地荒漠化、水资源匮乏、海洋污染和垃圾成灾。下面我们择其要者归纳为五个主要问题。

1. 空气污染严重

空气是弥漫于地球周围的混合气体,主要成分是氧和氮,还有少量的氦、氖、氩等稀有气体和水蒸气、二氧化碳和尘埃等。由于地球有强大的引力场,使80%的空气集中在离地面约15千米的范围里。这一空气层对人类的生活、生产影响很大。人们通常所说的大气污染指的就是这一范围

---

① 孙正聿等:《马克思主义基础理论研究》(上),北京师范大学出版社2011年版,第366页。

② 三大国际组织:世界自然资源保护同盟(IUCN)、联合国环境规划署(UNEP)、世界野生生物基金会(WWF)。

内的空气污染。18世纪60年代以来，工业的迅速发展向空气中排放了大量的有害物质，污染了空气。特别是二氧化碳的含量增加了25%，目前全世界的工矿企业每年排放的二氧化碳达到了200多亿吨。当空气中的有害物质达到一定浓度后，就会严重损害人类的健康和农作物的生长；破坏了某些物质，又会使人的能见度降低，影响交通安全等。目前由此造成的全球气候变暖已然成为可以触摸的事实，异常气候造成的灾难在全世界范围内明显增加。

现在，世界范围内空气质量状况不容乐观，特别是工业化国家，空气悬浮颗粒浓度普遍超标，二氧化碳、二氧化硫污染居高不下，机动车尾气持续攀升……。中国环境保护部发布的《2008年中国环境状况公报》显示，在全国519个报告了空气品质数据的城市中，达到一级标准的城市仅有21个，占全国城市数量的4%。2012年入冬以来，北京等城市连续出现雾霾天气，一时间"$PM2.5$"这个专有名词迅速"走红"。据全国74个重点城市2013年1月12日空气质量监测显示，北京可吸入颗粒物浓度为786微克/立方米，天津为500微克/立方米，石家庄为960微克/立方米。这个浓度值超过了标准限量75微克的10倍。它负载着大量的有害物质穿过鼻腔中的鼻纤毛，直接进入肺部，甚至渗进血液，严重地危害人体健康。所以，有学者认为，"与发达国家经历的空气污染过程相比，我国的空气污染现状显得非常特殊。国外的空气污染物问题是逐个出现逐个解决的，而国内现阶段面临的是很多种类的污染物同时出现高浓度的爆发。"[1] 研究表明，目前世界上有10亿多城市人口健康受到空气污染的威胁，据世界卫生组织的估计，到2020年全世界死于空气污染的人数将达到800万。我国11个最大城市中，空气中的烟尘和细颗粒物每年使5万人死亡，40万人感染上慢性支气管炎。在一定程度上，空气污染已成为当今社会的一大"杀手"。所以，我们迫切需要找出合适的方法、手段，以应对日益严重的空气污染问题，保护我们人类的共同安全。

2. 世界性水源危机

水能滋润万物、哺育生命、创造文明，所以水是地球上万物的命脉所在。从宇宙空间看，地球是一个蔚蓝色的星球，可见这个"水晶球"的

---

[1] 《北京的空气污染到底有多严重？》，http：//www.guokr.com/article/70045/#。

储水量是非常丰富的。现已查明，地球表面70%被水覆盖，约有14亿立方千米的水体，其中97.5%是海水，淡水只占2.5%，约有0.35亿立方千米。而在这部分淡水中一半以上是冰川，实际上真正可供人类利用的河水、湖水和浅层地下水，只占全球淡水总储量的0.3%，即全球整个水量的0.0075%左右。因此，过去盲目地说水是"取之不尽、用之不竭"的，那是极不科学的。今天，水资源（淡水）作为整个生态环境的一个重要组成部分，既是影响经济文化生活、城乡兴旺发达的制约因素，又与天气、气候的关系十分密切。所以，水是人类赖以生存不可或缺的自然资源，也是不可替代的经济资源，更是可持续发展的战略资源。

20世纪以前，世界上一些地区已经存在水资源短缺的问题，但那只是局部性问题。20世纪50年代以后，随着世界人口快速增长，科学技术突飞猛进，经济规模空前扩大，人类在不科学发展观的指导下，水资源过度消耗和人为污染。与此同时，温室效应引起全球增温，使干旱、半干旱地区缺水加剧；山地、丘陵地区广泛毁林开荒，不仅造成土壤流失，而且破坏了水源涵养等。这一切，使人类社会从局部性的水源短缺，迅速发展成为世界性的水源危机，严重地制约了世界经济、社会和环境的可持续发展。20世纪后半叶，困扰世界的中东战争、印巴冲突、非洲社会动荡等，水资源问题是重要的起因之一。水资源危机包括两个方面：一是水量短缺，即无水可用或供不应求，称为资源性缺水；二是水体被污染，即有水不能用或受限制使用，称为水质性缺水。目前，这两类短缺，在世界范围内相当普遍而又十分严重。现在世界上60%的地区面临淡水不足的困境，其中有40多个国家水源严重匮乏，而且由于石油、垃圾和其他各种有毒物质向海洋倾倒，海洋也受到严重污染，致使海洋生物直接受到危害，水生有机体、鱼类和其他微生物大量死亡，已到了令人触目惊心的程度。

面对"滴水贵如油"的水资源，人类对它的浪费和污染却是令人痛心的：据统计，全世界污水排放量已达到4000亿立方米，使5.5万亿立方米水体受到污染，占全世界径流总量的14%以上。水质污染对人类健康危害极大，污水中的致病微生物、病毒、放射性物质等可能引起传染病的蔓延。前些年，美国环境保护署（*EPA*）针对1971—1994年间由水所引起的疾病进行过一项调查：在740件案例中因原生动物所引起的案件共148件，有448486人因而致病，是所有原因中最高者。研究发现，在原生动物种类中隐孢子虫和梨形鞭毛虫两种需要特别注意，它们最常出现在游憩风景区和畜牧养殖区，其中又以养猪、养鸭两种最多。统计还显示，23年内所造成的死亡病例共89件，而原生动物所造成的死亡案例高达70件。所以，水不仅是生命之源，对人类极其重要，而且污染又如此严重。因此，我们更应该加强保护水资源意识，加大保护水环境力度，从自身做起，从小事做起，否则地球上最后一滴水将是我们的眼泪！

3. 森林惨遭破坏

森林曾是人类的摇篮，没有森林便没有人类，可是它现在正惨遭践踏。据世界观察研究所报告，在500年前，地球的陆地面积约有三分之二被森林覆盖，总面积可达76亿公顷。1950年以来，随着人口的快速增长和工业化的高速发展，世界的森林惨遭破坏，被大面积砍伐，到1990年减少到34亿公顷，陆地覆盖率下降到了三分之一。另据联合国粮农组织（FAO）卫星遥感观测资料显示，现在全球平均每年约有1450万公顷的森林被毁，相当于每分钟以27公顷的速度在减少。报告还指出，保护森林的情况不容乐观，因为森林净损失的速度正在加快：1990—2000年间年均损失为410万公顷，而2000—2005年间增加到了640万公顷。森林是陆地生态系统物质循环和能量交换的枢纽，它同人类的利益息息相关。特别是有"地球之肺"之称的热带雨林惨遭破坏，受到全世界的普遍关注。世界现有热带雨林19.35亿公顷，每年丧失近1100万公顷。这种趋势如果不加改变，50年后热带雨林将从地球上消失。

总之，森林是自然生态系统中有机质的最大生产者和蓄积者，是生态资源库和绿色的蓄水池。森林被毁的直接后果是导致大量的水土流失、洪水泛滥、土地沙漠化和物种退化，后果十分严重。比如，由于森林和草地的破坏，大大加速了土地盐碱化和沙漠化的进程。现在全世界已经沙漠化和受其影响的地区高达3843万公顷，而且每年都在以100万—150万公顷的速度在递增。据统计，全球土壤流失量已增加到每年600亿吨，其直接后果是土层瘠薄，肥力下降。目前全球大约30%的陆地发生沙漠化现象，平均每年有600万公顷的土地沦为沙漠。因沙漠化和土壤退化而丧失生产力的土地，每年就有2000万公顷。土壤资源流失的结果，使世界人均耕地面积，由1975年的3200平方米减少为2000年的2500平方米。研究表明，在自然力的作用下，形成1厘米厚的土壤需要100—400年的漫长岁月，现在，全世界每年损失的土壤量已超过了新增土壤量。土地沙漠化之所以迅速扩展，主要原因是人类对森林的乱砍滥伐，对草原的过度放牧，打乱了水分的循环；人类对森林和植被的破坏，导致气候干旱，土地出现松散的流沙沉积。因此，耕地面积减少，农作物歉收减产，严重地影响了人类的食物供应和生活环境。所以，我国政府提出，在土地问题上，我们绝不能再犯不可改正的历史性错误，遗祸子孙后代。一定要守住全国耕地不少于18亿亩这条红线。

4. 生物多样性锐减

生物多样性（*biological diversity*）又称物种歧异度，是生物学的一个新概念。1968年，美国野生生物学家雷蒙德（*F. D. Ramond*）在其通俗读物《一个不同类型的国度》中首先使用这一概念。但是直到1985年罗森（*W. G. Rosen*）以缩写形式（*Biodiversity*）公开使用，"生物多样性"一词才在科学和环境领域中得以广泛传播和应用。根据联合国1992年制订的《生物多样性公约》的说法，它是指"所有来源的活的生物体中的变异性，这些来源包括陆地、海洋和其他水生生态系统及其所构成的生态综合体；这包括物种内、物种之间和生态系统的多样性"。可见，广义的生物多样性是指一定空间范围内多种活的有机体（动物、植物、微生物）有规律地结合在一起所构成的生态复合体以及与此相关的各种生态过程的总和，包括基因、物种和生态系统三个层次。其中物种多样性是关键，它既体现了生物之间及其与环境之间的复杂关系，又体现了生物资源的丰富性。目前在地球上大约1000万—3000万的物种中，有200万种已经被命名或被简单地描述过。这些形形色色的生物物种就构成了生物物种的多样性。所以，生物多样性是人类赖以生存的基础，是经济社会可持续发展的条件，也是资源安全和生态安全的保障。

生物多样性是地球生命经过几十亿年演化发展的结果。在人类出现以前，物种的灭绝与形成是一个自然过程，在2.2亿年前的晚三叠纪和6500万年前的晚白垩纪，地球上均发生过大规模的物种灭绝。人类产生以后，增加了人为干扰的因素。现在的生物多样性是地球历史上的又一个高峰期。由于人类活动，特别是大规模砍伐热带雨林，加速了生物物种的灭绝。据史料记载，人类对物种灭绝速度的影响至少可追溯到15000年前。在石器时代，物种灭绝的速度为每1000年1种；最近400年来，地球上的物种灭绝速度在加快,如兽类在17世纪平均5年灭绝一种;18世纪工业革命时代,物种灭绝达到每年1种;20世纪中叶以来发展到几乎平均每天1种。据有关资料统计,目前全世界濒临灭绝和受到严重威胁的哺乳动物有400多种,鸟类近500种,鱼类200多种。据有人估计,在未来四五十年中,全世界将会有2500种植物和1000多种脊椎动物在地球上消失。由于食物链的作用,地球上每消失一种植物,往往会有10—30种依附于这种植物的动物和微生物也随之消失。每一种物种的丧失减少了生命物质适应变化条件的选择余地。生物多样性减少,必将恶化人类的生存环境,限制人类生存与发展机会的选择。另外,生物遗传的多样性,即所谓基因库,对人类的长远利益有着不可估量的重要意义,所以每消失一个物种都将是一个无可挽回的损失。

由此可见,保护和拯救生物多样性是实现可持续发展的迫切需要。物种的灭绝是由多种原因造成的:大面积森林的采伐、火烧和农垦;草地过度放牧和垦殖;生物资源的过分利用;工业化和城镇化的发展;外来物种的大量引进和入侵;无控制的旅游与环境污染;全球变暖以及各种干扰的累加效应等,都是威胁生物多样性的重要原因。生物多样性保护的目的是使它们为当代人提供最大的利益,并保持满足后代人需求的潜力。目前,大量物种的消失已引起国际社会的广泛关注,人们也逐步认识到保护物种首先要保护物种的生存环境,即保护物种赖以生存的生态系统和物种之间的生态过程,以及保护物种所蕴含的遗传资源。如何采取有效措施,以拯救这些逐渐走向灭亡的物种已经成为一个重要的研究内容。

5. 臭氧层损耗变薄

臭氧(O_3)是大气中的微量元素,主要分布在离地面20—30千米的平流层内(下面是对流层),所以也被称为臭氧层,其中臭氧的含量占这一高度上空气总量的十万分之一。臭氧的含量虽然不大,但却具有非常强的吸收紫外线的功能,它能把波长为200—300纳米(10^{-9}米)的紫外线吸收掉。而紫外线,尤其是波长为260—315纳米的中短波紫外线对生物具有极强的杀伤力。正是由于臭氧层能够有效地挡住来自太阳的紫外线的侵袭,才使地球上的各种生命得以存在、生息和繁衍,因此被称为地球的"保护伞"。

20世纪70年代初,美国环境科学家最先发现臭氧层受损的蛛丝马迹。1985年，英国科学家证实南极上空的臭氧层浓度极为稀薄，即出现了所谓的"空洞"。到1994年南极上空臭氧洞的面积已达到2400万平方千米，之后的2003—2009年臭氧洞的面积均超过了2500万平方千米，其中2008年达到2720万平方千米，比整个北美洲的面积还要大。北半球上空的臭氧层也比以往任何时候都薄。南极上空的臭氧层是经过20亿年形成的，可是在一个世纪里就被破坏了60%。因此，科学家警告说，地球上空臭氧层被破坏的程度远比一般人想象的要严重得多。其主要原因是人类在使用挥发剂、冷冻剂、消毒剂、起泡剂、灭火剂等化学制品时，向大气中排放的氯氟烃和溴等气体进入平流层，在紫外线的作用下释放出氯原子，氯原子和臭氧发生反应形成纯氧（O_2）。据此有人分析，南极大陆上空的大气在冬季非常寒冷，形成了很多冰粒物质。这些物质表面的反应使氟利昂极易释放出氯原子，致使在春季大气中出现了一大批活泼的氯原子，因此南极上空春季臭氧含量大量减少。加之平流层空气很少有上下对流，没有雨雪的冲洗，污染物可以在平流层停留很长时间，这对臭氧层的破坏很大。

臭氧层破坏的后果是很严重的：第一，臭氧的减少使皮肤癌和角膜炎患者增加，也会损害人的免疫功能，使传染病的发病率迅速增加。第二，破坏地球上的生态系统。过量的紫外线影响植物的光合作用，使农作物减产，紫外线还可能导致某些生物物种的变异。第三，引起新的环境问题。过量的紫外线能使塑料等高分子材料更加容易老化和分解，结果又带来新的环境污染。因此，在联合国的积极推动下，国际社会于1985年签署了《保护臭氧层维也纳公约》，并于1987年制定了《关于消耗臭氧层物质的蒙特利尔议定书》，具体确定了保护臭氧层的原则和国际合作框架。迄今为止，190多个国家加入了这一公约和议定书。由于近年来国际社会采取了有效措施，人类排放到大气中的氟利昂等消耗臭氧层物质的总量开始下降，大气臭氧层损耗速度出现了减缓的迹象。

（三）当今生态环境危机的三大特征

20世纪50年代以来，随着科学技术和经济全球化的迅猛发展，加之人类对生态学基本规律的认识不足以及人口的压力、技术的滥用、传统生产（消费）方式的缺陷、自由经济制度的弊端等，目前，人类面临的生态环境问题已不是一个简单的环境危机问题,而是以往时代环境问题的集中体现和总爆发。我们可以用 20 世纪末的一份研究报告来描述。1999 年联合国环境规划署(UNEP)发表的《2000 年全球环境展望》报告指出:1992 年联合国环境与发展大会召开以来,一些国家成功地抑制了环境污染并使资源退化的速度放慢,然而总体情况是"全球环境趋于恶化"。在工业化国家,许多污染物特别是有毒物质、温室气体和废物的排放量仍在增加,这些国家的浪费型生产和消费方式基本上没有改变。在世界许多较穷的区域,持续的贫穷加速了自然资源的退化和生态环境的恶化。报告还指出:地球将越来越干旱、燥热、缺水,气候的反复无常也会越来越严重。由于水资源匮乏、土地退化、热带雨林毁坏、物种灭绝、过量捕鱼、大型城市空气污染等问题,地球已呈现出"全面的生态环境危机"。这两个"全"字——全球、全面——显像的表现是"程度在加剧、范围在扩大、危害在加重",究其内在的复杂性原因,我们将其归结为如下三大特征:

1. 环境危机的全球化

一般来说,以往环境危机影响的范围、危害的对象或产生的后果,主要集中于污染源附近或特定的生态环境里,呈现出局部性和区域性的特征,对全球环境的影响不是太大。而当前环境危机则超越了国界,表现为全球化的特征:比如,最为世人关注的温室效应、臭氧层破坏、酸雨等,其影响范围不但集中于人类居住的地球陆地表面和低层大气空间,而且涉及高空和海洋;又如,一个国家的大气污染,特别是二氧化硫排放量过大,可能导致相邻国家或地区受到酸雨的危害;再如,全球气候变暖,两极冰川融化,海平面不断升高,几乎对所有国家和地区,尤其是沿海国家和地区将造成毁灭性的灾难。

现在,酸雨造成的危害日益严重,已经成为全球性环境污染的重要问题之一。二氧化硫是形成酸雨的主要污染物之一。随着经济社会的发展和人类生活水平的提高,人们将燃烧更多的煤、石油和天然气,产生更多的二氧化硫等污染物。因此,今后酸雨造成的危害有可能更加严重。酸雨使土壤和河流酸化,并且经过河流汇入湖泊,导致湖泊酸化;湖泊酸化以后不仅使生长在湖中和湖边的植物死亡,而且威胁着湖内鱼、虾和贝类的生存,从而破坏湖泊中的食物链,最终会使湖泊变成"死湖";酸雨还直接危害陆生植物的叶和芽，使农作物和树木死亡，导致农业的歉收减产和生态环境的进一步恶化。

另外，全球环境问题已与各国的政治经济利益、社会发展战略和文化价值观念紧密联系在一起。因此，全球性环境和资源问题的解决并非一国或一个国际组织所能实现，它需要各国政府和国际社会的共同努力。除了日益尖锐的环境问题外，资源稀缺以及为争夺资源而引起的冲突也日趋白热化。20世纪90年代初的海湾战争其实就是美英等西方国家为维护"石油资源"而进行的，由来已久的中东地区冲突都因"水"而引发。资源匮乏已成为威胁国家安全和人类生存的主要因素。美国之所以扮演世界警察的角色，说白了就是为了控制资源，巩固自己"老大"的位置。

2. 环境危机的综合化

我们知道，直到20世纪60年代，人们普遍关注的环境危机还是"三废"污染及其对人体健康的危害。但是当前环境危机已经远远超出了这一范畴而涉及人类生存环境的各个方面，它的成因和结果都呈现出综合化的特征。大量的资料数据表明，20世纪90年代全球灾难性的自然灾害比60年代多了8倍。如1998年头11个月发生的各种自然灾害给人类带来严重的生命和财产损失，有3.2万人丧生，3亿人流离失所，经济损失高达890亿美元，高于1996年600亿美元的纪录，也超过了80年代自然灾害损失的总和；1999年，自然灾害总是占据着新闻的头版头条：上半年印度奥里萨邦的飓风夺去了1万人的生命；土耳其的地震引发了"世纪末的恐慌"；12月委内瑞拉连续两周的大雨夺去了5万人的生命，并使20万人无家可归。

进入21世纪，这种灾难性的自然灾害有增无减。2008年对于中国人来说是一个非常特殊的年份：1月份南方经受了百年不遇的大雪灾害。突如其来的大雪使南方部分省市的电力供应、交通运输陷入瘫痪，给老百姓的衣、食、住、行带来了极大的不便，致使中国南方诸省在短短的一个月内蒙受经济损失5000亿元人民币；接着5月12日14时28分，四川省汶川县发生了里氏8.0级的强烈地震。这是新中国历史上破坏性最强、波及范围最大的一次地震，地震的强度、烈度都超过了1976年的唐山大地震（里氏7.8级），造成7万人丧生，38万人受伤，直接经济损失高达8 452亿元人民币。同时，也引发了大面积的滑坡、崩塌和泥石流等次生灾害，造成了一系列的生态环境问题。

另外，2012年尼日利亚经历了一场40年来的特大洪灾。从7月到10月底，已有363人死亡，61万幢房屋被毁，210万人无家可归，使该国36个地区中的33个地区共770万人受到洪水的影响。

联合国环境规划署的报告认为，尽管近年来的自然灾害与厄尔尼诺现象（El Nino）和拉尼娜现象（La Nina）有关，但是在很大程度上也是一种非自然灾害。人们大肆砍伐森林、过度放牧和垦殖、过分利用自然资源，破坏生态环境是导致严重自然灾害的一个重要因素。反思中人们也逐步认识到，除了地震、火山爆发这类纯自然灾害之外，许多灾害的发生都同人类的活动密切相关。"天灾八九是人祸"讲的就是这个道理。

3. 环境危机的高技术化

在现代社会，科学技术是第一生产力，它在给人类物质生活带来空前繁荣的同时，也给人类带来了前所未有的灾难。正是由于科学技术的发展，才使人类有了强大的改造世界的能力。在扩大和深化人类活动的过程中，人们大规模地开矿、建厂，向自然界索取更多的物质、能量，同时也向环境排放出日益增多的废弃物。尤其是化学工业的发展，使人类能合成许多自然界根本没有的化学品，在排入环境后长期在食物链中循环，危害人体健康。

20世纪60年代，蕾切尔·卡逊击中的第一个目标就是农药。农药是不易分解的化合物，被生物体吸收之后，会在生物体内不断积累，致使这类有害物质在生物体内的含量远远超过在外界环境中的含量，这种现象称为"生物富集作用"。生物富集作用随着食物链的延长而加强。例如，几十年前DDT作为一种高效农药，曾经广泛用于防治病虫害。美国某地曾经使用DDT防治湖内的孑孓，使湖水中残存有DDT，而浮游动物体内DDT的含量则达到湖水的1万多倍。小鱼吃浮游动物，大鱼又吃小鱼，致使DDT在这些大鱼体内的含量竟高达湖水的800多万倍。"现在每个人从未出生的胎儿期直到死亡，都必定要和危险的化学药品接触，这个现象在世界历史上还是第一次出现的。"[1]

众所周知，原子弹、导弹的试验，核反应堆的使用及其事故，以及电

---

[1] ［美］蕾切尔·卡逊：《寂静的春天》，吕瑞兰、李长生译，吉林人民出版社1997年版，第12页。

磁辐射等都会对生态环境产生严重的影响。1986年4月26日，切尔诺贝利（Чернобыль）核电站四号反应堆发生了剧烈爆炸，酿成了20世纪人类历史上最严重的核污染事件，导致31人当场死亡，273人受到放射性伤害，13万居民紧急疏散。据乌克兰政府估计，这场灾难的强度相当于广岛原子弹的500倍，使320万人受到核辐射侵害，2294个居民点受到核污染，800万公顷土地成为放射性尘埃的降落区。跟踪调查表明，此后十多年，又有5000多人因受核辐射患病死亡，其中60%是受害者因无法忍受核辐射的痛苦而自杀的。世界卫生组织2006年4月18日发表报告称，近20年来受污染地区已有9335人死于核泄漏引发的癌症等疾病，还有3万多人落下了终身残疾。另外，据专家估计，完全消除这场浩劫的影响最少需要800年。可见，当前环境危机的高技术化特征真可谓触目惊心！

所以，科学技术是一把双刃剑，它既有造福于人类的一面，也有危害人类的另一面。人们只有正确使用科学技术，"坚持节约优先、保护优先、自然恢复为主的方针，着力推进绿色发展、循环发展、低碳发展，形成节约资源和保护环境的空间格局、产业结构、生产方式、生活方式，从源头上扭转生态环境恶化趋势，为人民创造良好生产生活环境"[①]。否则，"不以伟大的自然规律为依据的人类计划，只会带来灾难"[②]。

综上所述，"这种基于人类自身需要而发展起来的以利用现代科技征服自然为特征的发展模式是极其贪婪的。它将自然看作是满足人类需要的客体，竭尽征服与索取之能事，以满足其日益膨胀的消费欲望。这种永无止境的欲望与有限的自然资源形成了一对不可调和的矛盾：一方面人类要征服自然占有更多的自然资源以维护和肯定自己的生存；另一方面，自然资源日渐枯竭，生态环境日益恶化，人类社会陷入空前的生存危机。由此可见，以征服自然为特征的发展模式从根本上扭曲了人与自然的关系，将人类置于危险的生存境地。"[③]

---

① 《中国共产党第十八次全国代表大会文件汇编》，人民出版社2012年版，第36页。
② 《马克思恩格斯选集》第31卷，人民出版社1972年版，第251页。
③ 王常柱、武杰：《科学发展：人与自然关系的伦理诉求》，《巢湖学院学报》2010年第4期，第2页。

二 生态危机内在本质的探寻

当今世界,困扰人类的三大"过剩"问题——人口过剩、技术过剩、消费过剩,都是从生态危机角度提出来的。仔细思考这些问题,我们认为最根本的是要处理好"经济学与生态学之间的张力"。这是一个颇具讽刺意义的命题,因为这两个语词的本来意义是很难区分的。它们都起源于希腊文 *Oikos*,其意义是家务（household）。生态学是家务的逻各斯（*Logos*),经济学则是家务的规则（*Nomos*)。*Logos* 可以翻译为理性（reason), *Nomos* 则可以翻译为规律（law),它们的内涵是重叠的。[①] 然而,现在经济学的意指和生态学的意指却是很不一致的。

(一) 人类活动引起自然生态的失衡

我们知道,所有的生命形式包括人在内,都得与外界环境保持某种最低限度的自动平衡,否则就没有足够的投射力生存下去。这里的"自动平衡"与其说是一个表示静态意义的词,不如说是一个近似于水力学意义上的词。用在生物学上,它描述的是生命之"流"通过与外界环境不断进行物质、能量的交换,以保持一种稳定状态。资源的消耗与资源的保护总是相互矛盾的,而生命就是在这两者之间的微妙张力中延续。在人类出现以前,这种平衡是无意识的;人类出现以后,就有了这样一个挑战:如何将这种平衡转变成有意识的,或者说是道德性的？自动平衡不排除进化和历史发展,但它确实规定了:未来人类的发展不论采用什么样的途径,都应当使这种自然过程能够延续下去,因为生命之河是要靠这种过程才能向前流动的。

1. 生态系统及其整体性特征

人类生存与发展的直接环境是由许多生态系统构成的。这里的生态系统（*ecosystem*),一般是指由生物群落及其物理环境相互作用所构成的功能系统。按照英国生态学家坦斯利（A. G. Tansly）的看法,"这个系统不

[①] [美] 小约翰·B. 科布:《论经济学和生态学之间的张力》,《新华文摘》2002 年第 11 期,第 164 页。

仅包括有机复合体,而且也包括形成环境的整个物理因素复合体。因此,生态系统可定义为在任何规模的时空单位内由物理—化学—生物学活动所组成的一个系统。"① 这个系统可分解成四个基本组成部分:无机环境(如空气、水、矿物质、土壤、阳光和气候等)、生物生产者(如绿色植物和进行自养生活的低等菌类等)、生物消费者(如草食动物和肉食动物等)和生物分解者(如微生物)。它们共同发挥作用并形成一个有机整体。一定规模的生态系统是一个开放系统,它吸收太阳能并经光合作用而转化为有机物;同时又通过蒸发、呼吸、微生物分解等多种渠道向外界输出物质和能量。这种以生物群落为核心的能量流动和物质循环就是生态系统最基本的功能和特征。生态系统中还存在着复杂的反馈机制,这种机制可以使系统稳定在一定的状态下,这种状态被称为自然平衡(自动平衡)。

在现代生态学中,整体性是生态系统最重要的特征,这一整体性特征主要表现在如下三个方面:

(1) 生态系统中的各种因素普遍联系和相互作用,使生态系统形成为一个和谐的有机整体;
(2) 生态系统层次结构的等级性、生态系统的组织性和有序性,表现为结构和功能的整体性;
(3) 生态系统发展的动态性,表现为它的时空有序性和时空结构的整体性。②

生态学研究表明,多样性是维持生态系统稳定的重要因素。物种越丰富,每一物种个体数量越大,环境条件越复杂,生态系统的多样性就越大,稳定性也就越好。通常,具有较大多样性的生态系统有较高的生产力。著名生态学家 E. P. 奥德姆把生物物种之间相互作用的多样性分成两类:(1)负相互作用,包括捕食、寄生、抗生作用;(2)正相互作用,包括偏利作用、合作和互利共生。③ 在这两类物种之间的相互作用中,互利

---

① 转引自雷毅《深层生态学思想研究》,清华大学出版社 2001 年版,第 83 页。
② 余谋昌:《生态哲学》,云南人民出版社 1991 年版,第 35—36 页。
③ [美] E. P. 奥德姆:《生态学基础》,孙儒泳等译,人民教育出版社 1981 年版,第 206 页。

共生是两个相互作用的物种最有利的生存方式。两个物种长期共同生活在一起，彼此互相依赖、相互共存、双方获利，一旦离开对方就不能生存。

著名环境伦理学家霍尔姆斯·罗尔斯顿在其《哲学走向荒野》（1986年）一书中明确指出："作为生态系统的自然并非任何不好的意义上的'荒野'，也不是'堕落'的，更不是没有价值的。相反，她是一个呈现着美丽、完整与稳定的生命共同体。"①"当生态学成为关于人类的生态学时，就把人类安置于他们的 Oikos——他们的'家'的逻辑之中。"② 罗尔斯顿的这种把自然的本质归结为生命共同体的思想，是一种崭新的生态自然观。这种自然观认为：生态系统是生命系统；生态系统具有显著的整体性；生态系统是具有自组织的开放系统；生态系统是动态平衡系统；生态系统是工具价值与内在价值的统一体。

陈其荣教授认为，生态自然观是基于人类生态学，以环境伦理学的形式展开的对人与自然关系的哲学思考。它提倡自然权利论和内在价值论；主张把"人的角色从大地共同体的征服者改变成共同体的普通成员与公民"；强调生态系统是一个由相互依赖的各部分组成的共同体，人则是"这个共同体的平等一员和公民"。人类和大自然其他构成者在生态上是平等的：人类不仅要尊重生命共同体中的其他伙伴，而且要尊重共同体本身；任何一种行为，只有当它有助于保护生命共同的和谐、稳定和美丽时，才是正确的；人与自然之间要协调发展、共同进化。③ 所以，生态自然观是人类对现代生态危机进行反思的结果，是系统自然观在人类生态领域中的具体体现，是辩证唯物主义自然观的现代形式之一，它对于实现可持续发展、建设生态文明具有重要的指导意义。

2. 生态危机与自然界的报复

在自然条件下，由于环境的变化，也会出现生态系统的演替。但是，如果变化过快，就会出现大量物种灭绝的危机。比如，恐龙在不到一万年的时间内全部灭绝；火山爆发造成当地生态系统的灭绝，都是生态危机。但最常见的是由于人类活动造成的局部地区的生态系统严重破坏，多处生

---

① [美]霍尔姆斯·罗尔斯顿：《哲学走向荒野》，刘耳、叶平译，吉林人民出版社2000年版，中文版序。

② 同上书，第81页。

③ 陈其荣：《自然哲学》，复旦大学出版社2004年版，第203页。

态系统的破坏导致整个生态圈的结构和功能紊乱，最终会威胁到人类自身的生存与发展。在这里我们将生物圈称之为生态圈，就是因为它普遍存在着生命现象。

所谓"生态危机"（ecological crisis）其实就是人与自然的关系发生了危机，它并不是一般意义上的自然灾害问题，而是指由于人的活动所引起的环境质量下降、生态秩序紊乱、生命维持系统瓦解从而危害人的利益、威胁人类生存和发展的现象。这种现象在自然发展史上具有一种不可逆转的倒退性质。但是，它不是自然界自发产生的，而是由人类的实践活动所引起的，是人类活动的一种负面效应的累积。[①] 贝尔纳指出，人类从作为一个猎人或农夫开始，就"从事推翻自然界的平衡以利自己"的活动。人类按照自己的需要耕种农田、开山采矿、建造水库、发展交通运输、建设工厂，变荒漠为绿洲、变荒山为果园、变沙滩为城镇，所有这些为人类提供了丰富的物质生活和精神生活，为人类的未来创造了美好的前景。然而，人的实践活动还有消极的一面。物质财富的高速增长是人类向自然索取的积极成果，但是它也造成了对人类赖以生存与发展的自然环境的破坏和污染。正是由于实践活动的这种双重效应，人类在历史上屡遭危机。

在渔猎文明时期，原始人类由于过度采集和狩猎消灭了大量物种，曾导致食物危机和区域性的生态危机，不得不迁离旧区域或发明新技术来渡过这种危机；进入农业文明以后，发生了食物生产方面的革命，改变了整个人类生存的物质状况和社会状况，但是刀耕火种的生产方式又导致了土壤流失和沙漠化等土地危机；进入工业社会以来，片面追求产值、利润的经济发展模式既破坏了宝贵的自然资源，又向环境倾注了大量有毒有害的污染物。人类制造的成千上万种化学合成物质破坏了在漫长地质年代所建立的物质平衡与循环。对自然资源掠夺式的开发和规模庞大的"征服自然"活动，导致了环境恶化、生态破坏、空气污染、气候异常、臭氧层损耗、生物多样性锐减、资源匮乏、疾病蔓延……人类正面临着一场空前险恶的生态劫难。正如著名哲学家海德格尔（M. Heidegger）所说，技术把人带入无保护状态，使人成为无家可归的浪子。技术引导人们去征服大

[①] 武杰、康永征：《生态危机的经济学思考》，《科学技术与辩证法》2004 年第 6 期，第 10—15 页。

地，而征服大地不过是无限掠夺的第一步，是人与自然关系错置的开始。①

我们知道，作为自我调节系统的自然界本身具有强大的自净能力、再生能力和自我修复能力。然而，现代人一味地利用地球，强迫它超出自己力所能及的范围来为人类服务，从而严重地影响着生态系统的自稳定和自发展，使整个自然生态面临发生不可逆转的大倒退甚至大毁灭的危险；反过来，它又严重地影响和威胁着人类自身的生存和发展。这就是我们所说的生态环境危机。恩格斯把它说成是"自然界对我们进行的报复"。其实，人对自然界的作用必然使自然界对人产生一定的反作用。从人类的立场来看，这种反作用也可以分为两类——报效作用和报复作用。所谓报效作用，就是自然界为人类的生存和发展提供各种物质、能量和信息；而报复作用，就是自然界对改造它的人类实行报复和反抗，使改造者受制于他的改造产物。

自然界对人类的报复作用至少也有两种形式。第一种是按照人利用自然力的程度使人服从一种真正的专制。恩格斯曾经指出："如果说人靠科学和创造性天才征服了自然力，那么自然力也对人进行报复，按人利用自然力的程度使人服从一种真正的专制，而不管社会组织怎样。"② 这种报复的形式使有个性的人、自由的人高度结合到一种机器系统上，服从某个生产组织者或者机构的支配。第二种是人类作为自然界的征服者又成了这种征服活动的直接受害者。恩格斯也指出："我们不要过分陶醉于我们人类对自然界的胜利。对于每一次这样的胜利，自然界都对我们进行报复。每一次胜利，起初确实取得了我们预期的结果，但是往后和再往后却发生完全不同的、出乎预料的影响，常常把最初的结果又消除了。"③ 今天我们提到的自然界的报复，指的就是这种情况。

3. 生态危机与生态学法则

面对当今"资源约束趋紧、环境污染严重、生态系统退化的严峻形势"，我们必须在反思中更新观念，彻底扬弃"人统治自然的思想"，充

---

① 张兴成：《现代性、技术统治与生态政治》，中国人民大学复印报刊资料《科学技术哲学》2003 年第 11 期，第 34 页。
② 《马克思恩格斯选集》第 3 卷，人民出版社 1995 年版，第 225 页。
③ 《马克思恩格斯选集》第 4 卷，人民出版社 1995 年版，第 383 页。

分认识生态危机一旦形成将会在很长时期内困扰人类,并难以恢复。因此,为了"给自然留下更多修复空间,给农业留下更多良田,给子孙后代留下天蓝、地绿、水净的美好家园"①,在它还处于潜伏状态时就应该提醒人类警觉起来,使人的有机生命与自然界的平衡更好地融为一体。为此,我们要深刻领会生态学这一关于"地球家政科学"的四大法则②:

第一大法则:每一种事物都与别的事物相联系。它反映了生物圈中内部网络的存在——在不同的生物组织中,在群落、种群和个体、有机物以及它们的物理化学环境之间。这个体系是因其活动的自我补偿特性而赖以稳定的;这些相同的特性,如果超过了一定的负荷,就可能导致急剧的崩溃;生物网络的复杂性和它自身的周转率决定着它所能承受的负荷大小以及时间的长短,否则就要崩溃;生态网是一个扩大器,结果,在一个地方出现的小小混乱就可能产生巨大的、波及很远的、延缓很久的影响。

第二大法则:一切事物都必然要有其去向。这一法则是物理学"物质不灭定律"的通俗运用。在生态学中,它所强调的是,在自然界中是无所谓"废物"这种东西的。在每一个自然系统中,由一种有机物所排泄出来的被当作废物的那种东西都会被另一种有机物当作食物而吸收。"世界上并没有垃圾,只有放错位置的资源。"因此,不断探究"向何处去"的问题,可以得出很多有关生态系统的令人吃惊的有价值的资料;当然,它也是当今生态危机的主要成因之一。

第三大法则:自然界所懂得的是最好的。这一法则告诉我们,任何人造有机物介入自然系统,都可能是有害的,因为这类人工物质通常都是有毒的,而且常常是致癌物质。实际上,每一种生物在产生之前都要经历大约2亿—3亿年的"探索和发展"(*Research and Development*,R&D)。在这期间,一大批新的个体生命产生了,它就会遇到各种随机的基因变化的适应性尝试。如果这种变化危害了有机体的生存能力,它就可能在这种变化传给其后代之前,就杀死了这个有机体。用这种筛选的方法,自然界逐

---

① 《中国共产党第十八次全国代表大会文件汇编》,人民出版社2012年版,第36页。
② [美]巴里·康芒纳:《封闭的循环》,侯文蕙译,吉林人民出版社1997年版,第25—37页。

渐积累起一个复杂的、由可以相互共处的各个部分组成的组织；那些不能与整体共存的可能的安排，便会在长期的进化过程中被排除出去。这样，一个现存的生物结构，或是已知的自然生态系统便是"最好的"。

第四大法则：没有免费的午餐。在生态学上和在经济学上一样，这条法则告诫人们，每一次获得都要付出某些代价。从一方面来看，这个生态学法则包含着前三条法则。因为地球的生态系统是一个相互联系的整体，在这个整体中，是没有东西可以取得或失掉的，它不受一切改进措施的支配，任何一种由于人的力量而从中抽取的东西，都一定要被放回原处的。要为此付出代价是不可避免的，不过可能被拖欠下来。现今的环境危机是在警告：我们拖欠的时间太长了。从另一方面来看，所有这些法则都是多次重复着的。因为在各种不同的生态系统中，种群之间彼此都建立起复杂而严格的关系，从而组成了地球上巨大的生命之网。这是一个任何一处都不能被打断的结构，这种结构比无分支的线圈在抵抗瓦解的能力上要强得多。这便是对生态系统最典型的形而上学描述。人们认识和理解这些法则也无须进行生态学的专门研究，只要运用感性直觉就可以把握。

（二）两种生产力之间矛盾的尖锐化

马克思曾经指出："人作为自然存在物，而且作为有生命的自然存在物，一方面具有自然力、生命力，是能动的自然存在物；这些力量作为天赋和才能、作为欲望存在于人身上；另一方面，人作为自然的、肉体的、感性的、对象性的存在物，同动植物一样，是受动的、受制约的和受限制的存在物"[①]。人作为具有自然力、创造力的社会存在物，为改造自然界提供了现实的可能性和内在动力。从这个意义上来说，人是"能动的存在物"，具有能动性。人化自然、人工自然的不断扩展与拓深，标志着人的主体能力的日益增强。但是，人作为自然界的一部分，是有形的、感性的存在物，他的血肉之躯和大脑都是属于自然界的，不可能完全摆脱外部自然和自身自然的制约。从这个意义上说，人又是受动的、受制约的，即具有受动性。如果说由于人类的活动打破了自然系统的生态平衡，从而不得不接受自然界的报复的话，那么我们就必须更深刻地认识人的这种能动

[①] 《马克思恩格斯全集》第3卷，人民出版社2002年版，第324页。

与受动、自由与必然的辩证关系。在现代社会,"工业的历史和工业的已经生成的对象性的存在,是一本打开了的关于人的本质力量的书,是感性地摆在我们面前的人的心理学"①。所以,"人作为现实的类存在物即作为人的存在物的实现,只有通过下述途径才有可能:人确实显示出自己的全部类力量——这又只有通过人的全部活动、只有作为历史的结果才有可能——并且把这些力量当作对象来对待,而这首先又只有通过异化的形式才有可能。"②

1. 两种生产与两种生产力

众所周知,社会生产和社会生产力是人类社会存在和发展的基础,也是人区别于其他一切存在物的根本标志。然而,任何时代的社会生产和社会生产力要实际地发挥作用,又都离不开一定的自然物质条件,即任何具体的社会生产和社会生产力都要以一定的自然生产和自然生产力为基础。马克思曾经指出,人类社会的再生产过程是社会再生产和自然再生产、社会生产力和自然生产力的统一过程。一方面,自然界是社会生产须臾不可缺少的材料来源,它既是劳动者的生产资料,也构成劳动者的生活资料。"没有自然界,没有感性的外部世界,工人什么也不能创造。"③ 另一方面,自然生产和自然生产力是构成社会生产和社会生产力的基础。特别在农业、采矿业、捕鱼业、伐木业等产业部门,人们所直接面对的不仅是"未经人的协助就天然存在的生产资料",土地、矿藏、森林、鱼类都是如此,而且"在农业中(采矿业中也一样),问题不只是劳动的社会生产率,而且还有由劳动的自然条件决定的劳动的自然生产率。"④ "经济的再生产过程,不管它的特殊的社会性质如何,在这个部门(农业)内,总是同一个自然的再生产过程交织在一起。后者的显而易见的条件,会阐明前者的条件,并且会排除只是由流通幻影引起的思想混乱。"⑤ 正是在这种意义上,马克思和恩格斯才明确指出:"劳动和自然界在一起它才是一

---

① 《马克思恩格斯全集》第3卷,人民出版社2002年版,第306页。
② 同上书,第320页。
③ 《马克思恩格斯选集》第1卷,人民出版社,1995年版,第42页。
④ [德] 马克思:《资本论》第3卷,人民出版社1975年版,第864页。
⑤ [德] 马克思:《资本论》第2卷,人民出版社1975年版,第399页。

切财富的源泉。"①

可见，社会生产与自然生产、社会生产力与自然生产力之间存在着相互制约、相互促进的辩证关系。人们只追求社会生产的发展和社会生产力的增长，而不注意自然生产的发展和自然生产力的补偿，那就会破坏生态平衡，动摇社会生产的基础。长期以来，人们一味向大自然索取，急功近利地发展社会生产，追求眼前利益，同时也无节制地向自然界倾弃各种废物，完全不顾生态系统的再生能力和承受极限，导致了自然生产破坏，自然生产力锐减。结果，社会生产的材料和能源需求与自然生产的物质供给之间出现了剪刀差，形成尖锐对立；同时，自然生产力的破坏反过来又严重抑制和破坏了社会生产力的发展。可见，所谓生态危机其实就是上述两种生产和两种生产力之间矛盾尖锐化的表现。历史地看，资本为了其自身的增值从来没有放弃过"各种不费分文的自然力"②，在现时代，它突出地表现在科学技术中。

2. 生态危机与大工业生产

如上所述，地球上生命物质的演化和维持需要有一定的自然环境，包括来自太阳的持续不断的能量流、大气圈、水圈、土壤圈和岩石圈。在自然环境的基础上进化出了生物生态系统，它是由植物、动物和微生物构成的三元结构。作为生产者的植物、消费者的动物、分解者的微生物，它们相互耦合，形成生产、消费和分解三个环节构成的无废弃物的物质循环。如图4—1所示，绿色植物从环境中吸取各种化学元素，吸收太阳能并经光合作用将无机物转化成有机物，用以建造自身；当草食动物采食绿色植物时，植物体内的营养物质就转移到草食动物体内；随着肉食动物对草食动物的捕食，草食动物体内的营养物质又转移到肉食动物体内；当动植物死亡后，微生物又将它们的残骸或尸体中的有机物分解为无机物而回归自然，以供绿色植物再吸收，如此周而复始地构成无废弃物的物质循环。（为了同图4—3比较，我们可以将图4—1简化为图4—2。）

---

① 《马克思恩格斯选集》第4卷，人民出版社1995年版，第373页。
② ［德］马克思：《资本论》第2卷，人民出版社1975年版，第394页。

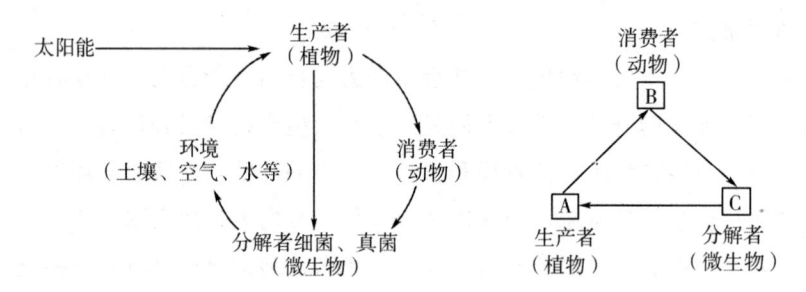

图 4—1 生态系统的物质循环　　　**图 4—2 简化了的生物生态系统**

然而，在自然环境和生物生态系统基础上进化出来的人类社会系统，至今却只有二元结构，亦即人类是超级生产者、超级消费者，却不是超级分解者。现代社会产生的一系列"全球性问题"，其实践根源就在于此，如图 4—3 所示。①

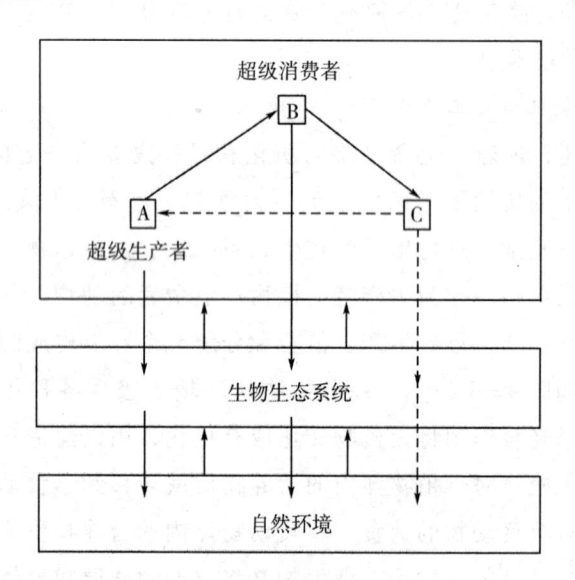

图 4—3 人类生态系统的物质循环

人类所进行的生产活动主要有人的生产、农业生产、工业生产和信息生产。人的生产，人所共知已经成为经济社会发展的巨大压力，人类是人自身的超级生产者，造成了全球人口膨胀。为了养活急剧膨胀的人口，并要不断提高他们的生活水平，人类就不得不成为超级农业生产者。于是，

---

① 闵家胤：《进化的多元论》，中国社会科学出版社 1999 年版，第 429—432 页。

过度放牧造成草原退化；过度捕捞造成渔业资源枯竭；过度狩猎造成物种灭绝；过度砍伐造成森林面积锐减；过多施用化肥和农药提高农作物产量造成了土地的贫瘠和农产品的化学污染。

为了证明自己的本质力量，改变生活并获得解放，人类也不得不成为超级工业生产者。目前工业化国家生产系统的物质转换方式，仍然保持着在生产产品的同时向环境排放大量的废弃物，可以简单地表述为：资源→产品→废弃物。因为它的组织观念和技术原则是线性的和非循环的，因而它以排放大量废弃物为特征。比如，2010年中国的 GDP 虽然已经超过日本成为第二大经济体，但是仍然处于"粗放型"的发展阶段，它创造1万美元价值所需的原料是日本的7倍，美国的近6倍，比印度还多3倍。在中国最新的"资源枯竭"名单上，已经列入69座城市，包括以资源富饶闻名的大兴安岭地区。

目前，人类还是超级的消费者。在我们这颗小小的星球上所有对人有用的东西，不管是天上飞的、水里游的、地上跑的、土里长的还是地下埋的，都成为人类消费的对象。他们还消费自己制造出来的产品，包括提炼出来的化工产品（特别是塑料制品）和放射性核原料，然后把大量的垃圾堆在地面、埋到地下或抛进海洋，把整个地球变成了一个巨大的"垃圾场"。

然而，人类至今还没进化成一个超级的分解者。他们往天空大量释放二氧化碳、二氧化硫、氯氟烃等化合物，将含有各种有毒有害物质的工业污水和生活污水注入地下和江、河、湖、海。一方面指望植物来吸收和分解这些有害气体、液体和固体；但又把吸收和分解能力最强的森林，特别是热带雨林砍伐得所剩无几。另一方面指望微生物（细菌和真菌）来分解那些有害物质；但它们应接不暇，既分解不了那么多，也分解不了那么快。这样，单靠自然界的自我调节机制已难以恢复生态系统的正常平衡了。最终结果是人类文明迅速上升的进化，反过来破坏了她自己赖以存在和进化的两个基础——自然环境和生物生态系统。[1]

（三）生态危机本质上是人的生存危机

由上可知，"生态危机"实质上就是人与自然的关系发生了危机。

---

[1] 陈其荣：《自然哲学》，复旦大学出版社2004年版，第200—201页。

"出现这么惊人,这么根深蒂固的错误,与过去三四个世纪中人对待自然的态度在哲学上……的变化有密切的关系。"① 生态危机从其产生的根源上来看,是人类活动所引起的;从其性质上来看,它对自然生态的破坏和对人类的威胁都是严重的;但从本质上来讲,真正危机的并不在生态本身,不在自然方面,而在于人类本身,在于人的方面。这是因为,在人与自然的关系中,只有人才是真正的主体。自然曾经是而且仍然是盲目地受自然规律支配的,它的任何变化和全部适应性都是而且仅仅是一种无意识的自然过程。它的兴旺、它的毁灭、它的某种形式的存在与否是它自己所意识不到的。也就是说,生态危机的发生与否对自然而言并无本质的区别,但对于人类来说情况就完全不同了。② 生态危机从表面上来看,是环境的污染、生态的失衡、资源的匮乏、生物多样性的锐减……,而在实质上却是人类从事生产的基础和生活在其中的环境的破坏,人类的生存和发展因此遭遇困难、面临灾难。人类数千年劳动创造的美好生活、全部文明和光明前途因此行将结束、面临毁灭……。所以说,生态危机就其本质而言是人类的生存危机。离开了人、离开了人类社会也就无所谓危机不危机了。

生态危机作为人类的危机,其实是人类主体地位的危机。我们知道,在人与自然的关系中,人是主体,自然界是客体,并且这种主客体关系不是先天就有的,也不是自然发生的,它在本质上是人通过社会实践——劳动而逐渐确立的。人通过实践活动同自然界发生联系,并按照对自己有用的方式改变自然物质的形态,变革自然,从而实现自己的目的,获得自己生存和发展的资料,满足自己的社会性需要。人类正是在这种能动的社会实践活动中造就和确立了自己的主体地位;同样,在实践活动中,自然界的事物成为人们实践的对象,从而成为客体,获得了客体的规定性。然而,人类活动的负面效应的累积——生态危机——通过自然生产和自然生产力的破坏,反过来影响和破坏人类的社会生产和社会生产力,威胁人类的生存和发展,剥夺和取消人类业已取得的主体地位。因此,真正的危机

---

① [美] 莱斯特·布朗等:《经济·社会·科技:1987年世界形势评述》,科学技术文献出版社1988年版,第294页。

② 巨乃岐:《试论生态危机的实质和根源》,《科学技术与辩证法》1997年第6期,第21页。

并不在于生态的失衡和毁灭,而在于人类主体地位的削弱、否定和丧失。从这个意义上讲,生态危机不仅意味着自然生态的退化,而且意味着人类自身观念、道德的退化。生态危机作为人类活动的负面效应的累积,它在本质上是人类活动的片面性所造成的。正是这种片面性的存在、膨胀和累积不断地侵蚀和否定着人类的主体性和能动性,并且在现代已经达到了不可忽视的程度——人类主体能动性发生了异化。

三 关于人类中心主义的争论

上述分析在很大程度上推进了我们对生态环境问题的认识。但是,这种分析能否看成是最终的或是根本性的,似乎也有些可疑。如果我们进一步追问,又是何种原因造成人口、经济和现代技术在生态上的失败?仔细分析,我们还可以寻找到更深层次的答案。就现代技术在生态上的失败而言,正如法兰克福学派所看到的那样,科学技术本身在当代的命运也是可悲的,它被沦为了人类统治自然的工具。罗马俱乐部主席佩奇(Aurelio Pec-cei)指出:"我们必须把责任归罪于自己在动用我们巨大的技术——科学潜力时所出现的错误、不负责任、自私、贪婪、愚昧无知和其他的人为的缺点。"[①] 这也正如蕾切尔·卡逊在《寂静的春天》一书结尾时所说的,"'控制自然'这个词是一个妄自尊大的想象产物,是当生物学和哲学还处于低级幼稚阶段时的产物,当时人们设想中的'控制自然'就是要大自然为人们的方便有利而存在。……(现在)这样一门如此原始的科学却已经被用最现代化、最可怕的化学武器武装起来了;这些武器在被用来对付昆虫之余,已转过来威胁着我们整个的大地了,这真是我们的巨大不幸。"[②] 此话表达了一个深层的生态哲学思想,那就是,如果不全面反思我们对待自然的基本态度,那么,再好的技术也不可能成为解决生态问题的最终方案。因此,只有深入到我们文明的意识形态之中,我们才可能深刻地领悟生态问题产生的实质性根源。而要深入到意识形态的观

[①] [意]奥尔利欧·佩奇:《世界的未来:关于未来问题一百页》,王肖萍、蔡荣生译,中国对外翻译出版公司1985年版,第78页。

[②] [美]蕾切尔·卡逊:《寂静的春天》,吕瑞兰、李长生译,吉林人民出版社1997年版,第263页。

念层面，就不能不考察主导人类文明进步的核心力量——价值观。正是对人与自然关系的价值观及其伦理后果的反思，导致了生态哲学内部出现人类中心主义和非人类中心主义的分野。

（一）人类中心主义的形成及其内涵

自古希腊以来，人类中心主义价值观一直是支配人类文明进程的主导力量。这种价值观在改变人与自然的原始关系，提升人与自然平等地位上曾经产生过决定性的作用。但是，这种价值观在人的地位提升以后被不恰当地发挥了。人不仅要求平等，而且还要求做自然的主宰者，由他来为自然立法。尽管人类中心主义在长期的演变中不断变化它的形态，其传统形态与现代形态差异很大，但它本质上仍然主张把人看成一切存在和价值的中心，即使在解决生态问题上也依然如此。20世纪70年代以来，不断高涨的生态运动使越来越多的人对人类中心主义价值观的合理性产生怀疑，以致一些生态哲学家和生态主义者要求对人类中心主义进行全面的考察和理性的批判，主张要解决生态问题，必须实现一场新的伦理革命——走出人类中心主义！

1. 人类中心主义的由来

人类中心主义（anthropocentrism）是一种哲学观念，起源于人的主体性，与人类产生之初形成的自我意识密切相关。人作为生命体是自然界长期演化的产物，在其与自然界的动物分化之前，获取物质资料的活动是在自然意识的引导下进行的。所谓自然意识，就是自然存在的生命体所具有的生存本能，比如，动物饥饿时需要寻求食物。人类祖先的这种自然意识在长期获取物质资料的活动中，伴随着心理和生理的变化目的性不断增强，最后形成人所特有的自我意识，即人与自身之外的世界相区别的意识。或者说，自我意识是主体对其自身的意识，是主体觉知到自身存在的心理历程，它是由自我认识、自我体验和自我控制三种心理成分构成的。自我意识的产生使得人能够按照自己的意志来支配自身的活动，自觉地制造工具和使用工具，创造物质财富以满足自身的需要。至此，动物式的本能活动就转化为人的劳动。在这种实践活动中，人"不仅使自然物发生形式变化，同时他还在自然物中实现自己的目的，这个目的是他所知道的，是作为规律决定着他的活动的方式和方法的，他必须使他的意志服从这个目的。"① 因此，这种以"自己的目的"为中心的实践活动就成为人类中心主义的最初形式。

随着人类历史的发展，这种以自我为中心的活动模式不断充实和完善起来，既奠定了人类认识世界和改造世界的思想基础，也形成了人类中心主义的基本内容。在人类文明的进程中，最初的人类中心主义萌芽逐渐在本体论、认识论和价值论等意识领域中展开，形成了本体论人类中心主义、认识论人类中心主义和价值论人类中心主义。直到 1543 年哥白尼革命才宣告了传统的本体论人类中心主义的破灭，同时由于近代自然科学的产生，认识论人类中心主义也变成了一种常态，即形成了"主体←→中介←→客体"的人与自然之间的对象性关系。实际上，现实的人类中心主义所指的就是价值论人类中心主义。"价值论人类中心主义是一种把人作为实践活动的价值主体、价值根源和价值目的的思想观念，它对于人与自然关系的发展起着重要影响。"②

2. 人类中心主义的内涵

对于人类中心主义的具体内涵，尽管生态哲学家们有各种不同的看法，也引起了许多争论，但其实质却是十分明确的。下面我们列举几种主要的观点：

人类中心的（anthropocentric）：（1）把人视为宇宙的中心实体或目的；（2）按照人类价值观来考察宇宙中的所有事物。

——《韦伯斯特新世界大词典》

人类中心主义：（1）一种把人类置于一切生物的中心的世界观——它被大多数西方人视为当然。（2）把人作为一切价值的来源，因为价值概念是人创造的（只有人能够把价值赋予自然其他部分）。人类中心主义与生态中心主义和生命伦理相对立。③

——大卫·佩珀

人类中心主义是一种哲学观念，它断言伦理原则只适用于人类，

---

① 《马克思恩格斯选集》第 2 卷，人民出版社 1995 年版，第 178 页。
② 王常柱、武杰：《"以人为本"价值理念的伦理学解读》，《玉溪师范学院学报》2011 年第 3 期，第 13 页。
③ D. Pepper. *Modern Environmentalism: An Introduction.* New York: Routledge, 1996, p. 328.

人的需要和利益是最高的，甚至是唯一的、有价值的和重要的。因此对非人类实体的关怀仅限于那些对人有价值的实体。人类中心主义至少可以追溯到美索不达米亚时代，很可能是西方文明中最古老的道德立场之一。①

——S. 阿姆斯特朗和 R. 玻兹勒

人类中心主义是人类沙文主义。与性别主义类似，人是生物的君王、一切价值的来源、一切事物的尺度，这一观念深深地植根于我们的文化和意识之中。②

——约翰·锡德

人类中心主义，或人类中心论，是一种认为人是宇宙的中心的观点。它的实质是：一切以人为中心，或者一切以人为尺度，为人的利益服务，一切从人的利益出发。③

——余谋昌

从上述五种不同定义可以看出，人类中心主义是一种以人为宇宙中心的观点。它把人看成是自然界唯一具有内在价值的存在物，必然地构成一切价值的尺度，自然及其存在物不具有内在价值而只有工具价值。因而，生态实践的出发点和归宿只能是，也应当是人的利益。从伦理的角度来看，人对自然并不存在直接的道德义务，如果说人对自然有义务，那么这种义务也只是对人的义务的间接表达。这样，人类中心主义就自然而然地把自然及其存在物从人的道德关怀领域中排除出去了。在当代的生态实践中，这种观念已经变得越来越狭窄，但是在人们的头脑中还是根深蒂固的。

（二）人类中心主义的传统理念

在西方，人类中心主义的思想源远流长，甚至可以说，整个西方文化

---

① S. J. Armstrong, R. G. Botzler, ed. *Environmental Ethics*: *Diverge and Convergence*. New York: McGraw-Hill. Inc., 1993, p. 275.

② J. Seed. Anthropocentrism. In: B. Devall, G. Sessions. Deep *Ecology*: *Living as if Nature Mattered*. Salt Lake City: Peregrine Smith Books, 1985, pp. 243—246.

③ 余谋昌：《惩罚中的醒悟——走向生态伦理学》，广东教育出版社 1995 年版，第 185 页。

传统的核心就是人类中心主义。人类中心主义文化传统的形成有两大因素——基督教和哲学。

1. 基督教人类中心主义

在基督教传统中，自然界并不是一个自我产生、自我维持的物质世界，而是上帝的"被造物"。在这些被造物中，人是它最伟大的成就，其他创造物都是为了人的。《创世纪》写道，起初，神创造天地。地是空虚混沌，渊面黑暗；神的灵运行在水面上。第一天它创造了光，从而把白天和黑夜分开；第二天创造了空气，把空气以下的水和空气以上的水分开，并把空气称为天；第三天，把天下的水聚在一起，使陆地露出来，并使土地长满青草、蔬菜和树木；第四天创造出太阳、月亮和星星，以管理昼夜；第五天创造了水中的鱼和各种各样的生物，以及地上的飞鸟、昆虫、畜牲和野兽；第六天上帝按照它自己的形象创造了人（亚当），让他生活在伊甸乐园。不久，上帝发现亚当在那里生活得不快活。为了解决他的苦闷和孤独，上帝让亚当熟睡后在他身上取下一根肋骨，用那根肋骨创造了一个女人，名叫夏娃，作亚当的伴侣。并对他们说："要生养众多，遍满地面，治理这地；也要管理海里的鱼、空中的鸟和地上各样行动的活物。"[1] 从此，天地万物都造齐了，并赐福给第七天，定为圣日，神就安息了。

按照基督教的信仰，在上帝、人、自然三者的关系中，人与上帝的关系是核心，而自然的作用只是对人与上帝关系的一种衬托。按照基督教的观念，在上帝的一切被造物中，只有人是按上帝自身的形象创造的，只有人才具有灵魂，是唯一有希望被拯救的存在。阿奎那（T. Aquinas）就宣称，在自然存在物中，人是最完美的，上帝给人提供神恩是因为人本身的缘故，而给其他被造物的神恩也是为了人。因此，人可以随意使用植物，随意对待动物。圣经中虽然包含有要求人们关心动物和其他存在物，但这种关心是基于对他人的关心；对动物的残酷行为之所以错误，是因为这种行为会鼓励和助长对他人的残酷行为。[2] 因此，在基督教教义中，人高于

---

[1] 中国基督教三自爱国运动委员会：《圣经》创世纪1，中国基督教协会2007年版，第1—2页。

[2] T. Aquinas St. Differences between Rational and Other Creatures. In：S. J. Armstrong, R. G. Botzler, ed. . *Environmental Ethic*：*Divergence and Convergence*. New York：McGraw – Hill. Inc. ,1993，pp. 278—285.

自然界的其他生命形式和存在物,是大自然的主人,自然界一切非人的存在物都是为人的利益而存在的。人对自然的统治是绝对的、无条件的。M. 兰德曼（*M. Landman*）指出："正如宗教世界观使上帝成为世界的君主一样,在上帝的特别关怀下,它使人成了地球上的主人。宗教世界观不仅是神中心论的,也是人类中心论的。"①

2. 哲学人类中心主义

如果说基督教的人类中心主义是信仰的人类中心主义,那么哲学人类中心主义则是把基督教所确立的人类中心主义观念理性化了。这种理性化为人类在宇宙中的中心地位提供了合理性的依据。人类中心主义理性化的根源可以追溯到古代的希腊。在古希腊的思想家们那里,人被定义为理性的存在。人与动物的区别就在于他的理性。人能够凭借理性来把握世界。智者普罗泰戈拉（*Protagoras*）就有对人类地位的说明："人是万物的尺度,是存在者存在的尺度,也是不存在者不存在的尺度。"② 亚里士多德在《政治学》中,对普罗泰戈拉的观点作了更明确的阐释。他指出："……植物的存在就是为了动物的降生,其他一些动物又是为了人类而生存,驯养动物是为了便于使用和作为人们的食品,野生动物,虽非全部,但其绝大部分都是作为人的美味,为人们提供衣物以及各类器具而存在。如若自然不造残缺不全之物,不作徒劳无益之事,那么它是为着人类而非为了所有动物。"③ 可见,古希腊人对人与自然的态度是十分鲜明的。

15世纪的文艺复兴运动使理性获得高度弘扬。人文主义对人性的颂扬,自然主义对认识自然的现实主张,使人与自然的关系被抽象的主客体关系所取代。近代认识论的主客二分以及强调人的主体地位,在观念上树立起人是自然界主人的信念。被后人称为"近代哲学之父"的笛卡尔就认为,人与动物和其他存在的区别在于人具有理性和语言能力；动物由于缺乏这些品质,它们充其量只能被看作是自动机器；人对动物和自然没有

---

① [德] 米夏埃尔·兰德曼：《哲学人类学》,张乐天译,上海译文出版社1988年版,第81页。
② 北京大学哲学系编：《西方哲学原著选读》上册,商务印书馆1983年版,第54页。
③ 苗力田主编：《亚里士多德全集》第9卷,中国人民大学出版社1994年版,第17页。

义务，除非这种处理影响到人类自身。①

笛卡尔的思想在康德那里得到进一步的发挥。康德声称，只有理性的人才应受到道德关怀。对理性存在来说，理性本身就具有内在价值，它是一个自在的值得人们追求的目标。对所有理性存在来说，理性都是相同的，因而所有理性存在追求的都是一个共同的目标：理性世界。然而，只有理性的存在才能直接达到理性世界内在的善。符号是理性的重要特征，因为语言的符号结构对表达普遍的概念是必需的。动物不能使用符号，不能表达普遍的概念，因而它不是理性存在，也就不应得到道德关怀。人们对待非理性存在的任何一种行为都不会直接影响理性世界的实现，因而把它们仅仅当作工具来使用是恰当的。康德明确指出："就动物而言，我们不负有任何直接的义务。动物不具有自我意识，仅仅是实现外在目的的工具。这个目的就是人。动物本性类似于人的本性，我们可以通过对动物的义务来证明我们的本性，表达对人的间接的义务。"② 就这样，近代哲学对人的本质的探索，使人类中心主义思想在观念上被牢固地确立下来。

英国著名哲学家培根（Francis Bacon）和洛克（John Locke）是把人类中心主义从理论推向实践的伟大思想家。培根提出"知识就是力量"的名言。他认为人类为了统治自然而从事自然科学的真正目的是探索自然的奥秘，从而找到一种征服自然的途径。洛克认为，人类需要有效地从自然的束缚下解放出来，"对自然的否定就是通往幸福之路。"依据这种思想，近代自然科学在自觉的理性思维基础上，沿着开普勒、伽利略等人开辟的道路，并在牛顿那里得到完美的表达，从而使机械论自然观占据统治地位。在机械自然观图景中，整个宇宙犹如一架庞大的机器。近代以来，科学技术的迅速发展，以及随之建立起来的工业体系显示出人类控制自然和征服自然的巨大能力。特别是两次工业革命带来的机器大生产方式意味着人类不再受自然变化的影响而稳定地获得物质财富。然而，随之而来的是主体意识的迅速膨胀，人们开始陶醉于对自然界的胜利之中。可以看到，近百年来，随着科学技术的广泛应用，人类主演了一场十分壮观的改

---

① R. Descartes. Animals Are Machines. In: S. J. Armstrong, R. G. Botzler, ed. *Environmental Ethics: Divergence and Convergence*. New York: McGraw-Hill. Inc., 1993, pp. 281—285.

② I. Kant. Duties to Animals. In: S. J. Armstrong, R. G. Botzler, ed. *Environmental Ethics: Divergence and Convergence*. New York: McGraw-Hill. Inc., 1993, pp. 285—286.

造自然的戏剧，人同自然界的位置关系也由原来的膜拜、适应转化为征服和掠夺。这一方面为人类创造了空前巨大的物质财富和精神财富，提高了人们的生活水平；另一方面也引起了自然界对人类的猛烈反抗和报复。由此，人与自然的关系开始紧张起来——出现了全球性的生态危机。地球这个生命的乐园，"如今却被人类糟蹋的满目疮痍，破烂不堪。"[①] 也正是由于这样的事实，人类中心主义不得不转换自己的观念。

（三）人类中心主义的现代形态

传统人类中心主义思想的根本问题在于把理性和语言作为内在价值判断的依据。通过这种判断，内在价值被看成是人类所特有的，而非人类的存在（动物、植物及整体的自然）没有内在价值，而只有工具价值。因此，人类中心主义的伦理理论把非人类的存在排除在道德关怀对象的范围以外。这种人类中心主义的伦理观至少带来了两方面的问题：

（1）人类中心主义只承认人的内在价值，而不肯承认自然界其他物种或生态系统的同等特征及其相关权利，它实质上是一种物种间的利己主义；（2）人类中心主义是以对人类理性的绝对信任为前提的，但理性本身未必值得信赖。因此，在当代，人类中心主义常被看成是一种"有缺陷的伦理"观念。[②] 尽管如此，仍有许多有思想、有影响的人持有这一立场，并把它当作一种道德上最正确的观念来提倡。不过一些明智的思想家，不打算坚持传统人类中心主义的理论主张，而是试图提出一种比较温和的人类中心主义伦理思想，这种思想被称为现代人类中心主义或弱的人类中心主义。现代人类中心主义并不一味排斥把内在价值分配给非人类存在，他们或承认非人类的内在价值，或消解内在价值来坚持人类中心主义立场。它的主要代表人物有美国环境伦理学家诺顿（Bryan G. Norton）和植物学家墨迪（W. H. Murdy）。

1. 诺顿的人类中心主义思想

诺顿首先区分了两种类型的人类中心主义：强的人类中心主义和弱的

---

① [美]罗德里克·纳什：《大自然的权利：环境伦理学史》，杨通进译，青岛出版社1999年版，第35页。

② 雷毅：《深层生态学思想研究》，清华大学出版社2001年版，第18—19页。

人类中心主义。他指出：一种价值理论，如果一切价值仅以个体感性偏好的满足为参照，就是强人类中心主义的；如果一切价值以理性偏好的满足为参照，它就是弱人类中心主义的。感性偏好是指一个人可以感觉或体验到的欲望或需要；理性偏好则是指个人经过谨慎理智的思考以后所表达的欲望或需要。思考的目的是要判断这种欲望和需要能否得到一种合理的世界观的支持，而这种世界观是由一组可靠的科学理论、解释那些理论的形而上学，以及一整套合理的、起支撑作用的审美理念和道德理想构成。强人类中心主义不加区分地将任何一种偏好都当作价值的标准：它只关心人有哪些偏好，这些偏好如何得到满足，却不问这些偏好是否合理，是否应该加以限制，因而它一味放纵和姑息人们的那种把大自然视为满足人的感性欲望的原料仓库的掠夺式的开发方式。诺顿反对强人类中心主义而赞同弱人类中心主义。他认为，一种对人的感性偏好缺乏必要反思的理论是不合理的。弱人类中心主义不仅区分了人的感性偏好和理性偏好，肯定满足人的偏好的合理性，而且还能对这种偏好本身的合理性进行评价。这种观点能够促使人们高度重视自然存在的经验价值，并在价值形成过程中不对自然存在构成破坏。一旦人们确立起弱人类中心主义的伦理观念，任何破坏人与自然协调的行为都将被视为不道德而遭到拒斥，因而无须将内在价值赋予非人类的自然存在。[①]

2. 墨迪的人类中心主义思想

与诺顿不同，墨迪从生物进化论、文化人类学、哲学本体论和认识论角度展开他的现代人类中心主义观点。他认为，人类把自身利益看得高于其他非人类是自然的，因为"物种的存在，以其自身为目的。若是完全为了其他物种的利益，它们就不能存在。从生物学意义上说，物种的目的是持续再生"，"一切成功的生物有机体，都为了它自己或它们的种类的生存目的而活动"。但是"这种人类中心主义的基础，是在于个人的健康既取决于社会组织，也取决于生态支持系统健康的认识"。因此，他认为要建立一种有效的人类中心主义伦理，就应当承认自然存在的内在价值。"一种对待自然界的人类中心主义态度，并不需要把人看成是价值的源

[①] B. G. Norton. "Environmental Ethics and Weak Anthropocentrism." *Environmental Ethics*, 6 (1984), pp. 131—148.

泉，更不排除自然存在的内在价值。"[1]

由此可见，现代人类中心主义不像传统人类中心主义那样拒绝承认非人类存在的内在价值，拒绝对非人类存在的道德义务，而是采取了一种较为温和的形式。人类中心主义理论这种形态上的变化是它对当代生态问题的积极思考，但其立场仍然是基于人在自然界中的权利和生物学上的最高地位。他们认为，人类自身的利益和价值是保护自然环境的基础，一旦离开了这一目的，生态环境的保护便会失去了动力。然而，由于生态危机的残酷现实，尽管以现代人类中心主义为指导的生态运动仍然是当代生态运动的主流，但却遭到了非人类中心主义的强烈谴责和理论批判。

（四）对人类中心主义的批判与反思

20世纪70年代以前，生态哲学的范式是人类中心主义的。生态哲学家们大多从人类中心主义的视角探讨人与自然的关系及其伦理问题；70年代以后，全球性生态危机的进一步加剧，越来越多的人开始对人类中心主义的信念产生怀疑。一大批非人类中心主义者把资源枯竭和环境退化的根源归结为人对自然的支配与掠夺态度，认为这是受人类中心主义观念支配的西方文化对当代全球生态环境产生的致命影响。如果我们仍然在人类中心主义的框架下处理经济、技术等问题，人口、环境、资源问题就不能得到最终解决。澳大利亚生态哲学家 W. 福克斯（Warwick Fox）认为，人们相信人类中心主义，是因为人类中心主义是一种自助的理论，它在很大程度上说明了自我的重要性，反映了人类自身利益的需要。因此，人类中心主义观念不仅具有欺骗性而且具有危险性，并在实践中是有害的。[2]

1. 非人类中心主义及其主要观点

有鉴于此，非人类中心主义的卓越代表、现代生态伦理学的创始人阿尔贝特·施韦泽（Albert Schweitzer）和奥尔多·利奥波德（Aldo Leopold）分别以"敬畏生命"和"关爱大地"为主题对传统人类中心进行反思和批判，并将非人类中心主义发展成为与人类中心主义相抗衡的思想潮流。

---

[1] W. H. Murdy. "Anthropocentrism: A Modern Version." *Science*, 187 (1975), pp.1168—1175.

[2] 雷毅：《深层生态学思想研究》，清华大学出版社2001年版，第21页。

迄今为止，非人类中心主义大体呈现三种主要形态，即动物解放/权利论、生物中心论和生态中心论。具体而言，动物解放/权力论以美国哲学家汤姆·雷根（Tom Regan）和澳大利亚哲学家彼德·辛格（Peter Singer）为代表，认为动物和人一样，具有同等的价值，应当受到同样的尊重；主张废除"动物工厂"，反对猎杀动物，提倡素食主义；要求释放人类拘禁的所有动物。生物中心论以美国哲学家保罗·W.泰勒（Paul Warren Taylor）为代表，主张所有的生命体与人一样都具有生命意志，因此也与人一样具有内在价值，理应受到尊重；并指出"每一种动物都是以其自己的方式追寻其自身的好的唯一个体，人类并非天生就优于其他生物。"[1] 生态中心论以美国哲学家利奥波德和挪威哲学家阿伦·奈斯（Arne Naess）为代表，强调生态系统的整体性，认为系统内的存在物之间相互联系、相互依存，主张必须从道德上关心无生命的生态系统、自然过程以及自然存在物。

基于上述立场，非人类中心主义对人类中心主义提出了严厉指责和诘难。我们参考杨通进博士和罗洁波教授的意见，可以将非人类中心主义的主要观点归纳如下[2]：

（1）认为人类中心主义无视人类的有限性，妄将自己确立为宇宙的中心。非人类中心主义认为，人是有限的存在，而荒野是一个呈现着"美丽、完整与稳定的生命共同体"。19世纪美国环境主义者亨利·梭罗（Henry D. Thoreau）也曾这样说过："我们所谓的荒野，其实是比我们的文明更高级的文明。"[3] 在他看来，宇宙中人类是很渺小的，人类妄称中心，只能显示自己的狂妄与自大。

（2）认为人类中心主义无视自然的存在和权利，缺少对自然应有的尊重。非人类中心主义认为，自然界包括动物、植物等一切生命物质在内，都具有自己的权利。早在20世纪中叶利奥波德就指出，自然物应当得到保护，因为它们在自然中的长期存在，本身就包含了不可怀疑的继续

---

[1] 转引自徐春《以人为本与人类中心主义辨析》，《北京大学学报》（社会科学版）2004年第6期，第35页。

[2] 罗浩波：《人类中心主义：一个不可超越的价值命题》，《黄冈师范学院学报》2007年第4期，第20页。

[3] 转引自傅静《科技伦理学》，西南财经大学出版社2002年版，第120页。

存在的权利。

(3) 认为人类中心主义无视自然存在的道德性,缺乏对自然的伦理关怀。非人类中心主义认为,人与自然的关系具有道德性,应当将伦理关怀扩展到动物甚至整个自然界。施韦泽指出:"只有当人认为所有生命,包括人的生命和一切生物的生命都是神圣的时候,他才是伦理的。"①

(4) 认为人类中心主义无视自然的内在价值,表现出对自然的道德霸权。非人类中心主义认为,自然与人类一样也具有内在价值,所以,人类不应当奉行道德霸权主义,而应该尊重自然和爱护自然,与自然一道和谐相处。笔者与王常柱博士也曾撰文指出:"在全景视野下,自然呈现出统一自然、对象自然和生态自然;自然价值表现为内在价值、外在价值和人本生态价值。自然的人本生态价值构成人类生存与发展的最高诫命。"②

(5) 认为人类中心主义无视人与自然的整体性,表现为人类生存的优先权。非人类中心主义认为,人是自然界的一部分,不应当凌驾于其他生命形式之上,他的存在也离不开非人类的存在。阿伦·奈斯认为,生态中心主义的平等思想可用一句话来概括,就是"让河流尽情流淌"(let river live)。这与海德格尔的"让事物作为事物所是的事物而出现"(let things be)有着惊人的相似性。③ 实质上都表达了一种人对事物的宽容态度。他们都极力强调人与自然的和谐相处,这样才能保障人在自然中的长久生存。

从以上五个方面的内容可以看出,非人类中心主义与人类中心主义的争论主要集中在两个问题上:人在宇宙中的位置和自然的内在价值问题。实际上,这两个问题是无法割裂开来的,它们共同反映了人与自然的关系以及人类如何对待这种关系。那么,如何破解这个难题,就成为确立发展价值理念的必然前提。

2. 人类中心主义的是与非

威廉·康纳利(William E. Connolly)指出:"差异需要认同,认同需

---

① [法] 阿尔贝特·施韦泽:《敬畏生命》,陈泽环译,上海社会科学院出版社1992年版,第9页。

② 王常柱、武杰:《自然价值的全景式界定与哲学辩护》,《科学技术哲学研究》2012年第1期,第105页。

③ 雷毅:《深层生态学思想研究》,清华大学出版社2001年版,第70页。

要差异……解决对自我认同怀疑的办法,在于通过构建与自我对立的他者,由此来建构自我认同。"[①] 由上可知,人类中心主义和非人类中心主义作为两种截然相反的价值理念,它们都是人类认识人与自然关系的优秀成果。我们不应采取非此即彼的做法,肯定一方而否定另一方;而应当立足于现实,从逻辑和历史的角度对人类中心主义和非人类中心主义的价值观做深入的哲学反思,由此来建构自我认同。

人类中心主义发端于人类的自我意识,具有悠久的历史。从结构上看,"人类中心主义"的核心是"人类";从内涵来看,"人类"是人的总称,应当包含所有的人,表示"人类全体"或"整体的人";从外延来看,"人类"概念与非人类存在相对立,是指与狭义的客观自然界相对应的整个人类世界。这也就是说,"人类"概念应当逻辑地指称"全体人类成员"。然而,五千年的人类发展史却给出一个相反的答案:作为人类中心主义的主体——"人类"却不是指"全体人类成员",而是有选择性地指称某一部分。这种现象古代如此,今天依然如此。比如,在经济全球化的今天,世界各国都以自己国家的利益为核心,并没有形成全人类统一的价值共同体。这个事实表明,"人类中心主义"的主体是偏颇的、虚妄的,因而是不科学的。

然而,逻辑的虚妄性并不能否认人类中心主义的历史实在性。首先,这种历史实在性表现在人类中心主义对人类的生存和发展产生过巨大的影响。一方面,历史上不同时期的人类中心主义对人类的成熟和发展都作出过重大贡献;另一方面,人类中心主义也确实误导过人类的实践活动,导致今天人与自然关系的紧张局面有增无减。其次,这种历史实在性表现为区域的或民族的人类中心主义。统一的以全人类为主体的人类中心主义确实还是一种历史的虚无,但是在局部范围内,在人与自然的关系中,局域性的人类中心主义确实存在。最后,这种历史实在性还表现为人类中心主义坦陈人是价值的主体,大自然只对人类具有工具价值。既然人类是内在价值的唯一拥有者,由此人类通过劳动不断地为自己创造丰富的物质财富和精神财富,当然就应对生态危机负有不可推卸的责任。上述事实表明,

---

① William E. Connolly. *Identity Difference: Democratic Negotiations of Political Paradox*. Minneapolis: University of Minnesota Press, 2002, p.1.

人类中心主义确实存在于人类的历史之中,对人类社会的存在和发展建立了不朽的功绩。所以,马克思明确指出:"其实,正是人,现实的、活生生的人在创造这一切,拥有这一切并且进行战斗。并不是'历史'把人当作手段来达到自己——仿佛历史是一个独具魅力的人——的目的。历史不过是追求着自己目的的人的活动而已。"①"因此,通过工业——尽管以异化的形式——形成的自然界,是真正的、人本学的自然界。"②

3. 非人类中心主义的对与错

与人类中心主义不同,非人类中心主义通过承认自然是自然价值的主体,以否定、至少是弱化人的价值主体地位。在它看来,大自然拥有天赋的权利,具有一种不依赖于人类而独立存在的内在价值,理应受到人的尊重和关爱。"内在价值"这一概念最早是英国伦理学家乔治·摩尔(G. E. Moore)提出的。在他那里,某类价值为"内在的"是说这种价值完全依赖于这一事物的内在本性。从这一定义可以看出,所谓内在价值,是指"那些能在自身中发现价值而无须借助其他参照物的事物。"③ 这种价值不必以人为参照物,是与人类无涉的价值,是自然本身所固有的。非人类中心主义用这种内在价值论考察人与自然的价值关系,显然是把人和自然放在了同一位置上,抹杀了人与自然的本质区别,从而也就否定了人在自然价值中的主体地位——人类中心主义。这种观点必然会导出这样的结论:人与砂石、树木、禽兽是一样的存在物,所追求的只能是一种生态系统的完整性。但是,否定人在自然价值中的主体地位必然造成这样的后果:存在就是价值。因为自然的价值存在于自然之中,所以自然的存在本身就是价值。如此,存在与价值等同,存在论与价值论也就合二为一了。然而,人的实践是有意识、有目的的活动,是与人的价值选择联系在一起的,没有价值指导的实践是无意义的。因此,非人类中心主义的主张无论在理论上还是在实践上都是一种虚无,不可能成为构建人与自然价值关系的指导思想。当然,理论和实践上的虚无却不能否定非人类中心主义存在的意义。非人类中心主义强调自然的天赋权利,具有关爱自然、关爱人类

---

① 《马克思恩格斯文集》第 1 卷,人民出版社 2009 年版,第 295 页。
② 同上书,第 193 页。
③ [美] 霍尔姆斯·罗尔斯顿:《环境伦理学》,杨通进译,中国社会科学出版社 2000 年版,第 253 页。

的纯真情怀,而且这种纯真情怀使得他们在自然的创伤面前流露出感人的惆怅与彷徨。他们纯真的非理性态度可能感动一些善良、正直的人,但是到头来这种充沛的情感换来的只能是无尽的忧伤,因为人类的生存与发展已远远超出了情感的范围。

通过以上分析,我们认为,虽然人类中心主义和非人类中心主义都是人类认识人与自然关系的优秀成果,但是人类中心主义强调人的主体性,认为人既是自然价值的主体,也是伦理道德的主体,这在根本上符合自然界演化发展的规律,也符合人类生存发展的根本利益。人类中心主义本身并不必然导致生态的破坏,它同样可以生长出环境保护的观点;而非人类中心主义对人类中心主义的批判,只不过是出于对人类中心主义狭隘的理解或误解。实际上"人类中心主义是人类考虑他在自然界中的位置后所采取的一种合理与必要的观点"[①]。"人"不是一个可以从环境中孤立出来的概念,恰恰相反,人的概念也包含着自然环境及其普遍的联系。正如麦克劳夫林(Andrew Mclaughlin)所指出的,"按照狭义的理解,生态学是有关生物有机体与其环境关系的研究。生态学并没有迫使我们从根本上改变对自然的认识。但是,当这种观念在参与了自我的被应用以后,确实需要一种全新的人与自然图景。如果我们换一种方式,用人与自然一体来替换人与自然分离的方式看自然,那么我们是自然的一部分就很清楚了。"[②] 其实,马克思早已指出:"人是自然界的一部分","自然界……是人的无机的身体。"[③] 自然主义与人本主义本质上是统一的。

由此可见,世界观和思维模式的转变总是与价值的深刻变革密切相关的。在世界观从理性向直觉、从分析向综合、从还原向整体、从线性思维向非线性思维转变的过程中,价值模式也就相应地由扩张向保护、由量向质、由竞争向合作、由支配控制向非暴力转换。需要指出的是,这种转变不是由一种模式去替代另一种模式,而是一种占绝对优势的模式向在两种

[①] [美] W. H. 墨迪:《一种现代的人类中心主义》,《哲学译丛》1999 年第 2 期,第 24—26 页。

[②] A. McLaughlin. "Images and Ethics of Nature." *Environmental Ethics* 7 (1985), pp. 293—319.

[③] 《马克思恩格斯全集》第 42 卷,人民出版社 1979 年版,第 95 页。

模式之间保持更大的平衡方向转变。① 因此，为了人类的健康发展，社会的持续和谐，我们走出人类中心主义困境的出路可能有多种选择，并非只有非人类中心主义这种内向的颠覆性选择。"以人为本"的科学发展观无疑是后现代语境中重建人本主义的一种建设性方略——科学的人类中心主义。② 它既是人类历史发展的被迫之举，也是由"自在"走向"自为"的明智之举。在这方面，中国政府和中国人民的伟大实践必将为世界的未来发展带来重要的启迪。

四　当今生态危机的真正根源

生态危机作为人类活动的负面效应的累积，在今天已达到了不可忽视的程度，也引起了学术界规模空前的关于人类中心主义的争论。当然不能说这种理论论争没有价值，但是理论论争的目的在于实践的应当，所以争论必须有一个结论，即在争论中真正找到行为应当的理念，才能显示其全部意义。然而，有关迹象表明，争论中的各派至今仍然是各走各的路，各唱各的调，谁也没有说服谁。既然关于人类中心主义的争论至今不能得出一个确切的答案，我们不妨跳出那种没完没了的论争，另辟蹊径。那么，当今生态环境危机的真正根源在哪里呢？我们认为，这只有从人本身去寻找。这就表明，解决生态问题不仅仅是一个理论认识问题，而更多的则是一个社会经济问题与思想观念问题。客观地讲，在当前市场经济的条件下，自由经济制度的弊端、人的主体能动性的异化是导致生态危机的真正根源。

（一）主体能动性的异化

人之所以能以自己特殊的影响加之于自然界并进一步导致生态危机，其基本前提是人有一种特殊的能力——不同于自然因果性的意志自由，也称之为人的主体能动性（主观能动性、自觉能动性）。正因为人有意志的

---

① 雷毅：《深层生态学思想研究》，清华大学出版社2001年版，第123—124页。
② 王常柱、武杰：《以人为本：科学的人类中心主义》，《巢湖学院学报》2010年第5期，第11—15页。

自由，它才能跳出自然因果性的链条，在必然性的过程中加入自己的意志和创造。同时，也正是因为有自由意志及其创造性，人才可能在必然的因果性之外对自然环境施加自己的影响，切断自然必然性的链条；反之，没有这个前提，人就不可能对自然环境施加自己属人的影响，也不可能引起伦理学意义上的生态失衡与环境危机。那么，自由意志及其创造性的充分或极度发挥就成了生态危机的原因了吗？

事实上，自由意志的活动却总是同"人是目的"这一伦理的理念相一致的。① 同时，我们也已论及生态危机之所以成了"危机"，也只是相对于人类的生存和发展这个标准而言的。由于生态危机实际上是人类的生存危机，所以它决不是"人是目的"这一伦理理念的表现。因而，这里的情况也就清楚了，就其本质而言，自由意志的充分发挥导致的只能是人的解放和全面发展。实际上，这一命题已经包含了适应人的生存和发展的良好的生态环境，那么，"不适应"的环境又是怎样生成的呢？

如上所述，既然生态危机的产生必然以自由意志的存在为基本前提，而意志自由本身又不可能直接导致这种危机，那么，结论就只能是这样：人的自由意志创造了某种生存方式，在这种生存方式中，人重新被沦为一种不自由的动物——成为某一过程运行的工具或手段而不再同时是目的，即人处于一种"异化"状态之中。所谓人的异化，就是人失去了自己的本质而被置身于自己对立面的状态；换句话说，就是从根本上而言的人与人、人与自然相分离的对抗状态。由于在异化状态中，人的"自由意志"的发挥已不再是"以人为目的"，而成了某种外在过程实现的工具或手段，所以，当"自由意志"的发挥把人与自然的分离与对抗推向了极端，这就导致了生态危机——它同时也是人类的生存危机。

历史上，许多大哲学家都使用过"异化"这一概念。在这里，我们把它们联系起来思考，就会更清楚、更深刻地理解：为什么说生态危机是人的主体能动性的异化？所谓"异化"，源于拉丁文"alienation"，是

---

① ［德］康德：《康德著作全集》第4卷，李秋零译，中国人民大学出版社2005年版，第436—437页。

"转让"、"疏远"、"脱离"的意思。18世纪卢梭（J. J. Rousseau）曾用"异化"一词作为历史上国家权利起源的一种解释，意即人民把自己的权利转让给政治机构；到19世纪黑格尔用"异化"说明主客体的分裂并提出了人的异化，把劳动（指抽象的精神劳动）视为人的本质；马克思在《1844年经济学—哲学手稿》中进一步提出了异化劳动的思想，认为"异化"使"劳动为富人生产了奇迹般的东西，但是为工人生产了赤贫。劳动创造了宫殿，但是给工人创造了贫民窟。劳动创造了美，但是使工人变成畸形。劳动用机器代替了手工劳动，但是使一部分工人回到野蛮的劳动，并使另一部分工人变成机器。劳动生产了智慧，但是给工人生产了愚钝和痴呆。"[1] 由此可见，"异化"实质上是矛盾的一种属性或存在方式。矛盾的一方往往是从另一方产生出来的，前者本是后者的一个组成部分，但是一旦它从母体中分化出来，就获得了相对的独立性，从而成为同原来一方相对立的力量，制约着对方，甚至支配、压倒了对方。或者说，"异化"是指本属于自己的力量经过发展后，在一定条件下反过来成为制约、驾驭、支配自己的力量的一种现象。在当今社会，人类创造人工自然物的本意是为了获得自由，生活的更好一些；但是随着科学技术的发展，自然的全面人化，人类逐渐成了自己创造物的奴隶，失去了某些自由。正如父母不能完全控制自己的子女一样，在许多情况下，人类的创造物都反过来奴役人，成了驾驭人、支配人的异己力量。当今自然对人的异化就集中地表现为"生态危机"。

（二）主体能动性异化的表现形式

18世纪启蒙主义带来的理性精神并未使人类进入到真正的人性化状态，相反却使人类陷入到前所未有的野蛮状态，完全受到启蒙的世界却充满了巨大的不幸。而造成这种不幸的原因正是理性化统治对现代人的异化。科学技术变成了新的神话，"神话变成了启蒙，自然则变成了纯粹的客观性。人类为其权力的膨胀付出了他们在行使权力过程中不断异化的代价。启蒙对待万物，就像独裁对待人。独裁者了解这些人，因此他才能操纵他们；而科学家熟悉万物，因此他才能制造万物。于是，万物便顺从科

---

[1] 《马克思恩格斯全集》第42卷，人民出版社1979年版，第93页。

学家的意志。"① 所以，到 20 世纪 60 年代，科学技术已成为发达工业社会的"意识形态"。人们"自由意志"的发挥也就把人与自然的分离与对抗推向了极端。

首先，从价值观念上来看，推崇财产私有，主张索取和占有，片面强调自然对人的有用性，使自然服从于不断实现价值增值的目的，以"物"的发展作为衡量人与自然统一的尺度，这是主体能动性异化的特征之一。价值观念上的这种定向和共识，决定了任意市场经济条件下开发自然的类型只能是掠夺式的和浪费性的，它把自然仅仅看作是原材料、资料和为满足增加已有价值的需要而存在的东西，完全无视自然的价值和地位，无视自然的环境效益和生态效益。结果，一方面是无限的扩张和索取，另一方面却是有限的能力和资源。于是，资源耗竭了，而生产和生活垃圾不断地堆积起来……。这样，水到而渠成的正是人类文明的"奇观"——全球性的生态环境危机。正如马克思所说："在私有财产和金钱的统治下形成的自然观，是对自然界的真正的蔑视和实际的贬低。"到头来，资本主义"剥夺了整个世界——人的世界和自然界——固有的价值。"②

其次，从生产方式上来看，现代社会受功利性世界观和物欲至上价值观的驱使，片面发展社会生产，单纯追求最大利益，这是主体能动性异化的又一特征。传统资本主义的生产方式本质上正是这样一种服从于资本冲动与欲望的异化了的生产方式。在这种生产与经济活动方式中，人已沦为经济运动的工具而不再同时是目的本身了。正是在这种生产方式中，人丧失了自己的主人翁地位，人的自由意志和创造性沦为非理性的经济运动的一种"活动力"。这势必导致两个并存：一是掠夺自然与剥削他人并存；二是滥用主体性和践踏主体性并存。一方面，为了追求最大利益，资本不惜血本发展和利用科学技术，不断提高掠夺、开发和征服自然的能力；在自然生态进化的过程中，只破坏不建设、只索取不补偿、只污染不治理，只是滥用人的主体能动性，用强大的科技力量肆意征服自然和掠夺自然。另一方面，资本利用科学技术在普遍地占有自然的同时，却使在这一活动

---

① ［德］马克斯·霍克海默、西奥多·阿道尔诺：《启蒙辩证法》（哲学断片），渠敬东、曹卫东译，上海人民出版社 2003 年版，第 6—7 页。

② 《马克思恩格斯全集》第 3 卷，人民出版社 2002 年版，第 194—195 页。

中形成的社会关系异化、劳动及其结果异化,造成了人对自然的占有在社会意义上的分离。结果,掠夺自然是以一部分人剥削另一部分人而实现的,滥用人的主体性的活动又践踏了人的主体性。这样,人剥削人就成了人掠夺自然的社会表现,而践踏主体性就成了滥用主体性的自然结果。资产阶级经济学家 K. 博尔丁（K. E. Boulding）1964 年在其《20 世纪的意义》一书中宣称,现代资本主义已开始不剥削人,而只剥削一个自然界。他说,科学技术革命"使得经营自然界十分有利,以致剥削人成为过时的事。"① 英国学者查·帕·斯诺（C. P. Snow）1959 年在其《对科学的傲慢与偏见》的演讲中,批评了某些过分渲染过去的田园生活的悠闲而夸大科学技术所带来的某些现代社会弊端的做法,认为"健康、食物、教育,除了工业革命没有什么力量能够把这些东西成功地传播给许多很穷的人。这些是主要的收获……它们是我们的社会希望的基础。"② 然而,这只是问题的表面,实际上现代资本主义并未消灭剥削,它在制造新的依附和贫穷。

最后,从意识形态上来看,霸权、强权、奢侈、贫穷等是私有制度的必然产物,这也是主体能动性异化的一个特征。在人与自然的关系上,它势必产生如下结果:一是霸权、强权不仅反映在政治和意识形态上,而且日益突出和广泛地渗透和体现在人与自然的关系上。发达国家为强化高科技行业的垄断地位,保持贸易、金融、管理、人才等方面的优势,把污染严重、高能耗的产业转移到发展中国家,导致污染源从发达国家向发展中国家转移,使发展中国家不仅在资源生产与经济增长方面受着发达国家的剥削,而且还将成为主要的污染承纳国。发达国家一方面积极推动经济全球化,占领发展中国家的市场;另一方面却通过质量认证、绿色标准、产品配额等措施限制发展中国家的产品进入其国内市场。这样,发达国家与发展中国家的差距和贫富悬殊进一步加大。据资料表明,"为了使占世界人口 6% 的美国居民维持他们使人羡慕的消费水平,就需要耗费大约三分之一的世界矿物资源年产量。"这种情况如果再继续下去,"第三世界就

---

① ［英］K. E. 博尔丁:《20 世纪的意义》（The Meaning of the Twentieth Century）,伦敦:1964 年版,第 113 页。

② ［英］查·帕·斯诺:《对科学的傲慢与偏见》,陈恒六、刘兵译,四川人民出版社 1987 年版,第 6 页。

不可能过上稍微像样的生活。"① 二是霸权、强权同时导致贫穷和奢侈并存，加剧了人与自然关系的恶化。发达国家运用自己手中的财富和权力，一方面无限制地追求物质享受，过着极端富裕和奢侈的所谓高消费生活，成为发展中国家的债主；另一方面，陷入债务危机中的不发达国家，不仅过着极端贫穷的生活，而且为了生存被迫把自己的自然资源廉价出售给发达国家，对外国债主履行还债义务。同时，发展中国家以掠夺资源为特征的开发是一种浪费性的生产。这种生产只把极小一部分（不到10%）资源转化为产品，而把绝大部分资源（大于90%）以废物的形式排放，从而造成了发展中国家环境的进一步恶化。由此可见，以资本逻辑为主导的现代社会，经济发展不可避免地会造成三个悖论：环境悖论、两极悖论和存在悖论。② 对此，世界环境与发展委员会指出，国际关系中的不平等所造成的"贫穷是全球问题的主要原因和结果"。"这种不平等是地球上的主要'环境'问题；它也是主要的'发展'问题。"因此，解决发展中国家贫穷和环境退化的问题已经不仅仅是一个人与自然关系的问题，而且是一个社会变革的政治问题。

（三）经济全球化对生态环境的影响

"经济全球化"的概念出现于20世纪80年代中期，但目前还没有一个统一的定义。国际货币基金组织（IMF）在1997年5月发表的一份报告中指出："经济全球化是指跨国商品与服务贸易及资本流动规模和形式的增加，以及技术的广泛迅速传播使世界各国经济的相互依赖性增强。"而经济合作与发展组织（$OECD$）认为："经济全球化可以被看作一种过程，在这个过程中，经济、市场、技术与通讯形式都越来越具有全球性特征，民族性和地方性在减少。"为此，我们可为从三方面来理解经济全球化：一是世界各国经济联系的加强和相互依赖程度日益提高；二是各国国内经济规则不断趋于一致；三是国际经济协调机制强化，即各种多边或区域组织对世界经济的协调和约束作用日渐增强。所以，经济全球化是指世界经

---

① [美] 杰里米·里夫金、特德·霍华德：《熵：一种新的世界观》，吕明等译，上海译文出版社1987年版，第170页。

② 孙正聿等：《马克思主义基础理论研究》（上），北京师范大学出版社2011年版，第573页。

济活动超越国界，通过对外贸易、资本流动、技术转移、提供服务、相互依存、相互联系而形成的全球范围的有机经济整体。

由此可见，经济全球化是社会生产力和国际分工高度发展的产物，也是当代世界经济发展的重要趋势。它有利于资源和生产要素在全球范围的合理配置；有利于资本和产品的全球性流动；有利于科技在全球范围的转移；有利于促进不发达地区的经济发展，所以是人类社会发展进步的表现。但对于每一个国家来说，它是一柄双刃剑，既是机遇，也是挑战。特别是对于经济实力薄弱和科学技术比较落后的发展中国家，面对经济全球化的激烈竞争，所遇到的风险、挑战将更加严峻。进入21世纪，经济全球化与跨国公司的深入发展，既给世界贸易带来了巨大的推动力，同时也给各国经贸带来了诸多不确定因素，使其出现了许多新的特点和新的矛盾，同样对生态环境也产生着正反两方面的影响。

一方面，经济全球化促进了资源的优化配置以及全球范围内生产的合理分工和规模效益，提高了资源的利用率，相对地减少了环境污染。而且，经济全球化有助于促进资源成本化与环境价值化。比如，解决诸如空气与水资源遭到污染和破坏的问题，可以通过类似于"商品购买"的方式进行。也就是说，一个企业的某种废物排放额度的节省量可以通过"商品"买卖的市场方式与另一个企业进行有价交换，以刺激企业减少排放污染物。经济全球化还将促进国家之间生产要素和产品的相互交流，而使国际的合作变得必不可少。鉴于一国的环境污染会影响到周边国家的环境质量，国与国之间在环境保护问题上的合作也会日益加强。

但是，另一方面，经济全球化拉大了发达国家与发展中国家的差距，贫富悬殊进一步加大。发达国家在已完成工业化的基础上将主要发展知识密集型的高新技术产业和服务业，而还未完成工业化的广大发展中国家则除了继续作为原材料、初级产品的供应者外，还将成为越来越多的工业制成品的生产基地。这样，发展中国家的产业结构调整仍处于被动状态，在全球性资源和市场竞争中仍处于不利地位。发达国家为了强化高科技行业的垄断地位，保持贸易、投资、金融、管理、人才等方面的优势，把污染严重、高能耗的产业转移到发展中国家，导致污染源从发达国家向发展中国家转移，使发展中国家不仅在资源生产与经济增长方面受着发达国家的剥削，而且还将成为主要的污染承纳国。发达国家一方面积极推动经济全球化，占领发展中国家的市场；另一方面却通过质量认证、绿色标准、产品配额等措施限制发展中国家的产品进入其国内市场。这样，随着经济全球化的不断深入，发展中国家与发达国家之间在经济发展水平上的差距还可能继续扩大。

因此，随着全球经济一体化的发展，环境问题已成为建立世界新秩序和构筑未来世界格局的重要因素，其影响远远超出单纯环境问题的范围。如何解决全球环境问题必将成为发达国家与发展中国家矛盾斗争的焦点之一。所以，目前经济全球化中急需解决的问题是建立公平合理的经济新秩序，以保证竞争的公平性和有效性。

五 解决生态危机的基本思路

从1866年德国生物学家海克尔提出生态学的概念到1973年挪威哲学家阿伦·奈斯提出深层生态学，实现了自然科学实证研究与人文科学世界观的结合，随之生态哲学、生态美学、生态伦理学、环境伦理学等学科应运而生，形成了当代的"绿色"理论与批评。这些理论都企图突破主客二元对立的机械论世界观，提倡系统整体性的生态世界观；重新思考人在自然界中的位置与责任，反对"人类中心主义"，主张"人—自然—社会"的协调统一；批判自然无价值的理论，提出自然具有独立价值的观点，强调人与万物的平等；同时，提出环境权问题和可持续生存道德原则，强调科技的人文化。可以说，生态批评的兴起正冲击着人们的传统观念，以至一些现代性观念，从理性、主体性到自由、民主、发展……现代性方案等再次面临全面的修葺。因此，我们不得不重新思考人与自然、人与万物、人与环境的关系。

从以上的分析和探索中不难看出，要正确处理人与自然的关系，有效地解决生态环境问题，保证人类社会长治久安和持续发展，就必须改变和突破人类社会以往所具有的种种局限性。

（一）建立一种全新的"大自然观"

我们要正确处理人与自然的关系，有效解决生态问题，首先必须改变以往所形成的狭隘的自然观，建立一种全新的"大自然观"。这种大自然观采用一种系统整体的方法解释自然和评价自然，并重新审视人在自然界中的位置和作用。生态学揭示的"自然"是一个完美、稳定、和谐的生态共同体，一个进化发展的生态系统，一切价值的源泉。价值产生于自然界中一切事物之间的相互联系、相互制约、相互合作和竞争之中，内在价值（生命）、工具价值通过生态系统的连接机制整合于最高价值，即生态系统的系统价值（即人本生态价值）。这种最高价值的表现之一就是创造出人这种最高内在价值。具体来说，每一个有生命的个体或物种都只是更大进化系统中的一个过程、产物和工具。大自然的进化事实表明，生态系统通过竞争、协调，加上个体的自然选择来选择适应的性能，选择生命的质量和数量，促进物种的分化，淘汰不适应的物种，以完美的资源能量、运转模式支持越来越多的物种。在系统底部的无机物和植物的工具价值的基础上，产生出越来越有主体性的物种直至人类。每一个体的生和死都融入系统的价值之流，这就是生态系统的运转和进化途径。在大自然的进化中，人类以其出类拔萃的思维、语言和形而上学能力区别于其他动物，并存在于一个开放的整体世界中。人类的这种进化优越性值得自豪，同时也赋予他关怀其他事物的责任。罗尔斯顿认为，"生态系统既是一个生物系统，也是一个人类处于其顶端的系统。"[1] 因此从这个意义上说，人与自然的关系就是人与自己生存环境的关系，毁坏自然就是毁坏自己的家园，毁坏自己的"社会的房子"[2]。原因在于"人是自然界的一部分"，"自然界……是人的无机的身体"[3]。甚至"可以说，世界若不包含于我们之中，我们便不完整；同样，我们若不包含于世界，世界也是不完整的。"[4] 目前，人类业已到了必须全世界一致行动共同对付环境问题，采取更审慎处理的历史转折点。所以，我们要把世界看作是一个"社会—经济—生态—自然"的复杂系统，社会发展不仅意味着经济增长和人口增长，而且首先包括建立一个良好的生态。这是协调人与自然关系，解决生态问题的

---

[1] [美] 霍尔姆斯·罗尔斯顿：《环境伦理学》，杨通进译，中国社会科学出版社2000年版，第99页。
[2] [德] 汉斯·萨克塞：《生态哲学》，文韬、佩云译，东方出版社1991年版，第4页。
[3] 《马克思恩格斯全集》第42卷，人民出版社1979年版，第95页。
[4] [美] 大卫·雷·格里芬：《后现代科学》，马季方译，中央编译出版社1995年版，第86页。

认识基础。

（二）建立一种全新的"大生产观"

我们要正确处理人与自然的关系，有效解决生态问题，必须改变以往所形成的狭隘的生产方式，丰富、扩大和深化社会生产的内容、范围和层次，建立一种全新的"大生产观"。生产活动历来是人类生存和发展的基础，它作为人类打破自然平衡创造物质财富的过程，不可避免地具有双重效应。一方面，它使自然物质形态发生变化，提高它们的结构有序性和功能有序性，使高熵无序的自然物（原料）改变成低熵有序的人造物（产品），从而满足人的各种需要。在这里，人类活动以负熵的形式投入到生产过程，提高了事物的有序性，这就是人类劳动创造财富、创造价值的过程，即所谓的生产活动的正效应。另一方面，生产又是以打破自然平衡和消费自然为条件的，同时就必然地伴随有废物的排泄。在这里，打破自然平衡、消费自然和排泄废物又是生产活动赖以进行的必要环节，它们又以熵增的方式存在于生产过程之中，增加了自然界的熵值。这又是生产活动破坏生态、耗费资源和影响环境的方面，即生产活动的负效应。所以说，生产活动既是一个熵减过程，也是一个熵增过程，这是人类生产活动的必然性所在。

生产活动自从有了人类便一天不停地进行着，而且随着历史的发展而不断深化。这样，它的正反两方面的效应也随之增长。重要的是，人类的社会生产一经产生，它就以自然生产无法比拟的速度和规模迅速发展，这是人类社会蒸蒸日上的深刻原因；但与此同时，社会生产的负效应也迅速增大。从农业社会到工业社会的发展，人类的生产实践作为一支强大的生态力量和地质力量曾经改变了地球的表面和地貌。今天，它又以一种更强大的因素——天文力量——而开始发挥作用。在这一过程中，人类大规模地开发自然、改造自然，创造了巨大的物质文明和精神文明；但同时也使生产活动的负效应与日俱增，使其达到了全球性的程度。这就是今天我们所面临的生态环境危机。要解决这个问题，就必须实现社会生产与自然生产、社会生产力与自然生产力的有机结合，建立一个将两种生产和两种生产力协调统一的大生产观。这是协调人与自然关系，解决生态问题的根本方式。

(三) 建立一种全新的"大社会观"

我们要正确处理人与自然的关系，有效解决生态问题，不仅需要改变原有的认识，改变已有的生产方式，而且必须改变与这些思想认识和生产方式连在一起的整个社会制度，建立一种全新的"大社会观"。在漫长的人类历史进程中，有 99.25% 的时间我们人类生活在人与自然的和谐关系中，而由于科学技术的飞速发展，在最近 100 年的时间里人类就变成了地球的致命寄生虫。海德格尔认为，现代技术并非单纯是实现目的的手段，实际上已经成为"现代社会的统治术"。现代技术中隐藏着的力量导致了人与自然、人与社会关系的彻底改变。由于技术意志，一切东西都成了生产的物质，地球与环境亦变成了单纯的原料，甚至人也是最重要的资源。所以海德格尔预言，我们总有一天会建立许多工厂来人工生产人力资源，有计划地生产出男人和女人。今天的基因技术、克隆技术已经离此预言不远了。[①] 令人难以置信的是，时至今日人类还将 GDP（这里指的是非健康经济）增长的速度定义为可持续发展的重要量化指标。原因在于：(1) 人类似乎还不明白生存的真正意义，扭曲的价值观使人类社会以为有钱就有一切。(2) 由于某种经济上的原因，使人类社会自毁的加速度增加了。例如，我们达到能向空间发射信号的技术水平，至今不过几十年，可是几乎同时，人类就造出了只要一次打击就足以灭绝全球一切生命的大规模毁灭性武器。(3) 人类用自以为是的科学技术来发展军事，目的在于杀人。例如，目前人类 90% 的基于科技之上的发明创造首先是用于军事，用于消灭人本身，而不是别的。……从哲理上讲，人类发展并不完全依赖经济的增长，那为什么会出现这种可怕的"发展"呢？道理很简单——是由人类极端的自我、绝对的"我性"造成的！[②]

更为重要的是技术统治不仅改变了人与自然的生态关系，而且也改变了人类社会的秩序，技术破坏的是人与自然、人与社会的双重生态。现代

[①] 张兴成：《现代性、技术统治与生态政治》，人大复印报刊资料《科学技术哲学》2003 年第 11 期，第 35 页。

[②] 叶岱夫：《最低环境代价生存是人类可持续发展的原动力》，《自然辩证法通讯》2002 年第 4 期，第 80 页。

社会是一个建立在技术手段基础上的"合理化"官僚社会。科学技术的合理性本身包含着一种支配的合理性,即技术的合理性变成了统治的合理性,技术进步带来的享受与安逸掩盖了技术与统治、合理性与压迫的融合关系。所以,我们同样可以说,现代科技不仅没有消灭贫穷,反而在制造新的依附与贫穷。我们以一个现代化的饲养厂为例,养鸡所投入的精饲料(主要是人的食物,如小麦、玉米等)与纯产出(鸡肉)之比是 20/1;要生产 1 公斤牛肉,需花费 $190m^2$ 土地的农产品和 10 万 5 千公升的水,而生产 1 公斤大豆只要 $16m^2$ 土地和 9 千公升的水。这就是说,富人每享受 1 公斤牛肉所需的土地,就可以为穷人生产近 12 公斤的大豆或 8.6 公斤的玉米。[①] 从这里我们可以看到饥饿与浪费、依附与贫穷的内在联系,生态危机也意味着社会正义的危机。

著名经济学家琼·罗宾逊夫人在《经济哲学》(1962) 一书中明确指出:"如果没有悄悄介入的道德评价,我们就不可能对一种制度进行描述。比如说,我们从制度外部对制度进行观察意味着这个制度不是唯一可能存在的制度,在对这一制度进行描述的时候,我们(大鸣大放地或默默地)将其与其他现实的或想象的制度进行比较。差异意味着选择,选择意味着评判。我们不能不作评判,我们的评判源自已经深深浸入我们的人生观并且在某种程度上已经印在我们脑海中的伦理预设。"[②] 因此,一些生态主义者把生态问题看作一面镜子,从这面镜子中可以照出现代工业文明的病态。它映现出目前流行于全球的市场竞争机制在生态方面的巨大缺陷。因为这种竞争机制并不计算生态成本和环境成本,于是,一些企业为了自身利益就会最大限度地消费资源和环境,因而,也就不能避免"公有地悲剧"的产生。要改变这种状态,实现社会公正,就必须建立一种适合于人类整体利益的社会化的联合体和社会制度,使"社会化的人,联合起来的生产者,将合理地调节他们和自然之间的物质变换,把它置于他们的共同控制之下,而不让它作为盲目的力量来统治自己;靠消耗最小的力量,在最无愧于和最适合于他们的人类

[①] 张兴成:《现代性、技术统治与生态政治》,人大复印报刊资料《科学技术哲学》2003 年第 11 期,第 35—36 页。

[②] [英] 琼·罗宾逊:《经济哲学》,安佳译,商务印书馆 2011 年版,第 15—16 页。

本性的条件下来进行这种物质变换。"① 这是正确处理人与自然关系,解决生态问题的社会保证。

综上所述,人类不可能脱离其环境而获得自由,而只能在其环境中获得自由。因此,人类应当全面地考虑问题,在当前市场经济的条件下,最根本的是要处理好经济发展与生态环境的关系。要实现这一目标,关键在于人性的提升。只有当人培养出"真正的利他主义精神"时,人的自我完善才能实现;同时也才能更好地使用人独特的能力,在地球上"既作为生态系统的一个'公民',又作为其'国王'……对生态系统进行治理,因为进化过程在创造一个完善的生态系统上迄今也只取得部分的成功。尽管我们尊崇地球,但我们还是可以把它'人化'。……因为自然的丰富有一部分就体现为其作为人类生命之支撑的潜能。"② 为此,我们就不能放任市场经济中资本的非理性冲动,而必须为它安装一个"理性的大脑",使资本的冲动服从理性的指引,从而成为以人为目的(或以人为本)的市场经济。目前中国特色社会主义市场经济也许能找到一条走出经济学与生态学相互碰撞而产生的两难困境之路。正如恩格斯所说,经过长期的常常是痛苦的经验,我们在人与自然的关系上,也渐渐学会了认清我们的生产活动的间接的、比较远的社会影响,因而我们就有可能也去支配和调节这种影响。"但是要实行这种调节,单是依靠认识是不够的。这还需要对我们现有的生产方式,以及和这种生产方式连在一起的我们今天的整个社会制度实行完全的变革。"③

目前,中国推行和实施的科学发展观,就是要"以人为本",统筹人与自然的和谐发展,处理好经济建设、社会发展和生态环境的关系,推动整个社会走上生产发展、生活富裕、生态良好的文明发展之路。美国著名环境学家哈瑞斯（W. M. Harris）认为:"如果在中国成功地实现了可持续发展的基本目标,那么世界上就不应当有任何一个国家说它不能。"原因是中国作为一个占世界人口20%以上的大国,可持续发展的原动力更集

---

① [德]马克思:《资本论》第3卷,人民出版社1975年版,第926—927页。
② [美]霍尔姆斯·罗尔斯顿:《哲学走向荒野》,刘耳、叶平译,吉林人民出版社2000年版,第30页。
③ 《马克思恩格斯选集》第3卷,人民出版社1972年版,第519页。

中地体现在"相对低的环境代价生存"意识场上，或者说体现在精神境界上而不是物质刺激上。① 美国著名后现代思想家小约翰·B. 科布还预言，"中国甚至能引领整个世界的道路"②。

---

① 转引自叶岱夫《最低环境代价生存是人类可持续发展的原动力》，《自然辩证法通讯》2002 年第 4 期，第 82 页。

② ［美］小约翰·B. 科布：《论经济学和生态学之间的张力》，《新华文摘》2002 年第 11 期，第 167 页。

第五章　从平衡到非平衡

科学的飞速发展为我们提供了总结研究方法的大量事实；同时，科学研究也迫切需要我们从方法论的角度为进一步地深入研究提供科学的依据。20世纪60年代末，自从普里戈金和哈肯提出自组织理论以来，人们对复杂系统在非平衡条件下的演化有了更深入的认识，发现非平衡不是"转瞬即逝的现象"，而是系统演化更为基本的现象。平衡仅仅是非平衡现象的一个特例，因而我们应该花更大的力气来分析研究非平衡问题。这也就是说，在自组织理论的推动下，不仅非平衡统计物理学有了飞速的发展，而且其他学科也进行非平衡方面的研究，如我们前面讨论过的非平衡动力学、非平衡生态学、非平衡经济学等。在对非平衡及其有关的现象进行深入研究的过程中又陆续发现了一些新的现象并逐渐形成了新的理论，如孤子、混沌、分形的研究及相应的理论。

在这一章中，我们首先从经典力学的研究方法谈起，分析在研究事物（系统）演化时，非平衡是系统演化的原因，非平衡也是分析系统演化的基本方法和工具；进而归纳总结出在一般方法论层次上，平衡与非平衡的联系和区别，在研究系统演化时，如何运用平衡、非平衡的方法来分析和解决问题；接着集中介绍以普里戈金和哈肯为代表的非平衡自组织理论对研究系统演化问题的巨大贡献；最后，重点论述"非平衡是有序之源"这一重要观点。

一　经典力学的研究方法

我们知道："运动，就它被理解为存在方式，被理解为物质的固有属性这一最一般的意义来说，囊括宇宙中发生的一切变化和过程，从单纯的位置变动起直到思维。"① 因此我们说，运动是一般的变化，变化则是具体的运动。运动就成为标志物质变化和过程的哲学范畴，同物质本身一样，运动具有最大的广泛性和普遍性。"没有运动的物质和没有物质的运动一样，是不可想象的。"② 具体来讲，它既包括物体的位移，如车船的行驶、日月星辰的运转等，也包括事物的发生、发展和灭亡的过程，如天体的演化、生物的进化、社会的发展等，还包括人类思维的活动等。因而，恩格斯在《自然辩证法》中指出："研究运动的性质，当然应当从这种运动的最低级、最简单的形式开始，先理解了这些最低级的最简单的形式，然后才能对更高级的和更复杂的形式有所阐明。所以我们看到：在自然科学的历史发展中最先发展起来的是关于简单的位置移动的理论，即天体的和地上物体的力学，随后是关于分子运动的理论，即物理学，紧跟着它、几乎和它同时而且有些地方还先于它发展起来的，是关于原子运动的科学，即化学。只有在这些关于统治着非生物界的运动形式的不同的知识部门达到高度的发展以后，才能有效地阐明各种显示生命过程的运动进程。对这些运动进程的阐明，是随着力学、物理学和化学的进步而前进的。"③ 由此可见，恩格斯将自然界的运动形式划分为机械运动、物理运动、化学运动和生命运动四种基本类型是遵循了运动形式、运动的物质承担者、运动规律三者之间的一致性。这一思想有助于发现自然界发展的不同阶段的特殊规律；有助于揭示自然界物质系统运动的内在动力；有助于理解自然界物质系统的整体性和内在规定性。

（一）机械运动与力的概念

按照恩格斯的观点，物质最简单的运动形式是机械运动，即物质在空间位置上的移动。在机械运动中，物体可以抽象成（或者简化为）单一质点、质点系、刚体、流体等不同的模型。机械运动的形式又可以划分为平动、转动、振动和形变等多种类型。因此，即使是最简单的机械运动，我们对它的研究依然是模型化、抽象化的。任何真实的自然过程都非常复

---

① 《马克思恩格斯选集》第4卷，人民出版社1995年版，第346页。
② 《马克思恩格斯选集》第3卷，人民出版社1995年版，第400页。
③ [德] 恩格斯：《自然辩证法》，人民出版社1971年版，第53页。

杂，自然科学对于这种原本极其复杂的自然现象和运动形式的研究只能采取近似处理的方法。所以，经典力学正是以这种最简单的运动形式作为研究对象的。

但是，在漫长的历史过程中，人们一直遵循着古希腊哲学家亚里士多德的观点，认为静止是物体的自然状态，要使物体以某一速度做匀速运动，必须有力的作用才行，即认为力是物体运动的原因。直到16世纪末，意大利物理学家伽利略才通过实验发现亚里士多德的观点是错误的。他指出，力不是物体运动的原因，而是改变物体运动状态的原因。后来，牛顿接受并发展了伽利略的见解，于1687年出版了《自然哲学之数学原理》，提出了著名的运动三定律和万有引力定律，完成了物理学史上的第一次大综合。现在回想起来，经典力学实际上研究的就是力的平衡与非平衡问题。从"力学之父"阿基米德（Archimedes）提出浮力定律、杠杆原理到牛顿三定律的形成，都是将物体运动状态的改变与力联系起来，认为力是物体间的相互作用，是改变物体运动状态（产生加速度）和使物体发生形变的原因。实践证明，力对已知物体的作用效果决定于：力的大小（即力的强度），力的方向和力的作用点，通常称之为力的三要素。力的三要素可以用一个有向线段来表示，所以力是矢量。在力学中常见的力有重力、弹力和摩擦力等。

凡大小相等方向相反且作用线不在一直线上的两个力称为力偶。它是一个自由矢量，其大小为力乘以二力作用线间的距离，即力臂，方向由右手螺旋定则确定并垂直于二力所构成的平面。力作用于物体的效应分为外效应和内效应。外效应是指力使整个物体对外界参照系的运动变化；内效应是指力使物体内各部分相互之间的变化。对刚体则不必考虑内效应。静力学只研究最简单的运动状态即平衡。如果两个力系分别作用于刚体时所产生的外效应相同，则称这两个力系是等效力系；若一力同另一力系等效，则这个力称为这一力系的合力。

（二）静力学研究力系的平衡问题

静力学（Statics）是经典力学的一个分支，它主要研究物体在力的作用下处于平衡的规律，以及如何建立各种力系的平衡条件。平衡是物体机械运动的特殊形式，严格地说，物体相对于惯性参照系处于静止或做匀速直线运动的状态,即加速度为零的状态都称为平衡。对于一般工程问题,平衡状态是以地球为参照系确定的。静力学还研究力系的简化和物体受力分析的基本方法。因此,力的平衡与非平衡决定着物体运动的变化。牛顿第一定律(惯性定律)指出,质点在平衡力的作用下(在机械运动中质点不受力与受到平衡力或在力的平衡条件下,运动状态是一样的)总保持原来的运动状态。所以说,牛顿第一定律一方面确定了力的含义——力是物体运动状态发生变化的原因;另一方面也是研究平衡力问题的理论基础。

静力学一词是法国数学家、力学家伐里农（Pierre Varignon）在其《新力学,即静力学》（1725年）一书中引入的。他讨论了各种情况下力的平衡问题。

> 例如,天平两边重量相等时就达到平衡,用手在天平一边轻轻一动,原先的平衡就会被破坏,天平开始倾斜,继而左右来回摇摆。但过一会儿,天平则会回到原先的平衡状态。这种能抗拒破坏力而自动返回平衡的称为稳定平衡。但是要试图将一个煮熟的鸡蛋在桌面上直立起来就不那么容易了,侥幸成功也极不稳定,轻轻吹口气马上就会倒下,而且不可能再自动直立起来。这是一种不稳定平衡。

按照研究方法,静力学可分为几何静力学和分析静力学。几何静力学主要研究刚体的平衡规律,得出刚体平衡的充分必要条件,又称刚体静力学。几何静力学从静力学公理(包括二力平衡公理,增减平衡力系公理,力的平行四边形法则,作用和反作用定律,刚化公理)出发,通过推理得出平衡力系应满足的条件,即平衡条件;用数学方程表示,就构成平衡方程。在工程结构设计中也常用直观的作图方式求解力学问题,因此也称图解静力学。分析静力学是研究任意质点系的平衡问题,给出质点系平衡的充分必要条件。它是由法国数学家、力学家拉格朗日根据虚位移原理,运用严格的数学分析方法研究宏观力学现象的一套理论。另外,静力学中关于力系简化和物体受力分析的结论,也可以应用于动力学。借助达朗贝尔原理,可将动力学问题转化为静力学问题的形式。静力学是材料力学和其他各种工程力学的基础,在土建工程和机械设计中有广泛的应用。

力的平衡是研究得最深入的一个领域，力的平衡也是后来人们对平衡概念理解的基础。当力不平衡时，系统原来的运动状态就不能维持，而运动状态的改变与不平衡力之间的定量关系是牛顿第二定律的核心内容。不平衡是系统状态改变的原因，并且发生在这力所沿的直线方向上。最简单的情况是质点只受两个力的作用，两力平衡，物体状态不改变；两力有差异、不平衡，就要引起状态变化，也就是演化。在这里的"演化"意味着物体的运动状态随时间的变化率，即所谓动量 $\vec{p} = m\vec{v}$ 的微分。其中动量（度量运动的一种物理量，牛顿把它叫作"运动量"）是一个矢量，大小等于运动物体的质量和速度的乘积，方向与物体运动的方向相同。因此，当以 $\vec{F}$ 表示作用于质点上的外力时，牛顿第二定律的数学表达式为

$$\vec{F} = \frac{d\vec{p}}{dt} = \frac{d(m\vec{v})}{dt} \qquad (5.1)$$

按照牛顿当时的观点，物体的质量 m 与它的运动速度 $\vec{v}$ 无关，是常量。于是由（5.1）式可得

$$\vec{F} = m\frac{d\vec{v}}{dt} = m\vec{a} \qquad (5.2)$$

（5.2）式便是中学物理中大家很熟悉的牛顿第二定律。需要说明的是（5.1）式应看作是牛顿第二定律的更基本的普遍形式。其原因之一，在物理学中动量这个概念比速度、加速度更为普遍和重要；原因之二，由相对论可知，物体的质量 m 与其运动速度 $\vec{v}$ 有关，特别是物体运动速度接近光速时更是如此。在这种情况下（5.2）式不再成立，而（5.1）式仍然成立。这也就是说，科学实验和理论分析都表明：在自然界中，大到天体间的相互作用，小到质子、中子等基本粒子间的相互作用，都遵守动量守恒定律。因此，它是自然界中最重要、最普遍的客观规律之一，比牛顿运动定律的适用范围更广泛。

所以我们说，自然科学就是要寻找客观事物运动状态改变的原因，以及原因对结果的具体影响。非平衡是联系原因与结果的桥梁，不同种类的不平衡将导致不同类型的运动状态的改变。在牛顿力学里，力不平衡导致物体动量的变化（速度变化），力矩不平衡导致物体角动量的变化。我们

可以认为牛顿力学是讨论力的平衡、不平衡以及力与物体运动状态改变的定量关系的一门科学。

（三）动力学研究力与运动的关系

动力学（Dynamics）是经典力学的又一个分支，主要研究运动的变化与造成这变化的各种因素。换句话说，动力学主要研究力对于物体运动状态的影响。也就是说，动力学研究的是由于力的作用，物理系统怎样随着时间的演进而改变。正因为如此，人们在研究动力学问题时也是从平衡、非平衡的分析入手的。静力学是力的平衡问题，动力学是力的不平衡问题。平衡是最简单，也是力学首先要研究分析的课题，在平衡的基础上人们讨论非平衡的问题。在具体讨论非平衡问题时，也要利用力学平衡的概念和知识把复杂的非平衡问题进行分解，从中找出平衡部分，使问题简化。斜抛问题的讨论是最明显的例证，如图5—1所示。

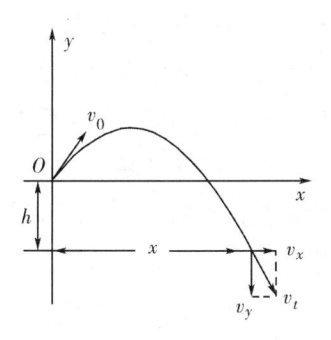

图 5—1 斜抛运动

斜抛运动是将物体以一定的初速度 v_0 和与水平方向成一定角度 θ_0 抛出，在重力作用下，物体做匀变速曲线运动，它的运动轨迹是抛物线，所以将这种运动叫作"斜抛运动"。根据运动独立性原理，可以把斜抛运动看成是做水平方向的匀速直线运动和竖直上抛运动的合运动来处理。这样，斜抛物体在非平衡力作用下运动，但它在水平方向上没有力的作用，处在平衡条件下；仅在竖直方向上受到地球引力的作用，这可利用竖直上抛运动已有的结论。我们把水平和竖直方向上的运动合起来就得到了斜抛运动的规律。

因为其运动方程为 $\quad x = v_0 \cos\theta_0 t \quad\quad y = v_0 \sin\theta_0 t - 1/2 g t^2$

所以，从以上两式中消去 t 就得到轨道方程：$y = \tan\theta_0 x - \dfrac{g}{2v_0^2 \cos^2\theta_0} x^2$

力学中几乎所有复杂的非平衡问题都是采取各种办法将运动分解，将力也分解，从分解后的多个力中找出部分平衡关系，使非平衡问题变简单。利用平衡来解决非平衡问题是处理非平衡问题的通用方法；同样，在深入分析平衡问题时也离不开对非平衡的讨论。讨论力的平衡这类静力学问题时，运用虚功原理（虚位移原理）设想原在平衡力作用下的物体离开平衡位置，有一段虚位移，让物体处在非平衡的条件下，研究在此情况下物体运动变化的情况，从而解决静力学平衡问题。在经典力学中，这也是解决平衡问题的有效方法。

目前动力学的基本内容包括质点动力学、质点系动力学、刚体动力学、达朗贝尔原理等。以动力学为基础而发展出来的应用学科有天体力学、振动理论、运动稳定性理论，陀螺力学、外弹道学、变质量力学，以及正在发展中的多刚体系统动力学等。如前所述，达朗贝尔原理是研究非自由质点系动力学的一个普遍而有效的方法。这种方法是在牛顿运动定律的基础上引入惯性力的概念，从而用静力学中研究平衡问题的方法来研究动力学中不平衡的问题，所以又称为动静法。

其中质点动力学有两类基本问题：一是已知质点的运动，求作用于质点上的力；二是已知作用于质点上的力，求质点的运动。求解第一类问题时只要对质点的运动方程取二阶导数，得到质点的加速度，代入牛顿第二定律，即可求得力；求解第二类问题时需要求解质点运动的微分方程或求积分。动量、动量矩和动能是描述质点、质点系和刚体运动的基本物理量。作用于力学模型上的力或力矩，与这些物理量之间的关系构成了动力学的普遍定理，它包括动量定理、动量矩定理、动能定理以及由这三个基本定理推导出来的其他一些定理。这里需要强调的是：动量与动能的区别。尽管两者都是表征物体运动状态的重要物理量，但是动量和动能分别联系于不同的物理量——冲量和功。动量是表示物体机械运动的一种量度，在几个物体之间，如果通过力的相互作用而有机械运动的转移时，一定伴有等量的动量转移，即一个物体得到一定动量的同时，一定有其他物体失去等量的动量。它反映了力的时间积累效应，即在力的作用下经过一段时间的积累，物体的运动状态才发生变化，哪怕作用时间很短也行。由牛顿第二定律可直接导出，质点受合外力 $\vec{F}$ 的时间积累作用（冲量 $\vec{I}$）与质点状态变化（动量变化）之间的定量关系——动量定理：

$$\vec{I} = \int_{t_1}^{t_2} \vec{F} dt = \int_{p_1}^{p_2} d\vec{p} = \vec{p}_2 - \vec{p}_1 = \Delta \vec{p}$$

但如果考察这一系统的动能问题时，并没有"等量动能的转移"问题，而是一种能量可以等量转化为其他形式的能量。可以说，动能是表示物体机械运动转化为一定量的其他运动形式的能量的一种量度。当物体以一定速度运动时，就具有一定量的动能，即 $E_k = \frac{1}{2}mv^2$。所以，动能是描述物体运动状态的单值函数，物体克服外力做功就是以减少自己的动能为代价的。它反映了力的空间积累效应，即在力的作用下必须经过一段位移，物体的运动状态才发生变化，哪怕是很小的位移也行。按照恒力做功的公式 $A = \vec{f} \cdot \vec{s} = f\cos\alpha \times s$（$s$ 表示力的作用点的位移），可求得变力在每一小位移上所做的功，然后把变力在每小段位移上做的功累加起来就得到变力在这一段有限路程中所做的总功——动能定理：

$$A = \int_a^b \vec{F} \cdot d\vec{s} = \int_a^b F\cos\alpha ds = \int_{v1}^{v2} mvdv$$
$$= \frac{1}{2}mv_2^2 - \frac{1}{2}mv_1^2 = E_{k2} - E_{k1} = \Delta E_k$$

随着现代科学技术的发展，在所研究的力学系统中，需要考虑的因素逐渐增多，例如，变质量、非线性、非保守还加上反馈控制、随机因素等等，使运动微分方程越来越复杂，可正确求解的问题越来越少，许多动力学问题都需要用数值计算方法近似地求解。微型、高速、大容量的电子计算机的广泛应用，解决了计算复杂的困难。目前动力学系统的研究领域还在不断扩大，例如，增加热和电等因素成为系统动力学；增加生命系统的活动成为生物动力学，这都使动力学在深度和广度有了进一步的发展。

力学系统包含有宏观和微观两个层次。在几个质点组成的质点组系统中，质心运动代表着质点组宏观层次的运动，各个质点的运动则可以看成是微观层次的运动。在不同的层次上力的平衡与非平衡的情况是不同的，因此在研究几个质点的质点组运动时，需将平衡与非平衡方法在不同层次上使用。几个质点受到非平衡力的作用，各个质点呈现出不同的运动形式，人们不好进行分析时，可以分开不同层次来讨论。若在宏观层次上，质点组受到的外力是平衡的,则质点组在宏观上也是平衡的,表现为质心的运动状态不发生变化;而在微观层次上的不平衡,只能影响质点组系统微观运动状态的改变,即相对质心运动状态的改变。因此,姜璐教授指出,把复杂的运动形式及系统不平衡的情况分成层次来讨论,在经典力学中仅作为讨论问题的一种具体技术,而这种思想在研究更复杂的系统时却是非常必要的,它已成为分析认识客观事物的一种主要方法。①

二 平衡与非平衡是研究复杂系统的方法

在经典力学中采用的各种平衡与非平衡的研究方法,随着科学的发展不断地被运用到对其他复杂系统的研究中,在各门学科中形成了各自的学科体系和研究方法。然而,只要深入分析,就能发现它们之间的内在联系,从中找出共同的规律。平衡与非平衡是各门学科的共同特点,它们在不同学科中有着不同的具体含义,概括起来,大致有以下几个方面:

(一) 平衡是系统相对稳定的阶段

所谓平衡,原意是指衡器两端承受的重量相等,后来引申为一个整体的各个部分在质量或程度上均等或大致均等。一般情况下,平衡是和运动分不开的。在绝对的、永恒的物质运动过程中存在着相对的、暂时的静止和平衡,并且"运动应当从它的反面即从静止找到它的量度"②,不承认相对的静止和平衡,就无法把握绝对的运动和非平衡。因而,长期以来,平衡一直是人们认识事物的出发点和主要方面。人们总是在系统演化的过程中寻找"平衡点",发现"不变量",然后通过"平衡点"或"不变量"来认识事物的本质,控制系统的演化与发展。

事物总是在发展变化的,正如古希腊哲学家赫拉克利特所说:"人不能两次走进同一条河流。""这种原始的、素朴的、但实质上正确的世界观是古希腊哲学的世界观,而且是由赫拉克利特最先明白地表述出来的:

---

① 姜璐、王德胜、于秀彬:《从平衡到非平衡:认识系统演化的方法》,《自然辩证法研究》1993年第5期,第2页。

② [德] 恩格斯:《反杜林论》,人民出版社1970年版,第59页。

一切都存在，而又不存在，因为一切都在流动，都在不断地变化，不断地生成和消逝。"[1] 所以，没有不运动的物质，当然也不存在离开物质的运动。事物的发展变化是由其内部存在的同一性和斗争性决定的。对立和矛盾统一起来才能产生和谐，比如，音乐中的和谐就产生于高低音调的结合。但是我们也应看到，系统内部矛盾斗争的形式和特点并不总是不变的。一方面，在事物发展变化的不同时期，其发展变化的速度是不一样的，总存在剧烈变动时期和相对稳定时期。例如大多数生物个体在一生的发展变化过程中，幼年时期变化比较快，无论是外形、体重，还是各个组织器官以及生物体的各种功能都在明显地发生变化；在成年以后，虽然机体也在不断地新陈代谢并慢慢走向衰亡，但变化很慢，有的几年甚至几十年也没有大的变化。系统发展过程中的不同变化速度体现了该系统内部相互作用机制平衡与非平衡的相互转化。另一方面，描述系统的状态变量不止一个，通常需要多个状态变量从不同的侧面来表征一个系统的状态。人们就是从众多的表征系统状态的变量随时间的变化来认识系统演化的特点与本质的。

最简单的质点系统也要有两类（坐标、速度）共六个变量（x, y, z, v_x, v_y, v_z）来描述它的运动状态；热力学系统在宏观上有温度 T、压强 p、体积 V、各种物质组分的质量 M_i 或浓度 ρ_i、能量 E 等物理量。在微观上有分子的运动速度 v_i、质量 m_i、动能 e_i、势能 p_i 等物理量来描述其状态。系统越复杂，描述其状态所需要的变量就越多。在系统演化过程中各个不同的状态变量也要发生变化，但它们的变化速度是不一样的，有的随时间变化很快，有的变化很慢或基本不变化。我们所讨论的平衡是指事物发展变化相对缓慢的阶段，是指那些相对变化较慢的状态变量。绝对的平衡，所有状态变量在任何时间间隔内都不变化，这种情况在自然界中是不存在的。这也就是说，我们所讨论的都是相对的平衡，局部的平衡。

系统演化相对稳定的时期，描述系统状态相对不变的变量，是比较容易被人们认识的。人类正是根据这些不变量来区分不同事物的。比如，动植物的分类就是寻找同一种类动植物个体都具有的不变量来确定某一种动植物的，对于变化的量，如体重、颜色、体积等则很少考虑。相对稳定的

---

[1] 《马克思恩格斯选集》第 3 卷，人民出版社 1995 年版，第 733 页。

时期、相对不变的变量，都是系统内各种矛盾平衡的外在表现，它们不仅是我们区分不同事物、划分不同种类的依据，更是我们认识事物的出发点。姜璐教授认为，"平衡时，系统相对不变化，使得我们容易认识、容易研究，而且平衡时系统的机制比较简单，变量个数相对少一些，可以较方便地采取某些数学工具，因此各门科学总是从系统演化的平衡时期，从与时间无关的平衡态研究开始的。"[①] 比如，力学首先研究的是力的平衡，是静力学问题；在电磁学中，首先讨论的也是静电现象、稳恒电流（这虽然是电子在导线中的运动现象，但稳恒电流讨论的是电流强度不变的现象，类似于力学中匀速运动的稳定平衡现象）；在光学中人们讨论几何光学，讨论光的折射、反射、透镜成像，这也可以看成是光学中的平衡现象，它们都与时间 t 无关；就是对微观粒子的研究，人们也是首先讨论原子中电子定态分布的特点和规律，使人们对位置和速度无法同时确定的微观粒子有了研究的办法，并得到了具体的结果；化学中讨论最多的是化学平衡反应，使用最普遍的工具是化学平衡方程；对一些更复杂的系统人们现在还仅仅讨论它的平衡情况，如生态平衡，是生态学讨论的中心课题；从均衡（平衡）的角度研究经济现象不仅是经济学研究的出发点，而且一直是经济学研究的主流。各式各样的均衡既构成了宏观经济学和微观经济学的主要概念和基本内容，也成了经济学家追求经济发展的目标。甚至可以说离开了均衡（平衡），就无法对系统、对事物进行认识，科学也就无法发展，因为"运动应当从它的反面即从静止找到它的量度"。

（二）非平衡是系统演化的原因

辩证法告诉我们，事物是普遍联系和永恒发展的；系统科学也明确指出，系统的本质是运动的、是发展变化的。我们认识客观事物，认识系统也必须从运动的角度去认识。系统在平衡条件下呈现出来的稳定或相对静止的状态只能作为认识的开始，是认识的初级阶段，还必须继续深入了解系统在非平衡条件的演化情况，才能了解系统的全貌，才有可能了解到系统的本质和规律。如果不深入了解非平衡的情况，不仅无法了解系统的全

[①] 姜璐、王德胜、于秀彬：《从平衡到非平衡》，《自然辩证法研究》1993年第5期，第3页。

面情况，就是对系统在平衡条件下的稳定、静止也不可能有更深刻的认识。因为在平衡情况下，系统的相对稳定虽然有利于人们认识系统，但是在这种情况下人们看到的仅是系统的局部、系统在演化轨迹上的几个"点"。只有研究系统的演化，研究在非平衡条件下系统的性质，才能更深刻地认识事物，了解系统的实质。

科学作为一个系统，它的形成与发展也有一个"从静止到运动，从平衡到非平衡"的演化过程。"一个个学科体系的建立与形成，往往也都是以建立非平衡条件下，该系统的具体演化规律为标志的。"[①] 比如，经典力学的核心是牛顿第二定律，它描述了在非平衡力的作用下，系统的机械运动如何改变；电磁运动的核心是麦克斯韦方程组，它描述了在电磁力不平衡或电磁场不平衡时，电磁波如何变化与传播；量子力学描述了微观粒子（如电子）在哈密顿量不平衡（哈密顿量不为零）时，波函数（粒子微观运动的状态变量）变化的规律。实际上，人们在不同学科中建立了各种模型并力图用运动方程（演化方程）来描述其状态变化的特点和规律，都是为了研究该系统在非平衡条件下状态的演化情况，都是把在初始阶段人们对事物平衡态的几个"点"的认识联系起来，以形成对事物的全面认识。

姜璐教授指出，系统的平衡态是系统非平衡演化过程中的极限情况，是演化过程无限缓慢时的近似情况。人们只有了解了非平衡演化过程的整体，才能更深刻、更全面地了解平衡态的情况，也只有在这时人们获得的关于这门学科的知识才能得到广泛的应用；不了解系统演化的过程，不了解非平衡条件下系统的性质，仅仅依靠系统在平衡态时的特点，是很难用它去解决大量实际问题的。[②] 力学现象的研究从古希腊亚里士多德时期就已开始，哥白尼、伽利略、开普勒等人做了大量的工作，但只是到了 1687 年牛顿在总结前人研究成果的基础上提出了在非平衡力的作用下质点运动变化的规律之后，力学才获得了飞速的发展，才有了广泛的应用，推动了以使用机械为代表的工业革命。电磁学理论的应用也是在 1865 年

[①] 姜璐、王德胜、于秀彬：《从平衡到非平衡》，《自然辩证法研究》1993 年第 5 期，第 4 页。

[②] 同上。

麦克斯韦在奥斯特（H. C. Oersted）、安培、法拉第等人研究成果的基础上预言了电磁波的存在，揭示了光、电、磁的统一性，找到了在非平衡条件下电磁场运动的麦克斯韦方程组以后才获得了巨大发展的可能。又经过了八年的艰苦努力，麦克斯韦于 1873 年出版了《电磁学通论》，全面、系统、完美地阐述了电磁场理论，被尊为"继牛顿《原理》之后的一部最重要的物理学经典"。也就是说，到了 19 世纪 70 年代以后，在电磁场理论的指导下，人们研制出了电报、电话、电视等无线电通信设备及工业自动控制等一系列电子技术，并应用于从生产到生活的各个领域，才掀起了以电子技术为标志的工业革命。但是，有些学科如经济学，人们较多地还停留在对平衡状态的研究上，虽然取得了不少成果，但总不能很好地解决当时人们面临的各种实际问题，其原因就在于对非平衡条件下的经济规律研究不够，对隐藏在经济现象背后的相互作用机制、系统的动力学规律未能深入分析。目前不少经济学家已经认识到了这一点，并开始了非平衡（非线性）经济学的研究，把复杂的经济问题作为一个系统的演化过程来看待。可以预见，不远的将来在这些新的研究方向上取得的成果将会大大推动经济科学的发展。

由此可见，所谓"辩证法"的思维方式，就在于它从"思维和存在的关系问题"出发，不断地发现、揭示和深化人类认识的"阶梯"和"支撑点"——概念、范畴——中所蕴涵的"思维和存在"之间的矛盾，用"概念的逻辑"去表达"运动"、"矛盾"、"发展"的本质。对此，科学家们有深刻的理解。爱因斯坦说，"物理学是从概念上掌握实在的一种努力"[1]。海森堡也说，"物理学的历史不仅是一串实验发现和观测，再继之以它们的数学描述的序列，它也是一个概念的历史。"[2] 自然科学的发展史，就是科学概念的形成和确定、扩展和深化、更新和革命的历史。科学所编织的概念之网，构成了人类"认识世界的过程中的梯级，是帮助我们认识和掌握自然现象之网的网上纽结。"[3] 试想一下，一个不懂得物理学的人，他除了把指称"物"的"概念"当作"名称"，又能把"概

---

[1] 许良英等编译：《爱因斯坦文集》第 1 卷，商务印书馆 1976 年版，第 36 页。
[2] 转引自《现代物理学参考资料》第 3 卷，科学出版社 1978 年版，第 9 页。
[3] 《列宁全集》第 55 卷，人民出版社 1990 年版，第 78 页。

念"当成什么呢？他没有物理学的知识，又怎么发现物理学的概念与对象之间的矛盾呢？他除了把"物"视为"是就是，不是就不是"之外，他又怎么能达到对"物"的"辩证"理解呢？在对"平衡"与"非平衡"的理解上何尝不是这样呢！在当今社会发展理论中，"发展"就是一个在反思中被不断发展的概念。人们对"发展"的理解，已经从单纯的经济增长发展为经济与社会的协调发展，又发展为已经被人们普遍认同的可持续发展。所以说，"辩证法"所运用的"概念的逻辑"，就是恩格斯所说的"建立在通晓思维的历史和成就的基础上的理论思维"[①]。我们在对"经典力学"的反思中，也想通过对"平衡与非平衡"概念内涵的历史考察和哲学反思而推进人们对"平衡与非平衡关系"的理解，进而通过这对概念的发展去深化对事物自身发展的理解。

（三）平衡与非平衡的辩证关系

从科学研究的方法论来讲，平衡是人们认识系统的出发点，研究非平衡现象要以平衡为基础，从平衡到非平衡；同时人们要深入研究平衡也必须从非平衡的角度去分析。平衡与非平衡是人们认识客观事物的两个互相区别又互相联系的侧面，它们密不可分，相互依存。

平衡态容易被人们认识，可以选择适当的物理量来描述，而非平衡态总是在不停地变化，很难进行描述。人们通常利用平衡态的状态变量进行适当变化来描述非平衡态。比如，速度变量开始是用来描述匀速运动状态的，它等于单位时间内质点经过的路程。对于非平衡态，质点在各个单位时间内经过的路程是不一样的，而刻画这种非平衡态也必须要利用对平衡态的分析。人们首先将非平衡态中变化的速度用一个与之在相同时间内经过相同路程的平衡态来代替，即用平均速度来描述它。这就利用了平衡态的概念去认识非平衡态（可以分析质点经过的路程），但是这样做太粗糙。人们进一步把平衡态代替非平衡态的过程变短，用更短时间间隔的平均速度来近似表示非平衡态的速度。随着时间间隔 Δt 的缩小，平均速度对非平衡态运动的描述就越来越准确；利用逻辑推理，当 $\Delta t \to 0$ 时，平均速度就是非平衡态的速度。这是微积分理论的一大功绩。

---

① 《马克思恩格斯全集》第 20 卷，人民出版社 1971 年版，第 552 页。

不仅对非平衡状态的描述要借助于平衡态的概念,在对非平衡情况下系统演化的分析,也仍然离不开对平衡态的讨论。比如,在热力学中讨论系统状态的改变,这也是一个非平衡的过程,因为只有非平衡系统才能演化,才能从一个状态变化到另一个状态。为了在复杂系统的演化中把系统内部自身的不可逆过程的影响去掉,抓住演化中的主要特点进行分析,人们提出了"准静态过程",用一系列平衡态来近似描述热力学系统状态的变化。在热力学中宏观变量如压强、温度等都只能描述平衡态,而平衡态是不会变化的。实际上,准静态过程是一种人为的理想过程,在这一过程中每一次的变化都非常小,可以认为是"没有变化的"。即系统状态仍然处在平衡的条件下,可以用宏观变量来描述,但它又是变化的,它已经变成了另一个平衡态。姜璐教授指出,这种用无限长的过程来实现系统两个状态之间的变化,从系统演化的整体来看,系统是处于非平衡态的;但是从每个局部来看,由于系统变化很小,又可以认为它处在平衡态,可以用热力学的宏观变量来描述。"准静态过程"假设,就是把一系列不同的平衡态连接起来组成了系统演化的非平衡过程。[①] 对于非平衡演化的理论研究可以采用无限缓慢的准静态过程来代替,在处理变化很慢的实际系统演化时,也往往将其看成一个稳定的平衡系统,研究其平衡态的性质,并用平衡态的性质近似地描述非平衡系统。例如,我们生活的太阳系就是一个演化的系统,太阳不断地向宇宙空间辐射能量、放射物质,其质量不断减少,而依靠万有引力维持的地球等行星的"周期运动"也在不断变化。但是,由于太阳系目前处在一种非常缓慢的演化之中,我们用科学仪器也难以观测到非平衡条件下太阳系演化引起行星所受万有引力变化的情况。因此,我们仍把它当成一个平衡系统,把地球等行星的运动看成是在一个不变的平衡向心力的作用下,按椭圆轨道作周期运动,并准确地算出了地球和其他行星的公转周期。

一方面,研究非平衡状态要借助于平衡态,要从简单的已知的平衡状态去分析理解复杂的未知的非平衡状态;另一方面,平衡态是一种特殊的非平衡状态,是在系统整个非平衡演化过程中的某个相互作用平衡时的特

---

① 姜璐、王德胜、于秀彬:《从平衡到非平衡》,《自然辩证法研究》1993年第5期,第5页。

殊状态。因此，要深入理解平衡态也必须在非平衡的基础上进行，离开了系统整体非平衡演化过程就不能看清平衡态之间的区别。孤立地看一个个平衡态仅仅是演化过程中的一个个"点"，它们之间除了描述该状态的物理量在数值上有所差别以外，没有其他区别；但从演化的非平衡过程来看，这些孤立"点"在演化中的作用和地位是不同的。当系统演化偏离某个平衡态处在离该平衡态非常接近的非平衡态时，系统演化可能出现三种情况，如图 5—2 所示：

(1) 系统演化恢复到原来的平衡态；
(2) 系统更加偏离原来的平衡态；
(3) 系统无变化，稳定地处在一个新的状态上。

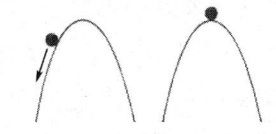

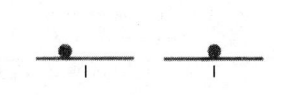

(1) 平放碗中的小球处于稳定平衡　　(2) 倒扣碗中的小球处于不稳定平衡　　(3) 水平面上的小球处于随遇平衡

图 5—2　势能曲线与物体的平衡位置

上述三种情况反映了平衡态在系统的非平衡演化过程中所处的位置，反映了平衡态的一种运动变化的趋势，也可以说是平衡态的一种非平衡的特点。在第(1)种情况下该平衡态是一个"吸引子"，它把处在它附近的非平衡状态上的系统吸引到平衡态上来；在第(2)种情况下该平衡态相当于一个"排斥子"，虽然它是平衡的，但在任何一种小的扰动下，状态略有偏离，系统就会迅速地远离该状态而去；在第(3)种情况下该平衡态周围的状态实际上也是平衡态，外界扰动使系统处在哪个状态上，系统就会稳定地处在该状态上。在系统科学和其他很多学科中将上述三种平衡态分别称为稳定平衡（对应势能极小值位置）、不稳定平衡（对应势能极大值位置）和随遇平衡（势能为常数）；并称这种讨论——在非平衡扰动下平衡态的变化趋势为稳定性问题。平衡态的稳定性是平衡态的动态性质，只有在非平衡演化的情况下才能认识平衡态的稳定性，也才能更深刻地了解平衡态；反过来只有深入了解了平衡态以后，才能更全面正确地分析系统的非平衡性质。系统科学正是遵循这样一种"平衡——非平衡——平衡

——非平衡……"的道路来讨论系统的性质,并达到对复杂系统不断深入的了解。

由此可见,我们在经验的层面上承认事物的"运动"、"变化"、"发展"、"平衡"与"非平衡",这当然也可以说是"辩证法",但这只不过是一种"朴素的"辩证法。正是由于这种"朴素的"辩证法无力解决概念中的矛盾,因而它在回答"运动的真实性"等"思维和存在的关系问题"时,往往会陷入"形而上学"的思维方式,即以"是就是,不是就不是;除此以外,都是鬼话"[①]的思维方式去理解和解释各种问题。比如,我们都承认"骏马在草原上奔驰,雄鹰在蓝天上飞翔",但是,当我们试图用概念去解释骏马的奔驰和雄鹰的飞翔时,却仍然会给出马是在跑还是不跑、鹰是在飞还是不飞的"是就是,不是就不是"的回答,而难以在"肯定的理解中同时包含否定的理解",即在"运动"与"静止"、"平衡"与"非平衡"的统一中去"表达"事物的"运动变化"。"造成(这种)困难的从来就是思维,因为思维把一个对象的实际联结在一起的各个环节彼此区分开来。"[②] 列宁（V. I. Lenin）在对芝诺（Zeno）"飞矢不动"的命题分析时指出:"问题不在于有没有运动,而在于如何用概念的逻辑来表达它。"[③] 因此,我们在对"平衡与非平衡"的理解中,首先需要超越经验层面的常识思维,而跃迁到概念层面的哲学思维。

所以我们说,辩证法就是把研究对象复杂化;把本来复杂的研究对象复杂化也就是"具体问题具体分析":分析出研究对象本身复杂的内在矛盾,以及由这些内在矛盾所引发的事物自身的发展过程。这就要求我们发现、揭示和分析概念与经验之间的矛盾,以及由概念与经验之间的外在矛盾所引发的概念自身的内在矛盾,并用概念的内在矛盾去深化对事物的内在矛盾的理解,用概念自身的发展去深化对事物自身发展的理解。由此可见,辩证法不是可以套在任何论题上的"刻板公式",也不是用以搪塞无知的"词汇语录";而是对"具体问题"的"具体分析",是以概念的运动去表达事物的矛盾、运动和发展。正是在这个意义上,我们说"辩证

[①] 《马克思恩格斯选集》第3卷,人民出版社1995年版,第360页。
[②] 《列宁全集》第55卷,人民出版社1990年版,第219页。
[③] 同上书,第216页。

法是运用概念的艺术,辩证法是必须努力学习才能掌握的。"①

(四) 相互作用的多样性与平衡的复杂性

一个系统可以具有不同方面的平衡与非平衡的性质,复杂系统在不同层次上的平衡与非平衡的性质也有所不同,在一个层次上系统是平衡的,在另一个层次上系统又是非平衡的。不同层次、不同侧面的平衡与非平衡的相互联系与转化构成了系统的多样性与复杂性。

复杂系统具有复杂的相互作用,这种复杂性不仅表现在作用机制复杂,而且反映在相互作用的种类繁多。由于相互作用的多样性带来了平衡问题的复杂性。前面我们分析过力学系统平衡的多样性,一个斜抛物体(做平面运动)可以分解为水平和竖直两个方向上的运动。在水平方向上系统是平衡的,而在竖直方向上系统是非平衡的。平衡的多样性可以是同一类相互作用在不同方向上具有不同的平衡特点;也可以是同一系统在一定条件下某些状态变量是平衡的,而另外一些状态变量是非平衡的。不同种类变量的不同平衡性又将导致系统体现出不同的性质和特点。比如,向常温、常压下的水溶液中滴入一滴蓝墨水,该系统的温度、压强是平衡的,而蓝墨水的浓度是非平衡的,溶液表现出无热量、动量的迁移,仅出现物质的迁移。一种相互作用的非平衡引起系统某一方向性质的变化,对其他性质并无影响,而另外性质的变化要由相应的相互作用的不平衡性来形成。一个实际的系统不可能在所有方面都是平衡的,也不可能在所有方面都是非平衡的。我们研究系统的性质总是在平衡的系统中找出它不平衡的相互作用和体现出的特点;而对非平衡的系统则找出其平衡的相互作用和体现出来的特点。比如,在讨论力学系统演化时,我们经常分析系统是否遵守能量守恒、动量守恒或角动量守恒,利用守恒定律来简化对力学系统非平衡过程的讨论。在用微分方程描述系统演化、进行微分方程求解时,我们也尽量寻找不变量、寻找积分常数,这在数学上可以化简方程使问题得到解决。从方法论上讲,这仍然是在微分方程描述的非平衡过程中寻找平衡变量,寻找平衡态,将平衡部分从整体的非平衡中分解出来,使

---

① 孙正聿等:《马克思主义基础理论研究》(上),北京师范大学出版社 2011 年版,第 120—124 页。

余下的非平衡性简单一些。

　　平衡的多样性不仅表现在描述系统的大量变量中有的是平衡的、有的是非平衡的，而且体现在不同层次上系统的平衡性质是不同的。复杂系统可以分成若干层次，比如一个热力学理想气体系统就具有宏观（理想气体整体）和微观（分子）两个不同的层次。系统在不同的层次上可以具有不同的平衡性质，当上述具有两个层次的热力学理想气体与外界没有任何物质、能量的交换，并经过无限长时间后，在宏观层次上系统具有确定的温度 T_0 和压强 p_0，处在稳定的平衡状态上；而在微观层次上系统是不平衡的，每个分子在非平衡力的作用下，速度、能量、位置等状态变量都在不断地发生变化。系统在不同层次上有着不同的平衡性质，因此，我们在对系统特别是对复杂系统谈论它的平衡性质时，必须要指明所讨论的层次，除非是人们已经有了约定俗成的理解（比如对理想气体说它达到平衡态，人们都是指它在宏观层次上达到平衡）。进一步分析我们还会发现：对于理想气体来说，正是由于它在微观层次上的非平衡才使系统达到在宏观层次上的平衡；甚至可以说理想气体系统在宏观上的平衡是由微观上的非平衡决定的。

　　上述不同层次之间的依赖关系在很多系统中都是普遍存在的。比如，在生态系统中，由食物链连接的各个不同的生物种群在通常情况下是平衡的，每个种群中生物体的数目是不变的（宏观上看遵循生态金字塔能量转换的"十分之一定律"），种群分布及其他性质也是不变的；而在微观层次上，即在生物体的层次上来看，每个生物体都处在不平衡的状态下。个体不断地由小变大，生长发育，直至死亡，并且各种疾病、突发事件也经常改变着个体的发展，使我们很难追踪对一个生物体的研究来发现什么生态规律。实际上，种群的平衡性质正是由大量个体的不平衡性造成的。从数学上讲，这种宏观层次的平衡特性是大量个体的平均效应，随着个体数量的增多，宏观层次上的平衡性质会更加趋于稳定。

　　按照系统科学的观点，在不同层次上系统具有不同的性质。宏观层次上的平衡性质是由宏观生态系统内相互作用的平衡造成的；而在微观生物体层次上，由于相互作用复杂，不确定的外界影响增多，根本无法讨论它的各种性质，也就无法通过平均得到宏观平衡的性质。在另一种情况下，数量减少很多，生态系统会发生演化。它的演化规律，它的不平衡的性质，也是由宏观层次上的相互作用机制决定的；而在微观个体层次上对于一个生物体来讲，其所受到的非平衡相互作用可能与宏观生态系统处于平衡时没有太大的区别。因此，数学上对生物种群与个体之间的性质用平均效应来分析是一种极其粗略的近似。应该说系统不同层次之间的性质是有联系的，但是，这种联系决不是可以用"平均"来简单加以讨论的。所以，我们在讨论系统的平衡性质时必须区分不同层次，必须讨论平衡的复杂性。这种跨层次的复杂性是我们以后要继续讨论的课题。

三　耗散结构理论与非平衡自组织演化

20世纪60年代，在平衡相变理论取得突破性进展的同时，非平衡过程的相变问题也吸引了众多学者的注意，形成了不同学派，提出了多种非平衡相变理论。下面我们首先介绍以普里戈金为首的布鲁塞尔学派建立的耗散结构理论（Dissipative Structure Theory）。

普里戈金早年对不可逆现象和系统随时间演化的行为产生了浓厚的兴趣，自1945年发现最小熵产生原理起，经过20多年的不懈探索，终于在1967年得到了"耗散结构"的概念，1969年在一次"理论物理学和生物学"的国际会议上，正式提出了耗散结构理论。在这20多年的艰辛历程中，普里戈金从挫折中受到了启示，认识到系统在远离平衡态时，其热力学性质可能与平衡态、近平衡态有重大的原则差别。在远离平衡的非线性区，系统的状态出现了多种可能性，表现出更加复杂的性质，因此研究工作应当另辟蹊径。普里戈金及其同事们在这一认识的指导下，吸收了一般系统理论的基本思想，把热力学从平衡态推进到近平衡态，又从近平衡态推进到远离平衡态，并与非平衡统计物理学相结合应用于研究自组织现象，以耗散结构为中心概念，建立了一套颇具特色的自组织理论，在现代系统理论中占有重要地位。普里戈金的耗散结构理论是研究一个开放系统在远离平衡的非线性区从混沌向有序转化的共同机制和规律。这一理论不仅可以应用于物理学、化学和生物学领域，而且还成为描述社会系统的有效方法。因而受到了不同学科学者们的广泛重视。普里戈金也由于对非平衡热力学特别是建立耗散结构理论方面的贡献，荣获了1977年的诺贝尔化学奖。难怪1984年《第三次浪潮》的作者阿尔文·托夫勒在为《从混沌到有序》一书撰写的前言中赞誉说："普里戈金和他的布鲁塞尔学派的工作可能很好地代表了下一次的科学革命。因为他们的工作不但与自然，而且甚至与社会开始了新的对话。"①

（一）两类不同的有序结构

在明确提出建立自组织理论这个现代科学任务之前，自然科学早就在探索自组织现象的奥秘，建立了一些深刻的理论。"在宇宙的演化过程中，从形成轻元素到产生重元素，进而形成某些分子，在一定条件下发展出生物大分子和生命现象。物质的运动和结构愈来愈复杂。基础自然科学的许多分支，都在研究这个'自组织'过程的各个侧面，物理学所探讨的还只是其中比较初始，因而也更为基本的过程。"② 自觉地运用物理学原理建立自组织理论的努力是20世纪60年代以后才出现的，这就是普里戈金、哈肯等人代表的方向。不自觉的探索却早已开始，解释自然界中大量存在的平衡结构形成和演化的相变理论，就是一种物理学的自组织理论。

1. 平衡有序结构

可以说，19世纪50年代的热力学和统计物理学最早开辟了这一途径。热力学从能量观点出发，不涉及物体的微观结构；从建立在实验基础上的几条基本定律出发，用严密的逻辑方法阐明了由大量微粒组成的宏观系统的整体性质。它"与那种只将注意力放在把研究对象分解成许多小单元的发现上的情况相比，热力学反其道而行之，表现出一种可贵的进步倾向。热力学是对复杂对象作整体研究的开端。"③ 统计物理学是关于热现象的微观理论，它从微观结构出发，对各种粒子运动的微观量进行统计平均，用以说明热现象的本质，成功地解释了涨落现象，并引出了关于"熵"概念的微观解释。所以，有了热力学和统计物理学，我们就可以了解晶体、铁磁体、超导体之类的物质结构在自然界中是如何自行组织起

---

① [美] 阿尔文·托夫勒：《前言：科学与变化》，伊·普里戈金、伊·斯唐热：《从混沌到有序》，曾庆宏、沈小峰译，上海译文出版社1987年版，第10页。

② 于渌、郝柏林：《相变和临界现象》，科学出版社1984年版，第189页。

③ [比] 伊·普里戈金：《从存在到演化》，杜蝉英译，郝柏林校，《自然杂志》1980年第1期，第12页。

来、建立相变理论的。

热力学第二定律的统计解释是玻尔兹曼于 1877 年作出的。玻尔兹曼考虑把容器分隔为两部分，N_1 个分子在一边，N_2 个分子在另一边。然后再打开隔板，随着时间的推移，两部分的分子数最后按空间均匀分布，它对应着熵的最大值。玻尔兹曼把熵和分子数的几率分布联系起来，直接沟通了热力学系统的宏观性质和微观机制之间的通路，并由此提出了玻尔兹曼有序性原理——在一个温度和体积保持不变的系统中，平衡态的熵小于最大值，趋达平衡态的过程可以是有序化过程，成功地解释了平衡有序结构的形成机理。

例如，在一个闭合系统的物理、化学结构中，热力学平衡可以由赫尔姆霍茨自由能的最小值来表征，通常的定义是：

$$F = E - TS$$

式中，F 表示自由能、E 是内能、T 是绝对温度、S 是熵。根据这个公式，可以把能量 E 作为系统有序的量度，把熵 S 当作系统无序的标志。系统是否能形成平衡有序结构，关键在于能量 E 和熵 S 之间的竞争。这时温度 T 决定着这两个因素的相对权重。降低温度，TS 项减小，系统的 E 起主导作用，就可能出现低熵的有序结构。例如冬天玻璃窗上的水汽可以凝结成美丽的冰晶，其内部的分子、原子呈长程有序排列，它们之间的相互作用不随时间改变。这是一种典型的平衡结构。如果升高温度，TS 项作用增大，晶体的结构将被破坏，由有序变为无序，系统则转入高熵的液态或气态。所以说，在与外界没有物质和能量交换的孤立系统和与外界只有能量而无物质交换的闭合系统中，平衡结构的形成和破坏，有序和无序之间的转化则遵循玻尔兹曼有序性原理。

一般情况下，把这类平衡结构称为第一类有序结构。它们具有如下基本特征[①]：

（1）这一类有序结构都是在平衡条件下形成的，并须在平衡条件下维持，这是"平衡结构"一词的来源。

（2）平衡相变须在系统与环境交换能量的条件下进行，一旦有序结

---

① 苗东升：《系统科学原理》，中国人民大学出版社 1990 年版，第 420—421 页。

构形成，便不需要这种交换，从而可以与环境分离开来，甚至只有在完全独立于环境的条件下结构才能无限期地保持下去。

（3）平衡结构是在分子水平上定义的有序结构，靠分子间相互作用来维持。尽管在临界点关联长度趋于无穷大，但在相变完成后的稳定结构中，有序特征长度与分子间相互作用的距离有相同的数量级，通常为 10^{-8} 厘米，按宏观尺度衡量，都是短程关联。

（4）尽管微观层次上粒子的运动永远不会停止，但大量粒子无规则运动统计平均（抵偿）的结果，宏观层次上没有任何运动，系统结构在整体上是稳定的，对时间变换保持不变性。因此，通常认为这种平衡有序结构是一种"死"结构。

2. 非平衡有序结构

然而，自然界中是否只有平衡有序结构这样一种状态呢？非平衡系统中是否也能产生稳定的有序结构？普里戈金等人经过多年的研究，在耗散结构理论中回答了这个问题。他们指出，一个远离平衡的开放系统，通过与外界交换物质和能量，也可能在一定的条件下形成新的稳定的有序结构，实现由无序向有序的转化。

（1）贝纳德对流。流体力学中的贝纳德对流就是一种新型的稳定有序结构。1900年，法国物理学家贝纳德（H. Bénard）在实验室中发现：在一个金属盘里放一些液体，然后在盘底均匀加热。液体中出现的温度梯度 $\Delta T = T_2 - T_1$ 将使液体内部产生热传导这种不可逆过程。当温度梯度 ΔT 小于某个特定值时，液体处于近平衡态，热量通过传导的方式输运；当温度梯度 ΔT 超过某个特定的临界值 ΔT_c 时，系统进入远离平衡的状态，此时，原来静止的液体会突然出现许多有规则的六角形对流元胞。从上往下俯视，是许多蜂窝状的正六角形格子。在六角形对流元胞的中心，液体向上流动；在六角形对流元胞的边缘，液体向下流动，或者相反。液体空间的对称性被打破了，整齐有序结构产生了。这就是著名的贝纳德花样——宏观有序的动态结构，如图5—3—a所示。

这种模式有很大的普遍性。岩浆凝固时会形成六角形的岩块；盐湖底部被地热加热，也会呈现出类似六角形的盐片。如果在其上生长出紫色的细菌，就可以得到如图5—3—b所示的形状。

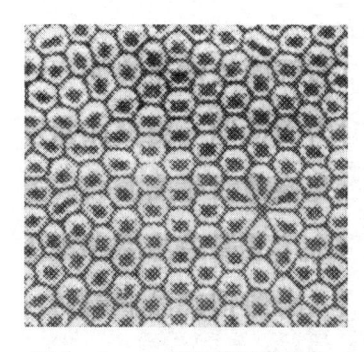

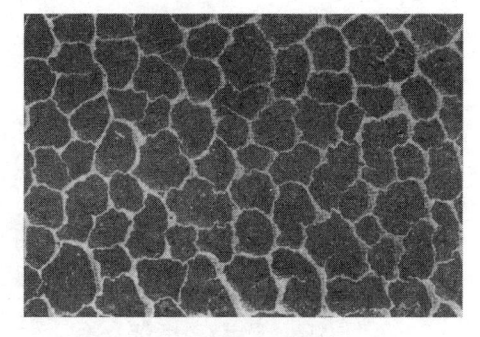

图 5—3—a 贝纳德对流元胞　　　　图 5—3—b 六角形盐沉积物

(2) B—Z 反应。在化学中，著名的 B—Z 反应也是一种非平衡有序结构。1958 年苏联化学家别罗索夫（B. P. Belousov）以铈离子为催化剂进行柠檬酸的溴酸氧化试验时发现，在一定条件下，某些组分（如铈离子 Ce^{4+}/Ce^{3+}）的浓度会随时间做周期性变化，造成混合物的颜色在黄色和无色之间做周期性的转换（周期为 30 秒，可持续 50 分钟）。这种介质浓度随时间周期性变化的行为称为"化学钟"，代表一种时间有序结构。其后，1964 年扎鲍廷斯基（A. M. Zhabotinsky）继续了别罗索夫的试验，并做了许多改进，除观测到类似的化学钟现象外，还发现在某些条件下，原来浓度在空间均匀分布的系统通过化学反应变为不均匀的但有规律的浓度花纹。这种空间有序结构，被称为"扎鲍廷斯基花纹"。在另外的情况下，他还发现，这种花纹会以同心圆或螺旋形式向外扩散，系统各组分的浓度同时在时间和空间上做周期变化。这是一种化学上的时空有序结构，称为"化学波"，如图 5—4 所示。这类化学反应在无机化学中十分稀少，需要精心设计，但在生物化学中却随处可见。

3. 生命体中的有序结构

任何生物都是一个远离平衡态的开放系统，要不断与周围环境进行物质、能量和信息的交换，即新陈代谢，吐故纳新，才能维持生命。生命是一种远离平衡的高度有序结构，即使是一个单细胞，其代谢功能也包括几千个耦合的化学反应，其中每一步反应都被一种特殊的酶所催化，因此需要有配位与调节的巧妙机制。它所具有的这种复杂的功能组织，与现代大工业生产的"装配线"非常相似。生物的有序性是一种结构上的，同时也是一种功能上的有序性。如果一旦由有序变为无序，由非平衡态变为平

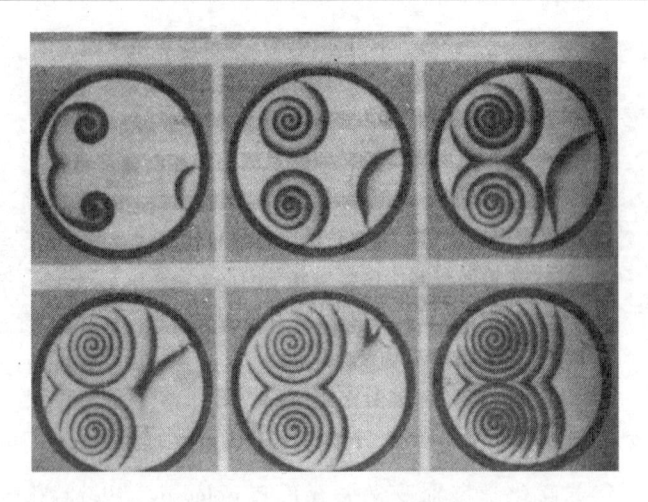

图5—4　别罗索夫-扎鲍廷斯基反应形成的螺旋波

衡态，就意味着生命的终结，即死亡来临。因此，生命可以用耗散结构理论来讨论。

在热力学中，平衡态和定态是有区别的。例如一根铁棒如果各点温度都相同且不随时间变化，可以说它处于热平衡状态。如果在铁棒两端维持一定的温度差 $\Delta T = T_2 - T_1$，那么棒内各点的温度不同，有一个温度梯度，但每一点的温度并不随时间改变，因此是一种定态。平衡态是一种定态，但定态不一定是平衡态。哲学上讲的平衡，一般是指定态而言，而不仅仅是指热力学的平衡态。过去人们往往认为人体健康就是平衡，生病就是不平衡。从热力学的角度看，这种观点是不确切的。如果说健康是平衡态，根据热力学第二定律，系统最终要趋于平衡态，那么人人都可以"永远健康"了。其实，按照耗散结构理论的观点，健康只是人体处于非平衡过程的一种有序的定态，生病也是一种定态。医生治病只是采用不同手段和方法促使人体由一种定态（病态）向另一种定态（健康）跃迁。因此，那种认为"恒定即平衡的古老的医学观点，把定态和平衡态混为一谈，今天看来显然是不够全面的。以平衡观点为基础建立起来的医疗思想体系，也需要重新加以探讨。"[①]

"从生物上说，生命不是平衡的维持或恢复；有机体是开放系统的学

[①] 参见卢侃《振荡、涨落与药物作用》，《自然杂志》，1981年第2期，第88—93页；王夔：《生命体系中的平衡和有序问题》，《自然辩证法通讯》1981年第1期，第36—39页。

说告诉我们，生命本质上是不平衡的维持。如果达到平衡，就意味着死亡并随之腐败。从心理学上说，行为不仅仅趋向紧张的释放，而且还增强紧张；如果增强紧张的过程停止了，病人就是一具腐败着的精神尸体，就像生命有机体丧失了使其免于平衡的张力就变成腐败的肉体一样。青少年犯罪分子为了开玩笑而犯罪，这是由于太多的闲暇而产生的新的心理病态，在医院的精神病例中占50%——这一切都证明，适应、调整、遵从、心理和社会平衡等方案都失灵了。"[1] 甚至一座城市也可以看作是一种耗散结构。城市每天要输入食品、燃料和其他日用品，同时要输出产品和废弃物，这样它才能生存下去，保持一定的稳定的有序状态，否则它就会趋于混乱乃至灭亡。"看来，一个城市的协调运作，似乎是与人们永不停止的流动和他们形成的种种结构分不开的。正如急流中一块礁石前的驻波，城市是一种动态模式。没有哪个组成要素能够独立地保存不变，但城市本身却延续下来了。我们再一次提出前面的问题：是什么使得城市能够在灾害不断而且缺乏中央规划的情况下保持协调运行。"[2]

一般情况下，把这类非平衡有序结构称为第二类有序结构。普里戈金等人认真研究了这类结构，发现它们具有如下共同特征：

（1）"活"的有序性结构。贝纳德元胞流体中的六角形花样，化学振荡"B—Z"反应中的生成物浓度随时间振荡和空间周期分布以及扩散波都是有序结构。但是这种有序结构与晶体结晶过程中形成的平衡结构有极大的不同。宏观不变的平衡结构是由微观粒子的规则排列构成的，所以结构是死结构；而这类结构是由微观粒子的不停运动构成的，因此是活的结构。另外，由微观粒子的不停运动构成的宏观稳定结构需要外界不断供给物质和（或）能量来维持和发展。

（2）具有对称性破缺的特征。所有从无序到有序的演化过程，都具有对称性破缺的特征。复杂的人体免疫系统就是这样的一个群落，它由大量快速活动着的被称为抗体的单位组成，这些抗体不断地抵抗或摧毁不断变化的被称作抗原的入侵者。这些入侵者基本上是各种不同类型的生物化

---

[1] [美]贝塔朗菲：《一般系统论：基础 发展和应用》，林康义等译，清华大学出版社1987年版，第182页。

[2] [美]约翰·H. 霍兰：《隐秩序：适应性造就复杂性》，周晓牧等译，上海科技教育出版社2000年版，第1页。

学物质、细菌和病毒。它们形态各异，像雪花那样变化多端。由于这种多样性，免疫系统必须使抗体改变自身或者去适应新的入侵者，从来不保持于某种固定的构型。尽管有着变化多端的本性，免疫系统仍然保持着很强的协调性。这样，我们对系统有序演化的概括和描述就有了共同的概念——对称性破缺，也可以用它来比较不同系统演化的有序程度。

（3）自催化（或自组织）的非线性作用。所有有序结构的形成，外界物质、能量的供给只是一种必要条件。普里戈金他们特别地发现了这种外部条件尽管是必需的，但却不是针对系统特定部分的。由于外部输入的物质、能量是平均地提供给系统的，而系统内部却出现了各向异性的对称性破缺，这就反映了系统内部存在的非线性相互作用才是系统有序演化的根本原因。

（4）分岔引入了历史因素。系统在远离平衡的非线性区的演化与在平衡态或近平衡态线性区的演化最大的不同，就是并不存在一个适用于非线性范围内演化的一般准则。换句话说，就是在远离平衡的非线性区，系统的状态出现了多种可能性，表现出更加复杂的性质——系统的演化会相继出现分岔或分岔点现象。在图5—5中对于参数值λ_1只有单一解——按原来演化方向继续前进的线性稳定分支，而对于λ_2则有多重解——在某点存在两个或两个以上的演化分支——新的有序演化的非线性稳定分支出现了。这就为我们以后讨论微分方程的稳定性奠定了概念基础。

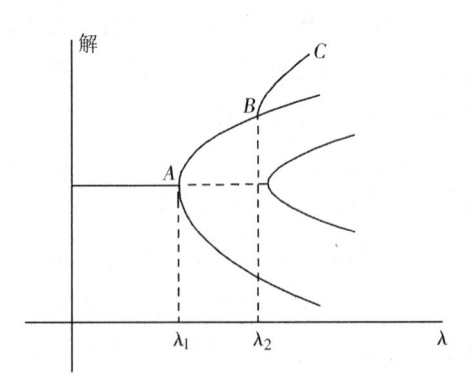

图5—5 逐级分岔图

"饶有兴味的是，分岔在一定意义上把'历史'引进物理学中来了。假定观察结果向我们指出，一个具有如图5—5那样的分岔图的系统正处于状态 C，而且是通过增加 λ 的值达到这个分岔状态的。对这个状态 X 的解释就暗示着关于这一系统过去历史的知识，因为它必须经过分岔点 A 和 B。这样我们就在物理学和化学中引入了历史因素，而这一点似乎向来是专属于研究生物、社会和文化现象的各门科学的。"[①] 另外，对于各种具有分岔现象的系统演化的描述，都包含决定论和概率论两种因素。即在两个分岔点之间系统遵循决定论的规律，而在分岔点邻域内随机涨落起着本质的作用，并且决定系统将走到哪一个分支上去。"简言之，这里我们看到偶然性和必然性并非是不可协调的对立物，而是在未来命运中作为伙伴各自起着自己的作用。"[②]

后来，普里戈金将这种有序结构准确地称为"耗散结构"，即在开放和远离平衡态的条件下，在与外界环境交换物质和能量的过程中，通过能量耗散和系统内部的非线性动力学机制而形成和维持的宏观有序结构。由此可见，远离平衡和非线性是推进系统产生有序结构的动力之源，有序、稳定与耗散之间存在着高度非平凡的联系。正是为了明确指出这种关系，他们称这种浮现在热力学分支不稳定性之上的有序结构为耗散结构。

综上所述，经典热力学导出了"平衡结构"的概念，例如晶体、铁磁体和超导体等。而贝纳德花样、化学波和生命有机体也是有序结构，但却具有完全不同的性质。"这就是为什么我们要引入'耗散结构'概念的原因。我们为的是强调在这样的情形中，一方面是结构和有序，另一方面是耗散或消费，这二者之间有着初看上去是悖理的密切联系。"[③] 从以上论述中我们可以看出，在经典热力学中，热的传输被认为是一个浪费的源泉；但在贝纳德花样中，热的传输变成了一种有序的源泉。用普里戈金的话来说，"平衡结构可以看作是大量微观粒子（分子、原子）活动的统计抵偿的结果。……它们一旦形成，就会被孤立起来并无限地保持下去，而不会与环境进一步发生相互作用。但是，当我们研究一个生物细胞或一个城市时，情况就十分不同了：这些系统

---

① ［比］伊·普里戈金：《从存在到演化》，沈小峰等译，北京大学出版社 2007 年版，第 199 页。
② ［美］阿尔文·托夫勒：《前言：科学与变化》，［比］伊·普里戈金、伊·斯唐热：《从混沌到有序》，曾庆宏、沈小峰译，上海译文出版社 1987 年版，第 21 页。
③ ［比］伊·普里戈金、伊·斯唐热：《从混沌到有序》，曾庆宏、沈小峰译，上海译文出版社 1987 年版，第 187 页。

不仅是开放的,而且实际上只是因为它们是开放的,它们才得以存在。它们是靠从外界来的物质和能量的流来维持的。我们可以孤立一个晶体,但如果切断城市或细胞与环境的联系,它们就会死掉。……它们不能从它们不断在变换着的流中被分离出来。"[①] 因此,普里戈金提出了一个著名的论断:"非平衡是有序的源泉"[②]。

(二) 耗散结构理论的建立

在建立了一般性的具有普遍意义的概念之后,最重要的恐怕就是建立一个具有普遍意义的模型,即能够描述多种过程和多个领域的现象,然后通过稳定性分析,找出系统可能失稳的点或区域,判断系统从无序进入有序的情况。这种方法是一个非常实用的方法。

1. 布鲁塞尔器与非线性特性

普里戈金所领导的比利时布鲁塞尔学派经过十多年的努力,终于找到了可以表达耗散结构建立的数学条件、分析方法和模型。它们是热力学稳定性分析、分支分析、突变奇点分析。而这个著名的模型就是"布鲁塞尔器"(Brusselator),或称三分子模型。它对应的化学反应是一种交叉催化反应,因为 X 是由 Y 产生的,同时 Y 又是从 X 产生的。例如,核酸和蛋白质之间的关系可以用一种交叉催化效应来描述:核酸含有产生蛋白质的信息,而蛋白质反过来又产生核酸。这种催化作用不一定增加反应速率,但它可以导致反应的禁止,所以可以用适当的反馈环来表示,如图 5—6 所示。

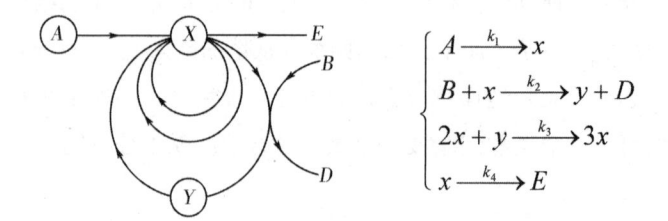

$$A \xrightarrow{k_1} x$$
$$B + x \xrightarrow{k_2} y + D$$
$$2x + y \xrightarrow{k_3} 3x$$
$$x \xrightarrow{k_4} E$$

图 5—6 "布鲁塞尔器"反应的反应路径

---

① [比] 伊·普里戈金、伊·斯唐热:《从混沌到有序》,曾庆宏、沈小峰译,上海译文出版社 1987 年版,第 171 页。

② 同上书,第 228 页。

在这一化学反应中，初始反应物和最终产物是 A、B、D 和 E，它们保持不变，而两种中间组分 X 和 Y 的浓度可以随时间变化。令反应常数等于 1（系数归一化处理后），可得到这一化学反应系统的动力学方程：

$$\frac{dx}{dt} = a - bx + x^2y - x$$

$$\frac{dy}{dt} = bx - x^2y$$

化学反应式的第三项表明，这一系统的特点是同时有三个分子参加反应，所以叫作"三分子模型"；表现在动力学方程中就是出现了三次非线性项 x^2y。下面的结构稳定性分析将证明，这是一种能够产生耗散结构的"适当类型"的非线性特性，即动力学方程具有三次以上的非线性特性。

该方程组的非零定态解为

$$x_0 = a, \quad y_0 = \frac{b}{a}$$

式中，x_0 和 y_0 是 x 和 y 在定态时的浓度。这一非零解表示该反应在近平衡区的稳定反应状态。系统能否转向有序的耗散结构，决定于这些定态解能否失稳、何种条件下失稳。普里戈金等人利用"布鲁塞尔器"分析了一般的耗散结构建立的失稳条件。即利用热力学稳定性判据或利用正则模式分析发现，只要控制反应物 A 与 B 的浓度，使得关系式 $B > 1 + A^2$ 被满足，就能使系统出现失稳，然后向耗散结构过渡。这个模型具有典型的示范意义，它类似于库恩所说的"范式"，是从事非线性方法论研究的概念模型和解题工具。尽管它最初是从化学反应中得到的，但却可以广泛应用于各种相互作用过程。[①]

吴彤教授曾经将这个反应方程的静态解进行转义，应用于科学演化过程的研究，较好地解释了科学理论的进化与革命。[②]他认为，此时方程的非零解 $x_0 = a, y_0 = b/a$ 表示：为了解释问题 A，提出理论 X，对理论 X 的

[①] 吴彤：《自组织方法论研究》，清华大学出版社 2001 年版，第 32—33 页。
[②] 吴彤：《生长的旋律——自组织演化的科学》，山东教育出版社 1996 年版。

最低要求是能够解释 A，所以 x_0 = a；而如果理论 X 只能解释问题 A，则遇到问题 B 就不够了，这时就需要建立新的理论 Y，而对理论 Y 的最低要求是能够在解释 A 的基础上解释 B，也就是 y_0 = b/a。至于"布鲁塞尔器"分析了一般的耗散结构建立的失稳条件 $B > 1 + A^2$ 则可以理解为：理论 Y 自主演化的条件，也就是当理论 Y 能解释的问题域远大于 A（即 $1 + A^2$）时，理论 Y 就能够彻底取代理论 X[①]，例如爱因斯坦的广义相对论与牛顿力学的引力理论就是这种关系。

2. 非平衡是有序之源

根据熵增加原理，一个系统随着自身熵的增加会自发地由有序走向无序，由非平衡走向平衡。那么，为什么系统在远离平衡态时又可能产生新的稳定有序状态呢？普里戈金从任何系统实际上都和外界环境有一定的相互联系和相互作用的观点出发，找到了从无序到有序的途径。他指出，对于一个开放系统，熵 S 的变化可以分为两部分：一部分是系统本身由于不可逆过程引起的熵的增加，即熵产生 d_iS，这一项永远是正的；另一部分是系统与环境交换物质和能量引起的熵流 d_eS，这一项可正可负。整个系统熵的变化 dS 可以写成两项之和，即广义热力学第二定律：

$$dS = d_eS + d_iS, \quad d_iS \geq 0$$

对于孤立系统，由于系统和环境之间没有物质和能量的交换，所以有 $d_eS = 0$

$$dS = d_iS > 0$$

这就是克劳修斯提出的热力学第二定律，普里戈金称之为狭义的热力学第二定律。

对于开放系统，由于系统与环境之间有物质和能量的交换，所以 $d_eS \neq 0$。这时，系统的总熵变将会出现如下 4 种情况：

（1）当 $d_eS > 0$（即外熵流为正值）时，$dS > 0$，系统将沿着熵增方向走向无序；

（2）当 $d_eS < 0$（即外熵流为负值），且 $|d_eS| < d_iS$ 时，则仍然是 $dS > 0$，系统将继续沿着熵增方向走向无序；

---

① 吴彤：《自组织方法论研究》，清华大学出版社 2001 年版，第 44—45 页。

(3) 当 $d_eS < 0$，且 $|d_eS| = d_iS$ 时，则 $dS = 0$，系统的宏观结构不变；

(4) 当 $d_eS < 0$，且 $|d_eS| > d_iS$ 时，则 $dS < 0$，系统将会沿着熵减方向走向有序。

在此，克劳修斯的热力学第二定律被限定，它只是广义热力学定律的一个特例。

这样，普里戈金在不违反热力学第二定律的条件下，解决了经典热力学和生物进化论、克劳修斯和达尔文之间的矛盾。克劳修斯认为，根据热力学的熵增加原理，整个宇宙将自发地由有序变为无序，最后达到熵最大的平衡态，也就是死寂的世界；而达尔文的生物进化论却告诉我们，从单细胞生物发展到人，进化的方向是越来越复杂，越来越有序。因此，物理学和生物学虽然都讲变化发展，但二者却具有迥然不同的方向：一个是由复杂到简单，一个是由简单到复杂；一个是退化，一个是进化。耗散结构理论解决了退化与进化的矛盾，也就把物理世界的规律与生命世界的规律巧妙地统一起来，为用物理学、化学方法研究生物学问题开辟了一条新的道路。此外，他们还弄清楚了一些心理学过程——例如作者把发明看作是与在非平衡条件下产生的一种"非平均"行为有关的。"当一个商人不顾他的胃溃疡正在发作，不息地进行商业活动的时候，或者当人类为了满足'生物性需要'继续去发明超级炸弹的时候，看上去就不那么'体内平衡'了吧。"所以，"人不是外部世界刺激的被动接受者，而是在非常具体的意义上创造他的天地。"[①]

3. 局域平衡假设

平衡与非平衡是一对矛盾，它们相互联系并在一定条件下相互转化。一个平衡结构从宏观上看是平衡的，系统的状态不随时间变化；但从微观上看，由于存在着内部或外部原因引起的随机涨落，例如分子的布朗运动，因此又是非平衡的。经典热力学和统计物理学为了解决这一宏观与微观、整体与局部之间平衡和非平衡的矛盾，采用了求统计平均值的方法。由于涨落可正可负，最后可以通过统计平均（相互抵偿），从微观的不平衡得到宏观的平衡，作出整个系统是平衡的结论。这是局部非平衡转化为

---

① [美]贝塔朗菲：《一般系统论：基础、发展和应用》，林康义等译，清华大学出版社 1987 年版，第 184 页。

整体平衡的一种方式。

以普里戈金为首的布鲁塞尔学派却注意到了相反的转化。他们在研究非平衡态热力学时引入了局域平衡假设。这个假设指出，一个系统从整体上看是非平衡的，但可以采用一定的方式将系统分为许多从宏观上看足够小，从微观上看又足够大的单元。每一个单元从宏观上看都是充分小的，因而其内部的各种性能在一个很短的时间内可以看作是均匀平衡的；每一个单元从微观上看又是非常大的，它们包含有许许多多个粒子，因此仍然可以看作是一个宏观热力学体系。这样就巧妙地处理了宏观和微观、整体和局部的关系，就可以把一个非平衡态的问题转化为许多个局域平衡的问题来研究。这正好像在微积分中可以把一条曲线化为无数段短的直线，一个圆可化为一个无限多个边的正多边形来研究一样。一个非平衡系统其局域是平衡的，就可以把平衡态热力学得到的许多概念、方法推广来研究非平衡态。例如，熵的概念，最初是从平衡态热力学中总结出来的，后来被推广来研究近平衡态的问题，得到了最小熵产生原理等新的规律。现在通过局域平衡假设，又可以进一步讨论远离平衡态热力学的熵的变化问题。既然每一个小单元是局域平衡的，就可以引入局域熵的概念。由于熵是一个广延量，对各个小单元的局域熵求和就可以得到整个非平衡系统的总熵。通过局域平衡假设，把熵的概念推广到远离平衡态热力学，又可以得到一系列新的概念和方程，例如"剩余熵产生"、"三分子模型"等。运用这种化整为零和集零为整的方法，注意到平衡与非平衡之间矛盾的相互转化，就找到了一条贯通平衡态热力学和非平衡态热力学的桥梁。这是普里戈金在研究方法上的成功之处。局域平衡假设，是他建立耗散结构理论的另一个重要出发点。

4. 结构稳定性的判定

普里戈金还讨论了结构的稳定性问题，他采用俄国数学家里雅普诺夫（A. M. Lyapunov）微分方程的稳定性理论，分析了稳定和不稳定（失稳）之间变化的条件和过程，找到了决定热力学系统是否稳定的判据。

稳定性在自然科学中是一个相当重要的概念。最普通的例子是讨论一个放在桌面上的三角块。如果用它的一个平面作底，则三角块处于稳定状态。在我们轻轻晃动这个三角块以后，它仍然可以回到原来的状态。如果以它的一个顶点为底倒立起来，虽然在理论上它仍然可以维持一种定态，但这是一种不稳定的平衡；给它一个小小的扰动，三角块就会离开这一初始状态而转移到另一个稳定的状态上去。总之，稳定和不稳定之间因一定条件可以相互转化，如图5—7所示。

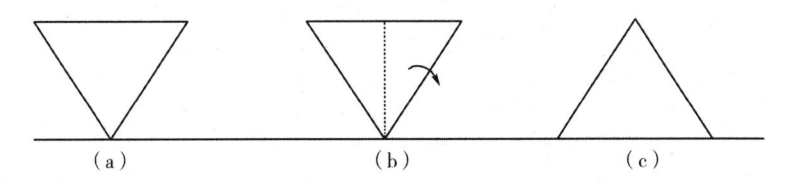

图5—7 三角块由非稳定的定态（a）转化为稳定的定态（c）

热力学的平衡态，或者在非平衡线性热力学中对应的最小熵产生的定态，都是能自动恢复稳定的状态，而在远离平衡的非线性区，则可能产生失稳现象。普里戈金通常把系统的非平衡态划分为非平衡的线性区（近平衡态）和非线性区（远离平衡态）两部分。在非平衡线性区，判别系统状态稳定性的里雅普诺夫函数是"熵产生"（$\frac{d_iS}{dt}=P$）。因为熵产生P永远大于0，而$\frac{dP}{dt}\leq 0$，即非平衡线性区的系统随着时间的发展，总是朝着熵产生减小的方向进行，直至达到定态（最小熵产生原理）。所以它的定态解是渐近稳定的。当系统受到外界扰动和内部涨落的影响偏离开定态后，随着时间的推移终将会回到原来的稳定状态。因此，系统在线性区不会发生失稳现象，也就不可能出现新的有序结构。在远离平衡的非线性区，非平衡系统的里雅普诺夫函数是"剩余熵产生"（$\frac{1}{2}\delta^2 S$）。

根据局域平衡假设$\frac{1}{2}\delta^2 S\leq 0$，而剩余熵产生随时间的变化可以大于、小于和等于零，它分别对应于系统的稳定、不稳定和临界稳定三种情况。所以，当外界条件改变，使系统从平衡态偏离时，开始一段在线性区，系统是稳定的，服从最小熵产生原理，剩余熵产生随时间的变化大于零；当外界条件变化达到某个特定值（分岔点）后，剩余熵产生随时间的变化小于零，系统失稳，处于不稳定状态，有可能通过涨落进入一个新的稳定有序的定态，即形成耗散结构，如图 5—8 所示。

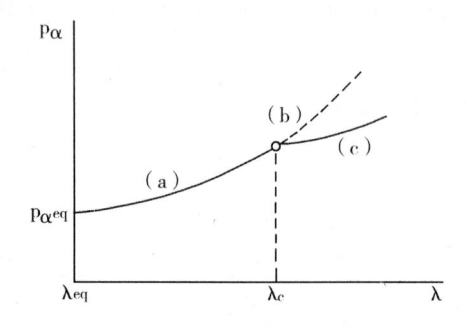

图 5—8　远离平衡时的分岔现象

（a）$\lambda < \lambda_c$，稳定的热力学分支；

（b）$\lambda = \lambda_c$，变为不稳的分支；

（c）$\lambda > \lambda_c$，新的稳定解（耗散结构）。

注：（a）与（c）的交点为分岔点。

5. 通过涨落达到有序

所谓涨落，是指系统局部范围内子系统之间以及系统与环境之间随机形成的偏离系统整体状态的各种集体运动。在许多情况下，人们往往把它描述成系统的宏观状态参量对其平均值所做的随机的微小变动。它是存在于一切真实系统中的固有属性，因此，涨落的成因主要来自三个方面：一是要素性能的偶然变异；二是要素间耦合关系的随机波动；三是环境对系统的随机干扰。正因为涨落是系统内部要素之间、系统与环境之间相互作用的结果，所以涨落分为内涨落和外涨落。按照涨落作用的大小，涨落又表现为小涨落、大涨落和巨涨落。涨落的幅度因条件而变化，可以增大，也可以衰减。因此，涨落是对稳定性的破坏，也是对对称性的挑战。因周围环境和本身特点的差异，不同的涨落对系统的作用也不尽相同。

在热力学平衡态附近只能产生小涨落，它们构成对系统平均值的一种小的干扰或修正。由于系统本身的稳定性，这些涨落总是被衰减掉。平衡态附近涨落对系统的影响，可按大数定律进行估计。令 X 为系统的状态参数，N 为系统的总粒子数，按照相对涨落平方根定律

$$\sigma = \frac{1}{\sqrt{X}} \sim \frac{1}{\sqrt{N}}$$

可知，相对涨落 σ 与总粒子数 N 的平方根成反比，即 σ 的数量级为 $N^{-\frac{1}{2}}$。宏观系统的 N 值非常大，所以 $N^{-\frac{1}{2}}$ 非常小。这表明，系统在平衡态服从大数定律，涨落与平均值界线分明，只能作为修正项而出现，不会改变系统的平均值。因此，在热力学平衡态附近涨落可以忽略不计，只对系统作宏观描述就可以了。

当系统处于非平衡线性区（近平衡态）时，最小熵产生原理保证系统具有使涨落衰减的机制。从统计特性看，涨落的概率分布不再采取泊松分布形式，方差与平均值不相等，即 $<\delta X^2> \neq <X>$，但仍可证明方差的数量级不变。因此，在线性区内的整个热力学分支上，相对涨落 σ 都比较小，也可以忽略不计，对系统只作宏观描述即可。

当系统处于远离平衡态时，涨落表现出完全不同的特点。它不再被衰减，而是被系统的非线性机制放大到与平均值相同的数量级，在临界点上形成巨涨落，导致系统状态参量 $U(x)$ 的平均值发生有限跃变，推动系统从热力学分支跃迁到耗散结构分支，如图 5—8 所示。

从结构稳定性的角度来看，系统处于平衡态或参考定态，表示系统处于一定的势阱之中，如图 5—9 中的 A 点，耗散结构解则相当于另一势阱 B，两个势阱之间由一个势垒 C 隔开。要使系统离开 A 状态而演化到 B 状态，必须越过势垒 C。小的涨落不可能帮助系统克服势垒，系统保持在 A 点。一旦出现了巨涨落，就可以克服势垒，把系统从 A 点推过 C 点，进入 B 点。所以，巨涨落是系统在临界点触发热力学分支失稳，推动系统跃入耗散结构分支的动力之源。

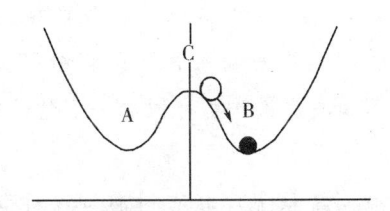

图 5—9 巨涨落在系统演化中的作用

由上可知，涨落代表的是系统微观组分之间的一种相关运动，涨落的尺度就是相关的尺度。涨落的作用总是对稳定性、均匀性和对称性的破坏。但小尺度的微涨落只能在小范围内引起短时间的对称破缺，不可能造成系统整体的长时间的对称破缺,即不可能导致系统整体发生质的变化。只有出现足够强大的巨涨落,才能造成系统整体的长时间的对称破缺,导致系统发生质的变化,产生新的有序结构。另外,系统在临界点的行为不是完全确定的,它存在多个可能的演化分支,系统究竟向哪个分支演化,随机涨落起着关键的选择作用。即以某种随机选择开始的"计算",最后能以100%的概率给出系统的深度信息,展现出系统未来的演化趋势——偶然性为必然性开辟了新的道路。到此我们可以归纳总结出一条"涨落导致有序"的生序原理:

(1) 涨落代表系统的一种随机探索新结构的趋势,它类似于平衡相变中的晶核或新结构的某种胚芽。

(2) 在线性区,非线性机制受到抑制,涨落不可能被放大;只有在远离平衡的条件下,非线性相干作用被充分解放出来,成为涨落被放大的内在机制。

(3) 一旦控制参量逼近临界值,关联尺度迅速增大,不同涨落之间联系强化,就会形成宏观尺度上的巨涨落。这种巨涨落代表一种新的组织方式。

(4) 在两个或多个耗散结构分叉附近,涨落或随机因素将起重要的选择作用;一经选择,在分叉与分叉之间决定论的方面仍处于支配地位,如图5—5所示。

(5) 无规则的涨落形成了有规则的结构,这正是一种"相反相成"的辩证法。所以,普里戈金认为,耗散结构就是某种被稳定下来的巨涨落。这种"远离平衡条件下的自组织过程相当于偶然性和必然性之间、涨落和决定论法则之间的一个微妙的相互作用。"[①]

综上所述,一个"系统从无序状态过渡到这种耗散结构有两个必要条件:一是系统必须开放,即系统必须与外界进行物质或能量的交换;二是系统必须远离平衡态,即系统中'流'和'力'的关系是非线性的。

---

① [比]伊·普里戈金、伊·斯唐热:《从混沌到有序》,曾庆宏等译,上海译文出版社1987年版,第223页。

在这两个条件下，摩擦、扩散等耗散因素对形成新的有序结构发挥了重要的建设性作用。通过涨落，系统在越过临界点后自组织成耗散结构，该结构由突变而涌现，且状态是稳定的。"① 因此，"普里戈金的伟大贡献在于建立了远离平衡状态的非线性热力学理论，这一理论令人满意。他发现了全新类型的现象和结构，如今这种普遍的、非线性的不可逆热力学已奇迹般地在各个领域中得到了广泛的应用。"② 目前，普里戈金开创的复杂性研究已成为全世界科学研究的中心问题，并为 21 世纪的科学研究指明了方向。我们要特别指出的是，比利时是欧洲的一个小国，并不是科学研究的中心，但普里戈金在那里取得了如此重大的科学成就，他的研究经历和研究集体的经验是值得借鉴的。具体来讲有三条：一是要选准方向；二是要勇于坚持和不断积累；三是要进行广泛交流和密切合作。

四　协同学与非平衡自组织演化

继耗散结构理论之后，20 世纪 70 年代又出现了一门新的自组织理论，即协同学（Synergetics）。协同学是德国物理学家赫尔曼·哈肯（Harmann Haken）于 1970 年提出、1975 年建立起基本理论框架的，以研究自组织系统有序演化的系统理论。在对激光理论进行研究的过程中，哈肯接受了一般系统论的基本结论，把一切研究对象看成是"由组元、部分或者子系统构成的"系统，"这些子系统彼此之间会通过物质、能量或信息交换等方式相互作用。通过子系统之间的这种相互作用，整个系统将形成一种整体效应或者一种新型的结构。在系统这个层次，这种整体效应具有某种全新的性质，而这种性质可能在微观子系统层次是不具备的"。③ 也许，正因为哈肯认为系统是子系统的相互作用而形成的整体，于是试图"建立一种用统一观点去处理复杂系统的概念和方法"。这种基于系统整

---

① 方福康：《普里戈金的科学贡献》，伊·普里戈金：《从存在到演化》，沈小峰等译，北京大学出版社 2007 年版，第 224 页。
② ［瑞典］斯蒂格·克莱桑：《1977 年诺贝尔化学奖颁奖词》，伊·普里戈金：《从存在到演化》，沈小峰等译，北京大学出版社 2007 年版，第 191 页。
③ ［德］H. 哈肯：《协同学：理论与应用》，转引自苗东升《系统科学原理》，中国人民大学出版社 1990 年版，第 517 页。

体效应的"概念"和"方法"就是以动力学分析为主要手段的协同学。所以,协同学是研究由完全不同性质的大量子系统(诸如电子、原子、分子、细胞、神经元、力学元、光子、器官、动物乃至人类)所构成的各种系统,研究这些子系统是通过怎样的竞争与合作才在宏观尺度上产生了空间、时间或功能有序结构的。[①]

(一) 非平衡相变与平衡相变

本章第三节以直观经验事实为依据,对两类有序结构的差别进行了比较。平衡结构是平衡相变过程的产物,非平衡结构是非平衡相变过程的产物。既然都是相变过程,都是有序结构,必定存在相同或相近的特性。在介绍了一种非平衡相变理论——耗散结构理论的基本原理之后,有必要接着讨论一下两种相变的共同特点。

1. 两种不同相变的形成过程

20世纪60年代,哈肯在研究激光理论时发现,激光的形成过程是一种典型的非平衡开放系统从无序转化为有序的现象,并且其中呈现出丰富的合作现象。一个固体激光器,在外界输入的泵浦能量较低时,激光棒中的激活原子彼此独立地发出一列列不相干的光波,整个光场系统处于无序状态。这时的激光器就像一盏普通的灯,发出相位和方向都无规则的自然光。当泵浦功率增大到某一特定阈值时,大量激活原子会同步地发出同频率的光波,整个光场系统处于非平衡的有序状态。这时激光器就会发出相位和方向都整齐一致的单色光——激光;一旦泵浦功率低于这一特定阈值,这种非平衡有序状态就会立刻瓦解。为了进一步探讨激光形成的过程和微观机制,哈肯开始寻求非平衡有序结构形成的规律。他发现在其他许多领域中也存在着类似的非平衡有序结构形成的现象。例如,流体力学中贝纳德花纹的形成;化学反应中出现的颜色由红变蓝,再由蓝变红的 $B-Z$ 反应;生物界由生存竞争造成的野兔数目和其天敌山猫数目随时间变化发生的周期性"振荡"现象等等。在这些非平衡有序结构形成的过程中同样存在着大量的合作现象。这种需要一定外界物质和能量流来维持所出现的宏观有序结构的现象称为非平衡相变。

---

① [德] H. 哈肯:《高等协同学》,郭治安译,科学出版社1989年版,第1页。

哈肯还发现，不仅在这种远离平衡态的开放系统中，就是在热力学平衡系统中也存在着类似的转化过程。例如，某些金属合金在其温度低于某一临界温度时电阻突然消失的超导现象、磁铁有序结构的形成等。一块磁铁，从微观上看，是由许多小磁体组成的。在高温状态下，磁铁中的各个小磁体的指向是不规则的、杂乱的，在这种情况下，大量小磁体的磁矩相加时就相互抵消，整个磁铁在宏观上不呈现磁性，如图5—10所示。

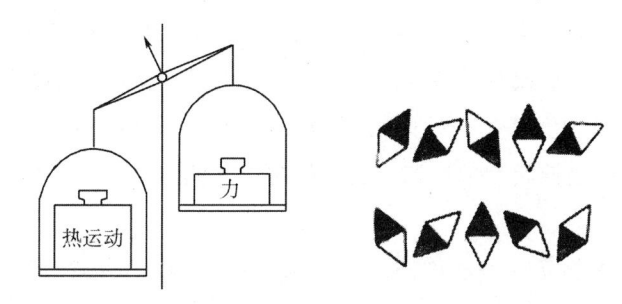

图5—10 天平表示热运动与趋向把小磁体平行排列的力之间的竞争
（如果热运动较强，则小磁体指向各个不同的方向，是一种对称状态）

但是，当磁铁的温度降低到临界温度之下，小磁体就整齐地排列起来，大量小磁体的磁矩相加时不会相互抵消，使整个磁铁在宏观上呈现出磁性来，如图5—11所示。这种不需要外界物质和能量流来维持所形成的有序结构的现象称为平衡相变。

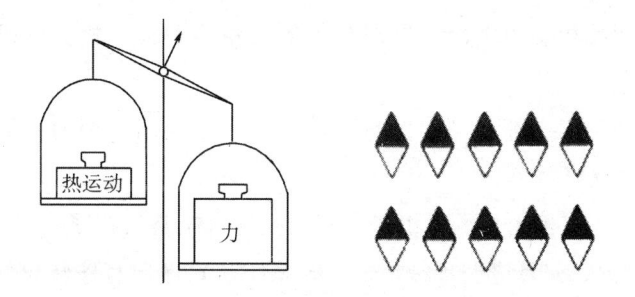

图5—11 （与图5—10相同）天平表示热运动与平行排列小磁体的力之间的竞争
（如果平行排列小磁体的力占优势，则所有小磁体都指向同一方向，原有对称性被打破了）

因此，哈肯指出："磁铁的例子非常清楚地说明了在微观范围内相变是怎样进行的。在有序的磁相中，所有基本磁体（即小磁体，引者注）排列整齐，而在无序相中，它们各自指向不同方向。产生这两个根本不同的相的原因，在于两种根本不同的物理力之间的竞争。一种力促使基本磁体平行排列；另一种力则以热运动为基础。事实上，热就是无序的、随机的运动。因而，热运动力图使基本磁体取向不同。我们可以用一架天平来比较这种情况。"①

2．两种不同相变的共同特点

通过以上的介绍与分析，我们发现：既然平衡相变和非平衡相变都是相变过程，都能形成有序结构，必定其中存在某些相同或相近的特性。

（1）两种相变都是一种阈值行为。相变过程是通过改变外部参量来控制的，只有当控制参量达到一定阈值时，才能发生相变，相变都表现为一种突变行为。

（2）两种相变都是对称破缺的结果。在控制参量按特定方向改变的过程中，两种相变都是从无序到有序或从一种有序到另一种有序的演化，一定的有序结构是一定类型的对称性破缺的结果，是微观组分之间发生一定类型关联运动的结果。

（3）两种相变都依赖于系统内部适当的非线性机制。平衡相变所依赖的非线性来源于系统的非理想特征，因为相变理论早已证明理想气体系统不可能发生相变。非平衡相变所依赖的非线性来源于系统的动力学特性。

（4）两种相变的发生都以旧结构的失稳为前提，相变过程产生出稳定的新结构。

（5）两种相变都是确定性与不确定性因素共同作用的结果，涨落在其中扮演着重要角色。

通过非平衡相变与平衡相变之间的类比，哈肯得出了"协同"（synergy）的概念，并且进一步指出，一个系统从无序向有序转化的关键并不在于热力学平衡还是不平衡，也不在于离平衡态有多远，而在于只要是一个由大量子系统构成的系统，在一定条件下子系统之间通过非线性相互作

---

① ［德］赫尔曼·哈肯：《协同学——大自然构成的奥秘》，凌复华译，上海译文出版社2001年版，第27页。

用就能够产生时间结构、空间结构或时空结构，形成一定功能的自组织结构，表现出新的有序状态。这一观点正是协同思想的精髓。

从理论上看，平衡结构和耗散结构是两种有本质区别的结构，不可混为一谈；但是"自然界中有许多像雪花这样的有序状态既不是纯粹的平衡结构，也不是纯粹的耗散结构，它们是介于平衡结构和耗散结构之间的'混合结构'"[①]。由于引力和膨胀，早期宇宙演化中就可能同时具有平衡与非平衡两种相变的特点。生物有序结构也是一种混合结构，是耗散结构有序原理和玻尔兹曼有序原理共同作用的结果。其实，平衡相变理论比非平衡相变理论的历史要悠久得多，也成熟得多。由于存在一系列共性，可以把平衡相变理论的许多概念和方法应用于非平衡相变研究。如在非平衡相变的研究中引入序参量概念描述对称破缺现象，或用临界指数、临界慢化等概念描述系统在远离平衡态下的临界行为。

（二）竞争与协同

竞争和协同（competition and synergism）是协同学中的一对基本概念。竞争和协同产生的内在原因是系统要素之间的相互作用，或者说，竞争和协同是系统要素之间相互作用的表现与结果。按照哈肯的认识，在自组织系统的演化中，始终存在着系统要素之间的相互作用，正是这种相互作用才有了系统的演化。而相互作用总是与系统同在，所以竞争和协同也总是与系统同在。也就是说，正是由于系统要素之间的竞争和协同，才发生了自组织系统的演化。谭长贵认为，竞争之所以发生，一是与系统发展的不平衡有关，即只要系统内部或事物之间存在差异，就会存在系统内部的各个要素之间或事物之间的竞争。系统发展的不平衡性实际上是竞争存在的基础。二是与系统要素或不同系统之间对外部环境和条件的适应与反应不同有关。同一系统内的不同要素是存在差异的，不同的系统也存在差异，存在差异的不同要素或不同系统在相同的环境里，其适应和反应程度也往往不尽相同。于是，竞争也就自然而然地产生了。三是系统要素面对环境物质流、能量流和信息流的平权化输入，各自获取"流"的质和量都存在差异，这种差异可能造成系统内部或系统之间更大的差异，竞争也

[①] 李如生：《非平衡态热力学和耗散结构》，清华大学出版社1986年版，第304页。

就不可避免地发生了。① 在哈肯的各种协同学著作中，竞争是系统演化过程中最活跃的因素，是协同的基本前提和条件。比如，在大量气体分子系统中，分子之间的频繁碰撞；在化学反应中，不同反应物分子之间的竞争；在生态系统中，各个物种之间的相互竞争——种内和种间的竞争；在社会中，各个利益集团之间的竞争；甚至在思想、概念的形成过程中，同样存在不同思想、概念和方法之间的相互交流、批评和竞争。所以，"竞争，甚至被称为万物之父，万物之王。"②

竞争是相互作用的一种形式，协同也是相互作用的一种形式。协同概念在协同学中占据更重要的地位。哈肯多次强调，协同学就是一门研究各个学科领域中关于合作、协作或协同的学说。按照哈肯的观点，所谓协同，就是系统中诸多子系统的相互协调的、合作的或同步的联合作用与集体行为。协同是系统整体性、相关性的内在表现。③ 哈肯通过对平衡相变与非平衡相变的研究发现，不论是平衡相变还是非平衡相变，系统在相变前之所以处于无序均匀态，是由于组成系统的大量子系统没有形成合作关系，各行其是，杂乱无章，不可能产生整体的新质；而一旦被拖到相变点，这些子系统仿佛得到某些"精灵"的指导，迅速建立起合作关系，以很有组织性的方式协同行动，从而导致系统宏观性质的突现。例如"声律相协而八音生"（《太玄·玄数》）就指明了音律的协同才能产生和谐美妙的声音。这表明哈肯已经充分认识到，协同是系统变化和发展的重要原因。与此同时，哈肯还面对大自然构成的奥秘发出了一连串的疑问：大自然怎么能在生命世界中演化出越来越复杂的物种？为什么有些物种能日益繁荣昌盛，而有些物种则受到排挤？另一方面，为什么尽管物种之间的竞争非常残酷无情，它们却可以共存，而且正是由于这种共存而能够彼此稳定呢？哈肯的研究结论是："许多个体，无论是原子、分子、细胞，或是动物、人类，都是由其集体行为，一方面通过竞争，另一方面通过协作而间接地决定着自身的命运。但它们往

---

① 谭长贵：《动态平衡态势论研究》，电子科技大学出版社 2004 年版，第 28 页。
② 吴彤：《自组织方法论研究》，清华大学出版社 2001 年版，第 48 页。
③ 同上书，第 49 页。

往是被推动而不是自行推动的。"①

竞争和协同共同决定系统的命运,这是协同学最基本的观点。同达尔文"物竞天择、适者生存"的生物进化论相比,它能更好地解释生物系统的发展和演化,同时也能很好地解释多类自组织系统的发展和演化。正因为如此,哈肯虽然十分清楚,"一门科学宣称自己具有极大的普遍适用性,必然会产生某些严重的后果",但他仍然"把协同学看成是一门在普遍规律支配下的有序的、自组织的集体行为的科学。……协同学包含多种多样的学科,如物理学、化学、生物学,以及社会学和经济学。"②

竞争和协同共同承担着系统的演化。它们既有联系,又有区别。这种联系体现在竞争和协同共同决定系统演化的方向。同一系统的要素之间,每时每刻都处于竞争当中,原因在于系统的演化需要有新质的产生,而新质的产生往往借助于竞争来形成;但如果仅有竞争没有协同,就不可能使竞争形成的新质稳定下来,新质不能稳定就会导致系统的演化方向不够明确,而使系统处于不稳定状态;再者,新质产生也少不了系统要素的协同作用。所以,竞争和协同的共同参与对于系统演化是不可缺少的。竞争和协同的主要区别在于:一是竞争主要表现为单个要素自身的行为,是系统要素之间的竞争,而协同则是系统中所有要素为着某个基本确定的共同目标的集体行为;二是竞争由于是系统要素之间的竞争,所以它表现为多方向,而协同虽然也是要素之间的协同,但它最终表现为系统整体的行为,所以方向是比较明确的。吴彤教授对竞争和协同的关系做了如下描述:

"自组织系统演化的动力来自系统内部的两种相互作用:竞争和协同。子系统的竞争使系统趋于非平衡,而这正是系统自组织的首要条件;子系统之间的协同则在非平衡条件下使子系统中的某些运动趋势联合起来并加以放大,从而使之占据优势地位,支配系统整体的演化。"③

---

① [德] 赫尔曼·哈肯:《协同学——大自然构成的奥秘》,凌复华译,上海译文出版社2001年版,第9页。
② 同上。
③ 吴彤:《自组织方法论研究》,清华大学出版社2001年版,第49页。

（三）序参量与伺服

序参量和伺服是协同学的两个核心概念。哈肯借助于序参量和伺服概念创造性地描述了自组织现象产生的机制。哈肯认为："我们将遇到一种为所有自组织现象共有的对自然规律的非常惊人的一致性（如图5—12所示）。我们将认识到，单个组元好像由一只无形之手促成的那样自行安排起来，但相反正是这些单个组元通过它们的协作才转而创建出这只无形之手。我们称这只使一切事物有条不紊地组织起来的无形之手为序参数。"[①] 序参数也就是序参量。序参量原是苏联著名物理学家维·金兹堡（V. L. Ginzburg）和朗道（L. D. Landau）于1950年为描述连续相变而引入的一个概念。它用于指示新结构的出现、判别连续相变及其有序结构的类型和有序程度。哈肯把它借用过来，代替熵概念作为处理自组织问题的一般判据。哈肯认为，如果某个参量在系统演化过程中从无到有地变化，并且能够指示出新结构的形成，反映新结构的有序程度，它就是序参量。

我们可以这样理解哈肯给序参量所赋予的含义。它既作为描述自组织系统有序演化的机制，又作为描述自组织系统有序演化程度的一个参量，它一旦通过单个部分（要素）的协作而产生，就会支配各个部分（要素）的行为。哈肯用一个形象的比喻表述了序参量对各个要素的役使作用。哈肯说："序参数好似一个木偶戏的牵线人，他让木偶们跳起舞来，而木偶们反过来也对他起影响，制约着他。我们会发现，支配原理在协同学中起着核心作用。但必须指出，这里使用'支配'一词丝毫不含贬义；它无非是表达一个因果关系，而与'支配'的伦理学意义毫不相干。"[②]

哈肯用形象的比喻告诉我们，序参量在自组织系统的演化过程中，起着十分重要的作用。它通过对子系统的支配或役使作用，主宰着系统整体演化的过程。同一系统内的任何子系统，都要听从序参量的指挥。系统只有在序参量的作用下，才能表现为有序演化。但是，我们应该明确，序参量是宏观状态或形成模式的有序程度的参量，而不是系统中某个占据支配

[①] ［德］赫尔曼·哈肯：《协同学——大自然构成的奥秘》，凌复华译，上海译文出版社2001年版，第7页。

[②] 同上书，第8页。

第五章　从平衡到非平衡　　　259

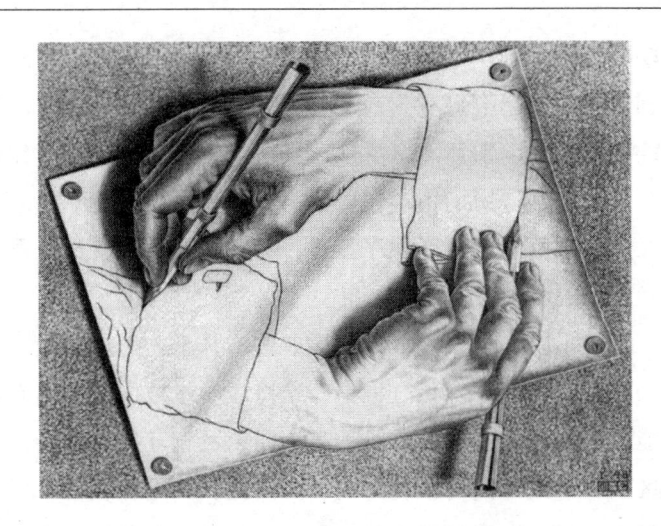

图 5—12　埃舍尔画的"互绘的双手"

注：埃舍尔（M. C. Escher）带有数学意蕴的作品刻画出系统的一个显著特点：它有多个层面的相互缠绕，每一个层面依赖于另一层面的解释。埃舍尔的画"互绘的双手"就是这一思想的经典之作。在此画中，一只手是另一只手画出来的，而另一只手却又是这一只手所画出。这两只手的关系可以近似地表达"子系统产生序参量，序参量支配子系统，子系统伺服序参量"的关系。

地位的子系统。为了清楚地说明这一点，哈肯举了一个常见的例子。设想一个游泳池，游泳者在池中随心所欲地游泳。当人不多的情况下，游泳者之间可能很少有妨碍。如果人渐渐增多，游泳者之间的妨碍程度就会不断增强，以至于有可能大家谁也不能畅快地游泳。但是，游泳者通过一段时间的摸索会自觉地朝着一个方向环游起来。因为这样就能消除游泳者之间的妨碍，而呈现一种整体有序的情形。这一过程，实际上也是一种自组织的过程。为什么会出现这一自组织的过程呢？就是因为有序参量的参与，序参量作为一种机制役使每个游泳者朝着一个方向环游起来。为什么会出现序参量呢？又是因为有所有的游泳者的相互作用，通过相互干扰而最终协同，于是形成了序参量。

哈肯认为："序参数具有两面性或双重作用。一方面它支配子系统，另一方面，它又由子系统来维持。"[①] 子系统维持序参量的过程就是伺服

[①] ［德］赫尔曼·哈肯：《协同学——大自然构成的奥秘》，凌复华译，上海译文出版社 2001 年版，第 154 页。

过程。继续考察游泳池中的情形,游泳者继续保持同一方向的集体环游的过程就是伺服过程。只有继续保持集体环游,序参量才会继续存在下去,也才能继续地役使每个游泳者继续保持环游;一旦失去了伺服作用,序参量就不复存在,集体环游的情形也就会消失。可见,整个系统运动就是子系统相互竞争、相互协同,产生序参量,序参量反过来支配子系统,子系统伺服序参量的过程。

另外,许多系统在以上过程中,形成的不只是一个序参量,往往有多个序参量。在系统的有序演化过程中,这些序参量之间可能具有合作的关系,也可能具有相互竞争的关系。种类不同以及相互错综复杂的关系就造成了相互区别、千差万别的系统与运动。因此,如果存在多个序参量,那么它们之间仍然存在着竞争和协同,以及由这种竞争、协同带来的系统演化。然后,进一步通过序参量之间的竞争和合作,使得一个或少数几个序参量的模式战胜其他序参量的模式,取得主导地位。所以,序参量既是子系统之间相互竞争、协同的产物,又是系统整体运动状态的表征和量度。

(四) 合作机制的建立

前面我们已经提到,哈肯在创立协同学的过程中,设计了一只"无形之手"。这只"无形之手"能使系统中的所有子系统自行组织起来。在这个过程中,"无形之手"处于支配地位,子系统则处于被支配地位。那么,这种处于被支配地位的子系统,又是怎样在竞争的环境中建立合作关系的呢?

人们通过研究合作机制已经发现一些有关合作如何产生的重要特性,其中一个关键的问题是,在一个没有核心权威的利己主义世界中如何产生合作?这方面的著名研究有所谓的"囚徒困境"研究[1]和罗伯特·阿克塞尔罗德(Robert Axelrod)对此问题组织的计算机模拟研究[2]。

---

[1] 囚徒困境的原文为 the Prisoner's Dilemma,又译为囚犯的两难问题、囚犯难题等。这个问题是 1950 年由社会心理学家梅里尔·M. 弗勒德(Merril M. Flood)和经济学家梅尔文·德雷希尔(Melvin Dresher)首先提出来的,后来由艾伯特·W. 塔克(Albert W. Tucker)明确地叙述了这种"困境"。——R. Campbel, L. Sowden (ed.). *Paradoxes of Rationality and Cooperation: Prisoner's Dilemma and Newcomb's Problem*. Vancouver: The University of British Columbia Press, 1995, p. 3.

[2] D. R. Hofstadter:《对囚徒疑难所做的计算机比赛提示了合作是如何演化出来的》,《科学》1983 年第 9 期,第 91—98 页。

当一次性博弈时,博弈双方常常采取非合作方式。但是当博弈可以重复多次时,情况就发生了变化。关于这方面的比赛结果,李伯聪、李军的文章"关于囚徒困境的几个问题"作了介绍。[①] 计算机屡次合作的结果极为惊讶,都是"一报还一报"的策略取得了胜利。其策略是,第一步采取合作,以后不管对方怎么样,均采取对方上一回合中的策略。R. 阿克塞尔罗德经过研究发现关于合作的演化有三个基本问题:

(1) 初始存活性问题:即在一个普遍行骗的世界上,合作怎样开始?答案是需要有一小批合作的生物体侵入,即使只有一小撮也足以使合作有一个立足之地。

(2) 强壮性问题:即具有善良性、可激怒性、宽恕性、可识别性特点的战略才是具有强壮性的战略。

(3) 稳定性问题:即欺骗的世界可被一伙合作者侵入,而合作者的世界却能不让欺骗者侵入。一旦合作建立起来,它将永远持续下去。

吴彤教授认为,R. 阿克塞尔罗德的第一个观点实际上仍然没有解决合作如何产生于系统内部的问题。因为该观点认为必须从外部注入合作者,或有合作者入侵,才能产生合作,这有点类似地球生命如何产生的问题,而该观点则以产生于地球外部为特征。

如何解决合作产生的源头问题呢?吴彤教授在分析了 R. 阿克塞尔罗德的观点之后提出,我们必须从事实上承认这个世界是多样性的世界,即存在欺骗也同样存在善良,存在利己主义也同样存在利他主义,才能从源头上解决合作在世界上或局部利己主义的地方产生的问题。但是,这样的解决也不能称为一种真正意义上的解决,因为合作已经存在于系统中。然而,智能只能二中择一,要么是 R. 阿克塞尔罗德的外部侵入,要么是内部原来已经存在合作。综合地看,这两个观点,特别是第二个观点,却有可取之处。弱化存在的合作,认为系统内部可能存在合作的苗头、萌芽,

---

[①] 李伯聪、李军:《关于囚徒困境的几个问题》,《自然辩证法通讯》1996 年第 4 期,第 25—32 页。

或状态可能性,而后通过系统内部各个子系统之间的相互作用产生实体性的合作,则把合作的起源与演化置于可信之处。[1] 英国哲学家霍布斯(Thomas Hobbes)指出:"每一个人只要有获得和平的希望,就应该力求和平;在不能得到和平时,他就可以寻求并且利用战争的一切帮助和利益。"前者讲的是"寻求和平,信守和平";后者讲的是"利用一切可能的办法来保卫我们自己"[2]。不难看出,霍布斯的这个观点同"一报还一报"在精神实质上是颇为相通的。

刘鹤玲教授在"互惠利他主义的博弈论模型及其形而上学预设"一文中,介绍了20世纪80—90年代国际上对囚徒困境模型的种种讨论,总结了互惠利他主义的四个必要条件以及哲学家斯蒂芬斯(C. Stephens)补充的两个条件。研究者发现,在生存理性的形而上学预设条件下,竞争者只需要利用与同一对手相互作用的历史信息,合作就可以迭演、进化。[3]

不管怎样,R. 阿克塞尔罗德的最重要的贡献是告诉我们,合作并不源于友谊或至少不源于友谊,而是与合作双方是否具有长期交往的利益关系有关。交往产生合作,或者相互作用产生合作,这就是基本结论。著名的囚徒游戏和计算机模拟实验也告诉我们,通过相互作用产生合作的观点已经在经济学、社会学等领域中得到确认。人们在生态学领域中进一步发现,多样性系统之所以比单一性系统演化有序,主要与子系统的差异有关,子系统完全无差异,竞争就会极为激烈和残酷。自然界中不同物种之间形成了多样性的、相互制衡的、可以发展的系统关系,而单一物种之间则产生大量的所谓内耗,其演化常常是退化大于进化。因此,不同学科和不同领域的竞争常常有利于进化,而它常常更类似于交叉合作。[4] 所以我们现在可以说,协同形成新的结构,竞争促进事物的发展,两者共同承担系统的演化。

目前,学术界、产业界和政府部门之间已形成了一种新型的协同关

---

[1] 吴彤:《自组织方法论研究》,清华大学出版社2001年版,第62页。
[2] 北京大学外国哲学史教研室编译:《西方哲学原著选读》上卷,商务印书馆1982年版,第397—398页。
[3] 刘鹤玲:《互惠利他主义的博弈论模型及其形而上学预设》,《自然辩证法通讯》1999年第6期,第6—13页。
[4] 吴彤:《自组织方法论研究》,清华大学出版社2001年版,第63页。

系，被称为"三重螺旋"关系，这种网络式的关系在21世纪很可能是各国创新战略的关键组成部分。今天，企业、大学和科研机构之间的合作已经将研究、发展和应用结合起来，合作已成为经济社会发展的动力要素和必然趋势。在大科学时代、知识经济时代和信息化时代，"没有合作，就没有创新"，已成为企业、大学和科研机构的共识。于是，围绕大学而形成的企业孵化器出现了，大学科技园区出现了，"硅谷"也出现了。"以合作竞争求双赢"的发展模式已经取代了"需求拉动"和"技术推动"的模式。非线性动力学向我们提供了一种协同进化的新模式：技术和机构的协同进化，在一定条件下它们将"同步锁定"①，从而带来技术、经济和社会的共同发展。因此，肯尼思·普瑞斯（Kenneth Preiss）指出：合作的力量不仅在科学家那里如此，同时它也"正在成为管理魔法中一种愈来愈重要的方法论选择"②。

总之，以上我们讨论了协同学的概念、方法和原理及其在不同领域中的部分应用。我们看到，竞争、协同的概念普遍存在于自然界和社会生活各个层面，协同学的方法从动力学的角度对系统自组织的形成做了很好的描述和解释。应该说，寻找在一个系统中相互作用的各个变量并不太困难，寻找全面的变量以及辨别出其中哪些变量是主变量则存在一定困难。然而，正是在这一点上，协同学为我们提供了非常有效的方法。通过直观观察变量的快慢，可以辨别出变量的快慢，寻找慢变量中更为主要的变量或运动模式（这个模式不是一个实体性变量，而是通过变量间相互作用构成的宏观行为或功能），则可以发现序参量；在条件允许的情况下，可以用协同学的微观方法精确地找到序参量；在其他情况下，则可以通过协同学的宏观方法，比微观方法更模糊、更远景地去寻找序参量，发现自组织的动力学要素、相互作用的可能环节及其演化过程。这就是协同学最根本的思想方法：

"一种自主的、自发的通过子系统相互作用而产生系统规则的思

---

① ［美］亨利·埃兹科维茨、［荷］劳伊特·雷德斯多夫：《大学与全球知识经济》，夏道源等译，江西教育出版社1999年版，第5页。
② ［美］肯尼思·普瑞斯等：《以合作求竞争》，武康平译，辽宁教育出版社1998年版，第103页。

想方法。这种思想告诉我们，复杂性的模式实际上是通过低层次子系统的相互作用产生的。但是在低层次中寻找这种模式是徒劳的，正如在人的大脑中寻找精神是徒劳的一样，也像是一个二维平面的蚂蚁无法感受三维空间一样，协同学告诉我们：只有跳出去或上一个层次才能觉察到这个模式的有形存在。"①

五 "非平衡是有序之源"的讨论

"非平衡是有序之源"是自组织理论的一个基本观点，也是本书的主要思想之一。它包含两方面的含义：其一是说系统状态处于远离平衡态，即指系统的开放和流动；其二是说系统结构为非平衡有序结构，即指对称性破缺的结构。因此，我们可以将"非平衡是有序之源"表述为开放和流动是有序之源，对称性破缺创造了现象世界。下面我们就"非平衡是有序之源"的相关问题进行讨论。

（一）非平衡与系统的开放性

非平衡的第一层含义是开放和流动，因此它与耗散直接相关。"耗散"一词在物理学中有特定含义，它意指自由度较少的高品质能量向自由度较大的低品质能量转变。普里戈金认为，通过两手摩擦后把两手宏观运动的机械能转变为两手之间分子热运动的能量，正像把一盆水泼到地上之后水不会自动回到盆里一样，是自然界的一种不可逆过程，是一种非平衡相变（物理状态的改变）。对于非平衡相变，外界给予系统的是高品质（低熵）的能量流、物质流、信息流，而系统排出到外界的却是低品质（高熵）的能量流、物质流、信息流。因此，系统因熵减而走向有序。正如普里戈金所说：我们引入"耗散结构"的概念"为的是强调在这样的情形中，一方面是结构和有序，另一方面是耗散或消费，这二者之间有着初看上去是悖理的密切联系。"②

---

① 吴彤：《自组织方法论研究》，清华大学出版社2001年版，第52页。
② ［比］伊·普里戈金、伊·斯唐热：《从混沌到有序》，曾庆宏等译，上海译文出版社1987年版，第187页。

第五章 从平衡到非平衡

我们知道，世界上的任何事物都处于永恒的运动、变化和发展之中，在这种永恒的运动、变化和发展中，每一个个别系统都是有生有灭的。系统的产生，就是从无序到有序的转化；系统的发展，就是有序程度的提高；系统的消亡，就是从有序到无序的转化。自然界的各种系统，都具有开放性，不断同外界进行物质、能量、信息的交换。

哈肯通过研究发现，"物理学自身为创建出某种活性秩序的过程提供了一个绝妙的先例，尽管在此过程中严格地依循物理学规律，而且事实上非此就不能建成这种秩序。这就是激光，一种已广为人知的新光源。这个例子会使我们明白，无生命的物质也能自发组织，产生富有意义的过程。……我从序参数和支配的角度，首先对物理学，而后是化学，最后是生物学的其他现象加以研究时，一再发现相同的例证。结构形成的过程似乎不可避免地朝某一方向前进，但并非循着热力学规律所预言的那种方向，甚至也并非循着无序性不断增长的方向。相反，本来无序的部分系统也被卷入现存的有序状态，而且其行为受它的支配。……社会学中属于此类的实例之一就是，整个群体的行为似乎突然倾向于一种新的观念——也许是一种风尚，或倾向于一种文化思潮，诸如一种新的画派或一种新的文学风格。"[①]

因此，哈肯认为，"对于开放系统，在一个不受干扰的系统中无序性不断增加的原则是不适用的。古老的玻尔兹曼原理，即熵是无序性的一种量度并趋于极大，只对封闭系统成立。……在一个开放系统中各组成部分不断地相互探索新的位置、新的运动过程或新的反应过程，系统的很多部分都参与了这种过程。在不断输入能量，或许还有新加入的物质的影响下，一种或几种共同的，也就是集体的运动或反应过程压倒了其他过程。这些特殊的过程不断加强自身，如同我们在激光光波或液体滚卷形成中很清楚地看到的……通常我们认为系统这样所达到的新状态具有较高级的有序性。"[②] 没有封闭的稳定，封闭就是死亡。开放的稳定才是真正的稳定。

"不过，这里有一个开放度的问题，系统不能100%开放，那样系统

---

① ［德］赫尔曼·哈肯：《协同学——大自然构成的奥秘》，凌复华译，上海译文出版社2001年版，第7—9页。

② 乌杰、哈肯、拉兹洛：《洲际对话》，人民出版社1998年版，第129页。

就失去边界,失去稳定,使系统被吞噬。此外,开放所交换的能量、信息、物质也是非线性的,一来,吸收不成比例,二来,引起的变化也不是均匀的、连续的,可能是放大的和突变的。"①

自组织理论的这一进展突破了以前的一些传统观点,不仅看到生物系统中有进化过程,而且在物理系统中也可以看到进化过程。与传统的牛顿力学不同,时间的反演对称不复存在,在演化的物理学中可以而且应该考虑时间箭头,并将历史引入物理学。这样,就可以将生物进化与物理学退化用统一的作为基本规律的物理学定律加以描述和解释。

这也很好地解决了物理演化自身的矛盾。这样,零能量创造物质便可以解释了。因为在开放系统中,能量既可以为正,也可以为负。运动的能量和质量的能量总是正的,但引力的能量,如某些引力场和电磁场的引力是负的。于是便会出现这样的情况:创造新生物质粒子质量的正能量正好被引力场或电磁场的负能量抵消。这样,宇宙的创生便"可以走那阻力最小的路"。保罗·戴维斯(Paul Davies)举例说,如果一个原子核附近的电场很强,即"假如能够造出一个含有 200 个质子的原子(这是可能的,但很困难),整个系统就会变得不稳定。这时即使没有任何能量输入,也会生出电子正电子对,这是因为,新生的粒子对所发出的负电能可以恰好抵消其质量中含有的能量。……引力场的情况就更奇特了,因为引力场只不过是空间弯曲……锁闭在空间弯曲中的能量可被转化成物质和反物质的粒子。这种情况现在在黑洞附近就有,而且很可能是大爆炸时粒子的最重要来源。这样,物质就自发地从空空如也的空间里出现了。"②

热平衡的难题也是如此。最近的科学研究(关于黑洞)表明,热力学第二定律不仅对物质适用,对引力也适用。根据罗杰·彭罗斯的研究,大尺度宇宙空间的引力场是低熵(高度有序)的。在不考虑引力的情况下,低熵意味着有序性,低熵意味着复杂性,低熵意味着信息量大;但在考虑引力时,情况正好相反。即当我们考察的是星系时,由于引力的巨大作用,宇宙正好可以从高熵、无序、简单中产生出来。这样一来,宇宙的

---

① 赵凯荣:《复杂性哲学》,中国社会科学出版社 2001 年版,第 59 页。
② [英]保罗·戴维斯:《上帝与新物理学》,徐培译,湖南科学技术出版社 2007 年版,第 43 页。

开始虽然是简单、高熵、无序的,但由于引力的奇异特性,使得世界从高熵走向低熵、从无序走向有序、从简单走向复杂。

综上所述,开放是系统演化的首要条件。开放系统的思维方式从有机观点出发,强调系统与环境的有机联系,认为一切局部条件、小区域性、特殊性的规律,都服从于它的环境。基于系统与环境相统一的观点,使我们超出了传统物理学的局限,从系统与环境保持着物质、能量和信息交换的开放思维角度,去认识系统的稳定性和进化——从生命有机体到一切物理世界。所以,波动力学的创始人薛定谔明确指出:"要摆脱死亡,要活着,唯一的办法就是从环境里不断地汲取负熵",并提出了"有机体就是靠负熵为生的"著名论断。[①] 法国物理学家布里渊（L. Brillouin）更直接地指出,要避免死亡,唯一的办法是冲破禁闭。

（二）非平衡与对称性破缺

非平衡的第二层含义是对称性破缺,由此,我们试图把有序结构的形成与对称性破缺联系起来。复杂系统一般有三种状态:平衡态、近平衡态、远离平衡态。这三种状态广泛存在于自然系统中,甚至广泛存在于社会这样的复杂系统中。

在热力学平衡态下,系统孤立且熵值达到最大,此时系统处于均匀一致,这是平衡的稳定性,使系统"死寂"。系统在热力学平衡态的演化中,只有一种选择,是严格决定论的。它唯一的目的就是减熵,即降低自身的内熵。正如一个收入非常有限的消费者,他（她）的消费必须建立在节省开支的基础上,尽管他（她）也有多种选择的可能,购买那些物美价廉的消费品的权利,但是所有这一切还是得建立在省钱这个基础上。

在热力学非平衡的线性区即近平衡态下,决定论仍然起着主导作用,外界或内部的任何扰动或涨落都不能导致新的稳定有序结构或自组织现象出现。因为系统服从最小熵产生原理,无论系统的内熵如何,它总是朝着熵产生减小的方向演化,直至达到稳定的平衡态。

但在非平衡的非线性区即远离平衡态下,系统内部的物质、能量分布

---

① ［奥］埃尔温·薛定谔:《生命是生命》,罗来鸥、罗辽复译,湖南科学技术出版社2007年版,第70页。

极不平衡，可测的物理量极不均匀，外部负熵流不断增大，系统的总熵不断减少。所以，在系统的开放性逐渐增大时，外界对系统的影响也逐渐增强，将系统从近平衡的线性区推向远离平衡的非线性区，系统才有可能形成新的稳定有序结构，即耗散结构。在这种情况下，系统会出现多分岔、多转折，有多种可能的选择。这时，系统的内熵对系统演化已经没有什么意义了。例如一个十分富有的消费者，他（她）考虑的决不是省钱（减熵），他（她）的选择是多元的，而且越是远离平衡态，系统的分岔越多，产生分岔的速率也就越快。

非平衡导致有序主要得益于非平衡的几个重要性质。其中，对称性破缺是非平衡显示的重要特征，也是一切事物演化发展的基本前提。在这一点上，热力学第二定律和一切生物的、社会的现象是完全一致的。非平衡就是对称性破缺，对称性破缺就是非平衡；反之，平衡就是一种对称，对称也就是一种平衡。正是由于时间的不可逆、空间的对称性破缺，世界才能产生有序性，非线性关系才能创造多元化。没有对称性破缺，甚至宇宙都不会产生出来。正是从这个意义上我们说：对称性破缺创造了现象世界。[①]

前面我们曾经提到，直到 1956 年以前，人们都相信世界是对称的，正如中国古人描述的那样，"太极生两仪，两仪生四象，四象生八卦。"（《易传·系辞上传》）在我们身处的自然界中也存在着多种对称性，所以物理学家认为，对称性不仅具有美学价值，而且在表述微观粒子的过程中起着关键的作用，因为构成世界的基本粒子是严格对称的。即物理定律分别服从三个叫作 C、P、T 的对称。C（电荷）对称的意义是，对于粒子和反粒子定律是相同的；P（宇称）对称是指，对于任何情景和它的镜像（右手方向自旋的粒子的镜像变成了左手方向自旋的粒子）定律不变；T（时间）对称是指，如果我们颠倒粒子和反粒子的运动方向，系统应回到原先的那样，也就是说，对于前进或后退的时间方向定律是一样的。

标准模型是当时物理学家对微观世界描述的一个理论集合，它的基础就是爱因斯坦的相对论和量子物理的对称性。这些理论在当时也经历了无

[①] 武杰、李润珍：《对称性破缺创造了现象世界：自然界演化发展的一条基本原理》，《科学技术与辩证法》，2008 年第 3 期，第 62—67 页。

数次检验，但终点总是遥不可及。在到达终点之前，一系列新现象的发现开始威胁整个标准模型的基础。

首先提出挑战的是两个来自中国的年轻人。1956 年李政道和杨振宁提出弱相互作用下宇称（P）不守恒的假设，即弱力使原子核自旋方向与其镜像左右不对称。第二年初，他们的一位物理学同事吴健雄教授证明了这一预言。她在低温（0.01K）条件下用强磁场把钴 – 60 原子核的自旋方向极化（即让其自旋方向基本一致），然后观察钴 – 60 原子核 β 衰变放出电子的出射方向。演示表明：当电子离开 Co^{60} 原子核时，其发射的方向是有偏爱的，即电子在一个方向比在另一方向释放得更多。这就相当于你站在北京车站门口，发现从车站出来的人大多数都是向左走，而不是向两边走。因此，李政道和杨振宁获得了 1957 年的诺贝尔物理学奖。

接着，人们又发现弱相互作用不服从 C 对称，即它使得反粒子构成的宇宙与我们的宇宙不同。然而，当时人们觉得弱力应符合 CP 联合对称。即如果每个粒子都用其反粒子来取代，则由此构成的宇宙镜像和原来的宇宙应以同样的方式发展。但在 1964 年，两个美国人 J. W. 克罗宁（J. W. Cronin）和瓦尔·费奇（Val L. Fitch）发现，在被称为 K 介子的衰变中，甚至连 CP 联合对称也谈不上。尽管这一发现挑战了整个标准模型的基础，成为最大的"麻烦制造者"，但是两人后来却因此获得了 1980 年的诺贝尔物理学奖。

到此，必须有个解释，否则整个标准模型就要坍塌。九年后的 1973 年两个来自日本的年轻人小林诚（Makoto Kobayashi）和益川敏英（Toshihide Maskawa）发表了《弱相互作用重正化理论中的 CP 破缺》一文，解决了这个问题，并维护了标准模型的尊严。他们认为，K 介子由一个夸克和一个反夸克构成，两个夸克之间不断交换自己的身份，夸克变成反夸克、反夸克变成夸克，让 K 介子像一个翻转的硬币一样，在变成反 K 介子后再变回来；如果两个夸克之间的变换只局限于它们自身类别的话，就不会有 CP 破缺发生了。另外，他们还提出标准模型中著名的 CKM（3 × 3）矩阵，并预言至少有 6 种夸克存在时（当时只发现了上夸克、下夸克和奇夸克 3 种），CP 破缺才可能发生（这篇论文的引用率已接近 5000 次）。随着粲夸克（1974）、底夸克（1977）、顶夸克（1995）的发现，特别是 2001 年中性 B 介子衰变中 CP 破缺的发现，小林和益川的预言被基本证实。由于对称性自发破缺的设想是由南部阳一郎（[美] Yoichiro Nambu）于1960年首先提出并引入粒子物理学标准模型的，因此他们三人分享了2008年的诺贝尔物理奖。评审委员会成员、瑞典皇家理工学院佩尔·卡尔松（Per Carlson）教授指出："我们现在都相信宇宙是由于一次大爆炸诞生的，但是在一开始物质和反物质应该是等量的，没有对称性的破缺，我们应该处在一个由物质和反物质构成的世界；而我们现在的宇宙是由物质构成的，这是对称性的破缺。"所以，"我们认为CP破缺导致了物质世界。"[①]

后来，一些数学家通过数学证明，任何服从量子力学和相对论的理论必须服从CPT联合对称。换言之，如果同时用反粒子来置换粒子，取镜像和时间反演，则宇宙行为必须是一样的。这一点也很快被J. W. 克罗宁和瓦尔·费奇两人证伪。他们指出，如果仅仅用反粒子来置换粒子，并且采用镜像，但时间不反演，则宇宙行为必会改变。所以，物理学定律在时间方向颠倒的情况下必须改变，它们不服从T对称。

现在，人们进一步发现，能量生物质的宇宙创生是不对称的，大爆炸产生的物质和反物质也是不对称的。关于这一点，史蒂芬·霍金说得很明确："早期宇宙肯定是不服从T对称的：当时间往前走时，宇宙膨胀；如果它往后退，则宇宙收缩。而且，由于存在着不服从T对称的力，因此当宇宙膨胀时，相对于将电子变成反夸克，这些力更容易将反电子变成夸克。然后，当宇宙膨胀并冷却下来，反夸克就和夸克湮灭，但由于已有的夸克比反夸克多，少量过剩的夸克就留下来。正是它们构成我们今天看到的物质，由这些物质构成了我们自己。"[②]

著名科学家图灵（Alan M. Turing）认为，生物界也普遍存在着对称性破缺。1952年，他考察了一个胚囊的发育过程，发现一个哺乳动物的胚胎，本来是一个由许多细胞组成的球体，但这个球体会逐渐失去它的对称性，有些细胞会发展成头，有些细胞会发展成尾巴。图灵认为，这种不对称是生物进化所必需的，否则，生物都只能是一团一团的。可见对称性

[①] 于达维：《2008年诺贝尔物理学奖：钟情对称》，http://www.caijing.com.cn/2008-10-08/110018369.html。

[②] [英] 史蒂芬·霍金：《时间简史》，许明贤、吴忠超译，湖南科学技术出版社2010年版，第75页。

破缺是由于平衡的打破所导致的,因为在平衡态附近,生物的发展是对称的均匀的;而在远离平衡态时,均匀和对称将由于到处存在的涨落而被破坏。他比喻道:"一根棍子如果从它的引力中心稍上的一点吊着,棍子将是处于稳定平衡。但如果有一只老鼠沿着棍子向上爬,平衡便迟早会变为不稳定,棍子便会开始摆动。"[①] 不仅如此,图灵还认识到,引力也会改变对称性。图灵广而推之,认为在非平衡或远离非平衡时,不仅是生物,所有的生态都是非对称的。对称性破缺不仅是普遍的,而且是一切进化的重要根据。

目前,对称性破缺的概念已经被人们逐渐接受。2008年诺贝尔物理奖评审委员会在评审公报中这样写道:"自然的法则应该是对称的,但是我们的宇宙并不完美,实际上正是因为对称性的破缺,才有了我们的宇宙、星系、地球,还有我们。""我们都是对称性破缺的孩子。"2008年笔者也曾把对称性破缺概括为"自然界演化发展的一条基本原理"。

(三) 非平衡与差异的普遍性

非平衡必然导致差异。所谓差异,是指系统中各部分的状态、性质及其物理量所呈现的差别和不同。恩格斯讲过,"同一性自身中包含着差异,这一事实在每一个命题中都表现出来"[②]。前面我们已经指出,非平衡的含义是开放和流动。这样,我们从两者的关系来看,"非平衡必然导致差异"的意思是指,系统的开放和流动必然导致系统各部分之间的差别和不同,并作为系统持续演化的基本前提。这与传统的观点有很大不同。传统的观点主要是达尔文主义的,他们认为,差异必然会导致矛盾和斗争,只有矛盾和斗争才能推动系统的进化。

哈肯对此提出了不同的看法。他认为,长期以来,关于进化只有一种解释,即达尔文的解释:物竞天择,适者生存。这是一种竞争的世界观,但"使人感到不解的是,为什么世界上会有那么多不同的物种,难道它们都是最适者吗?"在哈肯看来,显然这是不可能的,他认为:"大自然

[①] [英]彼得·柯文尼、罗杰·海菲尔德:《时间之箭》,江涛等译,湖南科学技术出版社2007年版,第221页。

[②] 《马克思恩格斯选集》第4卷,人民出版社1995年版,第323页。

确实设下了无数妙计,击败了适者生存这个论点。"①

首先,"不同物种之间的竞争,当然只有在它们共同生活在一个地域中才会发生。显然,生活在被海洋隔开的各大洲上的陆地动物之间不可能存在竞争。例如,在澳大利亚演化出一个与其他国家完全不同的动物圈,比方说,有袋类动物,袋鼠仅是其中一例。"② 也就是说,竞争只在某一共同存在的区域内才会发生,斗争性并不是普遍的、绝对的,而是相对的、有条件的。竞争和生存斗争不能说明诸多进化现象。

其次,"即使各个物种所居很近,它们却常能创造出新的生活环境来。例如鸟类,它们因长着完全不同的喙而开发了不同的食物来源。于是这些鸟类通过建立'生态小环境'而不需在相互之间展开激烈的竞争。……生态小环境在一定程度上好比是一块野生动物保护地,某一特定的物种能够独立生活而不受外界干扰的保护区。我们关于食物来源的例子表明,生态小环境并不一定由隔离的地域所形成,虽然地域隔离可以更好地起生态小环境的作用。"③ 这说明,在共同区域的物种之间也不一定非发生竞争的生存斗争不可,它们可能通过自己各自的生态小环境而各自独处或共处。

再次,"在激烈的生存斗争中一个特别有趣的例子是共生现象,其中不同的物种相互帮助,而且甚至只有这样大家才可能生存。大自然给我们提供了大量的例子。蜜蜂依靠花蜜为生,同时也四处奔波传播花粉,为使植物更加茂盛而操劳;一些鸟飞到鳄鱼张开的口中,'清理'鳄鱼的牙齿;蚂蚁把蚜虫当'乳牛'。据认为,渡渡鸟依以为生的圣雄树(大颅榄树)注定要灭绝,因为它的种子只有经过渡渡鸟的消化加工才能发芽,而渡渡鸟却已死尽(根据近来的报道,生物学家已发现,火鸡(吐绥鸡)也能为这种可以生存达几百年的圣雄树的种子加工)。"④ 这说明,物种之间不仅可以共处,而且可以相互依存和相互协同。哈肯认为,通过专门化而避免竞争、促进依存和相互协作的现象不仅在生命界,就是在无机界也

---

① [德]赫尔曼·哈肯:《协同学——大自然构成的奥秘》,凌复华译,上海译文出版社 2001 年版,第 71 页。
② 同上。
③ 同上书,第 71—73 页。
④ 同上书,第 73 页。

是存在的。他谈道:"通过专门化的共存绝不只限于生命界。例如,在激光器中也有这种情况,只要不同的光波从不同的原子取得能量,它们可以同时出现而不相互竞争。"①

最后,物种之间不仅可以通过专门化而避免竞争,还可以通过一般化而避免竞争。哈肯指出:"有趣的是,大自然不仅为我们提供了通过专门化而生存的例子,而且也提供了通过一般化作用而生存的例子,例如某些动物所吃的食物很广泛,野猪就是一例。"② 也就是说,当某种食物紧张时,动物可能会选择其他替代性食物以避免竞争。

在充分研究的基础上,哈肯提出:"我们绝不能看到这些细枝末节而忽视全貌。通常绝不是只有两三种动物相互竞争或共生。事实上,大自然过程是牙磕牙似地紧密联系着的。大自然是一个高度复杂的协同系统。"③

从上面的例子中我们可以看出,没有差异的普遍性,也就没有现在的世界和现存的一切。没有差异,一切现实存在的东西都无从谈起。就是极其微小的差异也可能被放大,从而导致一个简单系统爆发出惊人的复杂性,如蝴蝶效应。黑格尔讲过,"同一过渡为差异,差异又过渡为对立。……同一、差异和对立之过渡为矛盾,正像它们之过渡为它们的真理一样"④。这里的同一,应该是宇宙大爆炸前的起始点即奇点;就是奇点的状态、奇点的零时空,也是量子引力时代的虚时空。"宇宙在开端时,即在奇点,宇宙内部是绝对对称的。宇宙越进化,也就越不对称,即非对称差异也越多。宇宙膨胀后,非对称差异、不确定性及自由度近乎无限大,因此我们的世界是差异统一的世界,而不是矛盾对立统一的世界。离开差异统一的世界,宇宙是不存在的。"⑤

如上所述,参与相互作用关系的物种和类型是多样化的。就相互之间的关系和作用来看,也不只是竞争和协作相互对立的两种,而是表现为多种差异:有竞争,也有协作,还有专门化独处、一般化独处、共处、相互

---

① [德]赫尔曼·哈肯:《协同学——大自然构成的奥秘》,凌复华译,上海译文出版社2001年版,第73页。
② 同上。
③ 同上。
④ [德]黑格尔:《逻辑学》下册,杨一之译,商务印书馆1976年版,第64—65页。
⑤ 乌杰:《系统哲学》(修订版),人民出版社2013年版,第121页。

依存，等等。既然它们表现为多种差异，相互对立就仅占其中一小部分；而且整个系统的性质也不是由相互对立的两方决定的，而是由数量、类型及诸多差异之间相互关系的非线性整合而体现出来的，具有很强的随机性。在这种情况下，一分为二或合二而一的方法作为一种特例对复杂系统也就不再有效。所以，乌杰教授在他的《系统哲学》一书中提出了"差异协同律"，并在差异协同律中引入差异原理、协同原理和自组织原理来阐述物质世界运动发展的规律，深化和发展了对立统一规律。

（四）非平衡与自组织演化

科学上首先提出"自组织"这一概念的是18世纪德国著名哲学家和天文学家康德。他为了解读自然的内在目的，认为某种外在意图并不能提供我们对这个自然目的的理解，只有自然的组成部分的相互作用才能提供我们对自然目的的理解。"只有在这个条件下和这样的期间里这样的一种产物才是有组织的，并且是自组织的（Self-organized），因而被称作自然的目的。"他还举例说，钟表是有组织的却不是自组织系统，因为它不能自我创生、自我繁殖和自我修复，而是要依赖于外在的钟表工。[①]

到了20世纪60年代，自组织问题已经不是18世纪近代科学中的目的整体论与机械还原论的竞争与协调问题，而是在系统科学发展的第二个阶段，试图解决复杂系统演化过程中出现的一系列深层次的问题。那么，什么是自组织呢？协同学的创始人哈肯认为："如果系统在获得空间的、时间的或功能的结构过程中，没有外界的特定干预，我们便说系统是自组织的。这里的'特定'一词是指，那种结构和功能并非外界强加给系统的，而且外界是以非特定的方式作用于系统的。例如，产生六角形结构的流体是以一种完全均匀的方式从下面加热的，它便是通过自组织才获得其特定的结构的。"[②] 我国学者颜泽贤等人在归纳多种不同定义的基础上认为，"所谓自组织，就是通过低层次客体的局域的相互作用而形成的高层次的结构、功能有序模式的不由外部特定干预和内部控制者指令的自发过

---

① ［德］I. Kant. *The Critique of Judgment*. London: Clarendon Press, 1980. p. 65.
② ［德］H. 哈肯：《信息与自组织：复杂系统的宏观方法》，郭治安译，四川教育出版社2010年版，第18—19页。

程，由此而形成的有序的较复杂的系统称为自组织系统。"①

所以我们说，自组织是不需要外部指令，而在一定条件下自行产生特定有序结构的过程；是系统在内部要素和外部环境相互作用中，具有趋向某种预先确定状态的特性；是事物自我运动的可能性造成的某种状态。这就是说，自组织是一种状态、一种特性（能力或机制）、一种过程，它从三个方面表现出来：一是自我推动；二是自我拉动；三是自我趋同，即以他事物为参考和发展方向，导致转化和趋同，尽量缩小事物间的差异性。这样一来，一个系统的状态不仅可以用其现实状态来表示，而且还可以用现实状态与下一个稳定状态的差距来表示。于是，一个系统的运动发展就可以"瞄准"下一个稳定的状态，并尽力去缩小这种差距，以实现这个状态。换句话说，系统不但可以看作由它的惯性状态和现实状态所决定，而且还可以看作由它所要达到的未来状态所决定。②

贝塔朗菲也认为，系统的发展方向主要取决于将来（涨落），因而他将"目的性"称之为果决性，即因果关系的反向。不过他认为，"过程走向最终状态的针对性，与因果关系的过程并没有什么不同，它只是因果关系的另一种表达方式。将来所要达到的最终状态并不是神秘地吸引着系统的'vis a fronte'（拉力），而只是因果'vires a tergo'（推力）的另一种表示。"③

由此可见，非平衡和对称性破缺是自组织的前提条件，而组织性、有序性的增加、序的分布式的自发产生，就成为自组织的三个要点，但关键的问题是一个系统从混沌到有序以及序的增长何以可能的问题。当然，这种自组织的实现，在很大程度上依赖于系统的反馈机制。因为系统在到达预定目的的过程中，不可避免地要受到扰动，从而偏离预定的路线。因此，只能依靠反馈机制，不断地调整系统的发展方向，才能使其实现最终目的。

过去，人们曾对自组织原理的普遍性有所怀疑，因为在传统的物理和

---

① 颜泽贤、范冬萍、张华夏：《系统科学导论——复杂性探索》，人民出版社 2006 年版，第 333 页。
② 赵凯荣：《复杂性哲学》，中国社会科学出版社 2001 年版，第 71 页。
③ 转引自魏宏森、王伟《广义系统论的基本原理》，《系统辩证学学报》1993 年第 1 期，第 56 页。

化学系统中存在的似乎都是从非平衡到平衡、从有序到无序的运动；但是在生物和社会系统中自组织现象却是十分明显的。这也就是说，自组织似乎只是生物界才具有的性质。现在看来，这一问题已基本解决。根据耗散结构理论，自组织只有在系统远离平衡态的情况下，通过能量的耗散和内部非线性动力学机制的作用才能表现出来。根据协同学原理，在大量子系统存在的事物内部，在平权输入必要的物质、能量和信息的基础上，由于要素之间竞争和协同的矛盾运动，系统中出现的涨落会得以放大，使要素在更大范围内产生协同运动，从而增强了系统的自组织能力。

另外，自组织的复杂性也是一种有效复杂性，它一般满足如下的数学表达式：

$$\vec{Q} = N(a, \vec{q}, \Delta, \vec{x}, t)$$

这里，$\vec{Q}$ 为自组织的结果，N 表示如下变量之间的非线性关系，$\vec{x}$ 为空间坐标，t 为时间参量，a 为环境对系统的扰动参量，$\vec{q}$ 为状态变量，Δ 为拉普拉斯算子 $\Delta = \nabla^2 = \nabla \cdot \nabla = \frac{\partial^2}{\partial x^2} + \frac{\partial^2}{\partial y^2} + \frac{\partial^2}{\partial z^2}$。

由此可见，系统的自组织同系统的开放性原理是紧密相关的。由于系统的开放性，通过系统自身的功能和结构同外部环境进行物质、能量和信息的交换，使得每个系统都受到他系统的影响，同时也影响着他系统。于是，每个系统对于输入都作出反应，同时又将这种反应作为一个输出提供给他系统，而他系统又将此输出作为新的输入接受下来并作出新的反应。正如系统哲学家拉兹洛（E. Laszlo）指出的那样，"在这些系统之间存在着相互依赖关系——恰如一面网上的那些网线纽结，当一个纽结被移动了，所有其他纽结都要受牵连而发生一定的位移，位移的大小相应于它们同最初被移动的那个纽结的相对位置。"[①] 正是由于这样一种连续不断的运动，就使得系统出现一种协调性，从而使系统趋向于某种确定的状态（目的）。这个确定状态是由系统的功能、结构和涨落所预先确定的。普里戈金通过研究，提出了一个"结构—功能—涨落"图（如图5—13所示），并指出：

---

① ［美］E. 拉兹洛：《用系统论的观点看世界》，闵家胤译，中国社会科学出版社 1985 年版，第 43 页。

第五章 从平衡到非平衡

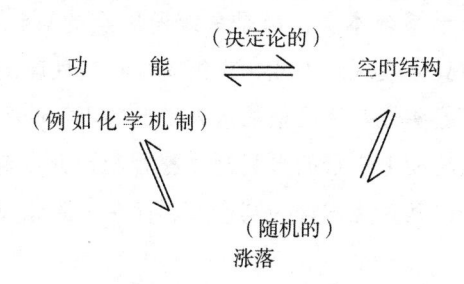

```
              （决定论的）
    功    能  ⇌  空时结构
（例如化学机制）  ⇅
              （随机的）
              涨落
```

图 5—13　普里戈金的结构—功能—涨落图

"耗散结构总有三个互相联系的方面：由化学方程表现出来的功能，由不稳定性引起的时空结构，以及触发不稳定性的涨落。这三个方面的相互影响，导致一些简直难以想象的现象，其中包括通过涨落的有序，下面我就要对此作一分析。"[①]

按照这个图式，随机涨落会导致系统内部机制（功能）的改变。如果这种改变不是发生在临界点附近，那么系统的结构会平息涨落，系统依然是稳定的；如果涨落被放大到临界点附近，系统的结构无法适应或调整这些机制，稳定性将受到破坏，出现失稳状况，原有的时空结构也将发生变化。在变化了的时空结构中，又会出现新的涨落，如此循环下去。这种不断推进表现为系统之上再叠加系统，组成一个连续不断的等级结构。因此，在系统的演化过程中产生多层次结构的物质系统的概率，要比产生无层次结构的物质系统的概率大得多。于是，自然选择决定了现实世界，即自然界有一个层级结构的演化序列；自然淘汰决定了现实世界是朝着增加等级层次结构的方向演化发展的，并涌现出了许多单个组元所不具有的性质，从而形成了一个结构有序的、越来越复杂的自然界。这使我们领悟到大自然千差万别的结构背后隐藏着一个共同的规律。

总之，如果我们把现实世界看成是一个开放的世界，那么物质世界中的任何系统就都处在一定的自组织的演化过程中，无论是系统的结构，还

[①] [比]伊·普里戈金：《时间、结构和涨落——1977年诺贝尔化学奖讲演词》，郝柏林、于渌译，普里戈金：《从存在到演化》，沈小峰等译，北京大学出版社2007年版，第199页。

是系统的功能，以至系统本身，都是系统所固有的自组织性在一定条件下，一定阶段上的具体表现。因此，自组织是自然秩序的形成模式，是一切系统所具有的普遍属性。用艾根的话来说："超循环是一个自然的自组织原理，它使一组功能上耦合的自复制体整合起来并一起进化。"[1] 所以，任何一个系统都是以其自组织性为其产生、存在、演化和发展的条件和背景。

---

[1] ［德］M. 艾根、P. 舒斯特尔:《超循环论》，曾国屏、沈小峰译，上海译文出版社1990年版，第3页。

第六章 从线性到非线性

随着人类认识世界和改造世界的不断深入，科学研究的领域在不断拓展，科学研究的方法也在不断完善，掌握这一过程对我们从事未来的科学研究是十分必要的。前面我们在第五章"从平衡到非平衡"中，论述了平衡与非平衡的联系和区别；重点介绍了以普里戈金和哈肯为代表的现代系统科学对非平衡演化问题的巨大贡献；强调指出平衡是系统发展相对稳定的阶段，非平衡是系统演化的原因；进而总结出在研究系统演化时，如何运用平衡与非平衡的方法来分析和解决问题。

本章我们顺着这一思路进一步研究还会发现，非平衡和复杂性都与非线性有关。非线性现象是自然界的基本现象之一，自20世纪60年代以来，非线性问题的研究已成为自然科学和社会科学的前沿课题，形成了一个庞大的学科群——耗散结构理论、协同学、突变论、超循环理论、混沌学等这些以研究非线性为特征的非线性科学。它们的兴起及蓬勃发展，不仅使人类对世界的本质有了更清楚的认识，而且也极大地改变了世界的科学图景及当代科学的思维模式。

一　线性与非线性的由来及特征

复杂性一般是由系统定义的，但不同的复杂性又是由系统的线性和非线性关系定义的。相对而言，线性系统要比非线性系统简单；反之，非线性系统要比线性系统复杂。线性和非线性的关系不是平列的，线性关系只是非线性的特例，而非线性是世界的本质特征。

线性和非线性最初只是在数学中被发现的。为了认识一个对象的性质，人们总是把该对象置于一定的已知关系中，即将其和其他已知的性质联系起来，这便是建立方程或函数关系。这是人类认识未知世界最基本的方法。下面我们就来讨论线性与非线性的由来及其特征。

（一）线性及其特征

线性（linear）这个词来自数学，来自于数学方程。数学方程通常是从只包含一个未知数的一次方程开始的，然后，随着对象的复杂程度，向两个方向发展：一方面，所含未知数的个数越来越多；另一方面，方程虽然只含一个未知数，但却具有二次或高次的性质。这两个方向的进一步发展，便形成了代数学的两个最基本的分支。一个是任意的一次方程组或线性方程组；另一个是所谓的多项式代数，即研究只含一个未知数但是有任意次方的方程。

一般线性方程组的形式是：

$$\begin{cases} a_{11}x_1 + a_{12}x_2 + \cdots + a_{1n}x_n = b_1 \\ a_{21}x_1 + a_{22}x_2 + \cdots + a_{2n}x_n = b_2 \\ \cdots\cdots \\ a_{m1}x_1 + a_{m2}x_2 + \cdots + a_{mn}x_n = b_m \end{cases} \quad (6-1)$$

这是一个含有 n 个未知数，由 m 个线性方程组成的线性方程组。其中未知数的 mn 个系数组成 $m \times n$ 矩阵

$$A = \begin{pmatrix} a_{11} & a_{12} & \cdots & a_{1n} \\ a_{21} & a_{22} & \cdots & a_{2n} \\ \vdots & \vdots & \ddots & \vdots \\ a_{m1} & a_{m2} & \cdots & a_{mn} \end{pmatrix} \quad 简记为 A = (a_{ij})_{m \times n}$$

称为方程组（6—1）的系数矩阵。方程组右端的 m 个已知量组成 $m \times 1$ 矩阵

$$B = \begin{pmatrix} b_1 \\ b_2 \\ \vdots \\ b_m \end{pmatrix} \quad 称为方程组（6—1）的常数矩阵。$$

把 A 与 B 合在一起，得到一个 $m \times (n+1)$ 矩阵

$$\bar{A} = \begin{pmatrix} a_{11} & a_{12} & \cdots & a_{1n} & b_1 \\ a_{21} & a_{22} & \cdots & a_{2n} & b_2 \\ \vdots & \vdots & \ddots & \vdots & \vdots \\ a_{m1} & a_{m2} & \cdots & a_{mn} & b_m \end{pmatrix}$$

称为方程组（6—1）的增广矩阵。

为了方便，线性方程组一般都以齐次线性方程组（即常数项为零）的形式出现，即

$$\begin{cases} a_{11}x_1 + a_{12}x_2 + \cdots + a_{1n}x_n = 0 \\ a_{21}x_1 + a_{22}x_2 + \cdots + a_{2n}x_n = 0 \\ \cdots\cdots \\ a_{m1}x_1 + a_{m2}x_2 + \cdots + a_{mn}x_n = 0 \end{cases} \quad (6—2)$$

线性方程组的理论研究所解决的是求解一般线性方程组的完整方法：确定方程组之间的线性相关，同解方程的求解方法（如克莱姆法则、高斯消去法）及解的结构。同时形成了行列式（是一种实在的数学运算）、矩阵（是一种数的排列方式）及向量空间等理论。

由此我们可以得到线性方程组的基本定理。

定理（1） 设 A 与 $\bar{A}$ 分别是线性方程组（6—1）的系数矩阵与增广矩阵。若秩 $r(A) < r(\bar{A})$，则方程组（6—1）无解；若 $r(A) = r(\bar{A})$ 时，则方程组（6—1）有解。当 $r(A) = r(\bar{A}) = n$ 时，方程组（6—1）有唯一解；当 $r(A) = r(\bar{A}) < n$ 时，方程组（6—1）有无穷多个解。

若 $B = 0$，即对于齐次线性方程组，此时系数矩阵 A 与增广矩阵 $\bar{A}$ 只相差最后的零列，在用初等行变换求秩的过程中，零列始终不变，因此秩 $r(A) = r(\bar{A})$，$AX = 0$ 必然有解。事实上，它有零解 $x_1 = 0, x_2 = 0, \cdots, x_n = 0$。于是我们又有

定理（2） 齐次线性方程组 $AX = 0$ 一定有零解。当 $r(A) = n$ 时，解是唯一的；$r(A) < n$ 时，有无穷多个非零解。

上述判别法和方程组的求解，可以通过对增广矩阵 $\bar{A}$ 的行施行初等变换而同时得到解决。另外，在这里线性组合或线性相关是指：

概念（1） 如果 $\alpha_1, \alpha_2, \cdots, \alpha_s$ 表示一组 n 维向量，并且存在一组不全为零的数 $k_1, k_2, \cdots, k_s$，使得向量 $\beta = k_1\alpha_1 + k_2\alpha_2 + \cdots + k_s\alpha_s$，就称 β 为向量组 $\alpha_1, \alpha_2, \cdots, \alpha_s$ 的一个线性组合，也可以说向量 β 可由向量组 $\alpha_1, \alpha_2, \cdots, \alpha_s$ 线性表示。

区分出线性组合是为了简化方程组的个数，便于实际处理问题。

概念（2） 考虑一组 n 维向量 $\alpha_1, \alpha_2, \cdots, \alpha_s$，若存在一组不全为零的数 $k_1, k_2, \cdots, k_s$，使 $\beta = k_1\alpha_1 + k_2\alpha_2 + \cdots + k_s\alpha_s = 0$ 或简写成 $\sum k_i \alpha_i = 0$，则称这组向量为线性相关向量。如果上述方程只有在所有向量均为零时才成立，则称这组向量为线性无关或为独立向量。

由此可见，线性关系是相对简单的。为了方便，我们只考虑含有两个未知数的方程组的情况：

$$\begin{cases} y(x_1) = ax_1 \\ y(x_2) = ax_2 \end{cases}$$

则
$$\begin{aligned} y(x_1 + x_2) &= a(x_1 + x_2) \\ &= ax_1 + ax_2 \\ &= y(x_1) + y(x_2) \end{aligned}$$

从这一方程组我们不难看出，线性方程组的线性主要有以下几方面的特征：

（1）各未知项成比例，不管是正比还是反比，均按一定的比例均匀变化。

（2）具有加和性，即整体等于部分之和；变化结果相对稳定，不会产生新质。

（3）各方程相互独立，不管未知项有多少个均具有一次性，以体现线性相关。

（4）方程组有解时，解具有确定性。

（5）未知项是稳定变量，随条件不同而变化，变化结果具有必然性。

（6）系统显现为松散的"堆"，而不是有机整体，因而可逆，可还原。

通过对线性方程组的分析，我们可以发现它的解有如下特点：

（1）解的情况取决于方程组和方程组中未知数的个数。方程组的个数大于方程组中未知数的个数时，情况相对简单，可以进行简化处理。实际上，线性组合和线性相关正是为了简化方程，使之相互独立。方程组的个数小于方程组中未知数的个数时，情况则相对麻烦。在这种情况下，方程组是不完备的，必须引入附加假设。

（2）解是普遍的、相容的，必须适合方程组所涉及的一切情况。如果解在不同的情况下表现出矛盾，则这个解是不相容的；如果解适合方程组所涉及的情况，也很难说解是相容的。这里的困难有点像数学公理的困难。在数学公理中，能否保证公理为真的最大困难就是如何处理无定义术语。无定义术语是指一些没有意义的符号。比如，我们在欧氏几何中可以这样说：给定任意两个点，有且仅有一条直线包含它们。但却很难这样说：给定任意两个 X，有且仅有一个 Y 包含它们。也就是说，如果方程是有解的，那就意味着那些未知因素是稳定的，在各种不同条件下都是不变的。即所求的各个未知因素的解都适应各种不同的环境条件。

因此，线性方程组是认识和处理线性系统或那些微量因素可以忽略的非线性系统的主要理论和方法。在这里，我们要特别强调的是，线性代数这一领域最能反映"中国文明对科学、科学思想和技术的贡献"，但是长期以来一直"为云翳所遮蔽，而没有被人们所认识"[①]。直到1959年英国科学史家李约瑟（Joseph T. M. Needham）出版了《中国科学技术史》（第3卷）后，世界才公认，最早发明代数学的是中国。除阿拉伯某些成就外，16世纪以前的中国在代数学领域中一直独占魁首，遥遥领先于其他国家。早在秦汉时期出现的数学名著《九章算术》中已列举了许多有关线性方程的计算。例如："今有上禾三秉，中禾二秉，下禾一秉，实三十九斗；上禾二秉，中禾三秉，下禾一秉，实三十四斗；上禾一秉，中禾二秉，下禾三秉，实二十六斗。问上、中、下禾实一秉各几何？"这实际上是求解一个三元一次方程组的问题。

设上、中、下禾实一秉的斗数依次为 x,y,z，则得方程组为

$$\begin{cases} 3x + 2y + z = 39 \\ 2x + 3y + z = 34 \\ x + 2y + 3z = 26 \end{cases}$$

[①] ［英］李约瑟：《中国科学技术史》第一卷，袁翰青等译，科学出版社、上海古籍出版社1990年版，序言。

然后用算筹不断移动变换的方法解出方程组，得 $x = \frac{37}{4}, y = \frac{17}{4}, z = \frac{11}{4}$。

后来，刘徽（公元263年前后）在《九章算术注》中指出："程，课程也。群物总杂，各列有数，总言其实。令每行为率，二物者再程，三物者三程，皆如物数程之，并列为行，故谓之方程。"其中"令每行为率"，就是列出几个等式，"如物数程之"，指有几个未知数就列几个等式。联立一次方程组各项的系数用算筹（小竹棍或小木棍）排列成方阵，因此称之为"方程"。我国古代说的"方程"即现今的方程组，后来逐渐演变为一切等式的通称。关于线性方程组的解法，刘徽在《九章算术》的基础上提出了许多独创性的见解——例如他在"直除"法的基础上，发展创造了一些新的方法：

（1）"互乘对减"法，即以同一未知数的系数互乘两个方程，然后两式相减便可消去该未知数，从而求得方程组的解。

（2）"方程新术"是用加减法先消去方程的常数项，再用加减法求出每两个未知数之比，将这些比（相当于当今的参数）代入原方程即可求出方程组的解。

（3）"其一术"是仿照上法，求得各未知数的连比，利用配分比例求出方程组的解。

刘徽不仅在方程组的解法上发展创造了新法，而且在理论上还提出了"移项变号"法则："互其算，令相拆除"。他还明确指出："行之左右无所同存，且为有所据而言耳。"就是说在方程组里既不能有相容方程，也不能有矛盾方程。总之，《九章算术》已经系统地提出了线性方程组的解法，要比德国数学家莱布尼兹的研究早1400多年。

因此，西方的"代数学"（Algebra）一词，原意应译为"东来法"，源自阿拉伯数学家穆罕默德·伊本·穆萨·阿尔—花拉子密（Muḥammad ibn Mūsā al-Khwārizmī）在公元820年从印度回国后所著的代数学著作《Al-gebr ω' al muquabala》，"al-gebr"表示把负项移到方程的另一边且变号，"al muquabala"表示合并方程两边的同类项，简化方程。这些词和现代英文名称、声韵及含义均相仿。至于"东来"的含义，清代数学家梅玕成以及中国数学史研究的奠基者钱宝琮先生都认为，当然指印度和中国。特别是李约瑟认为："代数学实际上仍然是出自印度和中国……有更多的证据表明它在更早的时候从中国传入印度和欧洲。"①

（二）非线性及其特征

非线性（nonlinear）的概念也是来自数学方程。但这时与16世纪以前中国数学领域中的辉煌成就相比，16世纪之后的中国近代数学就落后了许多。这里有一个很重要的原因是没有将符号引入数学。我国古代都是用文字来叙述数学的，这极大地妨碍了数学的研究和发展。特别是代数学更是一门用符号来表示未知数，并用符号和法则进行各种运算、推演和变换的学科。因此与线性方程组相比，多项式代数方程的求解要困难得多；但是在西方人眼里，最初看起来仿佛一切都可以通过公式来解决。在古希腊人、阿拉伯人、巴比伦人发现了一元二次方程的求解公式和某些一元三次方程的解的公式后，代数学发展的方向便主要集中在寻找高次方程的解的相应公式上。1541年，意大利数学家塔尔塔利亚（N. Tartaglia）得到了一元三次方程的一般解法；1545年卡尔达诺（G. Cardano）在其名著《大术》中发展了塔尔塔利亚的这一成果，并记载了费拉里（L. Ferrari）得到的一元四次方程的一般解法；1736年，牛顿在《流数法》一书中给出了著名的高次代数方程的一种数值解——牛顿迭代法。这以后，人们又开始寻找五次和更高次方程的求解公式，即从方程的系数出发试图通过一些多层根式来求出方程的解。但是，直到19世纪初的300年间，这一目的仍然没有达到。后来在1824年，挪威数学家阿贝尔在年仅23岁时第一次作出了"五次方程代数解法不可能存在"的数学证明。他指出，尽管高斯在1797年证明了实系数或复系数方程一定有解，但这种解是无法用系数的有限次有理运算或开方运算得出的。②更让人惊奇的是在1828年，一位更年轻的法国数学家伽罗华（E. Galois）在他17岁还上中学的时候，就写出了关于五次方程的代数解法的论文。他还发现了每个代数方程必有反映其特性的置换群存在，利用群的性质彻底解决了多年来未能解决的高次代数方程用根式求解的可能性的判断问题，创立了"伽罗华理论"，并为群论的建立、发展和应用奠定了基础。现在，群论已经成为研究数学、物

---

① 转引自陈吉象、戴瑛《大学文科数学》，天津大学出版社1999年版，第43页。
② 阿贝尔的论文《高于四次的一般方程的代数求解之不可能性的证明》发表于1826年。

理学的重要工具。相比之下，要想求解那些既具有多元线性方程组的性质并且未知项又具有高次性质的非线性方程组就更为困难了。

我们把含有 n 个变量 n 个方程（$n > 1$）的方程组表示为

$$f_i(x_1, x_2, \cdots, x_n) = 0 \quad (i = 1, 2, \cdots, n),$$

其中 f_i 是定义在 n 维欧氏空间 R^n 的开域 D 上的实函数，若 f_i 中至少有一个非线性函数，则称之为非线性方程组。

非线性方程组主要是处理多个未知数，并且不是线性而是任意次的方程组的问题。这实际上是线性方程组和代数多项式两个方向的合并。即使从最简单的平方关系来看，非线性方程组也是复杂的。例如：

$$\begin{cases} y(x_1) = ax_1^2 \\ y(x_2) = ax_2^2 \end{cases}$$

$$\begin{aligned} y(x_1 + x_2) &= a(x_1 + x_2)^2 \\ &= ax_1^2 + ax_2^2 + 2ax_1x_2 \\ &= y(x_1) + y(x_2) + 2ax_1x_2 \end{aligned}$$

从这一方程组我们可以看出，非线性方程组的非线性主要有以下几方面的特征：

（1）各项变化不均匀，不成比例；一个变量的微小变化，可能对系统的其他变量产生不成比例的甚至是灾难性的变化。

（2）不具有加和性，即整体不等于部分之和，系统突现了一种各个要素独立存在时不曾有的新质。

（3）变量之间出现了非独立的相干性。交叉项的出现表明了系统各部分之间既相互独立，又相互渗透；既相互制约，又相互协同，融合为整体效应，使自身失去了独立性。

（4）没有唯一确定的封闭解，并且解不稳定，随时间、地点、条件不同而变化，使系统的演化具有多元化的可能性。

（5）将随机性和偶然性突现出来。

（6）在考虑向量的情况下，非线性方程表达了明显的不对称、不可逆和不可还原性，交叉项 XY 和 YX 可能完全不同。相互作用的对象之间存在着支配和从属、策动与响应、控制与反馈、催化与被催化等不对称关系。

由上可知，线性只是非线性的特例。数学上已经证明，仅仅是具有三个未知数的高次方程，其解已经具有不确定性，对它的求解代数方法已无能为力。因此，仅指出变量的定义域已不足以确定唯一的一组解，甚至还不足以确定有限多组解。如果一个方程包含多个未知数，那么要使其解集为有限集，就必须对变量进行更多的限制。如添加方程的个数，将变量的取值范围缩小为某一个子集等，最后施行代数运算将其他未知数消去，使方程归于一个多项式方程。

于是，从19世纪40年代至20世纪20年代，形成了消去法理论。这是一套用显式算法程序来解代数方程组的理论，也是一种通用的近似方法。不过，对大多数多元高次的非线性方程组而言，对其使用代数消去法显得十分烦琐，而且经常面临解不出来的情况。于是，经过半个多世纪的数学公理化运动后，消去法理论也从现代数学中"消失了"，取而代之的是代数几何学的方法。几何解的好处是直观和动态，其解表现为不同吸引子（空间轨迹）。比如，从几何学的观点看，代数方程 $f(x,y) = 0$ 可以看作是平面上满足 $f(a,b) = 0$ 的点 (a,b) 所组成的平面代数曲线。$x^2 + y^2 - 1 = 0$（圆）只是其中的一个特例。这样一来，就可以把有限个变量的代数方程的公共零点（即解）的全体，想象为在高维空间中的一个几何构形，或"代数簇"。从此，非线性方程解的性质发生了根本改变，它不再是定态的，而是动态的；它不是唯一的、确定的而是多样的、不稳定的；它可能是数也可能具有其他形态或结构。

实际上，法国数学家费尔马（P. de Fermat）和笛卡尔早就用解析几何的方法处理复杂的代数问题。费尔马和笛卡尔的解析几何不但可以求解三次方程，还可以求解更高次方程，甚至可以求解"超方程"（非代数方程），并提供了几何图解。所以，笛卡尔在其《思维的法则》一书中提出一个大胆的设想：一切问题可以化为数学问题，一切数学问题可以化为代数问题，一切代数问题可以化为方程求解问题。[①] 按照笛卡尔的思想，我们似乎还应再加上一句：一切代数问题可以化为几何问题。分形理论的创始人芒德勃罗（B. B. Mandelbrot）就具有这方面的特殊才能，他的代数与

---

① 杨路、张景中、侯晓荣：《非线性代数方程组与定理机器证明》，上海科技教育出版社1996年版，第10页。

分析的基础并不好，但几何直觉不错，考试时他总是设法将代数与分析问题化为几何问题，巧妙地将它们解决，并自称此为合法的"作弊"（cheating）。

当然，从数学上发现非线性现象到事实上被人们承认和能够处理非线性问题还是经过了一段时间的。最初的情况是，人们只承认非线性是数学领域中的一种怪现象，甚至有人认为是数学推演的错误或观测的误差，总之视它为"一种病态"。后来，在自然界中确实发现了某些非线性现象，人们才不得不承认它的存在，但仍然将它看成是一种"特殊"和"反常"的现象。由于在许多宏观物理现象中，非线性影响都不很明显，因此在实际计算和具体处理中，非线性因素事实上都被忽略掉了。比如，要确定高尔夫球的飞行距离，就不需要考虑高尔夫球杆与高尔夫球的摩擦力，可将其视为一个线性系统；但是，如果要考察高尔夫球的进洞问题，高尔夫球与高尔夫球杆的摩擦力就变得十分重要，必须将其视为一个非线性系统。由于对初始条件的敏感依赖性，任何摩擦力的微小变化都将对高尔夫球的进洞产生明显的影响。这时，摩擦力不仅不能被忽略，甚至可能具有决定性的意义。

因此，对非线性问题的认识和处理可以有两个方向：一个方向就是用近似的方法，即想方设法消去某些干涉项。这对某些精粒化要求可能行不通，但对一些粗粒化的问题还是能够满足的。另一个方向就是用代数几何学的方法对非线性方程组求解，以期给出描述解、动态解、域值解。这样做看起来是不错的，但其中还有许多有待说明的隐含量，其解的可行性也可能会有这样或那样的问题。比如，在下面的情况下，非线性方程的处理就可能很困难：

（1）存在很多文字系数的非线性方程。

（2）存在大量的变量不是指数性规则变化而是指数性非规则变化的情况。

（3）存在大量变化着的未知数之间、系数之间、未知数与系数之间、未知数或系数同系统整体之间的线性或非线性相互关系。这些关系将导致突变，产生新质，不能被原有方程或函数所包含。

武汉大学赵凯荣教授在分析了上述情况后指出，系统的非线性对描述复杂系统的数量变化引发的质变，特别是突变有重要的方法论意义。从非线性关系看，一个系统的演化可以用一组微分方程（常微分方程或偏微分方程）来刻画，系统的某一状态对应于方程的某一特定解。如果状态不稳定，那么方程的特解也不稳定，而不稳定的特解不可能描述一个在宏观上可以观察到的新质态或新结构。因此，对应于新质态、新结构的特解必须是稳定的。这就要求，能正确描述系统演化的方程既要有不稳定的特解，也要有稳定的特解。这只能在非线性微分方程中才能实现。也就是说，能够使系统旧质态失稳而又能产生新的稳定的新质态的系统的演化过程必然要包括非线性特征。这对于克服重大灾变及一切单项突破、失灵特性、饱和特性等具有重要的理论意义。[①]

在非线性复杂系统中，系统与组成要素或子系统之间的许多关系甚至是一些看似微不足道的因素，都不能简单地将其忽略不计。因为在远离平衡态时它们都可能具有对"初始条件的敏感依赖性"，并被放大出来。这对于复杂的经济行为来说就至关重要，绝不能以为只要抓住了宏观调控就能保持系统健康稳定的发展，而将微观系统行为完全交由市场来决定。比如，当通货膨胀、市场垄断、资源配置不合理、盲目发展、浪费严重等现象被放大时，宏观系统就容易恶化。特别是当政府调控发生严重失误而市场又失灵时，微观经济因素的作用就更有可能被放大出来。这方面的问题，我们在第三章中已有较多的论述，特别提到了2008年9月由美国次贷危机而引发的金融风暴席卷全球，又一次让人们感受到了次贷危机的"蝴蝶效应"。除此之外，它也表明系统与组成要素或子系统之间的大多数变动和变量关系不是按比例变化的，而是一种不规则、不均匀、不成比例的关系。因此，系统与组成要素或子系统之间的非线性关系决定了系统的结构优化和最佳配置没有一个固定的模式，而是随着时间、空间和环境的变化而变化的。不仅如此，它也说明系统在其发展过程中必然导致"对称性破缺"，即产出大于投入或小于投入，而产出等于投入的情况却十分少见。在"对称性破缺"的情况下，决定论的模型已经不能适应。在这种情况下，系统发展中的不可逆现象也突现出来，混沌经济学应运而生。

实际上，世界上的事物包括我们人类大多数都处于非平衡、非对称和

---

① 赵凯荣：《复杂性哲学》，中国社会科学出版社2001年版，第11页。

非线性的复杂状态中,而平衡、对称、线性作为一种"简单"的表现形式是描述系统或对象最方便、最简洁的手段。身处如此一个"非"正常的大背景之中,加上历史悠久的对于"平衡"、"线性"、"可逆"的依赖,使人们过分强调"对称性"在科学认识中的地位。但是,近现代科学的发展告诉我们,以对称为背景的对称性破缺也是自然界的普遍现象,几乎所有的守恒律都存在破缺的情形。作为描述自然或宇宙现象(规律)的科学,是否能离开这一自然规律而使对称性保持永恒呢?大量对称破缺的现象告诉我们:答案是否定的。科学中的否定性定理,如海森堡不确定性原理、阿罗(K. J. Arrow)不可能性定理、哥德尔(K. Gödel)不完备性定理都部分地揭示了自然和社会中的"对称破缺"现象。① 无疑,对称破缺也是数学问题产生的根源之一,是数学发展的内在动力。例如,数和形两个概念、代数和几何两种学科、东西方数学波浪式的发展进程,在某种意义上都表明了对称"破缺"与"重建"的螺旋式渐进方式:"破缺"为数学发展提供动力机制;"对称"为数学发展提供目标方向,进而形成一个"螺旋式"发展的演化过程。"破缺"成为数学发展的一个台阶,跨越这个台阶,数学就达到一个新的高度。

> "从广义的角度看,对称、平衡是暂时的,非对称、不平衡是绝对的。对称与破缺是系统发展的两个要素,'对称'检验系统发展的阶段目标及外在表现,'破缺'验证系统发展的可能和能力。因此,对称破缺是对称原理的必然补充,没有破缺就没有发展,没有对称某种意义上就看不到发展。追求'对称'是数学追求完美的一个重要动力,而探索'破缺'是追求新的完美的动力,数学家若能像物理学家那样自觉运用'对称破缺'原理将会更有利于数学发展。"②

综上所述,当代非线性理论已经可以对相当多的非平衡、非线性现象给予说明,更为重要的是,它为解决复杂性问题开辟了一个重要的方向。

---

① 武杰:《浅谈否定性定理》,《山西高等学校社会科学学报》1996 年第 1 期,第 28—30 页。

② 冯进:《数学发展中的对称破缺及其作用》,《科学技术哲学研究》2009 年第 6 期,第 83 页。

当然，非线性理论作为一种新型的理论，其内在的复杂性还需要我们继续深入研究。

二 因果关系的等当与非等当性

20世纪60年代以来，各种关于非线性复杂系统的研究才取得了实质性的进展。耗散结构理论探索了远离平衡态系统的非线性相互作用的自组织特性；协同学研究了系统从一种组态向另一种组态转化过程中各组成部分协同行为的规律性；超循环理论研究了类似生物催化循环的自催化系统的非线性模型；分形理论从非线性的角度探讨了多样化与统一性的关系问题；突变论研究了各种系统出现突变的众多非线性模型；混沌学则将决定性与非决定性在非线性关系中统一起来。最近的研究表明，在自然、社会和思维中更为普遍的是非线性现象。所以我们说，世界在本质上是非线性的[1]，下面我们主要分析非线性在因果关系上带来的变化。

（一）线性因果性

正是由于世界的非线性本质，使得事物之间的联系十分复杂。不过，长期以来占主导地位的一直是牛顿经典理论给出的因果模式，这是一种线性的因果模式。赵凯荣教授在《复杂性哲学》一书中对线性因果模式总结出以下几个方面的特点[2]：

1. 对象的质点性

按照牛顿力学，任何对象，小到原子大到星系都被视为一个质点。这种思维也被称为质点思维。质点思维是一种最简单的思维，其实也是一种最古老的综合思维，这在中国的哲学传统中可以看到，在西方的哲学传统中也可以看到。它的基本表述是"一"就是"全"，"一"就是"多"。也就是说，它将事物看成一个混沌未分的整体。这样一来，就有了"牛顿—拉普拉斯"的决定论。对于一个质点而言，人们关注的只是其运动

---

[1] 武杰、李宏芳：《非线性是自然界的本质吗?》，《科学技术与辩证法》2000年第2期，第1—5页。

[2] 赵凯荣：《复杂性哲学》，中国社会科学出版社2001年版，第13—15页。

曲线的特征和走向，因为一个点的运动轨迹只能表现为某种曲线。如果曲线规则，就可以将其视为有规律；如果不规则，就可以将其视为没有规律。对牛顿力学来说，它只考虑星系的宏观运动或大质量物体的运动，而根本不考虑星系或大质量物体的那些细微的构成以及这些构成之间的相互作用可能对系统整体的影响。实际情况表明，在这些领域或对象的范围内，牛顿理论的预言同观测符合得很好。当然，这一理论实质上仍然是一种近似，因为有许多复杂性被忽略掉了。英国著名理论物理学家史蒂芬·霍金认为，如果将所有的情况都考虑在内，引力也是非线性的，因为存在着无穷计算的问题。数学上已经证明，只要考察的是三体问题，得出精确的解已经不可能了。牛顿方法只能处理两体问题，由于大于两体的问题大多是非线性问题，牛顿方法已经不再有效，但是在一定范围内采取这种近似还是允许的。

这一方法在哲学中被发展为一种"整体主义"，即只注重整体性而不考虑个体性。这样的整体论不过是人类早期整体思维的变形，代表的只是一种混沌未分的理念，而且信息涵盖的复杂性很低。在这种关于复杂性的信息涵盖中，整体和非整体是一样的。重要的是，这一方法并不能成为一种普遍的原则，它只对那些个体作用不突出或者个体之间的相互作用可以忽略不计的系统有效。

2. 组分的独立性

这一特性表明一个大的质点可以由若干个更小的、更基本的质点构成。它们是可以分开的、各自独立的。这种特性一般被称为简单性原则。

简单性原则有两个基本的含义：一方面是本体论意义上的，它将事物、事件、理论体系等还原、分解为少数几种大家都能理解而又无须再做深层规定的简单明晰的元素。这种原则从本体论的生成角度猜测到了由单一的或少数几种要素构成系统的一致性和协调性。简单性原则的另一含义是认识论意义上的，它要求人们在具体认识活动中、在构建一门学科时，必须要注意三个条件：即逻辑前提最为简单，涉及的内容最为复杂，适用的领域最为广泛。这一原则对促进人类的认识曾经起过十分重要的作用。例如"五大公设"对欧氏几何，三大定律对牛顿体系等无不如此。因此，爱因斯坦曾把"逻辑的简单性"作为"科学的最高原则"。他认为："一种理论的前提的简单性越广，它所涉及的事物的种类越多，它的应用范围越广，它给人们的印象也就越深。"① "相对论是说明理论科学在现代发展的基本特征的一个良好的例子。初始的假设变得愈来愈抽象，离经验愈来愈远。另一方面，它更接近一切科学的伟大目标，即要从尽可能少的假设或者公理出发，通过逻辑的演绎，概括尽可能多的经验事实。同时，从公理引向经验事实或者可证实的结论的思路也就愈来愈长，愈来愈微妙。"② 为此，爱因斯坦于1952年5月在给索洛文（Maurice Solovine）的信中提出了一个著名的思维图式，如图6—1所示③，详细解释可见第十章第五节相关内容。

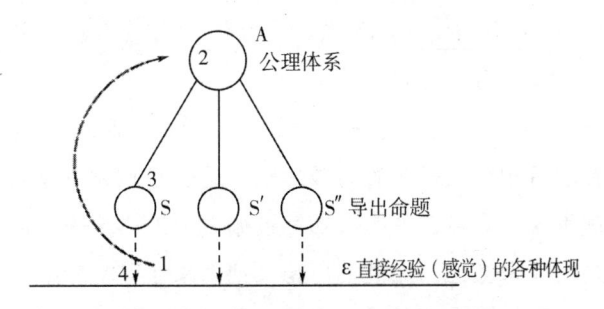

图6—1 思维同直接经验的关系图

由此可见，爱因斯坦把科学理论看成是一个完整的逻辑体系。这个体系最基本的部分是逻辑上互相独立的基本概念和基本关系（即公理或假设），由此导出其他的概念、命题和推论。这是一种线性的逻辑思维，即整体可以通过部分之和表现出来，符合线性因果关系。但是，在公理体系（即基本原理）的创立以及科学命题的验证中，非线性的直觉思维起着关键作用；而公理体系的提出，又是科学创造的第一步。所以，在科学创造活动中，直觉思维居于首要地位。

3. 因果的时序原则和引起原则

众所周知，世界上一切事物都处于多方面的相互联系、相互制约和相互作用中。因果关系就是这些相互联系、相互制约和相互作用中的一种基本关系，是一种事物或现象之间先后相继的引起和被引起的关系。当一事

---

① 许良英等编译：《爱因斯坦文集》第1卷，商务印书馆1976年版，第15页。
② 同上书，第262页。
③ 同上书，第541页。

物受到其他事物的作用而产生相应变化时,其中引起他事物变化的事物或现象就是原因,而由原因导致的事物或现象就是结果。因此,判断是否是因果关系就有了两个准则——时序原则:原因在先,结果在后,相继出现;引起原则:原因和结果必须是引起和被引起、决定和被决定的关系。然而,这是一种很容易被扩大化的概念,即人们在习惯上很容易将世界的普遍联系等同于因果联系。似乎一谈到联系,就是因果联系;一谈因果,就是在谈全部的联系。比如,康德哲学就持这种立场,认为空间和时间是人类感性的先天形式,并把前者称为外感官形式,后者视为内感官形式。"在这个欧几里得的空间中,物质像一个软体动物似的运动着,并随着时间的流逝,改变着自身的形状。"①

在18世纪有这种看法也是很正常的,一切事物和现象似乎都是前后相继的,这种前后相继又极其容易被理解为是引起和被引起的。牛顿力学的胜利又加深了这一观点:认为一切都遵循力学规律,一切都可以在因果关系中并通过因果来把握。因此,康德又把因果性等十二个范畴看作是知性的先天形式,人们把这些范畴加在感性材料上,然后构成知识,但这种知识只能达到"现象"。理性才是最高的认识能力,它要求对"自在之物"有所认识,但却不可避免地陷入了自相矛盾之中——二律背反,因为他宣称"自在之物"是不可认识的"本体"。这也反映在人类的其他文化生活中,一切因果论甚至连宗教特别是佛教的因果轮回也从中寻找自己的理论支持。

但实际上,因果联系和普遍联系的概念是不一样的。一方面,因果联系只是事物具有的多种联系的一个方面。这一点黑格尔早有认识,他举例说:"例如运动着的石头是原因;石头的运动是石头所具有的一个规定,除了这个规定,它还具有颜色、形状等等许多并不构成石头的原因的其他规定。"② 也就是说,石头的运动和石头是什么颜色、什么形状没有任何联系(联系是相对的、具体的、特殊的)。所以列宁指出:"当你读到黑格尔关于因果性的论述时,一开始会觉得很奇怪:为什么他对于康德主义

---

① [奥]埃尔温·薛定谔:《生命是什么》,罗来鸥、罗辽复译,湖南科学技术出版社2007年版,第148页。
② 《列宁全集》第55卷,人民出版社1990年版,第135页。

者所喜爱的这个题目谈得比较少。为什么呢？那是因为在他看来，因果性只是普遍联系的规定之一，而他早已在自己的所有的阐述中深刻得多和全面得多地把握住了这种普遍联系，并且从一开头就一直强调这种联系、相互过渡等等。"① 列宁本人也十分赞同这一点，他认为，"我们通常所理解的因果性，只是世界性联系的一个极小部分，然而（唯物主义补充说）这不是主观联系的一小部分，而是客观实在联系的一小部分。"② 另一方面，并不是所有前后相继的事物和现象都构成因果性，也不是所有的前后相继又具有引起和被引起的事物和现象都具有因果关系。这一点比较复杂，它涉及光速的有限性、时间流动的方向性以及事物除了时空形式还有其他秩序，等等，需要我们继续深入研究，努力"从时间这个老暴君的统治下获得解放"。"因为时间的确是最严厉的主人，正如《旧约圣经》前五卷中描述的那样，它公然吝啬地把我们每一个人的生存限制到70—80年。现在我们可以调侃主人无懈可击的计划，即便微不足道的戏谑，也让我们感到是莫大的安慰，因为这似乎在鼓励我们，整个'时间表'并不像初看那么严格。"③

4. 因果等当性

上述线性关系反映出来的可以叠加的数学关系以及各变量之间按比例变化的特征，实际上把原因和结果的对称性、对等性表现了出来，这便是人们常说的"因果等当性"。因果等当性一般被定义为"系统中两个原因的合并作用等于它们各自作用的简单加和"。所以，线性的因果系统是一种定常系统，也称之为确定性系统，它可以用线性微分方程或差分方程来描述。比如，考虑如下的常微分方程所描述的系统：

$$dx/dt = Ax + u \qquad (6—3)$$

这里 x 是系统的状态变量，u 是控制输入或干扰函数，A 是常数矩阵。系统（6—3）在任一时刻 t 的状态可以表示为：

---

① 《列宁全集》第55卷，人民出版社1990年版，第136—137页。
② 同上书，第135页。
③ ［奥］埃尔温·薛定谔：《生命是什么》，罗来鸥、罗辽复译，湖南科学技术出版社2007年版，第151页。

$$x(t) = e^{A(t-t_0)}x(t_0) + \int_{t_0}^{t} e^{A(t-s)}u(s)\,\mathrm{d}s \qquad (6—4)$$

它表明，对任一给定的输入或一个确定的干扰 u，一旦知道系统初始时刻 t_0 的状态 $x(t_0)$，以及时刻 t 以前的 u 值，就可以确定在时刻 t 的系统的状态。而且，根据给定的输入或干扰，由系统目前的状态也可以推测系统未来任一指定时刻的状态。[1]

正是基于这一系统方程，拉普拉斯乐观地说："自然系统当前的状态很明显是其在前一瞬间的状态的结果；如果我们想象某一位天才在一给定时刻洞悉了宇宙所有事物的相对位置、运动及总作用……，为了确定由这些巨大天体组成的系统在若干世纪后的状态，数学家们只需要在任一时刻观察测定其位置与速度就可以了。"[2]

因果等当性的思想直至 19 世纪 50 年代热力学第二定律产生以前都是根深蒂固的。热力学第二定律的核心思想是能量守恒。这一点甚至连黑格尔这样的辩证法大师也不敢越雷池一步。他认为，"结果根本不包含……原因中没有包含的东西……反过来也是一样……"。他甚至对有些历史学家讲的"历史上的'大事件的小原因'"进行了批判。也就是说，历史上常有人把搜集到的奇闻轶事当作大事件的小"原因"。而黑格尔认为，大历史和大原因是相对等的，所谓的小原因不过是看起来像小原因，事实上是大原因的导因。他指出，这种小原因其实是可有可无的，只是一种外部刺激，因为"事件的内在精神倒是可以不需要它"。"因此，把历史描绘成阿拉伯式的图案画，让大花朵长在纤细的茎上，虽然显得巧妙，然而是非常肤浅的做法。"[3]

赵凯荣教授在分析了上述情况后指出，因果等当性在以下几个方面表现得很明显：第一，它体现了一种对称性、均匀性和平衡性。如上所述，因果等当性可以通过线性方程组表达出来，而且是可逆的，即方程两边是恒等的，是可以互换的。也就是说，原因等于结果，结果等于原因。这种

---

[1] 谢湘生、彭纪南、刘永清：《奇异系统的非因果性及其认识论意义》，《系统辩证学学报》1997 年第 1 期，第 68 页。

[2] 转引自谢湘生等《奇异系统的非因果性及其认识论意义》，《系统辩证学学报》1997 年第 1 期，第 69 页。

[3] 转引自《列宁全集》第 55 卷，人民出版社 1990 年版，第 134 页。

思想甚至在社会生活中也充分表现出来，如经济理论和经济实践中的里昂惕夫（W. Leontief）矩阵、平衡财政的方法、经济的长期或短期均衡分析模型等。实际上，连马克思主义的劳动价值论和两大部类生产理论及再生产模型和投入产出模型一样，在本质上也是对称的和因果恒等的。因果等当性在这一点上深受 19 世纪三大自然科学发现的影响，特别是深受能量守恒定律的影响。第二，它体现了一种稳定性或确定性。种瓜得瓜，种豆得豆，变种被看成是反常的。第三，一切都是旧的，没有什么新质产生，否则对称性或确定性就会被打破。一切新质只能被合理地理解为是已知中早已蕴含的。已知等于未知，未知等于已知，就如同种子，虽然它的结果和种子已根本不同，但一切都应该而且必须理解为是种子的结果，其典型的形式便是预成论。第四，它体现了变化结果的必然性，偶然性被认为是同这种因果性不相容的。例如，某一类种子的结果虽然不尽相同（注意，这里还是出现了一些偶然变异），但必然是这种物种而不是其他物种。[①]

（二）非线性因果性

进入 20 世纪 60 年代以来，随着非线性科学的诞生和发展，世界的非线性本质日益被揭示，使得事物之间的因果关系变的十分复杂。这样，人们的视野逐渐转向了对非线性因果关系的探索。赵凯荣教授在前人研究成果的基础上，对非线性因果模式也总结出四个方面的特点[②]：

1. 对象的细粒性

当人们的认识从对宏观或宇观事物的粗粒化进一步深入到细粒层次的复杂性时，线性因果关于对象是质点的思想就不再有效。在这种情况下，必须对对象的组成要素及组成结构进行深入研究，对象的浑然一体是不能被允许的，因为内在的任何微小因素的放大和外界任何微小的扰动都会造成完全不同的认识格局，而这些方面在宏观或宇观状态中大多是可以忽略不计的。

随着现代自然科学的发展，特别是基本粒子物理学的发展。人们对物质的可分性有了新的认识，"从前被描写成可分性的极限的原子，现在只

[①] 赵凯荣：《复杂性哲学》，中国社会科学出版社 2001 年版，第 17 页。

[②] 同上书，第 18—20 页。

不过是一种关系"①。根据 γ 射线的探测，像质子和中子这样的"基本粒子"也被确认存在深层的夸克结构。也就是说，质点都可以看作是由更小的组分构成的。但是，我们要注意的是，不能像线性因果论那样把质点简单地等同于其各组分的总和。事实上，质点由更小的组分构成并不意味着一定可以将质点的这些组分真的分离开。"夸克幽禁"现象就是最好的说明：量子色动力学认为，重子是由三个不同色的夸克组成的，三色相加，其和为零，故重子无色；介子是由正反两个夸克组成的，正反两色相消，故介子也不带色。当夸克靠近时（$<10^{-13}$ cm）强相互作用力减弱，夸克表现为渐进自由；当夸克远离时（$>10^{-13}$ cm），强相互作用力随着距离的增大而无限增强，夸克表现为束缚态——夸克幽禁。所以，夸克幽禁既表明夸克集团是分立的，也表明各分立的夸克又是通过强相互作用而连续的。于是，分立不再是摆脱他者的孤立，连续也不再是浑然一体。②正如黑格尔所说："物质既是两者，即可分的和连续的，同时又不是两者。"③ 在这里，线性因果观不再有效，组分的总和不等于对象整体。也就是说，非线性系统的整体性质已经不同于组成要素或子系统的加和性质。

如果在某种认识情景中（细粒化），质点必须被看作是一个多分体，那么，其运动轨迹将不再是一条线，而是曲线群。由于非线性系统对初始条件的敏感依赖性会产生不同的涨落与放大，从而使相邻轨道产生指数型分离，出现因果不对称和不恒等。

2. 组分的非独立性

在非线性系统中，组分是不独立的。这种不独立性在物质的可分性上也表现了出来。夸克的例子就十分典型，它是组分，却不能被独立地考察，而只能整体地把握。在线性关系的处理中之所以能将子系统或组成要素看成是可以相互独立的，主要是因为子系统或组成要素之间的相互作用在线性关系中被认为是微弱的，因而是可以忽略的。这对于简单的线性系统也确实是可行的，但对于复杂的非线性系统而言，由于对初始条件的敏

---

① 《马克思恩格斯全集》第 31 卷，人民出版社 1972 年版，第 309 页。
② 武杰、李宏芳：《渐进自由：自然界一种普适的性质》，《科学技术与辩证法》2000 年第 1 期，第 22—26 页。
③ 转引自［德］恩格斯《自然辩证法》，人民出版社 1971 年版，第 223 页。

感依赖性，必须对微小的组分以及组分的任何扰动进行考察。在这种情况下，从理论上说，即使是子系统或组成要素有其独立性，但实际上它们又不是相互独立的，子系统或组成要素之间的相互作用也不再是微弱的，而是存在着强烈的相干效应，它们之间的这种耦合关系形成了一种全新的整体效应。

所以说：一个线性系统的作用，是组成该系统的各个部分的作用之总和；但是一个非线性系统的作用，就不再是简单地把各个部分的作用加在一起了。两者之间的差别，可以用通常的家用电炉和切尔诺贝利核电站四号反应堆来比较，这后者是迄今世界上最严重的核事故的策源地。如果某人有2台电炉，则他会得到双倍的热量；如果他有3台，则热量会是3倍；依此类推。这种情形表示，在产生的热量和电炉数目之间有一种线性关系。但是在切尔诺贝利核电站的情况下，反应堆芯的过热增加了链式核反应，这反过来又产生了更多的热量。结果形成了汹涌澎湃的热流，完全与最初的温度升高失去比例，这就叫作非线性正反馈。草率的操作规程加之苏联式设计中的致命弱点，最终导致了能量爆炸性的释放。1986年4月26日切尔诺贝利核电站变成一片废墟，并产生了全球性的严重后果[①]，表现出明显的非线性因果关系。

3. 质点的多维性

从细粒化的观点看，一切对象都是有结构的。对于每一个质点，不仅在内在结构上有其更小的组成部分，而且在外在结构上也不能简单地被理解为是质点的，它一定会呈现出复杂的外部结构特征。对于这种质点的把握，必须诉诸于多维方法。

多维方法是在系统分形、分维理论的基础上发展起来的，它将任何事物甚至一个质点都看成是可以多维区分的。各个分形、分维在不同的环境和条件下，会有不同的组织层次、结构和功能；在不同的情况下会产生不同的随机涨落和放大。系统整体将由这些众多分形、分维的各自轨线及周期的总体情况来决定。各个分形、分维量会由于对初始条件的敏感依赖性产生完全不同的随机涨落和放大，各个轨道也会因此发生指数型分离。最后的总体情况

---

① ［英］彼得·柯文尼、罗杰·海菲尔德：《时间之箭》，江涛等译，湖南科学技术出版社2007年版，第182页。

将由这些多轨线多周期（或无周期）的状态决定，因果对称性或恒等性也就被打破了。这会使得近似理论失效，并使预测结果变得十分困难。这在以后的混沌和分形理论中我们将会看到"蝴蝶效应"的产生，它不同于牛顿力学的三维平直空间和一维绝对时间，也不同于爱因斯坦相对论力学的四维弯曲时空。尽管爱因斯坦的四维时空观与牛顿的时空观有很大的不同，但是两者的时间和空间都不是内秉的。在爱因斯坦看来，空间还是一个容器，各个物体具有不同的时间也是由于物体之间的相互运动所造成的，而不是由物体自身的性质所决定的。所以，传统的四维方法主要是关于事物外在结构的理论，它只是现代多维方法的一种特例。因此，我们要深刻把握自己的研究对象，还必须借助于非线性动力学的多维方法。

4. 因果非等当性

有关这一点的情况比较复杂，为了便于理解，赵凯荣教授具体考察了几个因果非等当的例子：

例一，我们先来看无因果的情况。前面我们已经提到，这种情况普遍出现在微观量子态的行为中。英国著名物理学家保罗·戴维斯指出："在证伪'每一个事件都有一原因'这一说法方面，进展最大的学科是量子力学。……在亚核世界里，粒子的行为通常是不可预测的。你不可能确切知道，一个粒子在这一时刻和下一时刻之间要干什么。假如人们要选择一亚核粒子到达某一具体位置作为一个事件，那么，根据量子论，该事件就是无原因的，意思是说，它本质上是不可预测的。不管我们对作用于该粒子的所有的力以及所有的影响了解多深，我们仍无法说该粒子到达规定的位置是由某种其他的东西'造成'的。该粒子的运动轨迹本质上是随机的。它只是毫无节奏又毫无理由地突然在那里蹦出来。"[①]

量子的无原因的不确定性使得因果等当性被打破。著名科学家彼得·柯文尼（Peter Coveney）指出，在线性因果中，能量既不能被创造也不能被消灭，它们是严格守恒的，只能从一种形式转化为另一种形式。"例如，汽油中的化学能转变为热和汽车的运动。对于所有的初始能量，可以按这种方式作出一份能量平衡表。"然而，在实际的复杂系统中这种因果

[①] [英] 保罗·戴维斯：《上帝与新物理学》，徐培译，湖南科学技术出版社2007年版，第46—47页。

等当性就被打破了,比如,"如果时间间隔取得很小,能量守恒就会由于海森堡不确定性原理而受到破坏……所考虑的时间间隔越短,则能量的不确定性就越大。这使得能量守恒在非常短的时间间隔内不再成立:由于随机的量子涨落,能量可以从虚无中得到。这样的事件甚至可以在真空中发生,而按照经典的看法,真空是一无所有的。这样,量子论就给出了一个完全不同的真空概念。由于不确定性原理,真空实际上沸腾着活力。"[①] 所以,现代物理学认为,真空是基态的量子场,它是物质的一种特殊形态,甚至可以说是物质的基本形态。因而,真空中每一个振子的能量不能低于一个固定的最小值——即零点能,这使得即使是真空也总是沸腾着活力,不断地有各种粒子对的产生、湮灭和相互转化。这种永无终止的扰动称为"真空涨落",它是真空的固有属性。

而且,我们在前面还提到,这种情况也出现在宇宙的创生中,现在已经有许多证据表明,宇宙的创生是一份免费的午餐,即它是无中生有的。美国麻省理工学院的盖斯(Alan Guth)教授指出:"我常听人讲,没有免费的午餐一类的好事让你遇到。但是现在看来,宇宙本身就是一份免费的午餐。"这个想法的根据是真空沸腾的概念,即由于海森堡的不确定性原理,真空的能量发生无规则的涨落,如此产生出宇宙——这是美国物理学家特雷恩(Edward Tryon)于1973年首次提出的。[②]

例二,我们再来看一下非因果对应的情况。这种情况在奇异动态系统中经常可以发现。20世纪70年代,罗森布鲁克(H. H. Rosenbrock)在研究复杂的电路网络系统中得到一个奇异动态系统模型。[③] 不久,伦伯格(B. Lomborg)等在经济领域中也发现了一些奇异动态系统。此后,关于奇异动态系统的研究就广泛开展起来。[④] 我国学者谢湘生等也在这方面进行了一定的研究。为了尽可能少地牵扯数学上的陈述,他们主要从线性定常模型与奇异动态系统的因果关系进行了考察。具体如下:

[①] [英]彼得·柯文尼、罗杰·海菲尔德:《时间之箭》,江涛等译,湖南科学技术出版社2007年版,第159页。

[②] 同上书,第162页。

[③] H. H. Rosenbrock. "Structural Properties of Linear Dynamical Systems." *Int j Control Atom* 20 (1974). pp. 191—202.

[④] 王朝珠、戴立意:《广义动态系统》,《控制理论与应用》,1986年第1期,第1—12页。

考虑如下方程所描述的奇异系统

$$EDx = Ax + Bu \qquad (6\text{—}5)$$

其中 x 是系统的状态变量，u 是控制输入或干扰，E、A、B 是常数矩阵，D 是求导算子或位移算子（它们分别对应着连续系统和离散系统）。

如果 E 是一个非奇异矩阵，则（6—5）式是一个线性定常系统，特别是当 D 为求导算子时，它经一个初等代数变换就可化为线性定常系统：

$$dx/dt = Ax + u \qquad (6\text{—}3)$$

如果 E 是一个奇异矩阵，则（6—5）式为一个奇异系统。奇异系统一般维数都很高且具有不同的层次结构。当 D 是位移算子即奇异系统离散时，若 E、A 是方阵，且矩阵束 $(\lambda E - A)$ 是正则的，则（6—5）式的解可表示为如下形式：

$$x(t) = (E^D A)^t EE^D x(0) + E^D \sum_{i=0}^{t-1} (E^D A)^{t-i-1} Bu(t)$$

$$- (I - E^D E) A^D \sum_{i=0}^{k-1} (EA^D)^i Bu(t+i), \quad t \geq 1 \qquad (6\text{—}6)$$

这里 $E = (\lambda E - A)^{-1} E, A = (\lambda E - A)^{-1} A, B = (\lambda E - A)^{-1} B$，$\lambda$ 为使得 $(\lambda E - A)^{-1}$ 存在的数，k 是 E 的指数，E^D 表示 E 的 Drazin 逆，$x(0)$ 是初始时刻 $t = 0$ 时的初始状态，它须满足条件

$$(I - E^D E) x(0) = -(I - E^D E) A^D \sum_{i=0}^{k-1} (EA^D)^i Bu(i) \qquad (6\text{—}7)$$

否则对应于该初始状态，系统不存在通常意义下的解。

上述解的表达式表明，在因果性方面奇异系统与正常系统有两个大的区别：

(1) 在奇异系统中，并非所有变化都会引起系统内部的相应变化。换言之，并非每个"因"都会导致相应的"果"，而可能出现有因无果和有果无因的情况，这与正常系统是截然不同的。对正常系统(6—3)式而言，对应于每一个给定的初始条件解总是存在的，这意味着系统内的某一变化一定会导致相应的另一变化。而奇异系统对"因"是有选择的。在这里，因果明显是不等当的。

(2) 上述解的表达式(6—6)中可能含有未来的控制输入 $u(t+i)$，

这时若要确定解 $x(t)$，不但需要 t 时前和 t 时的系统信息，还需要 t 时之后的系统信息。因此，奇异系统一般不具有通常意义下的因果性。我们称这类系统为非因果性系统。①

通过以上关于奇异系统非因果性的讨论，可知非因果性系统其当前的状态不仅依赖于系统的初始状态，而且还与系统未来时刻的信息相关。一般系统论的创立者贝塔朗菲将其称为"目的性"或"果决性"。从经济学的角度来看，目前市场的消费水平不仅取决于以往的经济状况，而且还会受到政府未来经济政策的影响。这也就是为什么奇异系统作为经济模型是合理的并得到广泛应用的缘故。对于那些有目的的自组织过程，我们也会见到类似的情况。在这样的过程中将会表现出"系统活动和发展的目的性、倾向性以及它对周围环境作用的'超前'反映，这种反映表现了过去的'经验'、被反映的具体环境和未来的可能情况等的联系（按 H. A. 伯恩斯坦的说法，'探索未来'）。"② 现在的问题是，已应用于经济学的这种"既依据过去又着眼未来"思考现实的思维方式能否推广应用到更大范围去揭示事物或现象间的复杂联系，去解决或处理自然科学和社会科学中不断涌现出来的各种新问题？如前所述，奇异系统具有广泛的实际应用前景，因此，奇异系统或许可以为这种新的思维方式提供一个模型化的工具。

但是，需要特别指出的是，"目的性"应被合理地理解为因果关系的反向。贝塔朗菲曾经指出："过程走向最终状态的针对性，与因果关系的过程并没有什么不同，它只是因果关系的另一种表达方式。将来所要达到的最终状态并不是神秘地吸引着系统的 'vis a fronte'（拉力），而只是因果 'vires a tergo'（推力）的另一种表示。"③ 而且这种"目的"的实现，在很大程度上依赖于系统的反馈机制。因为系统在到达预定目的的过程中，不可避免地要受到扰动，从而偏离预定的路线。因此，只能依靠反馈

---

① 谢湘生等：《奇异系统的非因果性及其认识论意义》，《系统辩证学学报》1997 年第 1 期，第 69—70 页。

② [苏]尼·伊·茹可夫：《控制论的哲学原理》，徐世京译，上海译文出版社 1981 年版，第 70 页。

③ 转引自魏宏森、王伟《广义系统论的基本原理》，《系统辩证学学报》1993 年第 1 期，第 56 页。

机制，不断地调整系统的发展方向，才能使其实现最终目的。

这也就是说，复杂系统的目的性实际上是因果倒置的最主要的情形。在系统科学中，最先引入"目的"范畴的是维纳的《控制论——关于在动物和机器中控制和通信的科学》。控制论在研究自动调节、自动定向的系统过程中，借用"目的"概念表明控制系统存在类似于动物通过反馈调节系统自身行为的效应。控制系统的反馈调节行为是非意识的，它只是以人的自觉能动性为前提的目的性在自动控制系统中的复制，而且其运行也只有在人的直接或间接控制与操纵下才能进行。贝塔朗菲通过对生物学的研究也把"目的"概念引入了一般系统论。他指出："过去科学的唯一目标似乎是进行分析，把实际存在的事物分割成一个个尽量小的单位和孤立的单个因果链。因此物理实体被分成大量的质点和原子，生命有机体被分割成细胞，行为被分割成反射，知觉被分割成点状的感觉，如此等等。与此相对应，因果关系基本是单向的。"组织性、相互作用的概念根本无法表现出来。贝塔朗菲从长期研究中认识到物质系统的因果关系极为复杂，并非是单因果关系所能表示的。他概括了几种不同的模型：一是异因同果型，即从不同的初始状态出发，通过不同的途径趋向同一特定的最终状态；另一种是反馈型，即把动态平衡维持在一个特定的状态或目标；第三种是适应性行为模型，即系统通过不同的方式方法，如试错法，最后稳定在某个状态。[1]

这实际上也将精神活动的秘密揭示出来了。人的精神活动与人的认知、情感、意志等密切相关，主要强调了人的目的性对其实际活动的影响。正如马克思所言："最蹩脚的建筑师从一开始就比最灵巧的蜜蜂高明的地方，是他在用蜂蜡建筑蜂房以前，已经在自己的头脑中把它建成了。"[2] 在这种情况下，因果关系不仅取决于某一时刻之前和某一时刻的现实状况，而且也取决于它与最终状态（即目的）的距离。

当然，在这里也要注意将这种情况同宗教和特异功能的先知先觉区别开来。一些宗教和特异功能的鼓吹者也主张因果倒置，他们断言，人类可以预测还没有发生的事情，比如，明天足球比赛的结果、围棋比赛的结果

---

[1] 转引自赵凯荣《复杂性哲学》，中国社会科学出版社2001年版，第24—25页。
[2] 《马克思恩格斯选集》第2卷，人民出版社1995年版，第178页。

等等。有些人甚至将哥德尔对这一问题的看法拿来做了论据。哥德尔在 1949 年发现，相对论可以导致一个悖论，即新生儿可以回到过去将自己杀死。当然，实际情况是不可能的。根据热力学第二定律，一切都是不可逆的，因此，即使是超光速运动，也只是涉及早看到还是晚看到的问题，而永远不会看到根本没有发生的事件。[①]

例三，因果非等当性还有一个最普遍的例子，就是存在着大量的随机因素。这一问题需要从两方面来说明：

一方面，存在着大量的外随机性。它使得事物具有极大的偶然性。如德国哲学家（《西方的没落》一书的作者）斯宾格勒（Oswald Spengler）所言，大漠中的一朵花，很可能就没有原因，它可能是随风而至的花种所致。如果说这勉强还算是原因的话，那么它为什么会在这里而不在那里？为什么正好在坡上而不是在沟底？这完全是偶然的无原因的。

另一方面，还有一种内随机性。和外随机性不同，这种随机性可以由一个确定性方程来表征，是一种内在的决定性的随机。正如著名物理学家林家翘所言："在很多情况下，即使一个过程被看成是随机的，我们还是能够用偏微分方程写成一个决定性的问题，从而得到有关该过程概率的一个确定的分布函数。……一个随机过程可以由一个确定的方程来表征，这似乎有点自相矛盾。但是我们根据经验知道，当个别不能预料的事件重复了大量次数以后，通常会形成一种确定的规则性。例如，将一枚'公平的'硬币抛掷一次，我们无法知道是正面向上还是背面向上。但是在抛掷了许多次以后，我们几乎可以肯定正面向上的比例差不多占 1/2。"[②] 信息论的创始人申农（C. E. Shannon）根据信息模式的概率特征，对此做了深刻的说明：

首先，他推断了系统可能产生的信息模式具有最大内在决定性的系统，即消息集合中除有一个消息是必然事件外，其余都是不可能事件。于是，他认为，这类系统满足如下条件：

$$\sum_{i=1}^{n} p_i = 1 \text{；} p_k = 1 \text{（} p_k \text{ 表示在系统可能产生的 } n \text{ 种信息模式中的第 } k$$

[①] 赵凯荣：《复杂性哲学》，中国社会科学出版社 2001 年版，第 25 页。

[②] ［美］林家翘、L. A. 西格尔：《自然科学中确定性问题的应用数学》，赵国英等译，科学出版社 1986 年版，第 80 页。

种信息模式的发生概率）：

$$p_1 = p_2 = \cdots\cdots = p_{k-1} = p_{k+1} = \cdots\cdots = p_n = 0$$

$$H_{决定} = -\sum_{i=1}^{n} p_i \log p_i = (-1\log 1) + (-0\log 0) \times (n-1) = 0（比特）。$$

其次，他推断了系统可能产生的信息模式具有最大内在随机性的系统（根据信息熵原理，信源可能消息的概率分布越均匀，它的信息熵就越大）。他认为，这类系统满足如下条件：

$$\sum_{i=1}^{n} p_i = 1;$$

$$p_1 = p_2 = \cdots\cdots p_n = 1/n;$$

$$H_{随机} = -\sum_{i=1}^{n} p_i \log p_i = -n(1/n \log 1/n) = \log n = H_{\max}（比特）。$$

它表明，在 n 确定的情况下，系统具有最大平均信息量，即系统的信息模式为等概分布时具有最大的信息熵。

最后，他推断了处于上述两类系统中间状态的系统，即具有部分内在随机性和部分内在决定性的系统。他认为，这类系统满足如下条件：

$$\sum_{i=1}^{n} p_i = 1;$$

所有的 p_i 都不等于 1，至少有一个 p_i 等于 $1/n$；

$$H_{中间} = -\sum_{i=1}^{n} p_i \log p_i。$$

显然有，$H_{随机} > H_{中间} > H_{决定}$，完全随机性则为

$$H_{随机} = -\sum_{i=1}^{n} p_i \log p_i = \infty（比特）。$$

综上所述，线性的因果等当性将系统的组成要素视为均匀的、等价的，其功能是可积的，可以进行简单的线性叠加，即部分之和等于整体。但在现实的非线性复杂系统中，各组成要素或子系统的相互作用却是非均匀的、不等价的。它包括了时间上的不均匀和空间上的不均匀。这意味着有些子系统或组成要素的微小变化可以起到因果触发器的作用，能够引起整个系统相当大的变化。如贝塔朗菲所言："这里所存在的不再是因果等

当原理所适用的守恒因果性,而是触发性因果性"①。

线性的因果等当性原理特别注重因果关系的对称性分析,它是一切二元论的真正基础。作用力等于反作用力的牛顿力学模式就是这种思维的典型,一般意义上的"相互作用"也表达了这一内涵。但在复杂系统中,更多存在的是非线性关系。由于在非线性系统中存在着相互作用的各子系统或组成要素之间的支配与从属、催化与被催化、策动与响应、控制与反馈等多元非对等关系,所以系统中子系统或组成要素之间存在着大量的对称破缺,它们之间一般不具有倒易关系。即在复杂系统中非线性关系才是最普遍的。贝塔朗菲在给定系统的定义时就明确指出,系统之所以成为一种新的科学规范,就在于它区别于经典科学分析性的、机械性的、线性的因果关系——其分析程序在于把客体分解为组成部分的"线性因果关系"。而他则认为,系统是"有组织的复合体",它取决于各组成部分的"强相互作用"或"非线性相互作用"的整体性。因此,线性因果性只是反映了某些简单系统的性质,但对于复杂系统就不适应了。在这里非线性关系使得"因果失衡"。普里戈金进一步指出:"线性律与非线性律之间的一个明显的区别就是叠加性质有效还是无效:在一个线性系统里两个不同因素的组合作用只是每个因素单独作用的简单叠加。但在非线性系统中,一个微小的因素能导致用它的幅值无法衡量的戏剧性效果。"② 对于非线性复杂系统而言,特定性、确定性的因果对应已不复存在,旧的、没有新质的因果对应也不复存在,决定的必然性也被打破了。

三 事物发展的统一性与多元化

"非线性"已经成为现代系统理论的基本概念之一。特别是由于非平衡自组织理论的问世,非线性相互作用的重要意义日益明显。一般系统论、耗散结构理论、协同学、超循环理论、突变论等都从不同的角度研究了各种系统的非线性关系,尽管所使用的方法不同,提出的模型迥异。比

---

① 转引自赵凯荣《复杂性哲学》,中国社会科学出版社2001年版,第20页。
② Prigogine, Ilya. *Chaos: the new science*. Boston: University Press of America, 1993, pp. 56 – 60.

如，贝塔朗菲把非线性关系看作是系统整体性的基本条件；哈肯则认为自组织系统协同作用的模式是由非线性关系制约的，它使系统演化出现了多种方向和多种选择。总之，非线性是导致系统失稳，促使系统演化发展的重要因素。

也正是由于非线性作用能产生新质，世界才表现出如此多元和多样的复杂性。否则，如果只有线性关系，那么我们只会看到多样化，即一种物质的不同的表现形式，如水的三态变化，用原木打制的各种家具等等，但却根本不可能看到夸克与美洲豹的差异。而事实正如 M. 盖尔曼教授所言："夸克是所有物质最基本的基石，所有物体都是由夸克和电子组成，只不过数目有多有少。即使是美洲豹这种古已有之的力量和凶猛的象征，也还是一大堆夸克和电子。不过这一堆夸克和电子真令人惊诧！由于几十亿年的生物进化，美洲豹显示出惊人的复杂性。那么，在这儿复杂性到底精确地意味着什么呢？它是如何产生的呢？"① 现实告诉我们，非线性不仅导致了多样化，即同质的不同形式，也产生了多元化，即各个完全不同于"基础构成"的新的实体存在，它们构成了新的元。也就是说，非线性创造了世界的多元化和多样性。

（一）统一性与多元化的探析

在自然界演化发展的过程中，如果非线性产生的新质不能稳定下来，那么这种多元化和多样性也就没有了意义，最多只能是昙花一现，成了真正的现象或幻影。事实也正是如此，大量的研究表明，很多事物的新质、新形式由于各自在稳定性方面的问题而没有稳定下来，保存下来，发展起来，还有许多虽然稳定了下来或保存了下来，然而却在新的非平衡运动中丧失了稳定性而被淘汰。6500 万年前，恐龙的灭绝也许就是一例。而且这一进程在今天仍然存在，并且由于人的参与而变得更为复杂。

因此，新质要想稳定下来，必须要具有一种新的稳定能力，即一种组织力、结构力、统一力。这样，才能不断有新的东西被"统一"出来（合成或组织）。正是这种统一性，促进了世界的多元化发展。当然，由

---

① ［美］M. 盖尔曼：《夸克与美洲豹》，杨建邺、李湘莲等译，湖南科学技术出版社 1997 年版，前言。

于开放系统中的非平衡运动，新质的稳定性也会发生各种各样的变化。这种变化或者加强了稳定性；或者削弱了稳定性；或者改变了新质的适应能力。这也使得非线性科学的研究必须向这两个方面发展：一方面，必须关注非线性导致的各种新质的产生；另一方面，必须关注非线性产生的新质的稳定性和统一性问题。正如著名数学家、物理学家彭加勒所说："科学发展有两种趋势，其一是走向统一与简明，其二是走向变化与复杂的道路。"[①] 这一观点是同事物发展的统一性和多元化密切相关的。

1. 事物发展的统一性问题

统一性有两种含义：其一，世界是从物质派生出来的，即"世界的真正的统一性在于它的物质性"[②]——物质一元论。这是一种回溯，一种还原论，一种唯一性；其二，非线性导致新质的统一。这是一种演化，一种多样性，一种多元化。现在的问题是，这两种统一性如何统一起来？一方面，要尽可能说明世界的多样性和多元化如何从最初的简单性中产生出来；另一方面，要尽可能说明世界的多样性和多元化是如何稳定下来的。也就是说，仅仅认识到世界来源于物质是不够的，还必须对不断多元化多样性的世界以及这种多元化多样性的稳定性给出说明。而这是线性理论所不能胜任的，因为在线性理论中，一切都只能是还原的、旧质的，至多不过是形式的多样化。因此，必须要诉诸于非线性理论。

物质的实在论和物质一元论也不例外。就算是世界真有一个物质上的产生的历史，是否一定有一个统一性的规律？这个统一性的规律能否说明所有的实在？特别是对生物界来说。众所周知，生物在其形态和功能两方面都是自然界所创造出来的最复杂最有组织的物种。如此高度复杂的生命体是如何由简单的因子演化而成的？丰富的多样性从何而来？它的高度的有序性又是由何种机制控制的？能否由简单的基础构成加以说明？这是人们长期以来一直未能解决的难题。

物质统一论必须要对历史和当今的一切予以说明并给出可供观测的不是模棱两可的预言。这迫使还原论必须将一般物质还原进一步还原为物理定律的统一性。爱因斯坦就是坚持这一信念的突出代表，他为此奋斗了一

[①] 转引自林德宏《科学思想史》，江苏科学技术出版社1983年版，第374页。
[②] 《马克思恩格斯选集》第3卷，人民出版社1995年版，第383页。

生。他认为,"科学的目的,一方面是尽可能完备地理解全部感觉经验之间的关系,另一方面是通过最少个数的原始概念和原始关系(是指基本概念和基本关系——引者注)的使用来达到这个目的(在世界图像中尽可能地寻求逻辑的统一,即逻辑元素最少)。"[①] 从这里我们可以看出,爱因斯坦的科学目标,就是要努力探索和理解自然界的统一性,而后为这种"内在和谐"的自然界提供统一的理论图景。于是,他在成功地建立了狭义相对论和广义相对论以后花了30多年的时间从事统一场论的研究,即致力于将四种基本物理力统一起来,但却碰到了巨大的困难。[②]

前面我们已经提到直到1967年,温伯格、萨拉姆和格拉肖在杨-米尔斯场和对称性自发破缺两个概念的基础上,提出了弱电统一理论,将弱相互作用和电磁相互作用联系起来。霍金认为此举在物理学界引起的震动,可与100年前麦克斯韦统一了电学和磁学并驾齐驱。上述理论展现了粒子被称作自发对称破缺的性质。它表明在低能量下一些看起来完全不同的粒子,事实上只是同一类型粒子的不同状态,在高能量下所有这些粒子都有相似的行为。也就是说,在宇宙生成的极早期,在那种高能量高密度下,宇宙应有一个奇点,那时的宇宙是十分近距的,没有引力,也无须引力。随着宇宙的膨胀,时空弯曲产生了物质,一种与引力相关的负能量和一种与质量相关的正能量随之出现,而后,产生了其他三种力。因此,与这种大统一相伴随的是宇宙被认为有一个开端,即由奇点的大爆炸导致了后来发生的一切。

但是,统一场论就算是成立,也不过表明,世界的多元化和多样性是从曾经是相当简单的物质形式中产生的。但是,这种归根结底的还原论对于认识世界的多元化和多样性是没有任何意义的。这一点,霍金认识得很清楚,他指出,物质一元论的大统一理论仍然面临着许多麻烦,引起了许多困难[③]:

首先,"人们假定这种大统一理论在数学上是紧凑而优雅的。关于万

---

① 许良英等编译:《爱因斯坦文集》第1卷,商务印书馆1976年版,第344页。
② 武杰:《试论爱因斯坦的统一性思想》,《山西高等学校社会科学学报》1994年第2期,第20页。
③ [英]史蒂芬·霍金:《霍金讲演录》,杜欣欣、吴忠超译,湖南科学技术出版社1995年版,第92—93页。

物的理论必须有某种既特殊又简单的东西。那么一定数目的方程怎么能够解释我们在自己周围看到的复杂性和无聊的细节呢？"所以，问题1是：一套相对简单和紧凑的理论怎么能解释一个复杂的宇宙？

其次，"大统一理论确定任何事物的思想的第二个问题是，我们所说的任何事物也由该理论所确定。但是为什么它必须被确定为正确的呢？因为对应于每一个真的陈述都可能有许多不真的陈述，它不是更可能是不真的吗？我的每周邮件中都有大量别人寄来的理论。它们都不相同，而且大多数是相互冲突的。假定大统一理论确定了这些作者认为他们是正确的，那么为何我说的任何东西就必须更有效呢？难道我不是同样地由大统一理论确定的吗？"这就是说，如果大统一理论决定了一切，那么我们关于该理论所说的一切也应该由其决定。现在的问题2是：为什么它必须被确定为正确的，而不是全错或无关呢？

最后，"一切都是注定的思想的第三个问题是，我们自己觉得具有自由意志——我们有选择是否做某事的自由。但是如果科学定律确定了一切，则自由意志就必须是幻影。而如果我们没有自由意志，为我们行为负责的根据又是什么？我们不会对精神病人定罪，因为我们决定说他的行为是身不由己的。但是如果大统一理论把我们完全确定，我们之中无人不是身不由己的，那么为何要为其所作所为负责呢？"[①] 所以，问题3是：如果一切都是注定的，那么自由意志和我们对自己行为的责任又从何而来？

2. 霍金的回答——多元化的原因

1990年4月，史蒂芬·霍金在剑桥大学西格玛俱乐部的一次题为《一切都是注定的吗？》的讲演中对这三个问题做了尝试性的回答。

对第一个问题，即"一族简单的方程何以确定宇宙的复杂性以及它所有无聊的细节呢？"霍金认为，"这个问题的关键是量子力学的不确定性原理，它是说人们不能既把粒子的速度又把粒子的位置极其精确地测量出来。你把位置测量得越精确，则你测量速度就越不精确，反之亦然。在现时刻这种不确定性不甚重要，因为东西被分隔得很开，位置上的很小的

[①] [英] 史蒂芬·霍金：《霍金讲演录》，杜欣欣、吴忠超译，湖南科学技术出版社1995年版，第92—93页。

不确定性不会造成很大的差别。但是在极早期宇宙任何东西都靠得很近,这样就有了大量的不确定性,宇宙有许多可能的状态。这些不同的可能的极早的态会演化成宇宙的整个一族不同的历史。这些历史中的大多数在它们的大尺度特征上都很相似。它们对应于一个均匀和光滑的并且正在膨胀的宇宙。然而,它们在诸如恒星分布以及进而在它们杂志封面设计等等细节上不同(那是说,如果那些历史包括有杂志的话)。这样,围绕我们宇宙的复杂性以及细节是极早期阶段的不确定原理引起的。这就给出了整整一族宇宙的可能历史。可能存在一个纳粹赢得第二次世界大战的历史,虽然这种概率很小。但是我们刚好生活在盟军赢得战争,玛当娜[①]出现在《大都会》封面上的历史之中。"[②]

可见,霍金在这里的解释用了当代量子力学的观点,这是与传统量子力学根本不同的。传统量子力学认为,量子论只适用于微观与高速的对象,而在宏观低速领域则只能用牛顿力学法则;而当代量子力学认为,牛顿力学和量子力学是统一的,不需要两套物理理论。根据当代量子力学的观点,量子力学也可以适用于宏观低速领域,它是宏观低速领域的细粒化,而牛顿力学则是该领域的粗粒化。也就是说,量子力学在任何领域都是成立的,牛顿理论只不过是量子力学的近似,正如线性是非线性的特例一样。牛顿理论作为一种近似在处理宏观低速运动时有其优势,即对宏观低速的非线性系统来说,牛顿方法更为简捷实用。当然,对宏观低速的非线性系统来说,量子力学也同样可以处理。按照过去的观点,这是不可以的,因为要考虑太多的干涉因素。而我们知道,只要对象的个数超过三个,就已经很难处理,如果太多,必然会导致计算的无穷大问题。好在当代量子力学很好地解决了这个问题,在考虑粗粒化问题时采用各种技巧消除干涉项,使非线性系统转化为线性系统,从而得出和牛顿方法类似的结果。这也说明,虽然各种干涉项的影响导致了非线性,但其细粒化的复杂的非线性作用可能导致事物最终在宏观和低速领域出现线性确定性。牛顿力学能够成立,也正好是由于非线性作用在宏观低速物体中将各个干涉项

[①] 引者注:玛当娜(Madonna)是美国流行歌星。
[②] [英]史蒂芬·霍金:《霍金讲演录》,杜欣欣、吴忠超译,湖南科学技术出版社1995年版,第93—94页。

第六章 从线性到非线性

的非线性作用消除并转化为线性系统。既然如此，用牛顿近似理论当然更便捷更省事，至少可以避免复杂的运算。不过，若要考虑细节，则非得用量子力学方法不可。而根据量子力学的测不准原理，除了那些大尺度的宏观低速的物体是线性的、可以确定的外，大多数细节则由于非线性作用而变得复杂和不可确定。这也就是说，由于不知道哪些干涉项会被消除，或者说由于哪些干涉项会被消除完全是几率性的。所以，霍金才认为，"这就给出了整整一族宇宙的可能历史。可能存在一个纳粹赢得第二次世界大战的历史，……但是我们刚好生活在盟军赢得战争，玛当娜出现在《大都会》封面上的历史之中。"

关于第二个问题，即"如果某种基本理论确定了一切，那么我们关于该理论所说的一切也应该由该理论所确定——为什么它必须被确定为是正确的，而非全错的或无关的？"霍金的回答是基于达尔文的自然选择理论——某些非常初级的生命形式在地球上是由原子的随机组合而自动产生的。但是，随机组合形成整个DNA分子的机会很小，所以这种生命的早期形式不大可能是DNA，也许只是一种生物大分子。所以，霍金认为，根据量子力学的测不准原理和达尔文的自然选择理论，原子的非线性随机组合偶然地创造了生命的早期形式——生物大分子，但这个生物大分子未必就是DNA。因为所有的生命形态都具有DNA分子，所以，DNA分子不可能完全随机产生。"借助于达尔文的自然选择理论：只有那些关于围绕他们的宇宙得出合适结论的个体才容易存活和繁殖"[1]——物竞天择，适者生存——成为被冻结的偶然事件。[2]

霍金进一步指出，"生命的早期形式会复制自己。量子不确定性原理和原子的随机热运动意味着，在复制中存在一定的误差。这些误差中的大多数对于机体的存活及其复制的能力是致命的。这些误差不会传给后代而是消失掉了。纯粹出于机遇，极少数的误差是有益的。具有这些误差的机体更容易存活和复制。这样，它们就趋向于取代原先的未改进

---

[1] ［英］史蒂芬·霍金：《霍金讲演录》，杜欣欣、吴忠超译，湖南科学技术出版社1995年版，第99页。

[2] ［美］M. 盖尔曼：《夸克与美洲豹》，郝建邺、李湘莲等译，湖南科学技术出版社1997年版，第223页。

的机体。"[①] DNA 双螺旋结构的形成和发展就可能是更早期生命形式的一种改善或取代形式。

德国著名生物化学家艾根从拟种进化的角度也谈到了这一点。他认为，在生命起源的化学进化阶段和生物学进化阶段之间应该有一个生物大分子的自组织阶段，这种分子自组织的形式是超循环。如核酸是自复制的模板，但核酸序列的自复制过程往往不是直接进行的。核酸通过它所编码的蛋白质去影响另一段核酸的自复制。这种结构便是一种超循环结构。一方面，这种大分子结构是相对稳定的，能够积累、保持和处理遗传信息；另一方面，这种结构在处理遗传信息时又会有微小的变异，这又成为生物分子发展进化的机制。所以，艾根不同意达尔文将"物种"视为进化的基本单元，而认为"拟种"的内部稳定性才是进化行为更本质的属性。在艾根看来，拟种是指由许多同类的突变体构成的群体。每个突变体就是一个具有超循环结构和功能的分子系统[②]，具有新陈代谢、自我复制和突变的能力。只要条件合适，具有自我复制能力的这些循环突变体总是会自然地形成群体。这些相似分子的群体有着类似于生物物种的进化行为。

艾根认为，拟种依分子排列的不同，可分为标准型、单错突变体、双错突变体和多错突变体。标准型是拟种中一种较为稳定的类型，它是拟种的代表型，约占总量的10%。由于其内部结构相同，同型个体数量在拟种中占绝对优势。单错突变体是指那些与标准型相比在分子长链的任何一个位置上与之不同的突变群体。以此类推，双错突变体是指那些与标准型相比在分子长链的任何两个位置上与之不同的突变群体；多错突变体是指那些与标准型相比在分子长链的多个位置上与之不同的突变群体。单错突变体的数量比标准型多，但错位相同的单错突变体要少得多。同理，双错突变体和多错突变体的数量虽然也比标准型多，但同型的就更少了。由于生命的早期形式在自我复制的过程中突变不断发生，所以它们之间的转化也是经常的、不断的。

艾根指出，拟种复制的正确率和错误率是互补的。错误率过高会使标

---

① [英] 史蒂芬·霍金：《霍金讲演录》，杜欣欣、吴忠超译，湖南科学技术出版社1995年版，第94页。
② 艾根的"拟种"是以一定概率分布组织起来的一些关系密切的分子种的组合，它的稳定性是进化更本质的属性。

准型比例降低，以至消失，从而使拟种信息溃散，使拟种消亡。但是，如果错误率过低或正确率过高，又会使标准型比例增高，以至于拟种完全统一于一种标准型，这将使拟种的整体信息量降低，对环境的适应性也随之降低。所以，艾根认为，在分子的复制中，不能也不会百分之百正确，客观上存在着一个错误阈值。拟种越接近这个阈值，进化的速度就越快。在这一过程中，偶然的随机性是如此之多，以至于还原是如此之难。结果可能使生命从一般大分子结构走向 DNA 双螺旋结构，并使生命的中枢神经系统得到发展，产生了语言，使经验得以积累。这比过去单靠复制的随机误差被编译到 DNA 中的缓慢过程要快捷和准确得多。霍金也认为："这个效应大大加速了演化。演化到人类花费了比 30 亿年还长的岁月。但是我们仅仅在这最后的一万年过程中发展了书写语言。这使得我们能从山顶洞人进展到能探究宇宙终极理论的现代人类。人类的 DNA 在过去的一万年间并没有显著的生物进化或改变。这样，我们的智力，我们从感官提供的信息提取正确结论的能力必须回溯到我们山顶洞人或者更早的岁月。这必定是在我们杀死某些种类动物为食，并避免被其他动物杀害的能力的基础上被选择出来的能力。为了这些目的而被选择出来的精神品质，在今天非常不同的环境下，使我们处于非常有利的地位，这一点真令人印象深刻。"霍金同时指出，"我们由于其他原因发展而来的智力"，"也许不会给我们带来什么存活上的好处"，但却"能够保证我们找到这些问题的正确答案。"①

可见，艾根和霍金的观点基本一致，他从超循环理论的角度把生命起源与信息起源的非线性关系联系起来。他认为，生命的产生和进化，取决于循环反应系统的非线性关系，而循环反应系统的等级层次又决定了生物信息复杂性的程度。因此，他批评了达尔文的进化论，因为在达尔文所言的生存竞争中，循环反应系统的等级最低，非线性复杂程度也较低，能够积累起来的最大信息量不足 100 个核苷酸。这种核苷酸链是无酶 RNA 复制序列。这种进化既慢又随机性大但信息量小，且不能自催化，因而淘汰率极高，由它进化到复杂的人类社会几乎是不可能的。

---

① ［英］史蒂芬·霍金：《霍金讲演录》，杜欣欣、吴忠超译，湖南科学技术出版社 1995 年版，第 94—95 页。

艾根认为，借助于特定复制酶的单股 RNA 的复制，要比达尔文系统复杂得多，它已是简单的超循环系统。虽然仍有误差限制，但这种复制循环能把信息复杂性扩大到 10^4 个核苷酸。在这种系统中，虽然也有许多达尔文系统的缺点，但由于有了自催化能力，信息复杂性大大加强了。

相比之下，通过聚合酶并包含核酸外切酶的"校正"机制的双股 DNA 的复制，是更高层次的超循环过程，它把信息量扩大到 10^7 个核苷酸。超循环通过系统的功能整合为扩大生物信息量提供了优势。超循环中每一个复制单元的长度受复制精确度的影响都是有限的，但超循环整体却能携带大量信息。信息量的增加可以建立起翻译系统，翻译系统则既能提高复制的精确度，又可以提高进化的水平，从而使超循环系统能积累起更多的信息量，推动生物向更高的有序复杂性方向进化。这样的循环并非总是周而复始地原地转圈，也不是同一个过程的简单重复，而是使循环在远离平衡的开放状态下进行，从而使循环获得了自主性和方向性。这是真正具有革命性的一步（艾根曾由于对快速化学反应动力学的贡献获得1967年的诺贝尔化学奖）。

不过，这一过程并不单单决定正确的进化，它也导致了错误的演化。正如霍金所言，大统一理论在决定进化的正确方向时，也还是出现了错误：它不可能允许不同的人对同一问题的相互冲突的看法都正确。这也就是说，对于同一命题，A 与 $\bar{A}$ 不能同真。所以"我对此的答案是借助于达尔文的自然选择理论：只有那些关于围绕他们的宇宙得出合适结论的个体才容易存活和繁殖"[①]——物竞天择，适者生存。

对第三个问题，即"如果一切都是注定的，那么自由意志和我们对自己行为的责任又从何而来？"霍金认为，现今的一切也还是要由物理的或化学的原因加以说明，只是由于需要处理的参数特别多、数据量特别大，才使这一工作产生了许多困难。大家知道，所谓自由意志（free-will），一般是指相信人类能选择自己行为的信念或哲学理论；它认为，人们的行为选择最终取决于人们自己。讨论这个概念经常要涉及决定论、非决定论、道德责任和心理学、神经学、现代物理学等科学学科与宗教。在

---

① ［英］史蒂芬·霍金：《霍金讲演录》，杜欣欣、吴忠超译，湖南科学技术出版社1995年版，第99页。

具体使用上，这个词有客观和主观的附加意义：客观是指行动者的行动不完全受默认因素的影响；主观是指行动者认为自己的行动起因于自己的意志。现在这个概念有时也延伸到动物上或人工智能上。霍金指出："我们主观地觉得，我们有选择我们是谁以及我们做什么的能力。"但是我们不可能都对，"需要的是一种客观的检验"。"自由意志的最终客观检验似乎应该是：人们能预言一个机体的行为吗？如果能的话，则很清楚表明它没有自由意志，而仅仅是预先确定的。另一方面，如果人们不能预言其行为，则人们可以将此当作一个操作定义，说该机体具有自由意志。"①

霍金进一步指出："人们可用以下的论证来反对这个自由意志的定义，即一旦我们找到了完整的统一理论，我们就能预言人们将做什么。然而，人类头脑也要服从不确定性原理。这样，在人类的行为中存在和量子力学相关的随机因素。但是头脑牵涉到的能量很小，所以量子力学的不确定性只有微小的效应。我们不能预言人类行为的真正原因只是它过于困难。我们已经知悉制约头脑活动的基础物理定律，而且它们是比较简单的。但是在解方程时只要有稍微多的粒子参与就会解不出。即便在更简单的牛顿引力论中，人们只能在刚好两颗粒子的情形下解这方程。对于三颗或更多的粒子就必须借助于近似法，而且其难度随粒子数目而急剧增加。人类头脑大约包含 10^{26} 也就是一百亿亿亿颗粒子。在给定的初始条件和输入的神经资料下，要去解这个方程，并从而预言头脑的行为，这个数目是太过于庞大了。当然，我们在事实上甚至不能测量初始条件，因为要这么做的话就得把头脑拆散。甚至我们打算这么做的话，粒子数也太大了以至于记录不过来。而且头脑可能对于初始条件非常敏感，初始态的一个小改变就会对后续行为造成非常大的差别。这样，虽然我们知道制约头脑的基本方程，我们也根本不可能利用它们来预言人类的行为。"②

所以，"在人类的情形下，由于两个原因，我们无法利用基本定律去预言人们将要做什么。首先，我们不能求解涉及非常大量粒子的方程。其次，即便我们能解这些方程，做预言的事实会干扰系统并会导致不同的结

---

① ［英］史蒂芬·霍金：《霍金讲演录》，杜欣欣、吴忠超译，湖南科学技术出版社1995年版，第95页。

② 同上书，第95—96页。

果。这样,由于我们不能预言人类的行为,我们也可以采用这样的有效理论,说人类是可以自作自受的自由个体。相信自由意志并为自己行为负责看来肯定具有存活的优势。这意味着自然选择应加强这种信念。"① 霍金认为,这是一种用宏观领域中少数的量来表征微观领域巨大数目粒子的近似方法,"相信自由意志并为自己行为负责"就是一种在流体力学意义上的有效理论。例如,"一个其成员对于他或她的行为负责的社会更容易合作、存活并扩散其价值。……一些怀有某些共同目标的自由个体集合能在共同目标上合作,而且还有创新的灵活性。因此,这样的社会更容易繁荣并且扩散其价值系统。"② 最后,霍金乐观地说:"只要有生命就会有希望。如果我们能再存活一个世纪左右,我们就能扩散至其他行星,甚至其他恒星上去。这就使得全人类被诸如核战争的灾难抹平的可能性大为减少。"③

(二) 非线性创造万物和生命

生命的诞生是地球上物质发展史上的一个里程碑,是自然界演化发展中最绚丽的花朵。由于有了生命才使地球历史从化学进化推进到了生物进化。艾根把生命的起源和进化分为三个阶段:第一是前生物的化学进化阶段;第二是生物大分子的自组织阶段;第三是达尔文的生物进化阶段。艾根研究的重点是第二个阶段,他在研究生命起源的自组织时,非常注重非线性的相互作用。他认为,"线性"反应系统不可能把形成自组织系统所必要的性质都结合起来。因为对于线性系统来说,如果信息载体之间具有竞争性,选择的结果只有一个物种能获胜,它所携带的信息量是有限的,需要催化耦合才能扩大信息。同时,如果复制单元是通过线性作用连接起来的,那么,虽然它可以包含大量信息,但却不能避开无选择优势的"寄生"分支而选择。只有非线性系统,才能提供开始自组织所需要的全部性质,并使系统持续向高水平进化,甚至能够逃脱它起源时的特定前提条件。也就是说,非线性创造了万物也创造了生命。

---

① [英] 史蒂芬·霍金:《霍金讲演录》,杜欣欣、吴忠超译,湖南科学技术出版社1995年版,第99页。
② 同上书,第97页。
③ 同上书,第98页。

1. 生命之谜

在自然界的演化过程中，由无生命的物理世界走向生命世界是最困难的一步。将物质还原为粒子是物理还原的任务，将生命还原为细胞则是生物还原的任务。与生命起源有关的一个科学谜团是生物的密码和手性的统一性。地球上的生物有数百万种之多，其结构形态、生理机制和生态习性各异，存在多样性，而其细胞却只有一种基本一致的翻译机构、统一的密码和一种大分子手性，表现出高度的一致性。同时，在微观分子水平上，还存在着异常的复杂性。生物分子的微观状态数目异常庞大，以至于无法与现代物理学中所遇到的任何巨大数字相比较。那么，出现在这两个层次即宏观表现型和微观状态数目中的多样性和复杂性是如何与生物体在亚细胞水平上的一致性相协调的？这个问题是生命起源的关键，被科学家称为"真正的谜"，它一直困扰着生物学家和物理学家。[1]

达尔文在19世纪中叶提出了生物进化论，时过境迁，一个多世纪过去了，关于生命起源的问题一直没有解决。然而，事情的转机来自两个方面：一方面是哲学家的预言——19世纪70年代恩格斯曾经指出："生命的起源必然是通过化学的途径实现的。"[2] 另一方面是生物化学家的介入——20世纪20年代奥巴林（A. I. Oparin）从科学上倡导化学进化学说；50年代分子生物学诞生以后，人们又在模拟原始地球环境的条件下，在实验室合成了构成生命的基础有机物——蛋白质和核酸。但是在理解核酸和蛋白质的关系上又遇到了新的困难，这就是"先有核酸还是先有蛋白质"的问题。这使人们想起了古老的"蛋、鸡"之争。超循环理论探讨了这一问题。艾根指出，在生物信息起源问题上的这种"先在"，不是指时间顺序，而是指因果关系。事实上，提出"先在"的问题，不是一个科学问题，而是一个伪问题。这里有一种双向的因果关系，或者说是一种互为因果的封闭圈。核酸和蛋白质的相互作用，就相当于"封闭圈"即"循环"的一个复杂的等级组织。从反应循环，到催化循环，再到超循环构成了一个从低级到高级的循环组织。所以，超循环理论的提出也是对生物学中多样性和统一性关系深入思考的结果。

---

[1] 赵凯荣：《复杂性哲学》，中国社会科学出版社2001年版，第36页。
[2] 《马克思恩格斯选集》第3卷，人民出版社1995年版，第413页。

现代遗传学认为，无数次的复制和突变导致了物种的多元化和多样性。但是，为什么突变、竞争、分岔、选择等机制能创造出无穷无尽的多元化和多样性，却丝毫没有破坏生命体在亚细胞水平上的一致性呢？假若前细胞的进化受到类似于达尔文自然选择机制的支配，必然会造成许多分支密码，而实际上却只有一种。由此断言，达尔文原理无法解释遗传密码的统一性。除了分化，还有系统综合，不然如何形成细胞？

因此艾根认为，生物体内高度的统一性很难想象是一下子形成的，第一个活细胞是长期进化过程的产物，在进化中必定包括许多单个的但不是独一无二的步骤，遗传密码便是多步进化的结果。于是他提出，在达尔文生物进化和化学进化阶段之间，有一个分子的渐进进化阶段。在这个阶段，既要产生、保持和积累信息，又要完成选择、复制和进化，这个过程就是超循环的分子自组织进化。因为只有超循环，靠一种特殊的"一旦则永存"的选择机制（被冻结的偶然性），产生了唯一的一种运用普适密码的细胞结构，才实现了生命的统一性，并保持不变。"这是由于超循环的内在的非线性性质所致。因此，一个超循环，一旦建立起来以后，就不容易被任何新来者所取代，因为新物种总是作为一个（或 n 个）拷贝出现的。"[①]

按照艾根的理论，现在的遗传密码在起源上也许不是唯一的。这种特定的密码始于随机涨落。涨落作为系统演化的内部诱因，主要起着一种触发器的作用。由于涨落的偶然性，自然界作出这样的选择，于是它便成为生物体的通用密码。密码的普适性是由非线性选择行为所保证的，而能够实现这种"一旦则永存"机制的就是超循环。在超循环中，由于存在强烈的非线性耦合，选择是非常明确的。一个被选择的系统将不允许独立竞争者集结，这就实现了遗传密码的普适性。密码的一致性，使翻译机构也具有高度的统一性，这就解开了生命起源的统一性之谜。由此开始了生物界从单细胞生物向多细胞生物、由植物到动物、从低级向高级、由简单向复杂的生物进化。

2. 艾根的超循环解答

在分子水平上，生物的复杂性表现为其携带有庞大的信息量。例如，

[①] ［德］M. 艾根、P. 舒斯特尔：《超循环论》，曾国屏、沈小峰译，上海译文出版社1990年版，第140页。

构成一个细菌细胞的整个基因组的 DNA 分子，代表了从 $10^{1000000}$ 个可选择序列中的一种或寥寥可数的几种选择。一个高级生命体的总信息量，可以超过 10^{10} 比特，这代表着从 $10^{3000000000}$ 种可能中的一种选择。所以，著名物理学家薛定谔才引入新概念"非周期性晶体"来描述生命体的复杂性。在物理学中，周期性晶体被认为是最有魅力和最复杂的一种物质结构，但它们同"非周期性晶体"相比，就显得简单而单调了。薛定谔在其《生命是什么》一书中明确指出："两者之间结构上的差别，就好比一张是重复同一花纹的糊墙纸；另一幅则是堪称杰作的刺绣"，前者是单调的重复，后者则是艺术大师精致而富含意义的设计。①

是什么机制使生物携带如此庞大的信息量，从而造成纷繁复杂的生物物种？艾根的回答是：生物体在微观层次上所显示的复杂性，来源于超循环机制的特殊性——即"一旦则永存"的选择机制。

按照艾根的理解，自然界的演化发展有不同的层次、不同的等级。为了解释生命的起源问题，他引入了"超循环"（hypercycle）等级的概念，并把循环反应分为三个阶段：

（1）反应循环。最低级的循环是与物理化学反应以及相对简单的生化反应相联系的反应循环。即在一组相互关联的反应中，如果有一产物与它前面某一步骤的反应物相同，就形成了一个反应循环。在这一过程中，催化剂 E 先与反应物 S 形成中间物 ES，然后转化为 EP，最后又从产物中分离出来回到起始状态，这就构成了一个循环，如图 6—2 所示。也就是说，这种系统可以得到不属于该循环的催化剂的帮助，能够利用和耗散能量，在整体上相当于一个催化剂的作用，在反应过程中能不断再生出自己。在生命起源的早期，地球上富含有机物的海洋"汤"中，化学反应频繁发生，形成了许多稳定的化学反应系列。一种化学分子通过中间产物的浓度、能量生成了另一种化学分子，类似一种酶促反应。这开始了生命的第一步——新陈代谢。这是一种简单的开放系统和耗散系统，由于浓度和催化剂的作用，系统处于非平衡的有序状态。

（2）催化循环。与简单的反应循环相比，催化循环的复杂性又高了

---

① ［奥］埃尔温·薛定谔：《生命是什么》，罗来鸥、罗辽复译，湖南科学技术出版社 2007 年版，第 3 页。

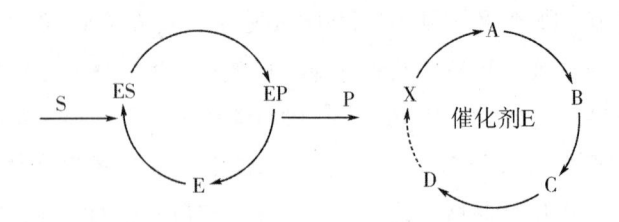

图 6—2　反应循环系统图

注：S：底物；P：产物；E：酶；ES：酶—底物复合物；EP：酶—产物复合物

一级。它由反应循环构成，在整体上相当于自催化剂的作用。所谓自催化是指反应的产物本身又作为催化剂，加速或迟缓底物向产物的变化。催化循环一般与较为复杂的生化反应相联系。它是由多个反应循环相互联系而形成的二级循环网络，如图 6—3 所示。这种循环网络要求有两种变化：第一，产物不能是任意的，必须是一种有催化作用的催化剂，如酶、核酸等；第二，多个产物使催化剂的反应循环之间必须产生彼此催化或循环催化的作用。比如，对低等生物中的 RNA 链的自复制的研究表明，RNA 链是化学反应循环的终产物，而其中的正链可以作为模板来催化负链，负链又可以催化正链的合成。催化循环使得系统的自复制成为可能，因为一个单独的反应循环不可能是自稳定和自我信息保持的，而两个或多个互为反应循环的系统则可能形成一种信息保持或自复制系统。

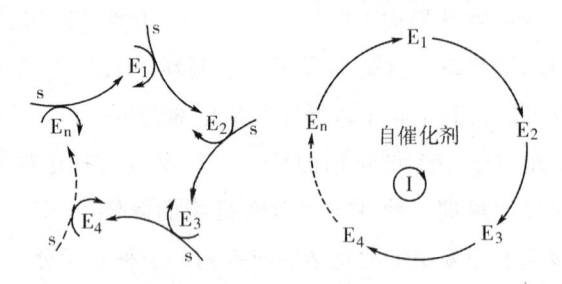

图 6—3　催化循环系统图

（3）超循环是更高级的反应网络。它以催化循环为亚单元，以反应循环为基础，是强化了的自复制系统。它的具体要求是：第一，催化剂不仅是内部自催化的，它还能产生副产物，产生对其他催化循环有作用的催化剂；第二，通过这些催化剂，形成相互催化和循环催化的超循环网络。由此可见，艾根所讲的超循环，是指通过循环联系把自催化循环耦合起来的循环。即催化循环的连锁就形成了艾根所说的超循环。在这种超循环系统中,每一组元既能自复制,又能催化下一组元的自复制,如图6—4所示。所以,单个超循环系统连贯起来就可以形成复合超循环系统,从而具有了生命的第三个特征——突变、分叉,具有了选择的进化能力。

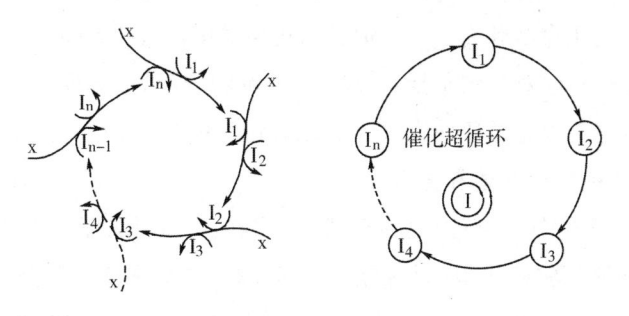

图6—4 超循环系统图

总之,超循环理论认为:反应循环是一个自我再生的过程,催化剂经过一个循环又再生出来;催化循环是一个自我复制的过程,产物自身作为催化剂又指导反应物再生产物;超循环不仅能自我再生、自我复制,而且还能自我选择、自我优化,从而向更高的有序复杂性进化。当然,超循环本身还可以再分为不同的等级,如基本的超循环,复合的超循环,等等。

由此可见,物质从简单到复杂,从低级到高级,从非生命到生命,是与循环系统的从简单到复杂相联系的。不过,复杂系统虽由简单系统整合而成,却具有了简单系统完全不具有的新质。在这里,简单的反应循环系统并不是随意连接就形成了复杂的超循环系统,而是彼此耦合起来才形成了功能关联的多分子体系,并产生了简单系统所没有的非线性选择行为。正是这种非线性行为使系统的所有成员相干进化或优化生长,从而使生物进化呈现出多样性和复杂性。

艾根认为,正是非线性作用创造了万物特别是创造了生命。他通过实验分析和哲学思考得出了这样的结论:生命结构的出现是和特殊形式的选择机制相联系的。这种选择作用就是由核酸和蛋白质之间的相互作用产生的、把互补指令和催化耦合结合起来的非线性选择行为。超循环是能够提供非线性相互作用的最简单、最直接的方式。这种超循环不是随意的循环反应,而是由核酸和蛋白质通过功能耦合连接而成的催化循环网络。这种系统既能利用核酸形成密码的自复制功能,又能利用蛋白质的催化功能,更好地解释和阐明了20世纪60年代形成的中心法则。因此,这种系统具有较高的选择优势,能够直接与原始生命联系起来。所以我们说,艾根在探索生命之谜的道路上又迈出了坚实的一步。"正如光明显示了自身,也显示了黑暗一样,所以,真理是它自身的标准,也是谬误的标准。"[①] 1944年薛定谔在撰写《生命是什么》一书时曾引用斯宾诺莎(Baruch de Spinoza)的这句话,以表示他对德尔布吕克(M. Delbrück)模型的态度[②],今天我们用在这里来肯定艾根超循环理论的科学贡献是否更加贴切?

3. 先有核酸还是先有蛋白质

20世纪50年代,英国生物学家贝尔纳在莫斯科大学作学术报告结束时,向苏联科学院院士奥巴林提出一个问题:核酸和蛋白质到底哪个先产生?前面我们已经指出,这一古老的"蛋、鸡"之争,其实是一个伪问题,这里有一种互为因果的"封闭的循环"——即超循环。

(1) 分子生物学的酝酿与建立。分子生物学(molecular biology)是从分子水平研究生物大分子的结构和功能,从而阐明生命现象本质的一门科学。它是生物学与化学之间的跨学科研究,其研究领域涵盖了遗传学、生物化学和生物物理学等学科。自20世纪50年代以来,分子生物学主要致力于对细胞中不同系统之间相互作用的理解和解释,其中DNA、RNA和蛋白质生物化学合成之间的关系以及它们之间相互作用的调控机理已成为分子生物学发展的前沿和生长点。

分子生物学可以说是20世纪初兴起的现代遗传学的直接继续和发展,而物理学和化学向生物学的全面渗透无疑是分子生物学兴起的直接条件。从1938年起,研究物理学出身的德尔布吕克就选择噬菌体作为探索基因之谜的理想材料,开始了生物体自我复制的研究。1952年他首创了同位素标记的实验技术,用同位素硫和磷分别标记噬菌体的蛋白质外壳和其中的DNA分子,然后让噬菌体感染大肠杆菌,发现蛋白质外壳留在大肠杆菌之外而只有DNA分子进入菌体之内并进行繁殖。噬菌体的DNA分子不仅能进行自我复制而且带有合成蛋白质外壳的全部

[①] [荷兰] 斯宾诺莎:《伦理学》,贺麟译,商务印书馆1983年版,第82页。
[②] [奥] 埃尔温·薛定谔:《生命是什么》,罗来鸥、罗辽复译,湖南科学技术出版社2007年版,第54页。

信息。这一实验证明遗传信息的载体是 DNA，从而推翻了统治生物学长达 100 年之久的认为蛋白质才是遗传物质载体的传统观念。1941 年美国遗传学家比德尔（G. W. Beadle）和塔特姆（E. L. Tatum）提出了"一个基因一个酶"的假说，认为一个基因控制且仅控制一种酶的形成（被誉为"分子生物学第一大基石"，当时对基因本质的认识还不太清楚）。1944 年加拿大医生艾弗里（O. T. Avery）等在研究细菌转化的原因时，事实上已经证明 DNA 就是遗传物质。1952 年美国微生物学家赫尔希（A. D. Hershey）也用同位素示踪法再次确认 DNA 是遗传物质。这些重要发现为分子生物学的兴起打下了直接的科学基础。因此，比德尔、塔特姆和莱德伯格（J. Lederberg）分享了 1958 年的诺贝尔生理学和医学奖；德尔布吕克、赫尔希和卢里亚（S. E. Luria）分享了 1969 年的诺贝尔生理学和医学奖。

在这种背景下，分子生物学如同即将分娩的婴儿在母体中躁动，关于 DNA 是遗传信息的载体的实验如助产士一般直接推动了分子生物学的诞生。1953 年美国遗传学家沃森（J. D. Watson）和英国晶体学家克里克（F. H. C. Crick）提出了 DNA 的反向平行双螺旋结构（被誉为"分子生物学第二大基石"），如图 6—5 所示。从此开创了分子生物学的新纪元，这一年被认为是分子生物学的诞生之年。

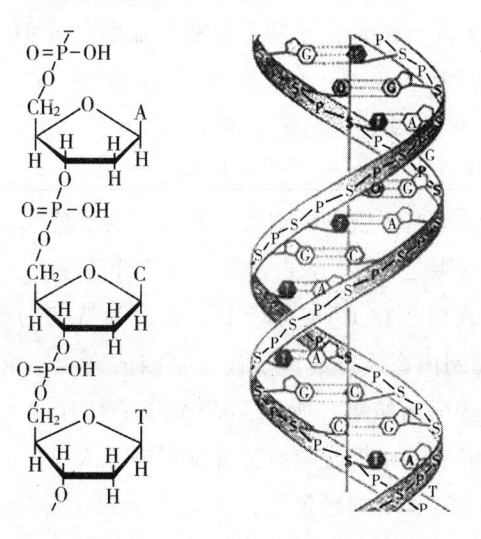

图 6—5　DNA 片段与双螺旋结构

1956年德国科学家弗伦克·康兰特（Fraenkel Conrot）通过烟草花叶病毒的侵染实验，发现在一些不具有DNA的病毒中，RNA是其遗传物质。同年大爆炸宇宙学模型的提出者乔治·伽莫夫（G. Gamov）通过对四种核苷酸（或四种碱基）与20种氨基酸关系的分析，提出了每种氨基酸的密码都是四种核苷酸中某三种构成的三联体。这一假说阐明了生物体内遗传信息的贮存方式，被称为遗传密码的三联体假说。紧接着，1958年克里克在此基础上提出了中心法则，描述了遗传信息从DNA到蛋白质的流动。随后，1961年法国生物学家雅各布（F. Jacob）和莫诺（J. Monod）提出了"操纵子"概念（被誉为"分子生物学第三大基石"），解释了原核基因表达的调控机制。同年，美国化学家尼伦贝格（M. W. Nirenberg）发现苯丙氨酸在核糖核酸（RNA）上的密码是UUU，即在RNA分子中有一种碱基与DNA分子中不同，以尿嘧啶（U）取代了DNA分子中的胸腺嘧啶（T）。此后，其他氨基酸遗传密码的破译实验在许多实验室中竞相展开。1963年20种氨基酸的遗传密码全部被检测出来；1969年$4^3 = 64$种遗传密码的含义也全部被破译。至此，一部完整的遗传密码的辞典终于编制出来，关于DNA自我复制和转录生成RNA的一般性质已基本清楚，基因的奥秘也随之解开。可以说DNA双螺旋结构的提出和遗传密码的破译是分子生物学诞生以来最伟大的研究成果，具有重要的科学意义。因此，沃森、克里克和威尔金斯（M. H. F. Wilkins）分享了1962年的诺贝尔生理学和医学奖；雅各布、莫诺和雷沃夫（A. M. Lwoff）分享了1965年的诺贝尔生理学和医学奖。

首先，在分子生物学方面，大大加深了人们对基因（Gene）本身的认识。从前人们认为基因就是决定遗传的最小物质单元，遗传密码破译之后才真正认识到基因是DNA分子上的一段核苷酸序列。即生物体的遗传信息以密码的形式编码在DNA分子上，表现为特定的核苷酸排列顺序，并通过DNA的复制由亲代传递给子代；基因的突变、重组和表达等功能都是核苷酸序列变化的结果。所以，DNA分子具有三个特点：一是稳定性，两条长链上的脱氧核糖与磷酸交替排列的方式不变，两链间碱基互补配对的原则不变。这种结构稳定性，保证了生物遗传进化中的基本特征。二是多样性，DNA分子碱基对的排列顺序千变万化，最短的DNA分子也有4000个碱基对，可能的排列方式会十分巨大；另外基因能够"突变"，这就给自然选择创造了机会，可建构出适应环境的新个体。三是特异性，特定的DNA分子具有特定的碱基排列顺序；不同的生命体，碱基对的数目可能不同，碱基对的排列顺序肯定不同。这是生物个体差异的根本原因。

其次，在生命起源方面，遗传密码的破译进一步揭示了生命的物质统一性，特别是确立了碱基配对的原则，它既是DNA复制、转录和反转录的分子基础，也是遗传信息传递和表达的分子基础，从而为生命起源的探索提供了分子生物学方面的基石。所以，艾根提出在生命起源的化学进化阶段和生物进化阶段之间应该有一个生物大分子的自组织阶段。"拟种"作为同类突变体构成的群体，是以一定概率分布组织起来的一些关系密切的分子种的组合，具有新陈代谢、自我复制和突变的能力，因此，DNA双螺旋结构的形成和发展就可能是更早期生命形式的一种改善或取代形式。

最后，在生物化学方面，遗传密码的破译使得蛋白质的起源和结构功能被揭示出来，即20种氨基酸组成了生物界10^{10}—10^{12}个数量级的蛋白质种类，其中，蛋白质的主要功能之一是作为有机体新陈代谢的催化剂——酶。几乎所有的酶都是蛋白质，有些酶的催化活性仅仅决定于它的蛋白质结构，这类酶属于简单蛋白质；另一些酶在结合非蛋白质组分后，才显现出酶的活性来，这类酶属于结合蛋白质。氨基酸的顺序异构现象，使蛋白质具有多种多样的生物功能。

正是由于这些重要意义，遗传密码表在生物学上的意义完全可以同元素周期表在化学上的意义相媲美。总之，仅仅30年（1938—1969年）左右的时间，分子生物学经历了从大胆的科学假说，到经过大量的实验研究，从而建立了本学科的基础理论。进入20世纪70年代，由于重组DNA研究的突破，基因工程已经在实际应用中开花结果，根据人们的意愿改造蛋白质结构的蛋白质工程也已经成为现实。

（2）中心法则的完善与证实。破译了遗传密码，就是解决了基因自身的物质构成及其含义问题，紧接着一个新的、更重要的问题迫在眉睫——基因是通过什么途径调节和控制遗传的？在这种情况下，克里克的中心法则应运而生。所谓中心法则（Central dogma of molecular biology），就是用以表示生命遗传信息的流动方向和传递规律的一种假说。它指出遗传信息不能由蛋白质传向蛋白质或核酸，而只能由 DNA 传向 DNA 或 RNA，所以，又被译为分子生物学的中心教条。

其实，早在三联体密码假说提出之初，人们对转录、翻译、遗传密码、肽链折叠等现象还不很了解的情况下，克里克（1957）就提出了中心法则。其主要内容是：在 DNA 与蛋白质之间，RNA 可能是中间受体，遗传密码的传递途径可能是 DNA→RNA→蛋白质。后来，克里克（1958）又发展了这一假说，认为作为模板的 RNA 与蛋白质之间可能还有一种中间受体。法国生物学家雅可布和莫诺（1961）证实了 DNA 与蛋白质之间的第一种中间受体实为信使 RNA（mRNA）。美国一些青年生物学家也用实验证实了克里克所预言的 RNA（mRNA）与蛋白质之间的另一种中间受体是转移 RNA（tRNA），而且每一种氨基酸都有其相对应的 tRNA。另外，早在 1956 年，德国科学家弗伦克·康兰特通过烟草花叶病毒的侵染实验，就发现在一些不具有 DNA 的病毒中，RNA 是遗传物质，它也可以自复制。这样，一个有关 DNA、RNA 和蛋白质之间遗传信息的传递规律——中心法则就得以完善和证实。1970 年克里克在《自然》杂志上重申了这一法则，如图 6—6 所示。

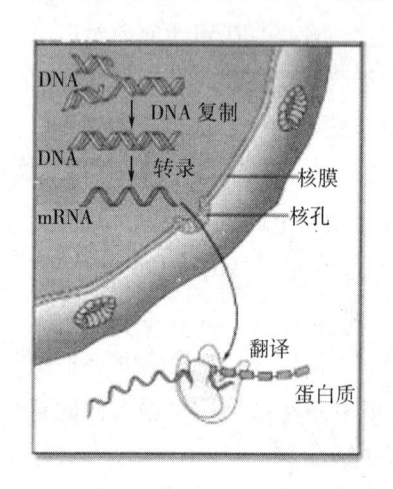

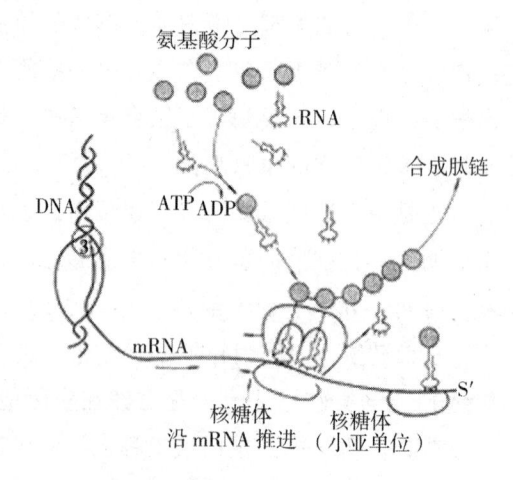

图 6—6 生命遗传信息的传递过程

首先，DNA 复制是遗传的基础。生命体在细胞分裂的过程中，DNA 分子在解旋酶的作用下分成两个单螺旋，然后以每条长链作为母链（模板），按照碱基配对（A＝T，G≡C）的原则各自用周围的核苷酸形成两条互相配对的子链。一条子链和一条母链相结合，形成两个新的 DNA 分子，这个过程叫复制。这种 DNA 的半保留复制是维持遗传物质稳定性的主要因素；同时一个 DNA 分子可多达一千万个碱基对，它所携带的信息量高达 $4^{10000000}$ 比特，这一点正是生物性状多样化的分子基础。

其次，复制后的 DNA 通过碱基配对的方式把遗传信息传递给信使 RNA（mRNA），这个过程叫转录。从 DNA 到 RNA 的过程是全保留式的，转录的结果是产生一段单链的基因表达的调控机制，经过一些修饰与拼接才成为信使 RNA（mRNA）。

然后，转移 RNA（tRNA）以 mRNA 为模板，把游离于细胞质中的氨基酸一个一个地连接起来，合成具有一定氨基酸顺序的蛋白质肽链，这个过程叫翻译。在这一过程中携带特定氨基酸的转移 RNA（tRNA）要依靠一种细胞器——核糖体（包括蛋白质和另一种大分子，即核糖体核糖核酸 rRNA）来"阅读"信使 RNA（mRNA）的遗传密码，并按照互补原则辨认 mRNA 中密码子的位置，从而将其携带的氨基酸依次组装成肽链；当核糖体（rRNA）遇到 mRNA 的终止密码时，多肽链的组装就告结束。在这里 RNA 分子上三个相连的碱基决定一个蛋白质分子中的一个氨基酸，整个过程遵循"三联密码"的调控机制。这样，DNA 分子的遗传信息就转译成了多肽链。所以，过去"一个基因一个酶"或"一个基因一个蛋白质"的说法有所不妥，更准确的表述应该是"一个基因一条肽链"。

后来（1970）美国微生物学家巴尔的摩（D. Baltimore）与特明（H. M. Temin）在致癌的 RNA 病毒中又发现了在蛋白质的合成过程中，不但 DNA 决定 RNA；反过来，RNA 也可以决定 DNA，即以 RNA 为模板，形成互补 DNA（cDNA）。这个过程叫逆转录，从而使中心法则更加完善。因此，巴尔的摩和特明与杜尔贝科（R. Dulbecco）分享了 1975 年的诺贝尔生理学和医学奖。至此，我们可以把生命遗传信息的传递过程或传递规律概括简化为如下的中心法则，如图 6—7 所示。

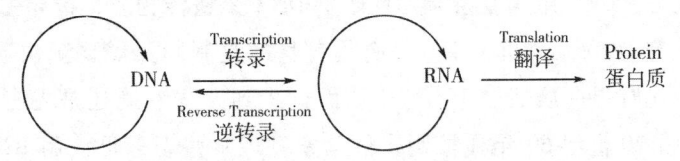

图 6—7　生命遗传信息的中心法则

理解以上内容可以更清楚地了解基因的本质：一个基因是编码一条多肽链或功能 RNA 所必需的全部核苷酸序列。它不仅包括编码多肽链或 RNA 的序列，还包括保证转录必需的调控序列，以及位于编码区的非编码序列。这些核苷酸序列除了 DNA 之外，还有信使 RNA（mRNA），约占细胞内 RNA 总量的 5%；转运 RNA（tRNA），约占细胞内 RNA 总量的 10%—15%；核糖体 RNA（rRNA），约占细胞内 RNA 总量的 70%—85%。这三种 RNA 都与蛋白质的合成有直接关系。另外，在图 6—6 中，还有一个 ATP→ADP 的转化问题。它是指存在于生物体内的核苷酸除组成核酸外，还有一部分是以流离状态存在的，其中最重要的就是三磷酸腺苷（ATP）。ATP 在机体内与能量的运转密切相关，它水解后能释放大量的能量，并转化为二磷酸腺苷（ADP）。所以，生物体内物质氧化所产生的能量，一般不直接用于生命活动，而是供 ADP 磷酸化形成 ATP，以高能键的形式储存起来。当需要时，ATP 就水解放出能量供各种生命活动使用。所以，在整个遗传信息的传递过程中，所需要的能量都是由 ATP→ADP 的转化所提供的。

综上所述，现在 20 种氨基酸的遗传密码全部测出，64 种遗传密码的含义也全部破译，证明了所有生物中——从病毒、细菌、蓝藻，到植物、动物和人三联密码都是通用的。细胞生物的遗传物质是 DNA，只有一些病毒类生物的遗传物质可以是 RNA，它们在分子进化上有共同的起源。因此，中心法则是现代生物学中最重要、也是最基本的规律之一，在探索生命现象的本质和普遍规律方面起了巨大的推动作用，是现代生物学的理论基石，并为生物学基础理论的统一指明了方向。

（3）分子生物学的最新进展。近年来，由于对核酸 RNA 的深入研究，情况又有了一些新的变化。早在 1953 年沃森、克里克提出 DNA 双螺旋结构模型，确立了 DNA 是遗传信息载体的地位；英国化学家、生命起源领域中"RNA 世界"的提出者奥吉尔（L. E. Orgel）就有一些新的想法。他认为，DNA 结构复杂，并且如果 DNA 是遗传物质，指导蛋白质的合成（先有 DNA 后有蛋白质），而其自身的复制却又需要蛋白质（酶）的辅助（先有蛋白质后有 DNA），从而进入到"先有鸡还是先有蛋"的辩解之中。20 世纪 60 年代早期，科学家发现某些病毒可使用 RNA 作为遗传物质，并且种类多样、结构也比 DNA 简单。结合这些事实，奥吉尔于1967年提出RNA是地球上最早出现的遗传材料,而DNA和蛋白质则是其进化的产物。该思想同时也由克里克和微生物学家沃斯(Carl Woese)提出,这就是著名的"RNA世界"假说。1980年,奥吉尔等人在无蛋白质参与的情况下,成功地合成出寡聚核苷酸,有力地支持了RNA出现最早的说法。[①] 所以,人们有理由推测,原始的遗传物质载体可能就是RNA,它既能作为转译蛋白质的信使,又能作为传种接代的遗传物质。可以设想处于萌芽时期的生命是一种既简单又容易形成的大分子体系。随着物种的进化,由RNA演变为DNA和蛋白质构成的复合体,遗传信息和性状表达两种功能分别由DNA和蛋白质来承担。如果在生命历史的某个时刻确实RNA把信息传递给了DNA,那就必须有一个反转录的原始机制。这个一度被认为只有少数病毒特有的反转录,现在看来,也许是其他病毒以至高级有机体的本能。

1985年,美国分子生物学家切赫(Thomas R. Cech)和奥尔特曼(S. Altman)发现,某些RNA既有遗传信息载体的功能,又能起到酶的作用,即RNA具有催化活性。将自己一分为二,再把分开的各部分结合起来。这种"分合思维"使他们想到,RNA可以在没有蛋白质的帮助下自我复制,又可以同时起到基因和催化剂的作用,这就改变了只有蛋白质才有催化功能的传统观念。他们把这种RNA叫作核酸酶(Ribozyme)。于是,有了"生命起源于RNA"的说法,认为第一批诞生的生命是由简单的能自我复制的RNA组成,随着它们的进一步进化,就形成了DNA、蛋白质、脂类等物质。这样的推测在实验室里已经得到证实,而且根据化石记录,在地球形成后的10亿年内,出现过这样的RNA。"当然,核酸酶的发现并没有动摇蛋白质酶在生物催化过程中的主导地位,但它却为生命起源的认识点亮了又一盏明灯。"[②] 因此,切赫和奥尔特曼共同获得了1989年的诺贝尔化学奖。到此还有一个重要的问题没有解决,那就是最初的RNA是怎样生成的?

20世纪90年代,我国著名科学家赵玉芬女士在生命起源问题上又提

[①] 郭晓强、冯志霞:《生命起源RNA世界的提出者——奥吉尔》,《生物学通报》2009年第3期,第57—59页。

[②] 赵玉芬、李艳梅:《磷化学与生命化学过程》,《科技导报》1994年第3期,第7—8页。

出了一个新的假说。她认为氨基酸和磷的化合物——磷酰化氨基酸,是生命起源的种子,并提出磷元素是生命活动的调控中心的学说,引起了国内外学术界的广泛关注。赵玉芬院士长期从事有机磷化学和生物有机化学的研究,近年来从磷化学角度研究生命科学中的问题,探讨核酸、蛋白质、糖及脂类物质之间通过磷的相互作用,从而揭示生命现象的化学本质。她的想法主要来源于两个方面:

其一,认为磷在生命化学过程中扮演着十分重要的角色。作为核酸分子中桥连基团的磷之所以是生命化学过程中的重要元素,不仅因为其含量占 DNA 分子量的 9%,更重要的是绝大多数酶的催化反应是以它们的磷酰化和去磷酰化来调控的。ATP 几乎参与了生命化学过程中的每一个反应,各种新陈代谢过程常以含磷衍生物为中间体而进行。生命现象从低等到高等,从植物到动物,无不或多或少地有赖于蛋白质的磷酰化机制,甚至癌症也与某些蛋白质被不正常地磷酰化而改变了它的物理、化学和生理性质有关。核酸、蛋白质和多糖这三大类生命物质的新陈代谢、相互转化及其调控过程,都是以磷化合物为能量转换和基团置换的媒介。[①]

其二,对切赫从四膜虫中提取的 RNA 进行了深入的研究。她们认为,如果忽略它不是蛋白质这一事实,这种 RNA 的诸多行为完全符合酶的定义,切赫将其定义为核酸酶。核酸酶的催化机理正是一种在磷酰基作用下发生的自发反应。磷酰基团的特殊功能与磷原子的原子结构密切相关。磷位于元素周期表的近中心位置,属第三周期第五主族,其原子外层有 3 个未成对的 p 电子和 5 个 3d 空轨道,如图 6—8 所示。正是由于磷原子具有较多可利用的空电子轨道,配位数又多,所以在一定条件下各化合价态间较易相互转化,使得该磷酰基团上的磷极易受亲核试剂的进攻,从而导致一系列亲核反应。核酸酶的催化过程就是发生在磷原子上的一系列亲核反应,其中最重要的亲核基团是羟基 – OH。[②]

这些事实给她以启示,有必要从磷化学角度研究生命化学过程,而且已有越来越多的事实表明,一旦从磷化学角度入手研究,许多在生物化学

[①] 赵玉芬、李艳梅:《生命现象中的磷》,《生命科学》1993 年第 2 期,第 26—29 页。
[②] 赵玉芬、李艳梅:《磷化学与生命化学过程》,《科技导报》1994 年第 3 期,第 7 页。

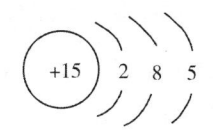

图6—8　磷原子结构示意图

家眼中被视为捉摸不透的生化过程即可迅速被理解或预言，许多复杂的生命现象也可以较容易地找到其化学依据。于是，她通过大量的实验研究和理论分析，发现磷酰化氨基酸能同时生成核酸和蛋白，又能生成LB-膜及脂质体，提出了磷酰化氨基酸是生命进化的最小系统。她还发现磷酰化氨基酸的饱和溶液可以切割RNA和DNA，切割机理与生物化学中水解磷酸二酯键一致。因此，赵玉芬院士认为：磷与氨基酸的化合物——磷酰化氨基酸是核酸和蛋白质的共同来源，是生命起源的种子；磷元素在生命化学过程中起着主导作用，是生命化学过程的调控中心。磷酰化氨基酸具有自我催化作用，即磷上脂交换、磷酰基转位及自身长大现象。作为最小的、具有生命活性的分子——磷酰化氨基酸的化学性质十分活跃，它既可以自身组合成蛋白质，也可以与核苷酸合成核酸。因此作为最重要的生命物质——核酸和蛋白质是同时形成的。

综合上述三方面的内容，长期以来"先有核酸还是先有蛋白质"这个古老的"蛋、鸡"之争，现在可以解释为：最早的催化性物质可能是RNA分子而不是蛋白质；与此同时，RNA还能起到遗传物质的作用。随着科学技术的发展，越来越多的蛋白质经过令人信服的前生物方法被合成出来以后，由于蛋白质酶的催化能力远强于RNA，因此RNA的催化作用逐渐被蛋白质酶所替代。所以我们说，赵玉芬院士的研究尽管也没有动摇蛋白质酶在生物催化过程中所处的主导地位，但却使人们越来越深刻地认识到磷在生命化学过程中的重要作用。于是，根据病毒学和生命起源研究的最新进展，有人排出了如下从无机物到生物进化的序列表：

元素（C、H、O、N、S、P）→无机物（CO_2、H_2O、NH_3）→有机物（甲烷、氨基酸、核苷酸）→类病毒（RNA分子）→病毒（核蛋白分子）→甲烷产生菌（原始细胞）→蓝绿藻与细胞（原核细胞）→真菌（真核细胞）→较高等生物（真核多细胞）。这样，生物遗传物质主体最先起源于 RNA 分子或 RNA 与蛋白质构成的复合体，尔后向 DNA – 蛋白质复合体和蛋白质两个方向演变的学说，逐渐被人们所接受。

由此可见，"只要自然科学在思维着，它的发展形式就是假说。"[①] 任何假说都要经受科学事实的检验，才能上升为理论，逐步逼近真理。克里克的中心法则在分子生物学的不断发展中又有了一些新的进展，特别是1982 年科学家发现疯牛病是由一种结构异常的蛋白质在脑细胞内大量增殖引起的。这种因错误折叠而形成的结构异常的蛋白质，可能促使与其具有相同氨基酸序列的蛋白质发生同样的折叠错误，从而导致大量结构异常的蛋白质形成。因此，病原体朊粒（Prion）[②] 的行为对中心法则提出了严重的挑战。所以，人们又把中心法则概括调整为一种新的图式，如图6—9所示。

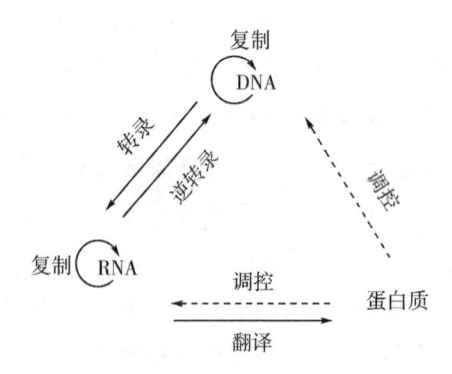

图 6—9　生命遗传信息中心法则的新图式

综上所述，随着分子生物学的发展，特别是中心法则的提出和逐步完善以及艾根对核酸和蛋白质之间相互作用的内容、传递方式、表现形式所做的具体而深刻的阐述，从科学上证明，线性相互作用只是非线性相互作用的特殊形式。非线性相互作用是一切系统演化发展的内在根据，生命起源同样离不开非线性作用。尽管目前关于地球上生命起源的问题还没有更为重大的突破，但是 1989 年人们已用扫描隧道显微镜（STM）直接观察

---

①　《马克思恩格斯选集》第 3 卷，人民出版社 1995 年版，第 561 页。
②　"朊粒"又称为朊蛋白或朊病毒，是引起传染性海绵状脑病（TSE）的病原体。TSE 是一种缓慢发展的传染性中枢神经系统的退行性疾病，如克雅氏病、库鲁病、疯牛病、羊瘙痒病等。其特征为潜伏期长、病程短、剧痒、衰弱、肌肉震颤、进行性运动失调，最后瘫痪死亡。

到了 DNA 双螺旋结构[①]；1997 年 2 月 27 日《自然》杂志刊文宣布第一只克隆羊"多莉"（Dolly）在经过 276 次失败后于 1996 年 7 月 5 日诞生；2006 年 5 月 18 日规模浩大的"人类基因组计划"（HGP）宣告完成，一部解读人体遗传密码的"生命天书"画上了圆满的句号。所以，奥吉尔在当年的《自然》杂志上撰文指出，只要我们更深入地研究，生命早期的从无序的非生物化学过渡到高度有序并且复杂的生物化学的过程最终可被人类在今天所实现。[②]

四 几点启示

以上我们从方法论的角度，顺着三条线索：即线性与非线性的由来及特征，因果关系的等当性与非等当性，事物发展的统一性与多元化，阐述了非线性相互作用在系统形成和演化中的重要作用，告诉我们非线性科学的研究必须关注两个方面：一方面是必须关注非线性导致的各种新质的产生；另一方面是必须关注非线性产生的新质的稳定性和统一性问题。所以我们说，非线性理论完全改变了人们的传统因果观，为世界的多元化和多样性提供了合理的说明，也为解决各种复杂问题开启了一个有效的方向。大量事实表明，它不仅是关于自然科学的基础研究，也是关于社会科学和思维科学的基础研究。目前，非线性理论已经在生物、生态、经济、社会等领域获得广泛应用，而且深刻地改变着人们的思维方式。下面我们从哲学的视角概括非线性作用的几点启示：

（一）非线性是世界持续发展和社会进步的基本前提

由上可知，非线性是世界多元化和多样性的基础。这也就是说，因为非线性相互作用才使事物不断分化、新质不断产生，才使得世界越来越丰富多彩，越来越复杂多样。历史表明，非线性导致的多元化和多样性大大加速了事物进化的步伐，也使得持续发展得到了进一步的保障。否则，如

[①] 牟建勋、严隽珏、孙文俊等：《用扫描隧道显微镜观察 DNA 碱基对水平的内部结构》，《电子显微学报》1989 年第 4 期，第 1—7 页。

[②] 郭晓强、冯志霞：《生命起源 RNA 世界的提出者——奥吉尔》，《生物学通报》2009 年第 3 期，第 58 页。

果事物之间只有线性关系，一方面没有新质的产生；另一方面事物也不可能有多样化的发展，因为线性关系只允许唯一性，信息含量也较低。比如，在宇宙演化的极早期，世界是简单的，也很单一，物质所内含的信息量也很少。在这种情况下，由非线性（误差）导致的新质的产生十分困难，即使产生出来，也很难稳定下来，大多都消失了。因为信息储存很少，所以具有新质的物质在自复制中产生的任何新的东西由于不适应环境而消亡的时候，其自身也由于信息丧失而难以存活下来。相反，由于非线性作用而产生的新质逐渐存活并多起来，信息的含量也逐渐增大并不断积累下来。所以，事物的进化才能持续下来，而且随着物质形态多元化和多样性的增加，自然界才越来越复杂，越来越丰富多彩，信息的储存也大大增强。特别是当人类的语言和文化产生之后，信息的积累和涵盖才发生了真正的革命，社会结构也变得越来越复杂。正如霍金所言，我们仅仅在这最后的一万年才发展到了今天这样的水平。

从这个意义上说，可持续发展的基本问题绝不仅仅是一个生态问题，而是一个多元化的问题。也就是说，任何导致物种单一化和简单化的政策、体制、行为都是对可持续发展的真正威胁。这种威胁的恶果是：它将使生物界丢失40多亿年进化发展所储存的信息；它将使人类丢失10万年文化进化的信息。然而，这种威胁现在却实实在在地发生了，所以我们必须提高警惕，有所认识。

生物界有一条普遍原理，叫作"杂交优势"，这也是非线性多元化的结果。多元化如果没有了，这种优势也将不复存在，持续发展也就十分困难了。盖尔曼教授曾经举过一个十分重要的例子。他说当他还是个小孩的时候，就向父亲提出过一个古老的问题：学习语言真难，为什么不专门设置一种标准语，使全世界的人都讲一种语言，这不免去了各国之间交流的麻烦了吗？他的父亲解释道，每一种语言都是一种文化，都凝结了人类在漫长历史进化中所积淀下来的复杂性，都是人类不同进化历史信息的缩影。如果语言统一了，那么这种复杂信息势必也就消失了。他父亲还给他讲了德国思想家赫德（J. G. von Herder）的一段话：有必要为保护语言多样性而拯救处于威胁之中的拉脱维亚语与立陶宛语，这是两种非常古老而且与古代印欧语系很相近的语言。在当时本土作家如立陶宛诗人多涅莱狄斯（Donelaitis）的帮助下，保护那些大量文化DNA的工作取得了成功。

如今拉脱维亚与立陶宛又一次成为独立国家,两百年前从绝灭的边缘拯救起来的那些语言,现在是他们的国语。①

这实际上也把非线性同人类社会持续发展的关系说出来了。正如多亏了非线性,自然界的进化才达到了今天这样的水平一样,非线性也是社会持续发展的基本条件。如果社会发展走向单一,那么非线性作用将让位于线性作用,社会的复杂性就会大大降低,信息的储存量也会逐渐减少,社会就会走向退化。《单向度的人》是马尔库塞（Herbert Marcuse）最负盛名的一部力作。作者通过对当代发达资本主义社会的政治、文化、生活、语言等领域的分析批判,指出"当代工业社会是一个新型的极权主义社会,因为它成功地压制了这个社会中的反对派和反对意见,压制了人们内心中的否定性、批判性和超越性的向度,从而使这个社会成了单向度的社会,使生活于其中的人成了单向度的人。"② 这种人丧失了自由和创造力,不再想象或追求与现实生活不同的另一种生活。因此,要从这一社会中解放出来,必须倡导一种自由的非线性思维方式,将推翻既定现实作为哲学的"一项政治任务",启发人们批判的、否定的、超越性的和创造性的内心向度。

当代资本和技术的迅速发展在推动生产力、推动经济发展的同时也产生了巨大的负面效应。特别是资本扩张的逻辑表明,以生产关系为基础的人与人之间的全部社会关系,已经被单一地异化为物与物的关系,"它使人和人之间除了赤裸裸的利害关系,除了冷酷无情的'现金交易',就再也没有任何别的联系了。"③ 那么,这就决定了我们必须消除资本所带来的异化,因此,马克思把人类解放当作社会发展的最终目的。他在《共产党宣言》中明确指出:"代替那存在着阶级和阶级对立的资产阶级旧社会的,将是这样一个联合体,在那里,每个人的自由发展是一切人的自由发展的条件。"④ 这就是马克思的以"个人的全面发展"为基础的人类自

---

① [美] M. 盖尔曼:《夸克与美洲豹》,郝建邺、李湘莲等译,湖南科学技术出版社1997年版,第334—335页。
② [美] 赫伯特·马尔库塞:《单向度的人》,刘继译,上海译文出版社2006年版,译者的话。
③ 《马克思恩格斯选集》第4卷,人民出版社1995年版,第275页。
④ 同上书,第730页。

由解放的逻辑，以及为人类的自由解放所找到的现实道路。今天我们所走的中国特色社会主义道路就具有这种明显的人的"自由指向性"。人的这种自由或理所当然不是对外部客观必然性的背离，也不是对外部必然性的顺从，而是一种超越的尝试和指向。非线性理论告诉我们，外部世界的必然性只是对人的自由追求的一种"限制"，是人的感性活动的"自由度"。它表明，人的自主选择只能在这一范围内进行，甚至，最理想的夫妻关系也是非线性的：亲密而带着适当疏离，坦诚而保留着部分隐秘，既可两情缱绻，又有个人天地。

但是，自由的尺度是一种价值尺度，而非必然性、规律性尺度。因为"进步"是同终极目标联系着的，是对终极目标的不断趋近。离开了终极价值目标的"在场"就不可能有进步问题，所以，历史必然性的"在场"并不意味着自由选择的"缺席"和人的"死亡"。[①] 尽管社会的发展不以任何人的意志为转移，但它也不是对人的自由本性的完全背离，而是在两者的张力中实现着历史的进步。作为人的感性活动中的价值取向是集体性自发表现，历史发展也表现为对人的自由解放的"追求"。这就是说，人的实践活动是合目的性和合规律性的统一。因此，社会进步的终极目标是人类的自由解放，而人类的自由解放又是建立在"个人全面发展和他们共同的社会生产能力成为他们的社会财富这一基础上"的。[②] 所以，我们应当以此为依据来谋划中国特色社会主义道路，让改革开放和发展生产力的成果惠及全体人民。

所以，宇宙的演化、物质的生成、物种的进化、社会的进步、有组织的多样性和每个人的自由发展共存于我们四周。在探讨多元化多样性的过程中，一方面，我们要清楚非线性是世界多元化和多样性的基础；另一方面，我们要警惕统一性与多元化之间的紧张状态，了解人类活动在很多情况下正在对这种多元化和多样性构成威胁，以明确我们当代人的历史责任。

（二）非线性是将一元论与多元化相统一的一种方式

长期以来，我国哲学界一直反对多元论（二元论是多元论的一种），

[①] 孙正聿等：《马克思主义基础理论研究（上）》，北京师范大学出版社2011年版，第535页。

[②] 《马克思恩格斯全集》第46卷上册，人民出版社1979年版，第104页。

占统治地位的观点是，世界是一元的，一元是多样的，即一元可以有多种不同的表现。这样，便只承认多样性而不承认多元化，这当然不排除政治和意识形态方面的种种考虑。实际上，这种观点是还原论的，即仅在"归根结底"的意义上才是可行的。在思维和存在的关系问题上，恩格斯曾经指出："哲学家依照他们如何回答这个问题而分成了两大阵营。凡是断定精神对自然界说来是本原的，从而归根到底承认某种创世说的人（而创世说在哲学家那里，例如在黑格尔那里，往往比在基督教那里还要繁杂和荒唐得多），组成唯心主义阵营。凡是认为自然界是本原的，则属于唯物主义的各种学派。除此之外，唯心主义和唯物主义这两个用语本来没有任何别的意思，它们在这里也不是在别的意义上使用的。"①

在我们的现实世界中，一方面，世界本来是由 100 多种元素构成的，它们本身就是多元的，然而更为根本的是，根据当代科学的最新成就充分肯定我们是生活在一个由场、能量、物质、信息和意识五种基质组成的多元演化的世界上；另一方面，由于非线性相互作用的存在，大量的新质不断产生出来，它们的性质已经和它们在初始条件时的性质根本不同了，它们"一旦→永存"后，作为一种被冻结的偶然事件，构成了一个个新的、与众不同的元。这里已经是多元而不仅仅是多样了。因为"那些被冻结的偶然事件（frozen accidents）将有一些由量子力学来确定的偶然结果，这些结果帮助我们确定一些独特银河系（如我们的银河系）的性质，确定一些特殊的恒星和行星（如太阳和地球）的性质，确定地球上生命以及我们行星上一些进化的特殊物种的性质，确定一些特殊组织如我们人类自身的性质，以及确定人类历史事件和我们个人生活的性质。"所以，"宇宙的每一个可供选择的历史其算法信息量（AIC），受简单的基本定律的影响十分微小，但却会受到进化道路上量子偶然事件很大的影响。"②

更值得注意的是，20 世纪后半叶的科学正逐步扬弃还原论，向人们展示出一幅多元互补、多样统一的世界图景，一系列对立范畴在历史演化的过程中得到了动态的统一。李曙华教授认为："这种统一既非经典科学

---

① 《马克思恩格斯选集》第 4 卷，人民出版社 1995 年版，第 224 页。
② ［美］M. 盖尔曼：《夸克与美洲豹》，郝建邺、李湘莲等译，湖南科学技术出版社 1997 年版，第 133 页。

的单层次的一元论，亦超越了对立面的辩证综合水平，以及两大对立体系互斥互补的努力。在某种意义上，其内涵更接近于东方互根互补，互相包含，同源转化的圆融境界。"① 盖尔曼教授也指出："宇宙有效的复杂性是一种简明描述了宇宙规律性的长度。像 AIC 一样，这种有效复杂性也只受基本规律少许影响，大部分影响来自由'冻结的偶然事件'引出的大量规律性。这些偶然事件的特殊后果有各种各样长期的影响，而这些影响因来自于共同的起源而都相互关联。"② 这是由典型的非线性相互作用所引起的，我们可以将它概括为这样一个公式：在混沌的边缘上，复杂性 = 简单性·迭代，即在人的维度确定之后，从简单性过渡到复杂性的关键就在于特定条件下的迭代。③ 有句俗话讲，"一件事情重复一百遍，也就成了习惯"。好的习惯对于一个人的一生的影响都是巨大的，所以又有了下面一句话"知识改变命运，习惯改变人生，细节决定成败"。这里也蕴含着非线性相互作用的深刻内涵。

"虽然它们只是偶然事件，但它们的效应却强烈地影响着复杂性。""某些这样的偶然事件其影响极为深远。整个宇宙的性质就受到临近宇宙膨胀开始时刻的偶然事件的影响。地球上生命的性质就与大约发生在 40 亿年前的偶然事件有关。一旦结局特定化以后，这样一个事件的长期影响就可能具有一种规律性的特征，但决不在最基本的层次上。一条地理学、生物学或人类生理学的定律可能由一个或几个放大的量子事件引出，每一个放大的量子事件可能有不同的结局。这些放大经过各种机制才能发生，其中包括混沌（chaos）现象，在某些情形下，混沌现象会出现输出对输入有无限大的敏感性。"④ 所以，充分认识偶然事件的意义，对于我们深入探索复杂系统的非线性机制是十分必要的，它将告诉我们在描述大自然时，机遇起了一种基本的作用。

---

① 李曙华：《多元的统一性——混沌学的启示》，《系统辩证学学报》1997 年第 1 期，第 62 页。

② [美] M. 盖尔曼：《夸克与美洲豹》，郝建邺、李湘莲等译，湖南科学技术出版社 1997 年版，第 134 页。

③ 李润珍、武杰：《分形几何的创立与复杂性研究》，《自然辩证法研究》2014 年第 7 期，第 93 页。

④ [美] M. 盖尔曼：《夸克与美洲豹》，郝建邺、李湘莲等译，湖南科学技术出版社 1997 年版，第 133—134 页。

那么，如何将一元论和多元化统一起来呢？盖尔曼的主张是，"即使我也认为像心理学这样的学科还够不上称为科学，但我仍然愿意从事那些领域的研究，以使自己能够分享使它们变得更加科学而获得的乐趣。除了赞成自下而上地在各学科之间建构阶梯——从更基本的和解释性的学科到较不基本的学科——这样一个通常使用的规则以外，在许多情形（不光是心理学情形）下，我也支持从上到下的方法。这种方法从识辨较不基本的层次上的重要规律开始，到后来逐渐地理解下面更基本的机制。"[①]这就是我们在本书第二章"几点结论"中已经提到的，"前者是传统的追求统一性的方法（笔者认为是自上而下的方法），后者则是探索复杂性的方法（笔者认为是自下而上的方法[②]）。这也就是说，追求统一性和探索复杂性是人类认识自然的两种方式：一个是逆着自然界演化的方向，是一种回溯和还原的方法，即原始宇宙'在足够高的温度下，完整的对称性可能得到回复'。另一个是顺着自然界演化的方向，是一种展望和融合的方法，即在宇宙演化的过程中，随着'温度的不断降低，对称性才可能破缺。'"[③] 所以，把整体分解为部分是追求下向因果关系的分析还原法；而把部分整合为整体则是探索上向因果关系的综合集成法。其实，无论是分解还是整合都是在探寻事物之间的因果关系，只是寻找的方向不同罢了。因此，"范式转换，说到底是思维方式的转换。哈佛大学有一句名言：'一个成功者和一个失败者的区别，不在于他的知识和经验，而在于他的思维方式'。这话说得是太深刻了。"[④]

在这里，笔者突然想起郝宁湘和郭贵春教授的一项研究——人工智能对人类智能进化的影响。大家也许不会忘记1997年5月的一场"人—机大战"。国际象棋世界冠军加里·卡斯帕罗夫（Garry Kasparov）以2.5：3.5的总分败给了名为"深蓝"的计算机。消息传开后，举世震惊。如何认

---

① ［美］M. 盖尔曼：《夸克与美洲豹》，郝建邺、李湘莲等译，湖南科学技术出版社1997年版，第118—119页。

② 中国药科大学罗蕾女士也持这种观点。笔者认为，无论"自上而下"还是"自下而上"，乘以 -1 就统一了。——罗蕾：《自下而上——前沿科技引出的世纪新理念》，《科学技术与辩证法》2007年第4期，第94—97页。

③ 杨振宁：《三十五年心路》，广西科学技术出版社1989年版，第149页。

④ 孙正聿：《孙正聿讲演录》，长春出版社2011年版，第45页。

识和评价"深蓝"的胜利,一时成为人们议论的热门话题。应该说,这不仅是一个重要的人工智能问题,而且是一个具有重大意义的哲学问题。

我们知道,"深蓝"计算机不仅是一台高速运算的机器,而且还是一部美妙绝伦的程序设计的杰作,它构成了一个国际象棋的专家系统。因此,无可匹敌的分析运算能力是"深蓝"取胜的关键。在这里,它"把质的困难性化为量的复杂性,恰恰是由量变到质变的反过程。然而,过去的哲学家只发现了量变到质变的规律,尚未曾发现质变也可还原为量变。"这种"量变质变规律"的反向应用或许就是"深蓝"战胜世界冠军的哲学意义之所在。"单纯的计算行为却产生了高度智慧的结果",即"当计算速度充分快时,就可以获得计算速度相对慢时所无法获得的计算结果。AI 的发展现状也表明,当一个算法的复杂性达到某一个'临界'值后,会呈现出一些精神品质。由此说明,利用算法可以实现智能的量化。可以把下棋走高招与取胜这样的质的困难性化为量的复杂性,运用计算机的高速度和高容量来解决。"①

总之,郝宁湘教授基于计算与智能的深层关系,认为人的认知和思维是可以利用算法来量化的,认知、思维的质的规定性可以化归为量的复杂性。同时,他们也相信,未来人工智能的发展将有助于解决现实层面的各类问题,从而直接促进人类智能的进化,以及人类智能进化方式的进化。所以,机器既不会永远落后于人类,也不会最终消灭人类。通过科学技术的发展,实现人机合一、人机共生,使人类高度发达的意识与机器永不磨损的躯壳趋于完美的结合,最终可望人类真正成为"超人"!

(三) 非线性是加深理解物质和意识关系的有力武器

到此,我们不难发现,就将目前和未来万物都归于一个最初的物质因素而言,正如马克思主义创始人所言,这只是在"归根结底"的层面上才有意义。由于非线性作用的存在,物质进化的过程存在着随机性、偶然性、不可逆性;也就是说,存在着不可还原性。据现在的考察,大约 200 亿年前一次大爆炸后,经过一系列的生成演化过程形成了"我们的宇

---

① 郝宁湘、郭贵春:《人工智能与智能进化》,《科学技术与辩证法》2005 年第 3 期,第 28 页。

宙"，大约 36 亿年前地球上出现了最初的生命，大约 300 万年前有了最早的人类。这就是一个不可还原的自然界演化的"时间简史"。

霍金的研究表明，物质对意识有决定作用，但物质对意识的决定作用是不确定的。因此使人类对不确定性的认识从经典统计物理学、量子物理学以及量子引力论提高到了意识不确定性的第四个层次。正"因为人们不知道什么是确定的，所以不能把自己的行为基于一切都是注定的思想之上。相反地，人们必须采取有效理论，也就是人们具有自由意志以及必须为自己的行为负责。"① 所以，一个人犯罪必须受到惩罚，而受罚的人不能说自己身不由己。如果物质决定了此人的意识，则他完全有理由这样说"我身不由己"。这也就是说，物质对意识的决定作用只是还原论的。在这里"归根结底"的（当然也是十分简单的）含义是本原的，在哲学上是指一切事物的最初根源，即构成世界的根本实体，它是和意识不在一个层次上的，是不能用来说明当前意识的。这一点我们从因果关系非等当性中也可以看出，即物质和意识的关系是非等当的，这正如在量子引力中不存在纯态，因果性受到破坏一样。马克思在《资本论》中也指出："最蹩脚的建筑师从一开始就比最灵巧的蜜蜂高明的地方，是他在用蜂蜡建筑蜂房以前，已经在自己的头脑中把它建成了。"② 正因为在某些具体的场合，物质不能决定意识，而是意识决定行为，所以，人的自由意志才应该对自己的言行承担责任。如果不分场合地坚持物质对意识的决定作用，只能被看作是一种不负责任的态度，即为了开脱责任——比如"因为人们处于紧张状态，所以不应该因他的行为得到惩罚。"霍金指出，"也许某人在紧张时容易犯刑事罪。但是那不意味着，我们应该减轻惩罚使他或她更容易犯罪。"③

其实，马克思早在《1844 年经济学哲学手稿》中已经指出："动物和自己的生命活动是直接同一的。动物不把自己同自己的生命活动区别开来。它就是自己的生命活动。人则使自己的生命活动本身变成自己意志的

---

① ［英］史蒂芬·霍金:《霍金讲演录》，杜欣欣、吴忠超译，湖南科学技术出版社 1995 年版，第 96—97 页。

② 《马克思恩格斯选集》第 2 卷，人民出版社 1995 年版，第 178 页。

③ ［英］史蒂芬·霍金:《霍金讲演录》，杜欣欣、吴忠超译，湖南科学技术出版社 1995 年版，第 98 页。

和自己意识的对象。他具有有意识的生命活动。这不是人与之直接融为一体的那种规定性。有意识的生命活动把人同动物的生命活动直接区别开来。正是由于这一点，人才是类存在物。或者说，正因为人是类存在物，他才是有意识的存在物，就是说，他自己的生活对他来说是对象。仅仅由于这一点，他的活动才是自由的活动。"① 这种区别深刻地表现为，"动物只是按照它所属的那个种的尺度和需要来建造，而人懂得按照任何一个种的尺度来进行生产，并且懂得处处都把内在的尺度运用于对象；因此，人也按照美的规律来构造。"② 这表明，人的"有意识的生命活动"，既是按照"物的尺度"来活动，又是按照"人的尺度"来活动，也就是说既要"合规律性"地活动，又要"合目的性"地活动。因此，"物的尺度"与"人的尺度"、"合规律性"与"合目的性"的矛盾，就构成人的一切活动的内在矛盾，也构成了人的精神家园的内在矛盾。其中，精神家园的矛盾集中体现为"我"的自我意识的矛盾，即由"我"的自我意识所构成的"我与世界"的"关系"的矛盾。因为"对于动物来说，它对他物的关系不是作为关系存在的。"③

因此，我们认为，在非线性科学直趋社会现实的倾向日益强烈的今天，"任何存在论，如果它不曾首先充分澄清存在的意义并把澄清存在的意义理解为自己的基本任务，那么，无论它具有多么丰富多么紧凑的范畴体系，归根到底它仍然是盲目的，并背离了它最本己的意图。"④ 所以，在探讨人是物质与精神的统一体时，海德格尔的"此在说"为我们架起了沟通肉体与精神的桥梁。尽管在这里，此在（Dasein）并不等同于人，但两者之间的关系是非常密切的。此在是在其内在的有限性中所采取的人的存在论的结构，或者说，此在是存在通过人展开的场所和情景。"即先于主客、心物二分的，没有规定性的原始状态下的人的存在，以此同日常生活、传统哲学及科学中的人和主体概念区分开来。这样，人们对 Dasein 就既不可能有具体的、确定的感觉，又不可能有一般的、

---

① 《马克思恩格斯选集》第1卷，人民出版社1995年版，第46页。
② 同上书，第47页。
③ 同上书，第81页
④ [德] 马丁·海德格尔：《存在与时间》，陈嘉映、王庆节译，生活·读书·新知三联书店2006年版，第13页。

抽象的概念，而只能有关于'人存在于此'的原始和混沌的意识，即对人的存在显现的直接领悟。正是由于人对自己的存在有这种领悟，才使得作为'此在'的人的存在和其他一切存在者区分开来。"① 因此，无论在存在者的状态上，还是在存在论的状态上，此在都具有优先地位。只要我们关注存在问题，就必须把此在分析作为揭示一般存在意义的境域。

20世纪60年代以来，非线性科学的诞生和迅速发展，使人们不再以一种两极对立、非此即彼的思维方式去看待问题了。如果说古代哲学是离开思维对存在的关系而直接断言存在，近代哲学是从思维对存在的关系去理解存在，那么现代哲学就应该从思维和存在的中介即实践、语言等去反观思维与存在的关系。因此，孙正聿教授指出："哲学从'传统'到'现代'的标志，就是从'两极'到'中介'。如果我们今天研究哲学再直接断言'世界是什么'，如果我们今天研究哲学还是离开思维对存在的关系去断言什么是什么，如果我们今天思考思维与存在的关系还离开实践、语言等中介，那怎么能是哲学的'反思'呢？"② 在这方面中国哲学，特别是中医理论已经用系统论的方法详尽地论述过形神之间的关系，比如《内经·灵枢·邪客》曰："心者，五脏六腑之大主也，精神之所舍也，其脏坚固，邪弗能容也。容之则心伤，心伤则神去，神去则死矣。"最近，北京大学佘振苏教授在分析了东西方的人天观后，集系统科学、人体科学、思维科学于一体研究人体复杂系统，提出了自己"一元两面多维多层次"的人体复杂系统观。"其中一元性借用了中国古代的事物整体性的观点，而两面性又借鉴了《道德经》对事物两面性的刻画，特别从阴阳相生相克，人有物质和精神的两面等来观察事物。当然，复杂系统又必然是多维的，同时也是多层次的。"③

所以，当我们用非线性科学的突现理论来分析物质和意识的关系时就会发现，与猿脑相比，"人脑并不仅仅是单纯的扩大，而是被重新建造

---

① 李润珍、武杰：《建构人类历史科学的四大前提》，《太原理工大学学报》（社科版）2011年第1期，第7页。
② 孙正聿：《孙正聿讲演录》，长春出版社2011年版，第45页。
③ 顾基发：《人体复杂系统科学探索》序，佘振苏、倪志勇：《人体复杂系统科学探索》，科学出版社2012年版。

了。实际上可以说脑的重建发生在前，随之而来的才是脑的扩大。"① 因而，突现实质上是一种层级的跃迁，是在新的层次上出现了新的行动者或新的控制关系和行为方式。生理学家斯佩里（Roger W. Sperry）对大脑事件中的下向因果作用也做了说明。他认为，意识是脑的最高层次突现的新的现象，它的"主观性质可以诠释为调节大脑事件的过程中具有因果力；这就是说，精神力或性质在大脑生物学中施加一种调节控制的影响。"② 所以，在这种模式下，精神力量可以说是摆在了驾驶员的位置，人体五脏六腑等各个功能系统必须在"心"的支配和控制下才能发挥各自的职能，失去"心"的支配和控制各脏腑都无法进行正常的生理活动。

　　盖尔曼也隐喻性地指出："把人类思想中的许多有类似过程的部分连结到一起，意识或注意似乎涉及到一个序列的过程，一种聚光灯似的东西可以把一种想法或敏感输入，迅速而又连贯地转变为另一种。当我们相信我们立刻注意到许多不同的事情时，我们可能真的用了一个聚光灯先后照亮我们周围被注意的不同物体。那些有类似过程的各部分，它们对意识的可接近性彼此不同，因此人类某些行为的根源，埋在思想的夹层里，很难成为自觉的意识。尽管如此，我们还是说：意见和行动在相当程度上是在意识的控制之下，我们的陈述反映的不仅仅是承认意识的聚光灯，而且也反映出强烈地信任我们有一定的自由意志。选择的可能性是一个重要的性质，例如'不走那条路'（The Road Not Taken）的可能性。"③

　　综上所述，通常人们认为物质和意识的关系是实体与属性之间的主从关系。实际上，如果我们在"此在"的语境基底上，用非线性科学的方法来解释人的形体与精神的关系，就不再是实体和属性间的主从关系，而是两个开放系统之间的一种新型关系，即高层次与低层次的关系。精神系统虽然是在形体系统基础上通过自组织和适应性选择机制而产生的，但精神系统一旦产生就能反过来支配、控制形体系统。这里精神意识的产生是

---

① 蔡俊生：《人类社会的形成和原始社会形态》，中国社会科学出版社 1988 年版，第 76 页。

② Grover Maxwell, Irvin Savodnik. *Consciousness and the Brain*, New York: Plenum Press, 1976, p. 165.

③ [美] M. 盖尔曼：《夸克与美洲豹》，郝建邺、李湘莲等译，湖南科学技术出版社 1997 年版，第 157 页。

在复杂系统进化中形成的一种动态结构，可以由遗传密码联结的世世代代的漫长序列（人是类存在物）来加以放大。"我们在此所称之为结构的东西，不是由同种成分组成的稳固的结构，而是一种动力学秩序，……它是一种过程结构。"① 系统整体突现是我们理解精神事件与神经状态之间关系的一种很有前途的进路。由此，霍金将"人们具有自由意志并为自己行为负责"看作是建立在流体力学意义上的有效理论。因为"像水这样的流体是由亿万个分子组成的，而分子本身又是由电子、质子和中子所组成。然而，把流体处理成仅仅由速度、密度和温度表征的连续介质是一种好的近似。流体力学有效理论的预言不准确，人们只要听听天气预报即能意识到这一点。但是它对于设计船舶和油管是足够好的近似。"所以，霍金运用这一自由意志的有效理论来考察社会，并认为，"一些怀有某些共同目标的自由个体集合能在共同目标上合作，而且还有创新的灵活性。因此，这样的社会更容易繁荣并且扩散其价值系统。"② 这与马克思的"自由人的联合体"思想是非常吻合的，因为实现人的自由全面发展始终是社会发展的目的。这里我们需要记住的是：列宁在《哲学笔记》中曾引证黑格尔的一句话："造成困难的从来就是思维，因为思维把一个对象的实际联结在一起的各个环节彼此区分开来。"列宁旁批："对！"③

---

① ［美］埃里克·詹奇：《自组织的宇宙观》，曾国屏等译，中国社会科学出版社1992年版，第27—28页。
② ［英］史蒂芬·霍金：《霍金讲演录》，杜欣欣、吴忠超译，湖南科学技术出版社1995年版，第96—97页。
③ 《列宁全集》第55卷，人民出版社1990年版，第219页。